高等职业教育精品工程系列教材

工程基础认知

殷佳琳　主　编
王霄汉　徐　成　黄景广　副主编
李登万　主　审

电子工业出版社
Publishing House of Electronics Industry
北京·BEIJING

内 容 简 介

本书依照高等职业教育材料类、交通类、电气类、机电类、建筑类、信息类相关专业培养计划对工程基础知识的要求，从职业教育教学改革的角度出发，以能力为本位进行编写，内容涵盖了材料工程基础认知、交通工程基础认知、电气工程基础认知、机电工程基础认知、建筑工程基础认知、信息工程基础认知，以及部分行业先锋和身边榜样人物的先进事迹。本书的编写意图是提升各专业的读者对工程基础知识的了解，拓宽读者视野，使其了解其他专业与本专业的联系。

本书可供高等职业院校、技师学院、电大、职业培训机构、中专学校、职业高中的材料类、交通类、电气类、机电类、建筑类、信息类相关专业师生使用，也可作为从事相关专业的工程技术人员的参考书。

未经许可，不得以任何方式复制或抄袭本书之部分或全部内容。
版权所有，侵权必究。

图书在版编目（CIP）数据

工程基础认知 / 殷佳琳主编. —北京：电子工业出版社，2022.6
ISBN 978-7-121-43807-3

Ⅰ.①工… Ⅱ.①殷… Ⅲ.①工程技术—高等学校—教材 Ⅳ.①TB

中国版本图书馆 CIP 数据核字（2022）第 111669 号

责任编辑：郭乃明
印　　刷：河北鑫兆源印刷有限公司
装　　订：河北鑫兆源印刷有限公司
出版发行：电子工业出版社
　　　　　北京市海淀区万寿路 173 信箱　邮编 100036
开　　本：787×1 092　1/16　印张：21.25　字数：550.4 千字
版　　次：2022 年 6 月第 1 版
印　　次：2023 年 8 月第 3 次印刷
定　　价：63.00 元

凡所购买电子工业出版社图书有缺损问题，请向购买书店调换。若书店售缺，请与本社发行部联系。联系及邮购电话：(010) 88254888，(010) 88258888。
质量投诉请发邮件至 zlts@phei.com.cn，盗版侵权举报请发邮件至 dbqq@phei.com.cn。
本书咨询联系方式：(010) 88254561，guonm@phei.com.cn。

编 委 会

主　审　李登万

主　编　殷佳琳

副主编　王霄汉（企业）　　徐　成　黄景广

参　编　李福容（企业）　　文仲波（企业）
　　　　　　李　庆（企业）　　徐　丹（企业）
　　　　　　刘玉霞（企业）　　黎　虹（企业）
　　　　　　黎　智　　盛维涛　　江　辉　　米宪儒　　王新颖
　　　　　　罗　丽　　费国胜　　杨文均　　黄义勇　　董春曾
　　　　　　李　晶　　孙　勇　　赵仕元　　谭孝辉　　武小越
　　　　　　吴春波　　邓　琳　　檀立鸥

前　　言

本书根据高等职业教育部分主要工程类专业（材料类、交通类、电气类、机电类、建筑类、信息类）培养计划对工程类技术人才工程素养的要求，将理论与实践、知识与技能有机地融于一体，重视对基础工程知识的认知，突出对材料工程、交通工程、电气工程、机电工程、建筑工程、信息工程的基础认识。

本书的编写力求体现职业教育的性质和培养目标，坚持"思政教育进教材"，遴选行业先锋及身边榜样的故事，引导读者立志、明德。本书中介绍的行业先锋都是参加工作时最高学历为初中/高中/中专/大专的国家级业内精英——为火箭焊接"心脏"的高凤林、获得世界技能大赛（每个人的一生只能参加一次）冠军的梁嘉伟、中国建筑装饰行业的"大国工匠"曹亚军……相信读者看到这些大国工匠们的故事，在开拓自己的视野的同时，也会油然而生一种景仰之情。本书中介绍的身边榜样都是参加工作时最高学历为中专/大专的优秀行业代表——巧手玩转"巨无霸"、锻压 C919 起落架的叶林伟，从普通技术人员到成功企业家的李虎兵，享受国务院特殊津贴的全国技术能手何波……这些学历相近的身边榜样激励着读者：他们能做到的事情，相信我们有一天也能做到。"长大后，我就成了你！"

在编写本书时，编写团队力求内容与企业实际、生产发展相结合，并吸纳了材料类、交通类、电气类、机电类、建筑类以及信息类优秀企业专家参与编写，其中有一级建造师、高级工程师、总工程师、服务总监、维修技师等。企业专家们从工作实际出发，提出了很多实际工作中需要的能力、知识，使得本书的编写能够以能力培养为本位，注重实际操作指导，突出实用性、适用性和先进性。

本书是一本工程类综合性书籍。在企业专家与学校老师一起制定编写计划后，每一位编者都总结了自己的工作经验、教学实践经历，整理了自己的工作资料或教学资料，并将基于此而形成的新理念加入编写过程。在编写过程中，参与编写的企业专家与学校老师既缺乏同类的工程类综合性书籍作为参考，以前也没有这样相对系统地接触过自己专业以外的其他工程类专业的基础知识，因此，本书的编写实际上也给编者们提供了一个了解其他专业知识的窗口，希望读者也能通过阅读本书，在开拓视野的同时，能够看得津津有味，例如：了解一下如何正确防止雷击、消除静电小妙招、安全驾驶都有哪些常识；有机会是不是也去学一下怎样鉴别真假玉石？读了本书也能了解：就像北方人用"面粉"可以"蒸、煮、炸、煎"一样，现代工业对于"材料"的处理也有很多办法，如焊接、铸造、熔炼、锻压、轧制、冲压、锻造、车削、铣削、磨削等；读到学科前沿概念及技术，就能了解什么是量子隧穿效应、逆向工程、牛脸识别等；除此之外，本书也介绍了现代建筑中的很多细节，下次再见到各种建筑的时候，也许读者就不仅仅是"外行看热闹"，而是也有一点点"内行看门道"的感觉了！这些既有趣又长见识的知识，一接触就放不下，一定会深深地吸引住我们的读者。我们期待，读者打开本书的时候，会惊奇地发现自己打开了一个百宝箱！

本书由来自中国第二重型机械集团德阳万路运业有限公司、东方电气集团东方汽轮机有限公司、四川省建筑机械化工程有限公司、二重（德阳）重型装备有限公司、东方电气自动控制工程有限公司、乐山市电力公司、四川工程职业技术学院的工程技术人员和教师合作编写。编写人员有教授、教授级高级工程师、博士、四川高校产业协会理事、注册电气工程师、一/二级建造师、高级工程师、副教授、高级技师、技师等，其中，江辉、米宪儒、文仲波、王新颖、罗丽编写模块一，黄义勇、黎虹、董春曾编写模块二，黎智、盛维涛、王霄汉、李晶、李福容、邓琳、谭孝辉、殷佳琳编写模块三，武小越、杨文均、孙勇、李庆、费国胜、赵仕元编写模块四，徐成、徐丹、吴春波编写模块五，黄景广、刘玉霞编写模块六。本书在编写过程中得到了四川工程职业技术学院向守兵、朱超、陶华等老师的关心和帮助，在此一并表示衷心感谢。

由于作者水平所限，书中疏漏和错误之处在所难免，欢迎广大读者提出宝贵意见。作者联系邮箱：872288761@qq.com。

目 录

模块一 材料工程基础认知 1
  行业先锋 1
  项目一 材料工程安全常识 2
    1.1.1 焊接技术安全常识 2
    1.1.2 铸造技术安全常识 6
    1.1.3 材料成型及控制技术安全常识 7
    1.1.4 理化检测安全常识 7
    1.1.5 质检安全常识 8
  项目二 智能焊接技术 9
    1.2.1 焊接简介 9
    1.2.2 焊条电弧焊 15
    1.2.3 焊接模拟器 19
  项目三 现代铸造技术 21
    1.3.1 铸造基础知识 21
    1.3.2 铸造成型理论基础 22
    1.3.3 金属的熔炼 27
    1.3.4 砂型铸造 27
    1.3.5 特种铸造 31
    1.3.6 铸造技术发展趋势 32
  项目四 材料成型及处理技术 33
    1.4.1 材料概述 33
    1.4.2 高分子材料 34
    1.4.3 无机非金属材料 38
    1.4.4 金属材料 39
    1.4.5 热处理技术 44
    1.4.6 表面处理技术 45
    1.4.7 现代锻压技术 46
  项目五 理化检测与质检技术 47
    1.5.1 概述 47
    1.5.2 仪器分析 49
    1.5.3 化学分析 53
    1.5.4 无损检测 57
  身边榜样 63

模块二 交通工程基础认知 65
  行业先锋 65

项目一 交通安全常识 ··· 66
2.1.1 交通安全现状 ··· 66
2.1.2 引发交通事故的因素 ··· 67
2.1.3 交通安全基本常识 ··· 69
2.1.4 交通法规认知 ··· 72

项目二 汽车文化 ··· 73
2.2.1 汽车概述 ··· 73
2.2.2 汽车的发展 ··· 78
2.2.3 各国汽车品牌 ··· 83

项目三 汽车的构造 ··· 99
2.3.1 汽车发动机 ··· 99
2.3.2 汽车车身 ··· 105
2.3.3 汽车底盘 ··· 106
2.3.4 汽车电器 ··· 108

项目四 安全驾驶常识 ··· 111
2.4.1 驾驶员基础能力 ··· 111
2.4.2 正常驾驶机动车 ··· 112
2.4.3 特殊条件下的行驶 ··· 114
2.4.4 紧急情况的处理 ··· 114

身边榜样 ··· 116

模块三 电气工程基础认知 ··· 117
行业先锋 ··· 117

项目一 电气安全常识 ··· 118
3.1.1 电工安全操作规程 ··· 118
3.1.2 电气火灾应急处理 ··· 119
3.1.3 家庭中的安全用电 ··· 121
3.1.4 正确防止雷击 ··· 122
3.1.5 消除静电小妙招 ··· 124
3.1.6 节约用电 ··· 125

项目二 触电与急救 ··· 127
3.2.1 触电 ··· 127
3.2.2 触电对人体的伤害 ··· 129
3.2.3 触电急救 ··· 132

项目三 常用电工工具与仪表 ··· 136
3.3.1 电笔 ··· 136
3.3.2 螺钉旋具 ··· 138
3.3.3 剥线钳 ··· 139
3.3.4 万用表 ··· 140

项目四 导线的连接 ··· 143
3.4.1 导线绝缘层剖削 ··· 143
3.4.2 导线的连接 ··· 145
3.4.3 导线绝缘层的恢复 ··· 148

项目五　照明电路 150
　　　3.5.1　照明电路的基本概念 150
　　　3.5.2　常用照明电路 151
　　　3.5.3　照明灯具的安装 153
　身边榜样 158

模块四　机电工程基础认知 160
　行业先锋 160
　　项目一　机电安全常识 161
　　　4.1.1　机械伤害基本知识 161
　　　4.1.2　对机械伤害的防范 162
　　　4.1.3　安全色与安全标志 166
　　项目二　机械创新设计 167
　　　4.2.1　创新概述 167
　　　4.2.2　创新实例 168
　　　4.2.3　全国大学生机械创新设计大赛 172
　　项目三　模具的设计与制造 177
　　　4.3.1　模具概述 177
　　　4.3.2　塑料模具 180
　　　4.3.3　冷冲压模具 186
　　项目四　机械加工技术 190
　　　4.4.1　钳工技术 190
　　　4.4.2　液压传动技术 196
　　　4.4.3　普加工 200
　　　4.4.4　数控加工 204
　　　4.4.5　柔性制造系统 210
　　项目五　机械检测 212
　　　4.5.1　机械检测常用量具 212
　　　4.5.2　精密测量技术 219
　　项目六　逆向工程 226
　　　4.6.1　逆向工程概述 226
　　　4.6.2　逆向工程的应用 227
　　　4.6.3　逆向工程的工作流程 229
　　　4.6.4　逆向工程关键技术 232
　身边榜样 238

模块五　建筑工程基础认知 240
　行业先锋 240
　　项目一　建筑安全常识 241
　　　5.1.1　安全生产法规常识 241
　　　5.1.2　《中华人民共和国建筑法》节选 243
　　　5.1.3　《中华人民共和国劳动法》节选 243
　　　5.1.4　《工伤保险条例》节选 244
　　　5.1.5　安全生产基本常识 244
　　　5.1.6　建筑安全基本常识 246

- 项目二 建筑发展历程 247
- 项目三 建筑行业新工艺、新技术 250
  - 5.3.1 装配式建筑 250
  - 5.3.2 BIM 应用技术 252
- 项目四 建筑工程常用机具与仪器 254
  - 5.4.1 建筑工程常用施工机具 254
  - 5.4.2 建筑工程质量检测工具 257
  - 5.4.3 常用测绘仪器 259
- 项目五 建筑模型 266
  - 5.5.1 墙体结构细部构造与装饰构造 266
  - 5.5.2 钢筋混凝土结构 271
  - 5.5.3 模板、脚手架 276
  - 5.5.4 屋面、墙面细部构造 281
- 身边榜样 285

模块六 信息工程基础认识 287
- 行业先锋 287
- 项目一 信息安全常识 288
  - 6.1.1 信息安全概述 288
  - 6.1.2 个人信息安全小知识 289
  - 6.1.3 常见网络威胁 289
  - 6.1.4 国家网络安全事件 293
- 项目二 信息技术基础 295
  - 6.2.1 信息的概念 295
  - 6.2.2 计算机发展历史 295
  - 6.2.3 芯片行业简介 304
  - 6.2.4 量子隧穿效应 306
- 项目三 信息技术前沿科技 307
  - 6.3.1 物联网 307
  - 6.3.2 云和大数据 311
  - 6.3.3 人工智能 316
- 项目四 网络设备 318
  - 6.4.1 计算机 318
  - 6.4.2 集线器 320
  - 6.4.3 交换机 321
  - 6.4.4 其他网络设备 322
- 项目五 生活中的组网 326
  - 6.5.1 用模拟器组建网络 326
  - 6.5.2 楼宇网络布线 328
- 身边榜样 330

模块一　材料工程基础认知

行业先锋

为火箭焊"心脏"的人——大国工匠　高凤林

"吼———！！"

伴随着一声震耳欲聋的长啸，东风导弹朝着设定好的坐标腾空而去。身穿军绿色军装的青年们挥动手中的衣帽欢呼着："东风导弹成功发射了！"

在距离不远的地方，有一个人面带微笑看着这一幕。他穿着一身蓝色的工作服，头上戴着黑色的焊接帽，一副刚刚从厂里出来的模样。

这个穿着朴素、笑容淳朴的男人，就是中国航天的一员"悍将"高凤林，北斗卫星、东风导弹、嫦娥月球探测器、载人航天器和长征新一代运载火箭的发动机上，都烙印着他的焊接轨迹。

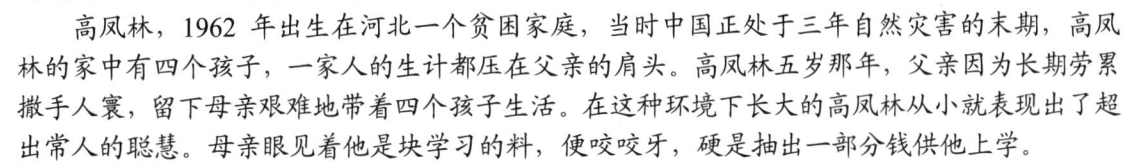

高凤林，1962 年出生在河北一个贫困家庭，当时中国正处于三年自然灾害的末期，高凤林的家中有四个孩子，一家人的生计都压在父亲的肩头。高凤林五岁那年，父亲因为长期劳累撒手人寰，留下母亲艰难地带着四个孩子生活。在这种环境下长大的高凤林从小就表现出了超出常人的聪慧。母亲眼见着他是块学习的料，便咬咬牙，硬是抽出一部分钱供他上学。

高凤林十分珍惜这来之不易的学习机会。在校期间，他一直埋头书本之中，他希望自己能够学习机械专业，将来操作大型设备，保卫祖国！

1978 年，读完高中后，高凤林以优异成绩考入了第七机械工业部下设的一所技工学校。但他被分配到的不是机械专业，而是电焊专业。那段时间，他对于未来的规划产生了些许迷茫，连技能知识的学习也落下了一大截。

一次偶然的机会，他进厂参观，见到真实的火箭焊机后，高凤林瞬间瞪大了眼睛。师傅知道他不乐意做焊接，就给他做起了心理工作："后生仔，你别看不起焊接专业，焊接这个工作可谓是离钱最近的，使用的材料是德国进口的氩气，一瓶就要六万元，有的导弹 90% 以上的结构都要"仰仗"焊工才能完成的哦！"师傅说得滔滔不绝，高凤林听得津津有味，也彻底转变了对焊接专业的看法。

得知自己学的专业是个"大热门"后，高凤林的学习热情高涨。回到学校后，他爆发出了远超之前的热情，努力学习专业知识，不仅很快追上了其他同学，还一跃成为了老师们眼中的尖子生。在一节专业课上，老师说："想要成为火箭焊接工，除了用脑，还要有手上功夫。"

这句话彻底点燃了高凤林的练习热情，他暗下决心：一定要学好焊接，成为火箭焊接工！

第一次拿焊接枪，高凤林并没有比其他同学好多少。当他一只手笨拙地拿起焊接枪夹住焊条，另一只手去拿防护面罩时，手中的焊接枪突然迸射出刺眼的火花，差点就焊到手，可把高凤林吓坏了，他后怕地关掉电源，坐在地上好一会儿才回过神来。

从此以后，为了练习手上功夫，高凤林改造了自己的生活，开始了长达几年的魔鬼训练：吃饭时拿着筷子练习送丝，喝水时就端着水杯练稳定，休息时就举着重物练习耐力，盯着一个物品眼也不眨地练习眼力，在手上绑沙袋，练习臂力和腕力等。几乎所有的同学都觉得他是个怪人，但他们不知道，高凤林的心中只有那凌驾云霄的火箭。

1980年，高凤林以过硬的操作水平和优异的文化课成绩从技工学校毕业，如愿地成为了中国运载火箭技术研究所的车间工人，被分配到火箭发动机焊接车间氩弧焊组。

1983年，"长征三号"火箭发动机的研制在最后阶段出现了问题，高凤林踊跃提出自己的意见和建议，帮助老前辈们打开了新的思路，并在之后和前辈们的沟通中承担焊接工作，成功解决了多项重大难题。也由此，让老前辈们看到了高凤林这个后生仔身上的闪光点。

1984年高凤林年仅22岁。这时的211厂中，有一项支柱民品：大型真空系列炉工段系统组。该项目填补了我国热处理工业的空白。为了了解软钎焊的知识，高凤林开始了没日没夜地学习。他白天研究机组，晚上就住在图书馆，还利用闲暇时间浏览专业技术资料。就这样，高凤林在历经数月艰苦学习后终于摸清了软钎焊加工的专业知识和原理。之后他更是爆发出了远超常人的"天赋"——仅仅用了三个小时就直接完成了焊接组装任务，使得产品的合格率大幅度提高，每年为国家节省70多万元的原材料。这一战，让他在焊接技术领域可谓是一战成名！

1988年，高凤林毅然离开211厂，来到北京联合大学学习机械制造和工艺，他白天在车间内观察学习，晚上结合书籍上的知识总结白天的所见所闻。四年间，高凤林如饥似渴地学习着新的知识，完善自己在机械方面的短缺。

在之后的运载火箭设计项目中，高凤林摸索出了以高强度脉冲焊配合打眼补焊的最佳工艺措施；火箭首台发动机试验成绩不理想，在众人多年心血即将化为乌有的危急时刻，他不惧艰险，成功将大喷管推上试车台，保证了准时完成研制任务。在"长二捆"全箭震动塔的焊接操作中，高凤林穿着防护服，顶着几百度的高温，进行了高难度的操作。由于一次小小的失误，高凤林的手上留下丑陋的疤痕，但他从来都不喊累，不喊疼。

至今，六十多岁的他仍然奋战在生产一线，承担着我国重器——发动机的生产工作，他时常在工作之余在车间内走一走、看一看，为我国熔焊业培养未来中坚力量。他的工作室内悬挂着一整面墙的奖状和勋章，这些闪闪发光的荣誉，承载着高凤林对于航天强国的伟大梦想。他说："岗位不同，作用不同，仅此而已，心中只要装着国家，什么岗位都光荣，有台前就有幕后。"

正如高凤林在家书中所说：只要中国的青年们，秉承着工匠精神一路向前，中国崛起的趋势，在工匠们的努力下，必然成为任何人也无法阻挡的事实！

项目一　材料工程安全常识

1.1.1　焊接技术安全常识

一、焊接过程中的安全

在焊接过程中，焊工要与电、可燃及易爆的气体、易燃的液体、压力容器等接触，焊接过程中有时还会产生有害气体、烟尘、电弧光的辐射、焊接热源（电弧或气体火焰）高温、高频磁场、噪声和射线等污染，有时焊工还要在高处、水下、容器设备内部等特殊环境作业。因此，如果焊工不熟悉相应的安全操作规程，不注意污染控制，不重视劳动保护，就可能引起触电、灼伤、火灾、爆炸、中毒、窒息等事故，这不仅会给国家财产造成损失，而且直接影响焊工及其他工作人员的人身安全。焊接安全标识如图1-1-1所示。

（a）触电　　　　（b）电弧光　　　　（c）灼伤　　　　（d）烟尘

图1-1-1　焊接安全标识

二、焊接安全用电常识

1. 电流对人体的伤害

电流对人体的伤害形式有电击、电伤、电磁场生理伤害。

严重的触电事故基本上是指电击，绝大部分触电死亡事故是由电击造成的。对于低压系统来说，在电流较小和通电时间不长的情况下，电流引起人的心室颤动是电击致死的主要原因。

2. 触电

1）触电事故

触电事故是电焊操作的主要危险。因为电焊设备的空载电压一般都超过安全电压，而且焊接电源与380V/220V的电力网络连接。一般我国常用的焊条电弧焊电源的空载电压：弧焊变压器为55～80V，弧焊整流器为50～90V。在移动和调节电焊设备，或更换焊条，或设备发生故障时，较高的电压就会出现在焊钳、焊枪、焊件及焊机外壳上。尤其是在容器、管道、船舱、锅炉内和钢架上进行焊接时，周围都是金属导体，触电危险性更大。

2）触电事故分类

触电事故分为直接电击和间接电击。

（1）直接电击。

直接触及电焊设备正常运行时的带电体或靠近高压电网和电气设备造成的电击称为直接电击。

（2）间接电击。

触及上述设备以外的带电体（正常时不带电，由于绝缘损坏或电气设备发生故障而带电的导体）发生的电击称为间接电击。

3）焊接时发生直接电击事故的原因

（1）更换焊条、电极和焊接操作中，身体某部位接触到焊条、焊钳或焊枪的带电部分，而身体其他部位对地和金属结构之间无绝缘防护。在金属容器、管道、锅炉、船舱中或金属结构上工作，或当身上大量出汗，或在阴雨天、潮湿地点焊接，或焊工未穿绝缘胶鞋的情况下，尤其容易发生这种触电事故。

（2）在接线、调节焊接电流和移动焊接设备时，身体某部位碰触到接线柱、极板等带电体而触电。

（3）在登高焊接作业时触及低压线路或靠近高压网络引起触电。

4）焊接时发生间接电击事故的原因

（1）电焊设备的机壳漏电，人体碰触机壳而触电。

机壳漏电的原因：线圈潮湿，绝缘损坏；设备长期超负荷运行或短路时间过长，致使绝缘烧损而漏电；设备遭受震动、碰击，使绝缘损坏；工作现场混乱，设备中掉进金属物品造成短路。

（2）由于电焊设备或线路发生故障而引起的事故，如焊机火线与零线接错，使机壳带电，人体碰触机壳而触电。

（3）电焊操作过程中，人体触及绝缘破损的电缆、破裂的胶木闸盒等而触电。

（4）由于利用厂房的金属结构、管道、轨道、天车吊钩或其他金属物件搭接作为焊接回路而发生的触电事故。

5）触电预防和急救常识

（1）焊工要掌握有关电的基本知识，以及预防触电和触电后的急救方法等知识。严格遵守安全操作规程，防止触电事故的发生。

（2）焊工的工作服、手套和绝缘鞋应保持干燥。

（3）在光线昏暗的场地或容器内操作时，使用的工作照明灯的安全电压应不大于36V，在高空或特别潮湿的场所工作时，其安全电压不超过12V。

（4）在潮湿场地工作时，应用干燥的木板或橡胶板等绝缘物作为垫板。

（5）推拉电源闸刀或接触带电物体时，手应干燥，且必须单手进行，以防止电流通过双手构成回路，造成触电事故。

（6）遇到焊工触电时，应先迅速切断电源，不可赤手去拉触电者，如果切断电源后触电者呈昏迷状态，应立即对其实施人工呼吸，直至送到医院为止。

三、焊接个人防护

1. 穿戴劳动保护用品

劳动保护就是为保障职工在劳动生产过程中的安全和健康而采取的一些相应措施。焊接劳动保护应贯穿在焊接工作的各个环节，能够采取的措施很多。在焊接过程中，焊接操作人员必须穿戴个人劳动保护（劳保）用品，如工作服、工作帽、电焊面罩（或送风头盔）、护目镜、电焊手套（或绝缘皮手套）、专用口罩、绝缘鞋及套袖等。常见焊工个人劳保用品如图1-1-2所示。

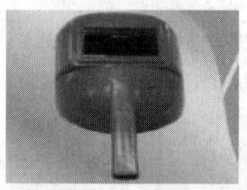
(a) 手持式面罩

(b) 头盔式面罩

(c) 护目镜

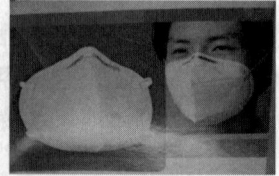
(d) 专用口罩

(e) 绝缘皮手套

图1-1-2　常见焊工个人劳保用品

进行高空焊接作业时，还需要戴安全帽、安全带等，所有的劳保用品必须符合国家标准，焊接操作人员要正确使用这些劳保用品，不得随意穿戴，这也是加强焊工自我防护，加强焊接劳动保护的主要措施。

2. 预防焊接辐射

焊接辐射主要包括可见光辐射、红外线辐射、紫外线辐射三种。焊工应采取以下措施预防焊接辐射：

（1）焊工必须使用有电弧防护玻璃的面罩。
（2）面罩应该轻便，成型合适，耐热，不导电，不导热，不漏光。
（3）焊工工作时，应穿白色帆布工作服，防止弧光灼伤皮肤。
（4）操作引弧时，焊工应注意周围的工人，以免强烈的弧光伤害他人眼睛。
（5）在厂房内和人多的区域进行焊接时，尽可能地使用防护屏，避免周围人受弧光伤害。
（6）进行重力焊或装配定位焊时，要特别注意弧光的伤害，因此要求焊工或装配工戴防弧光眼镜。

四、焊条电弧焊安全操作规程

1. 常规安全技术

（1）焊工必须按规定穿戴好劳保用品（工作服、绝缘鞋、工作帽和电焊手套等），并保持其干燥清洁。
（2）焊接前，应先检查设备和工具是否安全可靠。不允许未经检查就开始操作。
（3）焊机的安装、维修和检查应由电工进行，焊工不得擅自拆修。
（4）焊机的接线、移动、故障检修必须切断焊机电源开关方可进行。
（5）焊工开关电源闸刀时，要侧身对着闸刀，防止电弧火花烧伤面部。
（6）对工作场地内的易燃易爆物品必须做到心中有数或妥善处理，防止发生火灾或爆炸事故。
（7）焊工在操作或更换焊条时必须戴绝缘皮手套。带电情况下，不得将焊钳夹在腋下或将电缆绕挂在脖子上。
（8）特殊情况下（如夏天出大汗，衣服潮湿），切勿依靠在带电的工作台、焊件上或接触焊钳，以防发生触电事故。在潮湿地点焊接时，地面应铺橡胶板或其他绝缘材料。
（9）工作完毕必须清理好现场，离开作业现场必须切断电源，收拾好工具，防止留下事故隐患。
（10）一般情况下，照明时，其电压不得超过36V。

2. 设备安全检查

1）设备安全检查的必要性

焊接前，先检查焊机和工具的安全性、可靠性，是防止触电事故和其他设备、人身事故的非常重要的环节，防患于未然。

2）焊条电弧焊焊前检查项目

（1）检查电源的一次、二次绕组绝缘与接地情况（绝缘的可靠性、接线的正确性、电网电压与电源铭牌是否吻合）。
（2）检查电源接地的可靠性。
（3）检查噪声和震动情况。
（4）检查电流调节装置的可靠性。

（5）检查是否有绝缘烧损情况。
（6）检查是否有短路情况，焊钳是否放在被焊工件上。

五、气割材料及气瓶安全检查事项

1. 氧气

氧气是气焊、气割时必须使用的气体。氧在常温和标准大气压下是无色无味的气体，密度为 1.43kg/m³，比空气略重。当温度降到-183℃时，氧气由气态变成淡蓝色的液体。气焊和气割对氧气的要求是纯度越高越好。一般工业用氧气的纯度被分为两级：一级纯度的质量分数不低于 99.5%，常用于质量要求较高的气焊（气割）；二级纯度的质量分数不低于 98.5%，常用于没有严格要求的气焊（气割）。

2. 乙炔

乙炔在常温和标准大气压下为无色气体，它是一种带有特殊臭味的碳氢化合物，在标准状态下密度是 1.179kg/m³，比空气略轻。工业用的乙炔主要由分解电石而得到。乙炔是可燃性气体，与空气混合时所产生的火焰温度为 2350℃，而与氧气混合燃烧时产生的火焰温度却为 3000~3300℃，足以迅速熔化金属而进行焊接和切割。

乙炔是一种具有爆炸性的危险气体，当压强在 0.15MPa，温度达到 580~600℃时就会自行爆炸。乙炔与铜或银长期接触后会生成一种爆炸性的化合物。因此，使用乙炔必须注意安全。

3. 液化石油气

石油气的主要成分是丙烷、丁烷、丙烯等碳氢化合物。它在标准大气压下呈气态，当压力升到 0.8MPa~1.5MPa 时变为液态，即液化石油气。气态石油气略带臭味，标准状态下的密度为 1.8~2.5kg/m³，比空气重，与空气或氧气形成的混合气体具有爆炸性，但比乙炔安全。液化石油气在氧气中燃烧的速度和温度都比乙炔在氧气中燃烧的速度和温度低，它的燃烧温度为 2800~2850℃，用于气割时的预热时间稍长，但切割质量容易保证（割口光洁，质量好）。由于液化石油气价格低廉，比乙炔安全，作业质量又较好，气割时一般用它来代替乙炔。

4. 气瓶安全注意事项

（1）气瓶严禁接触、靠近油品、易燃物品。操作时人体（尤其是面部）要避开出气口及减压器表盘。

（2）夏季使用、运输及储放气瓶时要防暴晒，要远离热源。空、实瓶应分开放置。

（3）现场使用的气瓶应直立于地面或放置到专用瓶架上，防止滚动或倾倒。

（4）储运时瓶阀上应戴安全帽；瓶身上应装防震圈；装、卸车及运输时，应避免撞击，要轻装轻卸。

（5）冬季使用气瓶时若发生冻结或出气不畅，严禁用明火加热，只能用热水或蒸汽解冻。

1.1.2 铸造技术安全常识

（1）混砂时，注意检查设备线路是否正常。
（2）启动混砂机前，需要确认混砂机前是否站人，在确认安全后再开机。
（3）使用混砂机需要先开机，再加砂，防止因阻力过大，烧坏电机。
（4）造型时，造型工具使用完后应随手整理，不得随意乱丢乱放或随身携带。
（5）扣箱或翻箱时，动作要细致，防止碰到手脚。
（6）所有操炉、出水、抬包、浇铸等工作，应严格遵守操作规程。

(7) 工作场地应保持整洁,工具、工件使用完后应摆放整齐。

(8) 不得在铸造场地随意打闹、嬉戏。

1.1.3　材料成型及控制技术安全常识

由于热处理过程中会产生大量的有毒、有害的废气、废渣,直接危害人体健康和环境。因此在进行热处理操作时,必须注意安全文明生产和环境保护。

一、防火

必须经常检查生产现场的电线是否有老化、破损和短路现象,防止触电伤害,检查油槽是否溢出,油温是否安全,冷却系统是否安全可靠,检查现场消防安全设施是否完备和能否正常工作。

二、防爆

现场使用的乙炔等气体属于易燃易爆气体,稍有不慎就会发生起火或者爆炸,易燃易爆气体的使用必须严格按照操作规程操作,对于潮湿的工具和零件,若未经干燥直接放入盐浴炉中,其上的水分会因受热而汽化,体积急剧膨胀,发生爆炸或喷爆,灼伤工作人员,因此,所有的工具和零件入炉前必须经过烘干处理。

三、防毒

热处理过程中使用的有些介质含有剧毒,如氯化钡、亚硝酸盐等,加上高温下产生的有害气体、生产过程中产生的有毒废水,都对人体有极大的伤害,生产现场必须保证通风,下班后必须注意清洁和清洗工作。

四、个人防护

为防止烧伤、烫伤、机械损伤、中毒等人身事故,操作者必须正确穿戴劳保用品,注意安全生产。

1.1.4　理化检测安全常识

一、化学实验室安全常识

进行化学实验,经常要使用水、电、煤气、各种仪器,以及易燃、易爆、有腐蚀性或有毒的药品等,实验室安全极为重要。如不遵守安全规则而发生事故,不仅会导致实验失败,而且还会伤害人的健康,并给国家财产造成损失。因此,进行化学实验必须做到认真预习,熟悉各种仪器、药品的性能,掌握实验中的安全注意事项。实验中集中精力,严格遵守操作规程。此外,还必须了解实验室一般事故的处理等安全知识。

二、化学实验安全常识

(1) 实验开始前,检查仪器是否完整无损,安装是否正确。了解实验室安全用具放置的位置,熟悉各种安全用具(如灭火器、砂桶、急救箱等)的使用方法。

(2) 实验进行时,不得擅自离开岗位。水用完立即关闭。实验结束后,值日生和最后离开实验室的人员应再一次检查水龙头等是否被关好。

(3) 决不允许任意混合各种化学药品,以免发生事故。

（4）浓酸、浓碱等具有强腐蚀性的药品，切勿溅在皮肤或衣服上，尤其不可溅入眼中。

（5）极易挥发和引燃的有机溶剂（如乙醚、乙醇、乙酮、苯等），使用时必须远离明火，用后要立即塞紧瓶塞，放在阴凉处。

（6）加热时，要严格遵守操作规程。制备或使用具有刺激性、毒性的气体时，必须在通风橱内进行。

（7）实验室内任何药品不得进入口中或接触伤口，有毒药品更应特别注意。废液不得直接倒入水槽，以防与水槽中的残酸作用而产生有毒气体。实验时应注意防止污染环境，增强自身的环境保护意识。

（8）实验室电气设备的功率不得超过电源负载能力。使用电气设备前应检查是否漏电，常用仪器外壳应接地。使用电气设备时，人体与其导电部分不能直接接触，也不能用湿手接触电器插头。

（9）进行危险性实验时，应使用防护眼镜、面罩、手套等防护用具。

三、实验意外事故处理

（1）割伤：先取出伤口内的异物，然后抹上红汞药水或撒上消炎粉后用纱布包扎。

（2）烫伤：可先用稀 $KMnO_4$ 或苦味酸溶液冲洗灼伤处。再在伤口处抹上黄色的苦味酸溶液、烫伤膏或万花油，切勿用水冲洗。

（3）酸蚀伤：先用大量水冲洗，然后用饱和 $NaHCO_3$ 溶液或稀氨水洗，最后再用水冲洗。

（4）碱蚀伤：先用大量水冲洗，再用约 0.3mol/L 的醋酸溶液洗，最后再用水冲洗。如果碱溅入眼中，则先用硼酸溶液洗，再用水洗。

（5）吸入刺激性、有毒气体如 Cl_2、HCl 气体、溴蒸气：可吸入少量酒精和乙醚的混合蒸汽解毒。吸入 H_2S 气体而感到不适时，立即到室外呼吸新鲜空气。

（6）毒物进入口中：若毒物尚未咽下，应立即吐出来，并用水冲洗口腔；如已咽下，应设法促使呕吐，并根据毒物的性质服解毒剂。

（7）起火：若因酒精、苯、乙醚等起火，立即用湿抹布、石棉布或砂子覆盖燃烧物。火势大时可用泡沫灭火器。若遇电气设备引起的火灾，应先切断电源，用二氧化碳灭火器或四氯化碳灭火器灭火，不能用泡沫灭火器，以免触电。

（8）触电：首先切断电源，必要时进行人工呼吸。

（9）若伤势较重，则应立即送医院。火势较大，则应立即报警。

1.1.5 质检安全常识

一、无损检测安全常识

由于无损检测涉及电流、磁场、放射线、紫外线、铅蒸汽、溶剂和粉尘，操作既要安全地进行，保护自身安全，又要顾及设备和他人的安全。

二、放射操作安全常识

（1）放射工作人员必须取得相关工作资质后方可上岗，无证不得上岗。

（2）工作人员必须首先了解所用探伤机的性能及操作程序。

（3）探伤期间工作人员必须正确佩戴射线剂量报警器。

（4）每次探伤时必须有安全警戒人员携带射线剂量报警器在"相对危险区"周围进行巡视，

防止他人误入而受到超剂量照射。

（5）上高压前必须检查人员是否全部撤离"相对危险区"，严禁随便开机，贴片人员必须携带射线剂量报警器，开机时，应缓慢升高压、电流。

（6）当发生事故后，当事人应及时向单位和当地放射防护机构汇报并及时采取妥善措施，尽量减少和消除事故的危害和影响，迅速呈报并接受放射防护机构的监督及调查。

三、表面探伤安全常识

（1）渗透探伤所用的渗透探伤剂，除干粉显像剂、乳化剂及压力喷罐内使用的氟利昂气体是不可燃性物质外，其他大部分试剂都是可燃的。因此，在使用这些可燃性渗透探伤剂时，一定要和使用普通油类或有机溶剂一样，采取必要的防火措施。

（2）渗透探伤剂应储存于密封的容器中，并置于冷暗处，避免接触烟火、热风、直射阳光等。压力喷罐严禁在高温处存放，因为在高温时，罐内的压力将增大，有发生自燃爆炸的危险。因为压力喷罐内充填渗透探伤剂的同时，还要充填丙烷气或氟利昂等高压液化气，渗透探伤剂一般都可燃，充填丙烷等后，着火可能性更大，所以操作压力喷罐制品时，必须充分注意防火。

（3）使用可燃性渗透探伤剂时，不仅必须充分注意防火，而且为了防止万一，还应该在操作现场及渗透探伤剂储存处设置灭火器。

（4）避免在火焰附近以及在高温环境下进行表面探伤，如果环境温度超过50℃，应特别引起注意。操作现场禁止明火存在。

（5）渗透探伤使用的有机溶剂往往对人体有害，因此，应采取积极的卫生安全防护措施。工作现场应增设必要的通风装置，降低毒物在工作场所空气中的浓度。

（6）配置个人防护用品，如口罩、防毒面具、橡皮手套、防护服、防护眼镜等。

（7）使用荧光探伤剂时，应尽量避免使操作人员暴露在强紫外线辐射之中，防止眼球产生眼球荧光效应。如果黑光屏蔽罩破裂失效，不得投入使用。

（8）磁粉探伤设备的接地绝缘电阻要符合标准要求，保证设备在无短路和接线无松动时使用，尤其在使用水磁悬液时，绝缘不良会产生电击伤人。

（9）磁悬液中含油基载液、荧光磁粉、润湿剂、防锈剂、消泡剂等，作为一种组合物，长期使用会除去皮肤中的天然油，引起皮肤的干裂，磁悬液进入口腔和眼睛会刺激眼睛或引起喉和胃的不良反应，所以应避免吸入溶剂蒸汽。

项目二　智能焊接技术

1.2.1　焊接简介

一、焊接的概念

焊接，也称作熔接，是一种以高温或者高压的方式接合金属或其他热塑性材料（如塑料）的制造工艺及技术。也可以理解为焊接是将两种或两种以上材质（同种或异种），通过加热或加压或二者并用的方式，来达到原子间的结合而形成永久性连接的工艺过程。

焊接是现代工业一种重要的连接加工方法，同时也是一种精确、可靠、低成本、高科技的材料连接方法。现代工业生产的各行业直接或间接地都离不开焊接。没有焊接，就没有现代工业文明,也没有现代的生活方式。

现在全世界约 45%的钢铁和有色金属需要通过焊接才能变为可以使用的最终产品。

二、焊接的特点

1. 焊接的优点

(1) 连接性能好、密封性好、抗压能力强。

(2) 省料,质量轻,成本低。

(3) 加工装配工具简单,生产周期短。

(4) 易于实现机械化和自动化。

2. 焊接的缺点

(1) 焊接结构是不可拆卸的,更换修理不便。

(2) 接头的组织和性能发生变化,往往是越变越坏。

(3) 产生焊接残余应力和焊接变形。

(4) 产生焊接缺陷,如裂纹、未焊透、夹渣、气孔等。

三、焊接技术发展历史

我国古代焊接技术约发明于西周晚期,春秋战国时期就较广地使用起来。从焊料成分看,其大体可区分为铅锡焊、铜焊、银焊三种类型。春秋之前主要使用铅锡焊,战国早期出现了铜焊,关于银焊的记载始见于明。我国古代焊接的造渣剂主要是硼砂,此外还使用过硇砂等。焊接的具体操作约有三种:即高温浇焊、高温点焊、汞齐粘焊。

明·宋应星《天工开物》卷十"锤锻·治铜"条云:"用锡末者为小焊,用响铜末者为大焊(原注:碎铜为末,用饭粘和打,入水洗去饭,铜末具存,不然则撒散)。若焊银器,则用红铜末。"此"响铜"意即用来制作响器(打击乐器)的铜,即高锡青铜。看来,此用"锡末"的小焊约与今软钎焊相当,其强度较低;用响铜末的"大焊"约与今硬钎焊的铜焊相当,其强度稍高。以下为焊接技术发展的历程。

(1) 公元前 3000 多年:埃及出现了锻焊技术。

(2) 公元前 2000 多年:华夏的殷朝采用铸焊制造兵器。

(3) 公元前 200 年前:中华民族已经掌握了青铜的钎焊及铁器的锻焊工艺,如图 1-2-1 所示。

(4) 1881 年:法国人 De Meritens 发明了最早的碳弧焊机,如图 1-2-2 所示。

 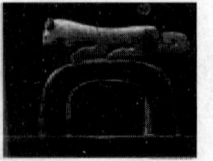

图 1-2-1 青铜钎焊和铁器锻焊工艺制品

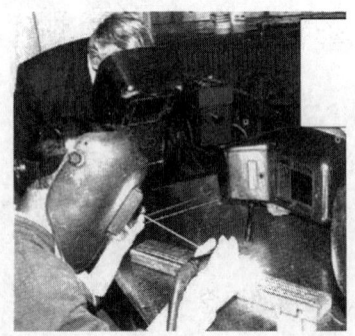

图 1-2-2 最早的碳弧焊机

(5) 1888 年:俄罗斯人 Н.г.Славянов 发明金属极电弧焊。

(6) 1912 年:美国福特汽车公司为了生产著名的 T 型汽车,如图 1-2-3 所示,在自己工厂的实验室里完成了现代焊接工艺。

（7）1917年：第一次世界大战期间，协约国阵营使用电弧焊修理了109艘从德国缴获的船用发动机，并使用这些修理后的船只把50万美国士兵运送到了法国，如图1-2-4所示。

图1-2-3 福特T型汽车

图1-2-4 用电弧焊修理船用发动机

（8）大约1920年：第一艘使用焊接方法制造的油轮Poughkeepsie Socony号在美国下水，如图1-2-5所示。

（9）1930年：罗比诺夫发明了埋弧焊。

（10）1941年：美国人Meredith发明了氩弧焊。

（11）1947年：Ворошевич（沃罗舍维奇）发明了电渣焊。

（12）1957年：《焊接》创刊，这是中国第一本焊接专业杂志。

（13）1962年：气电立焊（如图1-2-6所示）的专利权被授予了比利时人Arcos。

图1-2-5 焊接方法制造的油轮

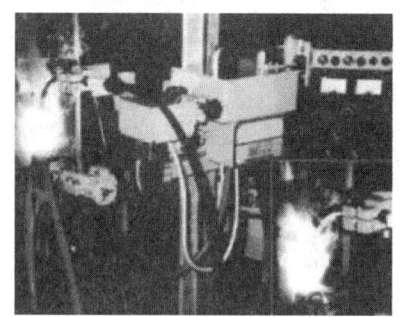
图1-2-6 气电立焊

（14）1962年：电子束焊接首先在超音速飞机和B-70轰炸机上正式使用，如图1-2-7所示。

（15）1965年：采用了焊接技术的Appllo 10号宇宙飞船登月成功，如图1-2-8所示。

图1-2-7 电子束焊接

图1-2-8 采用了焊接技术的Appllo 10号宇宙飞船

（16）1967年：日本人荒田发明了连续激光焊。

（17）1983年：埋弧焊和气体保护焊被用于航天飞机上直径为160英尺的瓣状结构的圆形

顶部，如图 1-2-9 所示。

（18）1984 年：宇航员 Svetlana Savitskaya 在太空中进行焊接试验，如图 1-2-10 所示。

图 1-2-9　埋弧焊和气体保护焊在航天飞机上的应用

图 1-2-10　太空中进行焊接试验

（19）1988 年：焊接机器人开始在汽车生产线中大量应用，如图 1-2-11 所示。

（20）1991 年：英国焊接研究所发明了搅拌摩擦焊，成功地焊接了铝合金平板，如图 1-2-12 所示。

图 1-2-11　焊接机器人

图 1-2-12　搅拌摩擦焊

（21）1993 年：机器人控制的 CO_2 激光器被用于焊接美国陆军 Abrams 型主战坦克，如图 1-2-13 所示。

（22）1996 年：以乌克兰巴顿焊接研究所 B.K.Lebegev 院士为首的研制小组开发了人体组织的焊接技术。

（23）2001 年：人体组织焊接成功应用于临床。

（24）2002 年：三峡水轮机焊接完成，这是当时已建造和正在建造的世界上最大的水轮机转子，如图 1-2-14 所示。

图 1-2-13　激光在焊接中的应用

图 1-2-14　当时世界上最大的水轮机转子

（25）2011 年：中国—乌克兰巴顿焊接研究所在广州成立，专门研究人体组织的焊接技术。

四、焊接的分类、操作方法及应用领域

1. 焊接的分类

在工业生产中应用的焊接方法有很多，根据焊接过程中金属所处的状态不同，可以把焊接分为熔化焊、压焊和钎焊三大类。

1）熔化焊

熔化焊是利用局部加热使连接处的母材金属熔化，加入（或不加入）填充金属而使焊件结合的方法，是工业生产中应用最广泛的焊接工艺方法，如焊条电弧焊（用于铁床、火车）等。熔化焊的特点是焊件间的结合为原子结合，焊接接头的力学性能较好，生产率高，缺点是产生的应力、变形较大。

2）压焊

压焊是在焊接过程中对焊件施加压力，再以加热或不加热的方式完成焊接的方法，如电阻焊等。虽然压焊的焊缝结合亦为原子结合，但其焊接接头的力学性能较熔化焊稍差，适合于小型金属件的加工，压焊焊接变形极小，机械化、自动化程度高。

3）钎焊

钎焊采用熔点比母材金属低的金属材料作为钎料，将焊件和钎料加热到高于钎料熔点、低于母材熔点的温度，利用液态的钎料润湿母材，填充接头间隙并与母材相互扩散实现连接。钎焊的特点是加热温度低，接头平整、光滑，外形美观，应力及变形小，但是钎焊接头强度较低，装配时对装配间隙要求高。

2. 焊接的方法

焊接的方法有很多，常见焊接方法如图 1-2-15 所示。

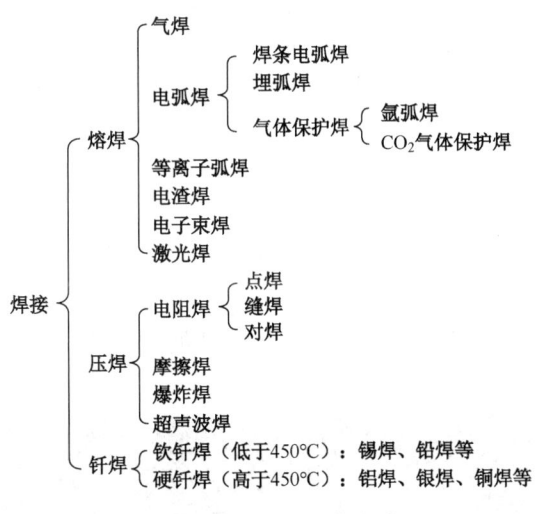

图 1-2-15　常见焊接方法

3. 焊接的应用领域

1）焊接在建筑中的应用

民用高层建筑、大型公共建筑和重型厂房等建筑均采用各种形式的钢结构，这些型材的接头大多数需要焊接且焊接位置多变，如图 1-2-16 所示。

东方明珠电视塔　　　　　　　　鸟巢体育馆

图 1-2-16　焊接在建筑中的应用

2）焊接在海上工程中的应用

目前的钻井平台主要由各种不同规格的厚壁管相贯组焊而成，其接缝轨迹多为马鞍曲线，且焊接的空间狭窄，难以进行自动化焊接而必须采用焊条电弧焊，如图 1-2-17 所示。

3）焊接在各种容器制造中的应用

在各种大型液化气储罐、锅炉、压力容器的制造中都需要用到焊接。液化气储罐壳体的材料必须选用低温钢，这对焊条的低温性能和质量都提出了苛刻的要求。为使焊接接头达到预期的设计寿命，必须采用镍基合金焊条进行焊接。

压力容器壳体上的各种接管、附件和内部设备等都广泛采用焊接，如图 1-2-18 所示。

图 1-2-17　焊接在钻井平台上的应用　　　　图 1-2-18　焊接在压力容器上的应用

4. 焊接在航空、航天工程中的应用

焊接技术是航空、航天领域的重要连接技术，在航空、航天材料加工过程中，处于重要地位，它在促进航空、航天制造技术的发展中发挥着越来越重要的作用。可以预见，我国航空、航天工业在突飞猛进的焊接技术的推动下定将取得快速发展。如图 1-2-19 所示为中国空间站和大飞机 C919。

中国空间站　　　　　　　　　　大飞机 C919

图 1-2-19　焊接在航空、航天中的应用

1.2.2 焊条电弧焊

一、焊条电弧焊的概念

焊条电弧焊只是熔化焊大类里的焊接方法之一。焊条电弧焊是指手工操纵焊条进行焊接的电弧焊方法。焊条电弧焊在各种电弧焊方法中应用最广泛。

采用焊条电弧焊时焊接电源的输出端两根电缆分别与焊条、焊件连接，组成了包括电源、焊接电缆、焊把（焊钳）、地线夹头、焊件和焊条在内的闭合回路，即焊接回路，如图 1-2-20 所示。

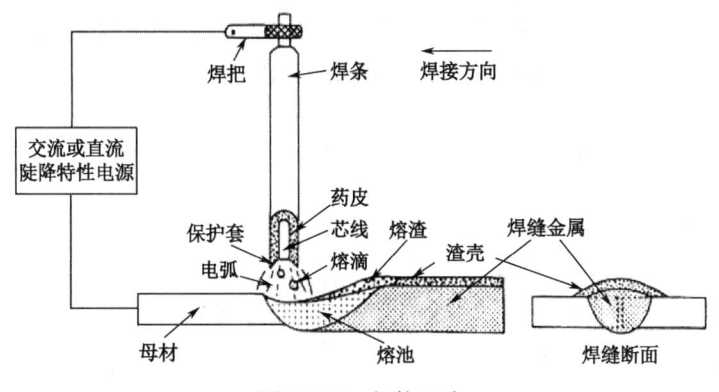

图 1-2-20　焊接回路

二、焊条电弧焊特点

焊条电弧焊的焊接过程是从电弧引燃开始的。炽热的电弧将焊条端部和电弧下面的焊件表面熔化，在焊件上形成具有一定几何形状的液体金属部分（熔池）。熔化的焊芯以滴状通过电弧过渡到熔池中，与熔化的焊件互相结合，冷却凝固后即形成焊缝。显然，熔池由熔化了的焊件与焊芯共同组成，焊接时，焊条药皮分解，形成气体与溶渣，对焊接区起到保护作用，并使熔池部分脱氧、净化。

随着电弧沿焊接方向前移，焊件和焊芯不断熔化而形成新的熔池，原有熔池则因电弧远离而冷却，凝固后形成焊缝，从而将两个分开的焊件连接成一体，如图 1-2-21 所示。

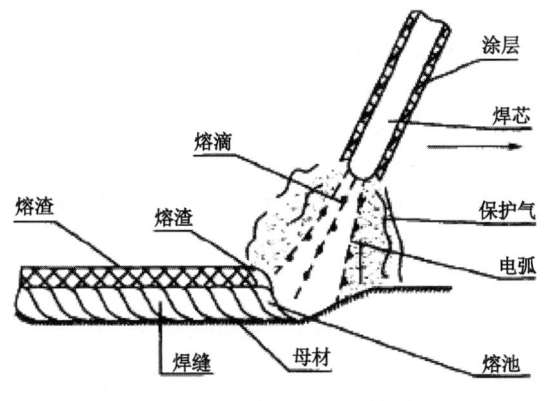

图 1-2-21　焊条电弧焊焊接过程

三、焊条电弧焊的优缺点

1. 优点

1）设备简单、维护方便

焊条电弧焊可用交流焊机或直流焊机进行，装卸设备都比较简单，投资少，而且维护方便，这是它应用广泛的原因之一。

2）操作灵活

凡是焊条能够达到的空间任意位置均能够进行焊接。

3）应用范围广

选用合适的焊条不仅可以焊接低碳钢、低合金钢、高合金钢、有色金属等同种金属，而且还可以焊接异种金属。同时还可以在普通碳素钢上堆焊具有耐磨、耐腐蚀等特殊性能的材料，在锅炉及压力容器制造、机械制造等方面得以广泛应用。

4）工艺实用性强

对不同种类焊条及不同厚度的钢材，可以选择不同工艺进行焊接。

2. 缺点

1）对焊工要求高

焊条电弧焊的焊接质量除了和焊条、焊接参数及焊接设备相关外，主要靠焊工的操作技术和经验来保证。在相同的工艺条件下，一名操作技术好、经验丰富的焊工能焊出外形美观、质量优良的焊缝；而一名操作技术差、没有经验的焊工焊出的焊缝可能不合格。

2）劳动条件差

焊条电弧焊主要依靠焊工的手工操作控制焊接的全过程，所以在整个焊接过程中，焊工处于手脑并用、精力高度集中的状态，而且受到高温烘烤，很多情况下还需要在含有有毒物质或金属的氧、氮化合物的蒸汽环境中工作，焊工的劳动条件是比较差的，特别是焊工职业病发病率较高，因此，要加强劳动保护。

3）生产效率低

焊条电弧焊是手工劳动，辅助时间较多，如更换焊条、清理熔渣、打磨焊缝等，焊材利用率不高，熔敷率较低，难以实现机械化和自动化，所以生产效率较低。

四、焊条电弧焊焊接参数的选择

焊条电弧焊焊接参数包括：焊条种类、牌号和直径，焊接电流的种类、极性和大小，电弧电压，焊道层次等。选择合适的焊接参数，对提高焊接质量和生产效率是十分重要的。

五、焊接电弧的引燃

1. 引燃电弧的条件

引燃电弧的条件是存在两个电极，两个电极之间存在气体电离和阴极发射电子。

2. 引弧

1）引弧操作姿势

引弧操作的姿势很重要，找准引弧位置，身心放松，精力集中，操作时主要是手腕运动，动作幅度不能过大。

2）引弧安全技术

正确穿戴劳保用品；劳保用品必须完好无损；清理工作场地，不得有易燃易爆物品；检查焊机和所使用的工具；操作时必须先戴面罩然后才开始引弧，避免电弧光直射眼睛。

3. 引弧的方法

焊条电弧焊常用的引弧方法为接触引弧，即先使电极与焊件短路，再拉开电极引燃电弧，根据操作手法不同又可分为直击法和划擦法。

（1）直击法。使焊条与焊件表面垂直地接触，当焊条的末端与焊件表面轻轻一碰，便迅速提起焊条，并保持一定距离（2~4mm），即可引燃电弧，如图1-2-22所示。操作时必须掌握好手腕上下动作的时间和距离。

（2）划擦法。先将焊条末端对准焊件，然后将焊条在焊件表面划擦一下，当电弧引燃后，趁金属还没有开始大量熔化的一瞬间，立即使焊条末端与焊件表面的距离维持在2~4mm的距离，电弧就能稳定地燃烧，如图1-2-23所示。操作时手腕顺时针方向旋转，使焊条端头与焊件接触后再离开。

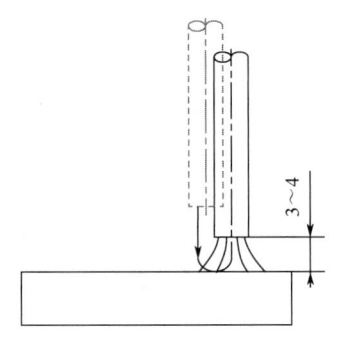
图1-2-22　直击法

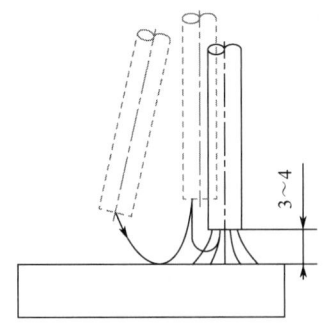
图1-2-23　划擦法

引弧时，如果焊条和焊件粘在一起，只要将焊条左右摇动几下，就可脱离焊件，如果这时还不能脱离焊件，就应立即将焊钳放松，使焊接回路断开，待焊条稍冷后再拆下。如果焊条粘住焊件的时间过长，则会产生过大的短路电流烧坏焊机，所以引弧时，手腕动作必须灵活和准确，而且要选择好引弧起始点的位置，一般在离焊缝端头20mm左右引弧。

4. 运条

焊接过程中，焊条相对焊缝所做的各种动作的总称叫运条。常用的运条方法有以下几种，如图1-2-24所示。

1）直线运条法

焊接时，焊条不做横向摆动，只沿焊接方向做直线移动。

2）直线往复运条法

焊接时，焊条的末端沿着焊缝的纵向做来回的直线运动。

3）锯齿形运条法

焊接时，焊条末端做锯齿形连续摆动及向前运动，并在拐点处稍做停留。摆动的目的是为了控制熔化金属的流动和得到必要的焊缝宽度，以获得较好的焊缝形状。

4）月牙形运条法

焊接过程中，焊条的末端沿着焊接方向做月牙形的左右摆动。

5）三角形运条法

焊接时，焊条末端做连续的三角形运动，并不断地向前移动。按摆动方式不同，这种运条的方法又可分为斜三角形运条法和正三角形运条法两种。

6）圆圈形运条法

焊接时，焊条末端做圆圈形运动，并不断前移。

7)"8"字形运条法

焊接时,焊条末端连续做"8"字形运动,并不断前移。

运条方法		运条示意图	适用范围
直线形运条法		 →	1)3~5mm 厚度、不开坡口对接平焊 2)多层焊的第一层焊道 3)多层多道焊
直线往返形运条法		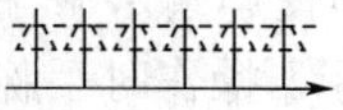	1)薄板焊 2)对接平焊(间隙较大)
锯齿形运条法			1)对接接头(平焊、立焊、仰焊) 2)角接接头(立焊)
月牙形运条法			
三角形运条法	斜三角形		1)角接接头(仰焊) 2)对接接头(开坡口横焊)
	正三角形	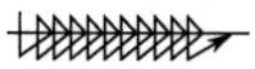	1)角接接头(立焊) 2)对接接头
圆圈形运条法	斜圆圈形		1)角接接头(平焊、仰焊) 2)对接接头(横焊)
	正圆圈形		对接接头(厚焊件平焊)
八字形运条法		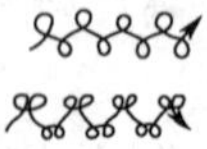	对接接头(厚焊件平焊)

图 1-2-24 常用运条方法

六、焊缝连接

进行焊条电弧焊时,对于一条较长的焊缝,一般都需要几根焊条才能焊完,换焊条时,后焊焊缝与先焊焊缝的连接处称为焊缝的接头,接头如果操作不当,极易造成气孔、夹渣以及外形不良等缺陷,接头的焊接应力求均匀,防止产生过高、脱节、宽窄不一致等缺陷。焊缝的连接有四种形式,如图 1-2-25 所示,分别为中间接头、相背接头、相向接头、分段退焊接头。

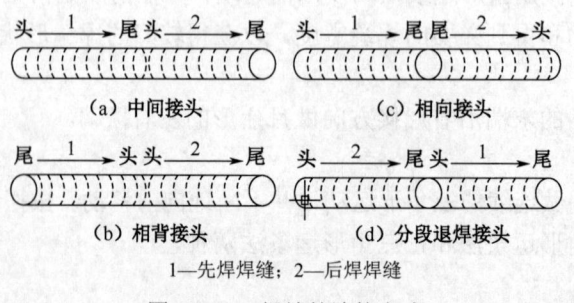

1—先焊焊缝;2—后焊焊缝

图 1-2-25 焊缝的连接方式

七、焊缝的收尾

焊缝的收尾也称收弧，不仅是为了熄灭电弧，还要将弧坑填满，收弧一般有三种方法。

1. 划圈收弧法

在焊接厚板时，当焊至焊缝终点，使焊条末端做圆圈运动，直到熔滴填满弧坑，再拉断电弧，如图 1-2-26 所示。

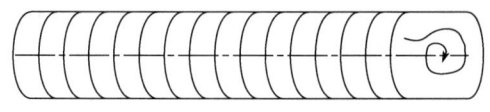

图 1-2-26　划圈收弧法

2. 反复收弧法

在大电流焊接和薄板焊接时，当焊至焊缝终点，在弧坑上反复数次熄弧引弧，直到填满弧坑为止，如图 1-2-27 所示，此法不适用于碱性焊条。

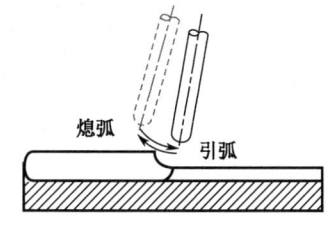

图 1-2-27　反复收弧法

3. 回焊收弧法

在使用碱性焊条焊接时，当焊至焊缝终点时，即停止运条，但不熄弧，此时适当改变焊条角度，如图 1-2-28 所示。焊条由位置 1 转到位置 2，待填满弧坑后再转到位置 3，然后慢慢地拉断电弧。

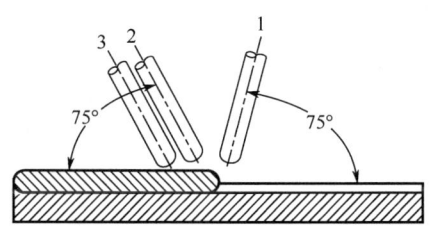

图 1-2-28　回焊收弧法

1.2.3　焊接模拟器

一、焊接模拟器的组成

（1）电子屏面罩，如图 1-2-29 所示。
（2）电子焊钳（把），如图 1-2-30 所示。
（3）路由器、电源插头、数据线，如图 1-2-31 所示。
（4）变位操作支架，如图 1-2-32 所示。

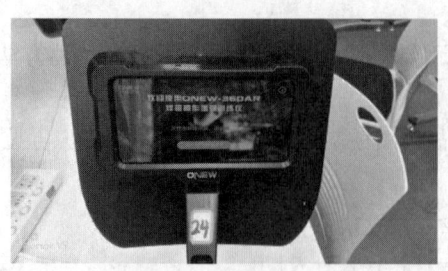

图 1-2-29　电子屏面罩

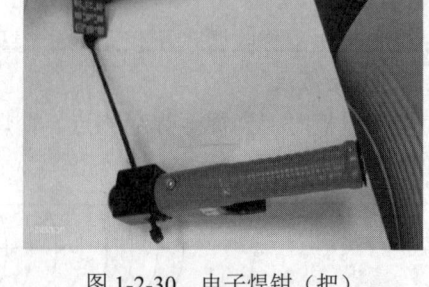

图 1-2-30　电子焊钳（把）

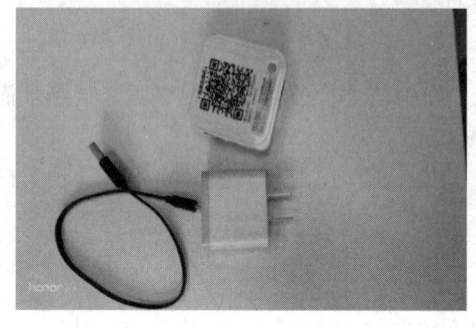

图 1-2-31　路由器、电源插头、数据线

图 1-2-32　变位操作支架

（5）操作机箱，如图 1-2-33 所示。
（6）气保电子屏焊枪，如图 1-2-34 所示。

图 1-2-33　操作机箱

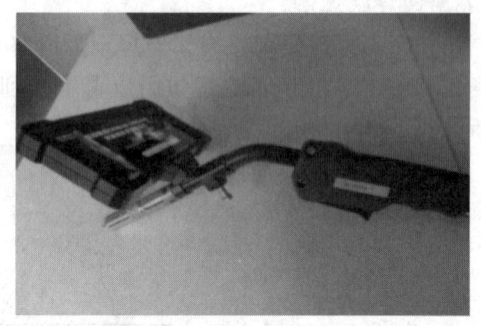

图 1-2-34　气保电子屏焊枪

二、虚拟实训要求

运用焊接模拟器进行焊条电弧焊虚拟实训操作的要求如下：
（1）请依照产品使用说明书开启焊接模拟器及焊枪、焊钳，并检查设备是否正常连接。
（2）使用设备时，请按照界面提示对焊枪、焊钳进行连接。
（3）请勿暴力操作设备（如操作面板上的触摸屏、焊枪、焊钳等）。
（4）确保设备电量充足，使用后请及时充电。
（5）随时保持双手、工具、操作台等的清洁，树立良好的专业形象。
（6）操作人员需要经过培训后方可进行操作。
（7）操作结束后需要关闭设备电源，工具归位。
（8）操作结束后需要清洁设备，保持设备整洁并做好区域内卫生。
（9）当设备出现故障时，请关闭设备电源，请专业修理人员进行维修，禁止自行拆卸设备。

（10）虚拟实训结束后，应及时进行学生总结和教师点评。

虚拟实训操作过程如图 1-2-35 所示。

（a）模拟练习

（b）老师指导练习

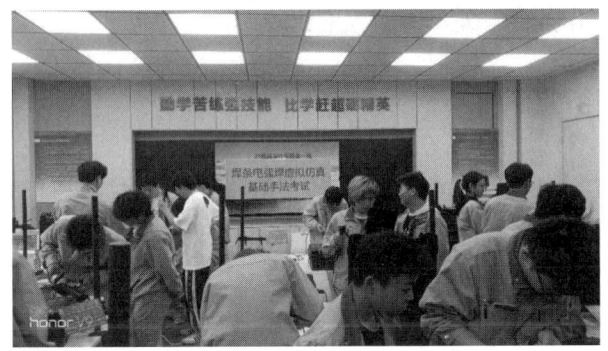

（c）练习后考核

图 1-2-35　虚拟实训操作过程

项目三　现代铸造技术

1.3.1　铸造基础知识

一、铸造生产概述

铸造是熔炼金属并将液态金属浇铸到与零件形状相适应的铸造空腔中，待其凝固后获得具有一定形状和性能的铸件的成型方法。铸件一般是毛坯，经切削加工等才能成为零件。对精度和表面粗糙度要求较低时，或经过特种铸造方法铸造时，也可直接使用铸件。铸造生产方法有很多，常见的有两类。

1. 砂型铸造

砂型铸造是用型砂形成铸造空腔（型腔）的铸造方法。型砂来源广泛，价格低廉，且该法适应性强，因而是目前生产中用得最多、最基本的铸造方法。

2. 特种铸造

特种铸造是与砂型铸造不同的其他铸造方法，如熔模铸造、金属型铸造、压力铸造、低压铸造和离心铸造等。

二、铸造的特点

1. 优点

（1）可以制成外形和内腔十分复杂的铸件，如各种箱体、床身、机架等。

（2）适用范围广，可铸造不同尺寸、质量及形状的铸件；也适用于不同材料，如铸铁、铸钢、非铁合金。

（3）原材料来源广泛，还可利用报废的机件或切屑；工艺设备费用少，成本低。

（4）所得铸件与零件尺寸较接近，可节省金属的消耗，减少切削加工工作量。

2. 缺点

（1）铸件组织的晶粒比较粗大，且内部常有缩孔、缩松、气孔、砂眼等铸造缺陷，因而铸件的机械性能一般不如锻件。

（2）铸造生产工序繁多，工艺过程较难控制，致使铸件的废品率较高。

（3）铸造工人的工作条件较差、劳动强度比较大。

1.3.2 铸造成型理论基础

在液态金属成型过程中，金属铸造性能的优劣对能否获得优质铸件有着重要影响。金属铸造性能包括充型能力、收缩、偏析、氧化和吸气性能等。充型能力及收缩性能是影响成型工艺及铸件质量的两个最基本的因素，许多工艺参数及工艺方案（如熔炼和浇铸温度、浇冒系统位置及尺寸等）的设定和铸造缺陷（如冷隔、浇不足、缩松、缩孔、变形、裂纹等）的产生都与其有关。

一、充型能力

液态金属充满型腔，获得形状完整、轮廓清晰的铸件的能力，称为金属的充型能力。金属充型能力不足时，铸件易形成冷隔、浇不足等缺陷。金属的充型能力首先取决于其本身的流动性，同时又受某些工艺因素的影响。

1. 流动性

1）概述

金属的流动性是指金属在液态时的流动能力。金属具有良好的流动性，不仅易于获得形状复杂、轮廓清晰的薄壁铸件，而且有利于气体和夹杂物在凝固过程中向液面上浮和排出，有利于补缩，从而能有效地防止铸件出现冷隔、浇不足、气孔、夹渣及缩孔等铸造缺陷。因此，金属流动性是衡量金属的铸造性能优劣的主要标准之一。

流动性的优劣通常用浇铸螺旋形流动性试样的方法来衡量。它是将液态金属在相同的浇铸温度或相同的过热度条件下，浇铸成如图 1-3-1 所示的试样，浇铸的试样越长，说明流动性越好。表 1-3-1 为常用金属流动性的比较。

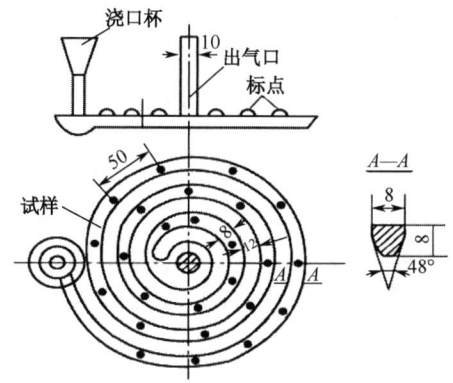

图 1-3-1　浇铸螺旋形流动性试样

表 1-3-1　常用金属流动性的比较

合金种类	铸型种类	浇注温度（℃）	螺旋线长度（m）
铸铁 C+Si=6.2%	砂型	1300	1800
C+Si=5.9%	砂型	1300	1300
C+Si=5.2%	砂型	1300	1000
C+Si=4.2%	砂型	1300	600
铸钢 C=0.4%	砂型	1600	100
	砂型	1640	200
铝硅合金（铝硅明）	金属型（300℃）	680～720	700～800
镁合金（含 Al 及 Zn）	砂型	700	400～600
锡青铜（Sn=10%,Zn=2%）	砂型	1040	420
硅黄铜（Si=1.5～4.5%）	砂型	1100	1000

2）流动性的主要影响因素

（1）金属的成分。金属的流动性主要取决于金属的成分。不同成分的金属具有不同的结晶特性。

（2）金属的物理性质。与金属的流动性有关的金属的物理性质有比热容、密度、导热系数、结晶潜热和黏度等。

（3）金属的温度。在一定温度范围内，金属的流动性随其温度的升高而大幅上升。如果金属的温度过高，会造成金属的严重氧化、吸气，易使铸件产生气孔、夹渣、黏砂、缩松、缩孔等铸造缺陷。因此浇铸液态金属的温度必须合适。

2. 充型能力的影响因素

金属的充型能力主要取决于金属本身的流动性和各种工艺因素。对于流动性较差的金属，可通过改善工艺条件来提高其充型能力。影响金属充型能力的工艺因素主要有如下几项。

1）铸型性质

在液态金属充型时，凡是增加液态金属的流动阻力，降低其流动速度，及加快其冷却的因素，均降低充型能力。

（1）铸型的蓄热系数。铸型的蓄热系数越大，即铸型从液态金属吸收并储存热量的能力越强，铸型对液态金属的冷却能力越强，使金属保持在液态的时间就越短，充型能力就越差，如液态金属在金属型中的充型能力比其在砂型中的充型能力差。

（2）铸型的透气性。在液态金属的热作用下铸型中将产生大量的气体，如果铸型的排气能力差，铸型中气体的压力增大，则阻碍液态金属充型。因而在铸造时，应设法减少铸型中的气体，提高其透气性，必要时可在远离浇口的最高部位开出气口。

（3）铸型温度。铸型温度越高，铸型对液态金属的冷却能力越差，可使金属较长时间保持液态，因而提高了其充型能力。

（4）铸件结构。铸件结构越复杂，铸件壁厚越薄，液态金属充型越困难。

2）浇铸条件

（1）浇铸系统的结构。浇铸系统越复杂，液态金属流动的阻力越大，其充型能力越差。在设计浇铸系统时，必须合理地布置内浇道在铸件上的位置，选择恰当的浇铸系统结构及各组元的尺寸。

（2）充型压力。浇铸时，液态金属所受的静压力越大，其充型能力就越好。在砂型铸造中，常用加高直浇道等工艺措施提高液态金属所受的静压力；在压力铸造和低压铸造等特种铸造中，液态金属在压力下充型，能有效地提高其充型能力。

（3）浇铸温度。浇铸温度越高，金属的流动性越好。因而提高浇铸温度能显著地提高液态金属的充型能力。实际生产中提高液态金属的充型能力主要是通过提高浇铸温度来实现的。但对铸件质量而言，并非浇铸温度越高越好，应在保证充型能力的前提下，采用较低的浇铸温度。

（4）外力场。外力场是指压力、真空、离心、振动等的影响。

综上所述，对影响因素的分析，其目的在于掌握它们的规律以后，能够采取有效的工艺措施提高液态金属的充型能力。

二、铸件的凝固与收缩

随着温度的降低，浇入铸型的液态金属将发生凝固，并伴随着收缩过程，金属从液态转变为固态的状态变化，称为一次结晶或凝固，许多常见的铸造缺陷，如浇不足、缩孔、缩松、热裂、析出性气孔、偏析、非金属夹杂等，都是在凝固过程中产生的。所以，认识铸件的凝固规律，研究凝固过程的控制途径，对于防止产生铸造缺陷、改善铸件组织、提高铸件的性能，从而获得健全、优质的铸件，有着十分重要的意义。

1. 铸件的凝固方式及影响因素

在铸件的凝固过程中，其断面上一般存在固相区、凝固区和液相区三个区域，其中，对铸件质量影响较大的是液相和固相并存的凝固区的宽窄。铸件的"凝固方式"就是依据凝固区的宽窄来划分的。凝固方式分为：逐层凝固、糊状凝固、中间凝固。

2. 金属的收缩

液态金属浇入铸型后，由于铸型的吸热，金属温度下降，空穴数量减少，金属中原子间距缩短，金属的体积减小。温度继续下降时，金属开始凝固，发生由液态到固态的状态变化，金属体积进一步减小。金属凝固完毕后，在固态下继续冷却时，原子间距还要缩短，其体积继续减小。

铸件在液态、凝固态和固态冷却的过程中所发生的体积减小现象称为收缩。收缩是金属本身的物理性质。

收缩是铸件中许多缺陷（如缩孔、缩松、热裂、应力、变形和冷裂等）产生的根本原因。任何一种液态金属注入铸型以后，从浇铸温度冷却到常温都要经历液态收缩、凝固收缩、固态收缩三个互相联系的收缩阶段。金属在不同阶段的收缩特性是不同的，而且对铸件质量也有不同的影响。

1）液态收缩

收缩是指液态金属从浇铸温度冷却到液相线温度过程中的收缩。浇铸温度高，过热度大，液态收缩程度就大。

2）凝固收缩

凝固收缩是指金属凝固过程中的收缩。单质金属的凝固收缩是由于状态的改变，与温度无关；具有结晶温度范围的合金，其凝固收缩是由状态改变和温度下降两个因素决定的。液态收缩和凝固收缩使金属体积缩小，一般表现为铸型内液面降低，因此常用单位体积收缩量（即体收缩率）来表征。体积缩小是铸件产生缩孔和缩松的基本原因。

3）固态收缩

固态收缩是指金属从固相线温度冷却到室温时的收缩。固态收缩通常直接表现为铸件外形尺寸的减小，故一般用线收缩率来表征。线收缩率对铸件形状和尺寸精度影响很大，是铸造应力变化、变形和裂纹等缺陷产生的基本原因。影响收缩的因素有化学成分、浇铸温度、铸件结构和铸型条件等。

三、铸件常见缺陷

1. 铸件中的缩孔与缩松

铸件在凝固过程中，由于金属的液态收缩和凝固收缩，往往在铸件最后凝固的部位出现空洞，容积大而集中的空洞称为集中性缩孔，简称缩孔，缩孔的形成如图 1-3-2 所示。

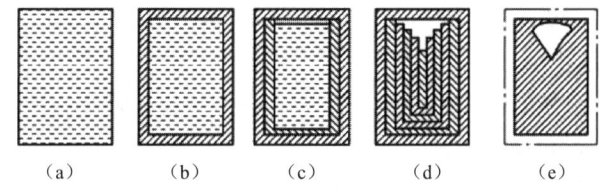

图 1-3-2 缩孔的形成

细小而分散的孔洞称为分散性缩孔，简称缩松，其形成如图 1-3-3 所示。缩松的形状不规则，表面不光滑，可以看到发达的树枝状末梢，故可以和气孔区别开来。

图 1-3-3 缩松的形成

在铸件中存在任何形态的缩孔和缩松，都会减小铸件的有效受力区域，以及在缩孔和缩松处产生应力集中现象，而使铸件的机械性能显著降低。由于缩孔和缩松的存在，还会降低铸件的气密性和物理化学性能。因此，缩孔和缩松是铸件的主要缺陷之一，因此，在铸件中必须设法防止缩孔和缩松。铸件生产中常采用顺序凝固原则，也称为定向凝固原则，铸件先凝固部位的收缩，由后凝固部位的金属液来补充；后凝固部位的收缩，由冒口中的金属液来补充，最后将缩孔和缩松转移到冒口之中，从而获得优质铸件，如图 1-3-4 所示。

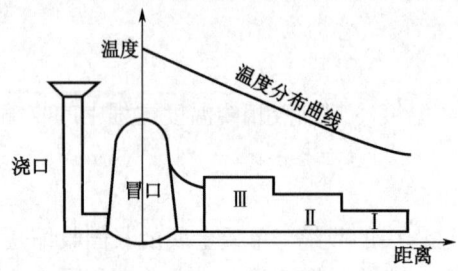

图 1-3-4 缩孔、缩松的防止措施

2. 铸造应力、变形和裂纹

铸件凝固后将在冷却至室温的过程中继续收缩，若收缩受到阻碍，或有些合金发生固态相变而引起收缩或膨胀，会使铸件内部产生内应力。铸件内应力是铸件产生变形和裂纹的主要原因。

1）内应力的分类

按照产生原因，内应力可分为热应力和机械应力两种。

（1）热应力。

由于铸件的壁厚不均匀、各部分冷却速度不同，造成在同一时期内铸件各部分收缩不一致而引起的内应力，称为热应力。

（2）机械应力。

铸件的收缩受到铸型、型芯及浇铸系统的机械阻碍而形成的内应力，叫机械应力。铸型或型芯退让性良好，机械应力则小。

2）裂纹的产生与防止

当铸件内应力超过金属的强度极限时，铸件会产生裂纹。裂纹是铸件的严重缺陷，多使铸件报废。裂纹可分为热裂和冷裂两种。

（1）热裂。热裂指铸件在凝固后期高温下产生的裂纹，主要是由于收缩受到机械阻碍而产生的。热裂的形态特征是裂纹短，缝隙宽，形态曲折，缝内呈氧化色、无金属光泽，裂口沿晶界产生和发展等。热裂在铸钢和铝合金铸件中常见。防止热裂的主要措施：使铸件的结构合理；合理选用型砂或芯砂的黏结剂，以改善其退让性；大的型芯可保持中空或在内部填以焦炭；严格限制铸钢和铸铁中硫的含量；选用收缩率小的金属。

（2）冷裂。冷裂是在低温下形成的裂纹，常出现在铸件受拉伸部位，特别是在应力集中的地方。冷裂的形态特征是裂纹细小，呈连续直线状，缝内干净，有时呈轻微氧化色。壁厚差别大，形状复杂或大而薄的铸件易产生冷裂，特别是应力集中处（如尖角、缩孔、夹渣等缺陷附近）。

防止冷裂的主要措施有尽量减小铸件内应力或降低金属脆性；控制钢、铁中的含磷量。

3. 铸件气孔

铸件中往往有各种气体，以不同的形式存在着，它们对铸件的质量有不同程度的影响。气体在铸件中有固溶体、化合物和气孔三种形态。气孔既代表铸件中气体存在的一种形态，也可以指代气体在铸件中形成的孔洞。气孔破坏了金属的连续性，减少了有效的承载区域，并引起应力集中，因而降低了铸件的机械性能，特别是使铸件的冲击韧性和疲劳强度显著降低。弥散性气孔还可促使微型缩松的形成，降低了铸件的气密性。按照气体的来源，气孔可分为侵入气孔、析出气孔和反应气孔三类。

1.3.3 金属的熔炼

熔炼的目的是要获得符合要求的金属熔液。不同类型的金属，需要采用不同的熔炼方法及设备。例如，钢的熔炼采用转炉、平炉、电弧炉、感应电炉等；铸铁的熔炼多采用冲天炉；而非铁金属（如铝合金、铜合金等）的熔炼，则用坩埚炉。

一、铝合金的熔炼

铝合金的熔炼一般在坩埚炉内进行，根据所用热源不同，有焦炭坩埚炉、电阻坩埚炉等不同形式，图 1-3-5 为焦炭坩埚炉、图 1-3-6 为电阻坩埚炉，铝合金的熔炼过程如图 1-3-7 所示。

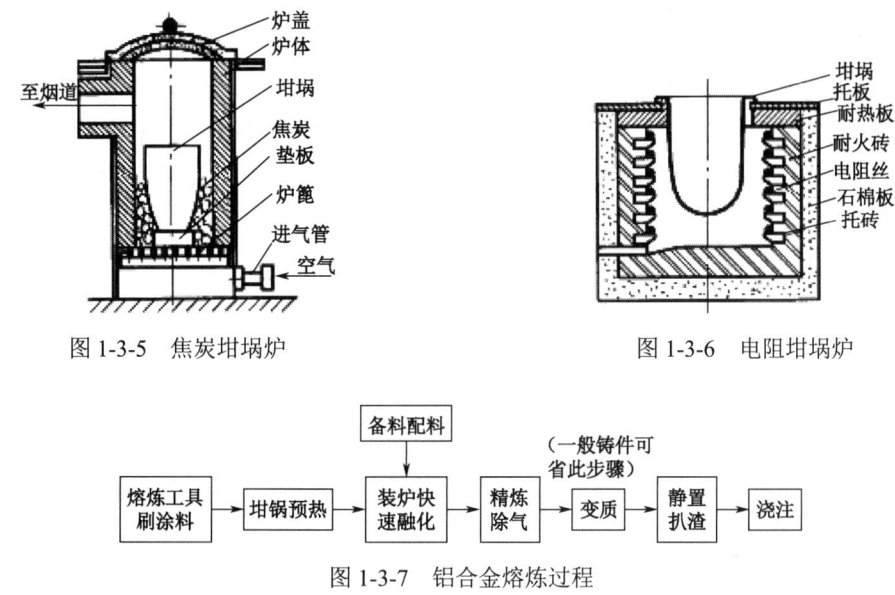

图 1-3-5　焦炭坩埚炉　　　　　　　图 1-3-6　电阻坩埚炉

图 1-3-7　铝合金熔炼过程

二、铸铁的熔炼

在铸造生产中，铸铁件占铸件总质量的 70%~75%，其中绝大多数采用灰口铸铁。铸铁熔炼一般采用冲天炉。

在冲天炉熔炼过程中，炉料从加料口加入，自上而下运动，被上升的高温炉气预热，温度升高；鼓风机鼓入炉内的空气使底焦燃烧，产生大量的热。当炉料下落到底焦顶面时，开始熔化。铁水在下落过程中被高温炉气和灼热焦炭进一步加热（过热），过热的铁水温度可达 1600℃左右，然后经过过桥流入前炉。此后铁水温度稍有下降，最后出铁温度为 1380~1430℃。

1.3.4 砂型铸造

砂型铸造是将液态金属浇铸到砂型型腔内，从而获得铸件的生产方法。砂型铸造是传统的铸造方法，它适用于各种形态、大小及各种合金铸件的生产。掌握砂型铸造是合理选择铸造方法和正确设计铸件的基础。砂型铸造生产过程如图 1-3-8 所示。

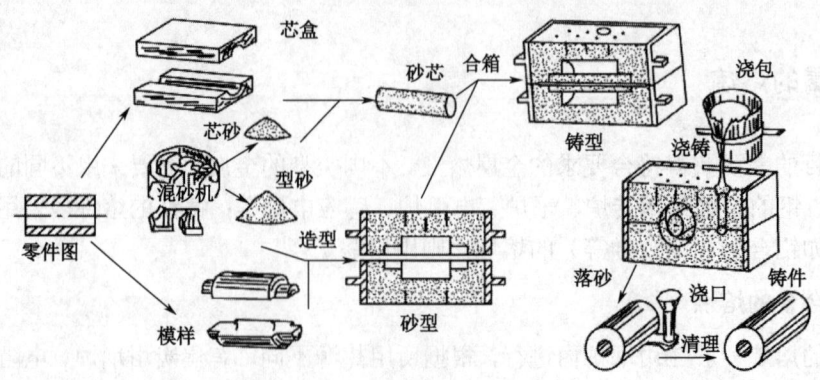

图 1-3-8　砂型铸造生产过程

一、铸型结构

铸型是根据零件形状用造型材料制成的，铸型可以是砂型，也可以是金属型。砂型是由型砂（芯砂）作为造型材料制成的，用于浇铸液态金属，以获得形状、尺寸和质量符合要求的铸件。铸型一般由上型、下型、型芯、型腔和浇铸系统等组成，如图 1-3-9 所示。

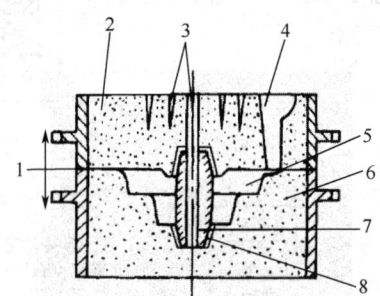

1—分型面；2—上型；3—出气孔；4—浇铸系统；5—型腔；6—下型；7—型芯；8—芯头系统

图 1-3-9　铸型

二、造型材料

1. 造型材料的概念

造型材料是指用于制造砂型（芯）的材料，主要包括型砂和芯砂。

2. 型砂

型砂主要由原砂、黏结剂、附加物、水、旧砂按比例混合而成。根据型砂中采用黏结剂种类的不同，型砂可分为黏土砂、树脂砂、水玻璃砂、油砂等。

3. 型砂与芯砂的性能

型砂与芯砂应具备如下性能：足够的强度；较高的耐火性；良好的透气性；较好的退让性。

4. 手捏法检验型砂

生产中常用手捏法来粗略判断型砂的某些性能，如用手抓起一把型砂，紧捏时感到柔软容易变形；放开后砂团不松散、不黏手，并且手纹清晰；把它折断时，断面平整、均匀并没有碎裂现象，同时能感到具有一定强度，就认为型砂具有了合适的性能，手捏法检验型砂的方法如图 1-3-10 所示。

型砂湿度适当时可用手捏成砂团　　手放开后可看出清晰的手纹　　折断时断处没有碎裂现象同时有足够的强度

图 1-3-10　手捏法检验型砂

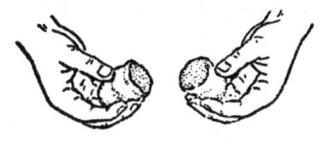

三、模样和芯盒的制造

模样是铸造生产中必要的工艺装备。对具有内腔的铸件，铸造时内腔由型芯形成，因此还要制备造型芯用的芯盒。制造模样和芯盒常用的材料有木材、金属和塑料。在设计和制造模样和芯盒时，必须先设计出铸造工艺图，然后根据铸造工艺图制造模样和芯盒。在设计铸造工艺图时，要考虑下列因素：（1）分型面的选择；（2）拔模斜度；（3）加工余量；（4）收缩量；（5）铸造圆角；（6）芯头。

砂型铸造的各种图纸如图 1-3-11 所示。

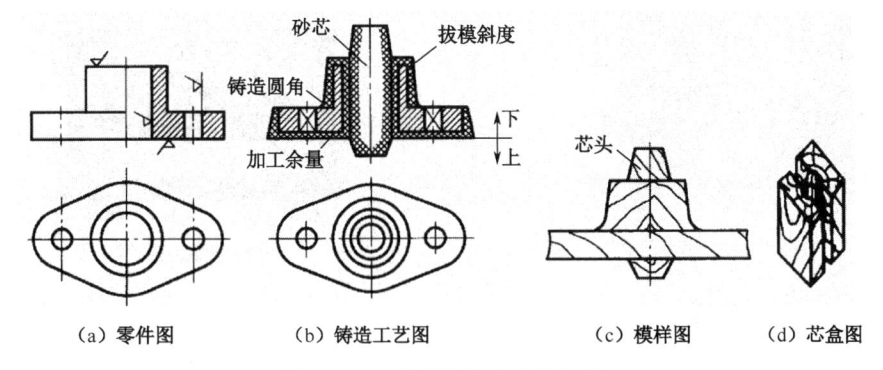

（a）零件图　　（b）铸造工艺图　　（c）模样图　　（d）芯盒图

图 1-3-11　砂型铸造的各种图纸

四、造型

用型砂及模样等制造铸型的过程称为造型。造型可分为手工造型和机器造型两大类。

1. 手工造型

如图 1-3-12 所示为部分手工造型工具。

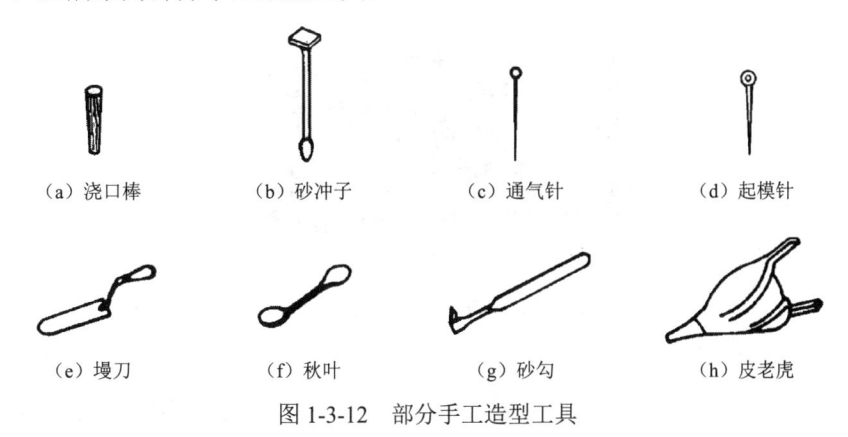

（a）浇口棒　　（b）砂冲子　　（c）通气针　　（d）起模针

（e）墁刀　　（f）秋叶　　（g）砂勾　　（h）皮老虎

图 1-3-12　部分手工造型工具

1）整模造型

整模造型的特点是操作简单；模样为整体结构，最大截面在模样一端为平面；分型面多为平面。整模造型适用于形状简单的铸件，如盘、盖类，如图 1-3-13（a）所示。

2）分模造型

采用分模造型时，模样是分开的，模样的分开面（分型面）必须是模样的最大截面，以利于起模，如图 1-3-13（b）所示。

3）活块造型

模样上可拆卸或能活动的部分叫活块。当模样上有妨碍起模的侧面伸出部分（如小凸台）时，常将该部分做成活块，如图 1-3-13（c）所示。

4）挖砂造型

铸件按结构特点需要采用分模造型，但由于条件限制（如模样太薄，制模困难）仍做成整模时，为便于起模，下型分型面需要挖成曲面或有高低变化的阶梯形状（称不平分型面），这种方法叫挖砂造型，如图 1-3-13（d）所示。

5）三箱造型

用三个砂箱制造铸型的过程称为三箱造型，如图 1-3-13（e）所示。

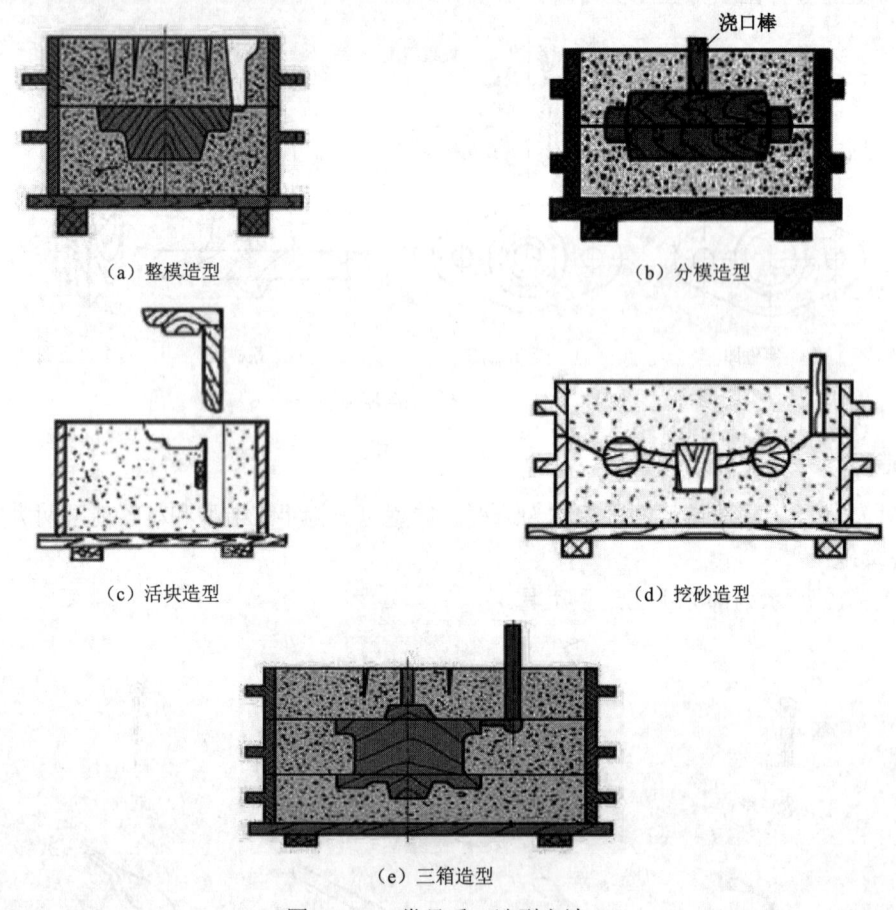

(a) 整模造型

(b) 分模造型

(c) 活块造型

(d) 挖砂造型

(e) 三箱造型

图 1-3-13 常见手工造型方法

2. 机器造型

手工造型生产率低，铸件表面质量差，要求工人技术水平高，劳动强度大，因此在批量生产中，一般均采用机器造型。机器造型是将造型过程中的主要操作（紧砂与起模）以机械化实现的造型过程。根据紧砂和起模方式不同，机器造型可分为气动微震压实造型、射压造型、高压造型、抛砂造型等。

1.3.5 特种铸造

随着科学技术的发展和生产水平的提高,相关行业对铸件质量、生产率、劳动条件和生产成本有了进一步的要求,因而铸造方法有了长足的发展。所谓特种铸造,是指有别于砂型铸造方法的其他铸造工艺。目前特种铸造方法已发展到几十种,常用的有熔模铸造、金属型铸造、离心铸造、压力铸造、低压铸造、陶瓷型铸造,另外还有实型铸造、磁型铸造、石墨型铸造、反压铸造、连续铸造和挤压铸造等。

一、压力铸造

1. 压力铸造的概念

压力铸造是在高压作用下将液态金属以较高的速度压入高精度的型腔内,力求使液态金属在压力下快速凝固,以获得优质铸件的高效率铸造方法。它的基本特点是高压(5MPa～150MPa)和高速(5～100m/s)。

2. 压铸机

压力铸造的基本设备是压铸机。压铸机可分为热室压铸机和冷室压铸机两大类,冷室压铸机又可分为立式和卧式(如图1-3-14所示)等类型,但它们的工作原理基本相似。

图 1-3-14 卧式冷室压铸机

压铸型是压力铸造生产铸件的模具,主要由活动半型和固定半型两大部分组成。固定半型固定在压铸机的定型座板上,由浇道将压铸机压射室与型腔连通。活动半型随压铸机的动型座板移动,完成开合型动作(如图1-3-15所示)。完整的压铸型组成中包括型体部分、导向装置、抽芯机构、顶出铸件机构、浇铸系统、排气和冷却系统等部分。

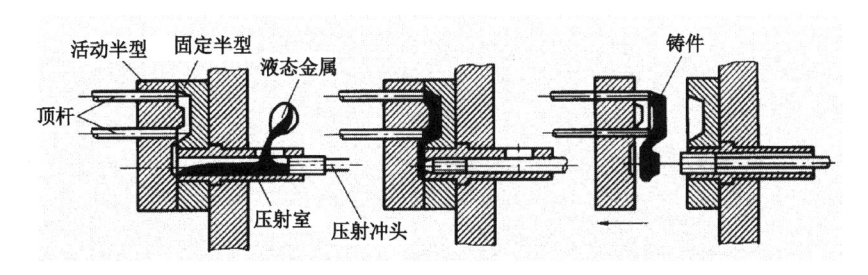

图 1-3-15 压力铸造过程示意图

3. 压力铸造的特点

压力铸造的优点是铸件精度高、强度高、硬度高、生产率高;缺点是存在无法克服的皮下气孔,且塑性差;设备投资大,应用范围较窄(适于低熔点的合金和较小的、壁薄且均匀的铸件)。

二、熔模铸造

1. 熔模铸造的概念

熔模铸造指用易熔材料（蜡或塑料等）制成精确的可熔性模型，并涂以若干层耐火涂料，经干燥、硬化，形成整体的型壳，加热型壳，去掉易熔材料，剩下的部分经高温焙烧而成耐火型壳，在耐火型壳中浇铸铸件。

2. 熔模铸造的特点

熔模铸造的铸件尺寸精度高，表面粗糙度低；适用于各种合金的铸造、各种生产批量；但其生产工序繁多，生产周期长，铸件不能太大。熔模铸造的工艺过程如图1-3-16所示。

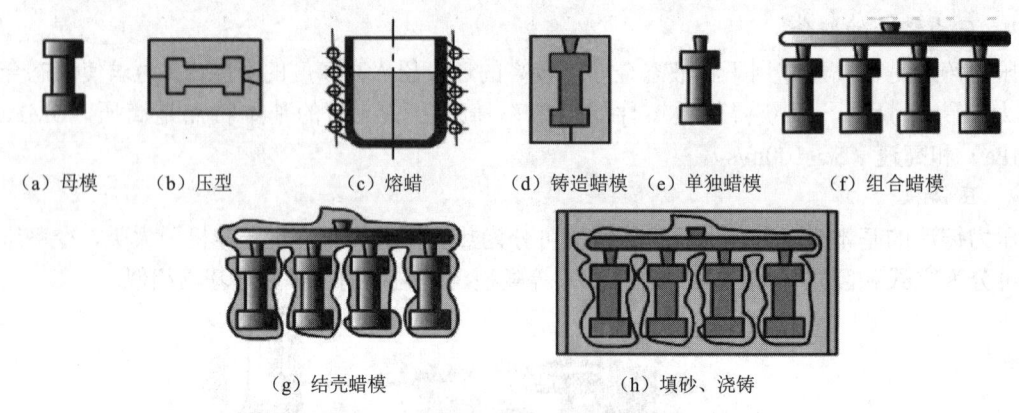

(a) 母模　　(b) 压型　　(c) 熔蜡　　(d) 铸造蜡模　(e) 单独蜡模　(f) 组合蜡模

(g) 结壳蜡模　　　　　　(h) 填砂、浇铸

图 1-3-16　熔模铸造工艺过程示意图

三、离心铸造

离心铸造指将液态金属浇入高速旋转（250～1500r/min）的铸型中，使其在离心力作用下填充铸型并结晶的铸造方法，如图1-3-17所示。用离心铸造生产中空圆筒形铸件的效果较好。离心铸造不需要型芯，没有浇冒口，工艺简单，出品率高，且具有较高的生产率。

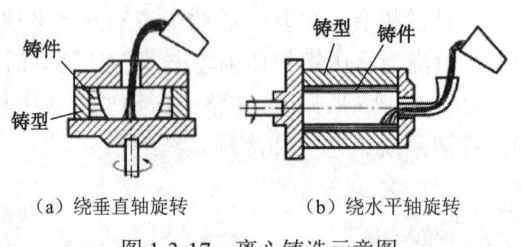

(a) 绕垂直轴旋转　　　　(b) 绕水平轴旋转

图 1-3-17　离心铸造示意图

1.3.6 铸造技术发展趋势

随着科学技术的进步和国民经济的发展，相关行业对铸造提出优质、低耗、高效、少污染的要求。铸造技术向以下几个方面发展。

1. 向机械化、自动化方向发展

随着汽车工业等大批量制造的要求的提出，各种新的造型方法（如高压造型、射压造型、气冲造型等）和制芯方法被进一步开发和推广，同时，铸造技术向着机械化、自动化方向发展。

2. 特种铸造工艺的发展

随着现代工业对铸件的比强度、比刚度的要求增加，以及无切削加工的发展，特种铸造工艺向大型铸造方向发展。铸造柔性加工系统逐步推广，逐步适应多品种、少批量的产品升级换代需求。复合铸造技术（如挤压铸造和熔模真空吸铸）和一些全新的工艺方法（如超级合金等离子滴铸工艺）逐步进入应用。

3. 特殊性能合金的应用

球墨铸铁、合金钢、铝合金、钛合金等高比强度、比刚度的材料逐步进入应用。新型铸造功能材料，如铸造复合材料、阻尼材料，以及具有特殊磁、电、热性能的材料和耐辐射材料进入铸造成型领域。

4. 微电子技术的应用

铸造生产的各个环节已开始使用微电子技术，如铸造工艺及模具的 CAD 及 CAM，凝固过程的数值模拟，铸造过程的自动检测与控制，铸造工程 MIS，各种数据库及专家系统，以及机器人的应用等。

项目四 材料成型及处理技术

1.4.1 材料概述

一、材料发展历史

在人类发展的历史长河中，每一个发展时期都有对应当时生产力发展水平的材料。中华民族在人类历史上为材料的发展和应用做出过重大贡献。早在新石器时代，中华民族的先人就能用陶土烧制陶器，到东汉时期，中华大地上又出现了瓷器，并流传海外，成为瓷器的发源地。瓷器于 9 世纪传到非洲东部和阿拉伯国家，13 世纪传到日本，15 世纪传到欧洲。瓷器成为中华文化的象征，对世界文明产生了极大的影响。在中华大地上，青铜的冶炼在夏朝以前就开始了，到殷、西周时期已发展到很高的水平。青铜主要用于制造各种工具、食器、兵器等，如图 1-4-1 所示为瓷器——梅瓶，如图 1-4-2 所示为青铜食器——鼎（dǐng）、簋（guǐ），如图 1-4-3 所示为青铜兵器——戈（gē）、斧、钺（yuè）。

图 1-4-1 瓷器

图 1-4-2 青铜食器

图 1-4-3　青铜兵器

发展到今天，材料的多样化程度已经不能仅仅使用青铜或铁器等字样来表达了。对材料的研究已经发展为一门与一切工程领域密切相关的、涉及基础和应用的科学。

材料在人们的生产、生活中占有重要地位，我们每天所接触到的不同物品，都是由各种材料所构成的。一种新材料的发现带动了一个新产业兴起的事例举不胜举。例如，20 世纪中叶开始的对半导体材料的研究，拉开了计算机、信息产业技术革命的序幕。可以肯定地说，世界范围内的半导体材料研究热和不断完善的材料制造技术，对信息产业的蓬勃发展起到了推波助澜的作用。现在，人们仍然在不断地研究、开发出新的材料，这些新材料也在推动人类文明不断进步。

二、材料学科和材料科学

材料科学是研究、开发、生产和应用金属材料、高分子材料和复合材料等的工程科学。材料学科的教学目标是培养从事新型材料的研究和开发、材料的制备、材料特性分析和改性、材料的有效利用等方面的高级工程技术人才。

1.4.2　高分子材料

一、概述

地球上的生命体究其根本都是由高分子材料组成的，而人类的衣食住行所需的棉花、蚕丝、淀粉、蛋白质、木材、天然橡胶等都是天然高分子材料。我们可以毫不夸张地说，如果没有高分子材料，就不会有生命，因此高分子材料同人类的关系非常密切。但是，由于科学认识上的局限性和高分子材料本身的复杂性，人类对高分子材料的研究起步很晚，而合成高分子材料从问世到今天也还不到一个世纪。然而，在这短短的几十年中，合成高分子材料的发展速度却远远超过其他传统材料。如按体积计算，全世界塑料的产量在 20 世纪 90 年代初已超过钢铁，说明高分子材料在世界经济发展中的作用已变得越来越重要。

1. 高分子材料科学
1）概述
高分子材料科学是以研究高分子材料基本规律为内容，促进高分子材料工业发展为目的的科学，是一门理论和应用紧密结合的科学。
2）研究领域
高分子材料科学主要包括高分子化学、高分子物理和高分子工程等几个领域。高分子化学是高分子材料科学的基础，主要研究高分子化合物的分子设计、合成及改性，为高分子材料科学研究提供新化合物、为国民经济发展提供新材料及合成方法。高分子物理主要研究聚合物结构、性能、表征及其相互关系，并以此来指导高分子材料的分子设计及合成反应、高分子材料的加工过程、高聚物的合理使用。高分子工程主要研究聚合反应工程、高分子成型加工工程及相应的理论、方法，是高分子材料科学与高分子工业间的衔接点。因此，高分子材料科学是一门具有很强交叉性的科学。

2. 高分子材料的分类

根据高分子材料的来源，可以将高分子材料分为天然高分子材料、人造高分子材料和合成高分子材料。高分子材料科学研究的主要对象是合成高分子材料和人造高分子材料。

1）天然高分子材料

高分子材料在自然界的存在是相当普遍的，天然高分子材料是指自然界中存在的高分子材料。天然高分子材料是指以"由重复单元连接成的线形长链"为基本结构的高分子量化合物，是存在于动植物体内的高分子物质。天然高分子材料可分为天然纤维、天然树脂、天然橡胶、动物胶等。

自然界动植物（包括人类在内）的组成中，高分子材料（化合物）占主要成分。生物的物质基础是各种高分子化合物与一些小分子的组合，生命现象则可以看成是这些物质相互作用的物理、化学现象。

2）人造高分子材料

人造高分子材料是将天然高分子材料经化学处理后制成的。世界上第一种人造高分子材料是硝酸纤维素，它是将天然的纤维素（如棉花）经过含硝酸和硫酸的硝化混合物处理后得到的纤维素。

3）合成高分子材料

对自然界存在的天然高分子材料的研究受到自然条件的极大限制，天然高分子材料在数量和质量上都不能满足人类社会飞速发展的需要。同时，大量使用天然高分子材料也造成自然资源的极大浪费。从这个意义上讲，合成高分子材料的出现提高了人类合理利用资源的有效性，更有利于经济的综合、平衡发展。合成高分子材料经过近一个世纪的发展，性能已得到极大提高，在某些方面比天然高分子材料更胜一筹。至于合成高分子材料的应用所带来的"白色污染"问题，只要做好废弃物的回收和综合利用，"白色污染"就不难解决。所以，应大力地发展并合理地使用合成高分子材料，取各自之所长，物尽其用。

3. 高分子材料的应用

高分子材料根据其用途可分为塑料、橡胶和合成纤维，其产量大，与国民经济、人民生活关系密切，故称为"三大合成材料"。随着材料应用领域的不断扩大，高分子材料在涂料、胶黏剂和功能性高分子材料方面也有大量的应用。因此，通常也可以把高分子材料按用途来进行分类。

像其他材料一样，同一种高分子材料往往可以有多种用途。例如，聚氨酯树脂十分耐磨，可以制作塑胶跑道和轮滑鞋的轮子；同时由于它富有弹性，可以代替橡胶用于运动鞋的鞋底；将它拉成丝可以制备高强度、高弹性的氨纶纤维，还可用聚氨酯树脂制成耐磨、耐水涂料和高强度的胶黏剂。这种能够适应多用途需要的特点也是高分子材料备受人们青睐的重要原因。

二、塑料

1. 塑料的概念

所谓塑料，是指一类在常温下有固定形状和强度，在高温下具有可塑性的高分子材料。塑料的组成主要包括两大部分：树脂和添加剂。树脂在塑料中起黏结其他各组分的作用，所以有时也可称为黏料，它是塑料的主要组分，决定了塑料的类型（热塑性或热固性）和基本性质（如塑性、弹性、耐热耐寒性、电绝缘性等），约占塑料整体质量的40%～100%，因此塑料多用其所含树脂的名称来命名，如 PVC 塑料、ABS 塑料等。完全由单组分树脂制成的塑料制品很少，绝大多数塑料制品在制造过程中都需要添加各种各样的助剂和填料，这些助剂和填料统称为添加剂。在很多场合里，我们说到高分子材料，其实说的就是塑料，塑料根据其在加热过程中的表现不同分为热塑性塑料和热固性塑料，在合成高分子材料中，塑料诞生最早，发展最快，产量最高，和人们生活的关系也最密切，因此有些学者认为，人类已处于塑料时代。

2. 塑料的特点

塑料的显著特点是具有可塑性和可调性；同时，塑料还具有质量轻、不导电、不怕酸碱腐蚀、不易传热、易加工的优点；可做成透明、不透明或各种颜色的制品。

塑料性能优异、价格低廉，其应用越来越广泛，在日常生活、工业、农业、建筑建材、交通运输、医疗卫生和尖端技术等方面都发挥了重要的作用，成为人类生活中不可缺少的材料。

3. 塑料的种类

1）包装用塑料

包装用塑料的主要品种有塑料薄膜、塑料容器、塑料编织袋和泡沫塑料等。包装用塑料大都是一次性使用的，因此不仅要求材料的性能好，而且要求其成本应尽可能低。通用型工程塑料虽然价格较高，但性能十分优异，由于生产量大，成本不断下降，在包装用塑料中也已得到大量应用。如图1-4-4所示为各种日常生活塑料制品。

图1-4-4 各种日常生活塑料制品

2）建筑用塑料

塑料是化学建材的主要组成部分。建筑用塑料主要包括塑料管、塑料门窗、防水材料、隔热保温材料、装饰装修材料等。建筑用塑料的应用不仅能大量替代传统建材，而且还具有节能节材、保护生态、改善居住环境、提高建筑功能与质量、降低建筑自重、施工便捷等优越性。

目前应用比较广泛的化学建材有聚乙烯、聚氯乙烯、聚丙烯等通用塑料，以及不饱和聚酯树脂、聚氨酯等热固性塑料，可用于制作水管、电气护套管、塑料门窗、壁纸、墙布、塑料地板、发泡型材、卫生洁具、装饰材料等，如图1-4-5所示为塑料水管和塑钢门窗。

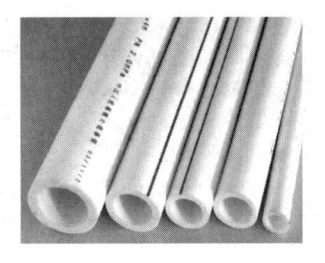

图 1-4-5　塑料水管和塑钢门窗

三、橡胶

1. 橡胶的概念

橡胶是一类具有高弹性的高分子材料。天然橡胶的发展历史可以追溯到 1496 年前,最早发现橡胶的是印第安人,然而橡胶真正得到广泛应用,是在数百年后;1839 年,美国化学家古德伊发明了橡胶硫化技术,才使这种材料真正具有实用价值。

2. 合成橡胶

天然橡胶在数量上和性能上均不能满足人们的需要,于是人们将石油中的多种碳氢化合物分离出来,利用化学方法聚合,得到合成橡胶。合成橡胶具有一定的优越性,不仅可以制造出许多结构和性能相当于天然橡胶的普通橡胶制品,而且还能合成许多优于天然橡胶的特种橡胶制品。采用合成橡胶的经济效益也非常显著。如图 1-4-6 所示为橡胶手套和汽车轮胎。

图 1-4-6　橡胶手套和汽车轮胎

3. 合成橡胶种类

目前,合成橡胶家族除了丁苯橡胶、丁基橡胶、氯丁橡胶、丁腈橡胶等通用橡胶外,还加盟了一批耐高温(250~300℃)、耐低温(-60℃)、耐油、耐强腐蚀、耐辐射的特种橡胶,如氟橡胶、硅橡胶、聚硫橡胶、聚氯酯橡胶等,它们在高科技领域中发挥着越来越重要的作用。

四、合成纤维

纤维是指长度与直径之比大于 100 的、具有一定韧性的纤细物质。纤维可分为天然纤维和化学纤维两大类,化学纤维包括人造纤维和合成纤维两类。人造纤维又称再生纤维,是由天然的纤维素经过化学处理后再加工制成的,主要有粘胶纤维、醋酸纤维和硝酸纤维等。合成纤维是以煤、石油、天然气、水、空气、食盐、石灰石等为原料,由小分子有机单体通过聚合反应合成的,主要有锦纶、涤纶、腈纶、丙纶、氯纶、维纶、芳纶等。合成纤维根据产量和用途的不同,又可分为通用合成纤维和特种合成纤维。如图 1-4-7 所示是由合成纤维制作的衣服和毛线。

图 1-4-7　由合成纤维制作的衣服和毛线

1.4.3　无机非金属材料

一、矿物材料

矿物材料是人们最早使用的材料，在人类历史的发展进程中对文明的进步起了重要的作用。人类在石器时代对矿物材料的利用，开启了矿物材料使用的先河，虽然随后很长时间内金属材料占据了人类利用材料的主要位置，但矿物材料仍然有着不可替代的地位，尤其是人类文明逐步实现工业化之后，矿物材料有高强度、耐高温、耐磨损、耐腐蚀等优异性能，使得矿物材料的加工利用以及相关技术得到了飞速发展。矿物是指在自然状态下所形成的、具有相对固定的化学成分的单质或化合物，一般呈固态并具有确定的内部结构，在一定的物理化学条件范围内性能稳定，是组成岩石和矿石的基本单元。

1. 矿物材料的定义

狭义上讲，矿物材料指从天然矿物和岩石（包括部分人造矿物和岩石）的物理、化学性质及物理化学效应出发，经过适当加工或深加工处理，能被工农业生产和日常生活各个领域直接使用的材料或制品。

2. 矿物材料的种类

目前已知的矿物有约 4 000 多种，绝大多数是固体无机物质，其中晶态固体物质占绝大部分。岩石是指天然形成的、具有一定结构构造的矿物集合体，是构成地球表层部分（地壳和上地幔）的物质，许多岩石都可以直接作为材料使用，如建筑石材等。

3. 非金属矿物材料的特点

非金属矿物材料一般不需要冶炼，以其本身固有的性质可被直接使用或在加工后使用，常用的有高岭土、膨润土、方解石、石墨、滑石、云母等。例如，利用硅灰石和石棉纤维可制作摩擦材料，如图 1-4-8 所示为石棉。同一种非金属矿物材料往往可在许多不同的应用领域使用，例如，高岭土既可以用来生产陶瓷、涂料、油墨，也可以作为橡胶、塑料的填料等。相对于其他材料，矿物材料加工成本低廉、原料丰富。

图 1-4-8　石棉

二、陶瓷材料

1. 陶瓷材料的概念

陶瓷是一类使用历史悠久的无机非金属材料，在人类生活和生产中占有重要的地位，其应用遍及国民经济中的各个领域。在人类历史发展的长河中，封建社会以日用陶瓷为主，进入工业文明时代后，以日用、建筑、化工、电工为代表的传统陶瓷扩展到以电子、航空、航天、医学等为应用领域的特种陶瓷，在历史发展的各个阶段，陶瓷的内涵不断发展和演变，经历了由简单到复杂、由粗糙到精细、由无釉到施釉、从低温到高温的演变过程。

陶瓷在国际上并没有统一的定义。德国把经高温处理后具有陶瓷制品特有性质的广义非金属制品统称为陶瓷；英国将经成型、加热、硬化而得到的无机材料所构成的制品总称为陶瓷；法国则认为陶瓷是由离子扩散或者与玻璃相结合得到的晶粒聚集体构成的物质；美国把"以无机非金属材料为原料，在制造或使用过程中经高温煅烧而成的制品和材料"统称为陶瓷；日本将以无机非金属材料为主要成分的材料或制品称为陶瓷。我国一般将陶瓷定义为以无机非金属天然矿物或化工产品为原料，经原料处理、成型、干燥、烧结等工序制成的多晶多相的聚集体。

2. 陶瓷材料的分类

陶瓷材料的分类方法有许多，目前缺乏权威的分类方法，按照通常的分类方法可将陶瓷分为传统陶瓷和特种陶瓷。传统陶瓷一般指以陶土为主要原料，加以其他天然矿物原料，经过粉碎、成型、煅烧等过程而制成的各种多晶多相聚集体，其主要成分为硅酸盐；特种陶瓷一般指采用高度精选或合成的原料，精确控制其化学成分，按照便于进行结构设计、便于控制的制造技术加工，并具有优异特性的陶瓷。

1）传统陶瓷

传统陶瓷按照原料及坯体性质的不同进行划分，可以分为陶器和瓷器两大类。陶器是一种结构疏松、致密度差的制品，断面粗糙、无光泽，具有一定吸水率，又有粗陶和精陶之分，常作为建筑陶瓷和卫生陶瓷；瓷器的坯体基本不吸水，断面呈石状或贝壳状，有一定透明性，可分为日用瓷、工艺美术瓷（如图 1-4-9 所示）、建筑卫生瓷、工业用瓷。

2）特种陶瓷

特种陶瓷通常分为两类，即结构陶瓷和功能陶瓷。结构陶瓷指具有机械功能、热功能和部分化学功能的陶瓷，功能陶瓷指具有特定电、磁、声、光、化学和生物特性（及具有转换功能）的陶瓷。如图 1-4-10 所示为采用功能陶瓷（压电陶瓷）制成的压电传感器的导弹。

图 1-4-9　工艺美术瓷　　　图 1-4-10　采用了功能陶瓷（压电陶瓷）制成的压电传感器的导弹

1.4.4　金属材料

一、金属材料简介

1. 金属材料的概念

金属材料是指具有光泽、延展性，容易导电、传热的材料，一般分为黑色金属和有色金属两种。黑色金属包括铁、铬、锰等。其中铁是常用的材料，人们将钢铁称为"工业的骨骼"。由于科学技术的进步，各种新型材料得到广泛应用，使钢铁的代用品不断增多，对钢铁的需求相对下降。但迄今为止，钢铁在工业原材料构成中的主导地位还是难以被取代的。

2. 钢铁材料

钢铁，是对含碳量（质量）百分比介于 0.02%至 2.11%之间的铁碳合金的统称。不同种类的钢的化学成分可以有很大差别，只含碳、铁元素的钢称为碳素钢（碳钢）或普通钢；在实际生产中，钢往往根据用途的不同含有不同的合金元素，如锰、镍、钒等。人类对钢的应用和研究历史相当悠久，但是直到 19 世纪贝氏炼钢法被发明之前，钢的制取都是一项高成本、低效率的工作。如今，钢以其低廉的价格、可靠的性能成为世界上使用最多的材料之一，是建筑业、制造业和人们日常生活中不可或缺的部分。可以说钢是现代社会的物质基础。

随着现代科学技术的迅猛发展，产品复杂程度和性能的提高及使用环境日益苛刻，使得金属构件的结构破坏向着多因素、非线性耦合交互作用的方向发展，这对钢铁材料提出了越来越高的要求。为了改善钢的性能，人们在碳钢中加入一些合金元素，从而达到改变其使用性能和工艺性能的目的，以满足现代各种高新技术和特殊使用条件的要求。例如，加入某些合金元素可以使钢具有优良的韧性，或较好的耐磨性能，或良好的耐腐蚀性能，或在高温下具有较高的强度等，这主要是由于合金元素的加入改变了钢的内部组织结构。一个国家生产合金钢的能力、质量及其应用水平，代表着这个国家科学技术的发展水平，是衡量国力的一个重要标志。

3. 合金钢

1）合金钢的概念

为了保证钢材获得我们所需要的金属内部组织结构及物理、化学性能而特别添加的化学元素称为合金元素。加入适量的合金元素从而改变钢材的金属性能的方法称为合金化。加入合金元素的钢则称为合金钢。

2）合金钢的分类

一般地，当钢中的合金元素总含量（质量占比，下同）小于或等于 5%时，称为低合金钢；合金元素总含量高于 5%、不高于 10%时称为中合金钢；合金元素总含量超过 10%时，称为高合金钢。但是这种划分并没有严格的规定。

二、常用钢的种类

1. 工程构件用钢

工程构件的工作特点是基本上要长期承受静载荷，偶尔承受动载荷，所以要求工程构件用钢具有较高的强度、一定的塑性和抗过载能力。在寒冷地区使用的工程构件，要求有较低的韧脆转变温度和良好的韧性。由于工程构件需要进行焊接或冷压力加工，要求工程构件用钢具有良好的焊接性和冷变形性能；工程构件长期使用于露天和野外环境，尤其桥梁、船舶、石油钻井平台还长期与海水接触，因而还要求工程构件用钢具有良好的耐大气腐蚀性能和耐海水腐蚀性能。如图 1-4-11 所示为钢结构房屋和钻井平台。

图 1-4-11 钢结构房屋和钻井平台

2. 机器零件用钢

机器零件用钢是机械制造业中广泛使用并且用量较大的钢种。机器零件在工作中承受拉伸、压缩、弯曲、剪切、扭转、冲击、震动、摩擦等力的作用，有时同时承受多种力的作用。这些力可以在机器零件上产生各种应力，如拉应力、压应力、剪切应力等；应力的大小可以是恒定的，也可以是交变的；加载方式可以是逐渐的，也可以是突然的。机器零件的工作温度范围大多在-50～100℃之间，同时还受到大气、水、润滑油及其他介质的腐蚀作用。

机器零件在制造过程中经常要经过锻造、轧制、挤压、拉拔等冷、热塑性加工和车、铣、刨、磨及其他切削加工。因此，机器零件用钢要求具有良好的塑性加工性能和切削加工性能。机器零件大都要经过热处理强化，以充分发挥材料的性能潜力，所以还要求机器零件用钢具有一定的淬透性，要求其热处理变形、开裂倾向要小。如图1-4-12所示为机器零件。

图1-4-12 机器零件

机器零件用钢也属于结构钢，有优质碳素结构钢和合金结构钢。按生产工艺和用途可分为：调质钢、渗碳钢、氮化钢、低碳马氏体钢、冷变形用钢、易切削钢、非调质钢、弹簧钢、轴承钢、特殊用途钢等。

3. 工模具用钢

对各种各样的材料进行加工，需要使用各种形式的工具，其中包括各种刃具，冷、热成型模具和量具等。工具加工的对象大部分是金属材料，因而用来制造工具的钢，其硬度和耐磨性应高于被加工的材料。近年来，陶瓷材料、高分子材料的加工成型工具也日益受到重视。工模具用钢按照其用途不同可分为刃具钢、量具钢、模具钢三大类。许多工模具用钢还被用来制造机器零件，以满足一些特殊使用条件的要求，如抗高温软化的弹簧、内燃机的阀门和各种类型的轴承等。如图1-4-13所示为注塑模具和量具——游标卡尺。

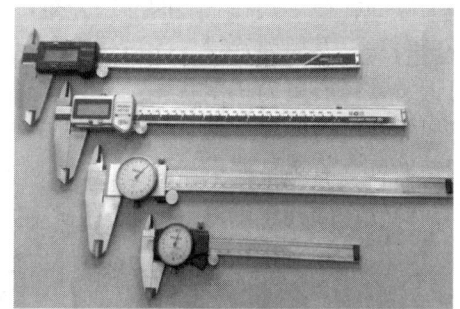

图1-4-13 注塑模具和量具

4. 不锈钢

1）不锈钢的概念

在空气、海水等常见介质中具有抗蚀性的钢种称为不锈钢；而在强腐蚀性介质（如强酸、强碱）中具有抗蚀性的则称为耐酸钢。在通常情况下，上述两者统称为不锈耐酸钢或简称为不锈钢。

2）不锈钢的分类

（1）按正火状态的组织分类。不锈钢按正火状态的组织分为铁素体不锈钢、马氏体不锈钢、奥氏体不锈钢、沉淀硬化不锈钢和铁素体—奥氏体双相不锈钢等。这是最早的，也是最基本的分类方法，现行的有关国家标准即按此方法分类。如图 1-4-14 所示为奥氏体不锈钢餐盘和脸盆。

图 1-4-14　奥氏体不锈钢餐盘和脸盆

（2）按化学成分分类。不锈钢按化学成分基本上可分为铬不锈钢和铬镍不锈钢两大类，分别以 Cr13 和 Cr18Ni8 为代表，其他不锈钢一般是在此基础上发展起来的。

（3）按不锈钢主要节约元素分类。不锈钢可以分为节镍、无镍不锈钢等。节铬不锈钢用一些更廉价的元素代替镍和铬，如 Cr-Mn-N 和 Cr-Mn-Ni-N 不锈钢等。我国开发了多种以 Mn、N 代替 Ni 的不锈钢，使用效果良好。

（4）按特征组成元素分类。不锈钢按特征组成元素可分为高硅不锈钢、高钼不锈钢等。

（5）按控制含量分类。不锈钢按其中 C、N 和杂质元素控制含量可分为普通不锈钢、低碳、超低碳不锈钢及高纯不锈钢等，如 Cr18Mo2 不锈钢、00Cr18Mo2 超低碳不锈钢和 000Crl8Mo2 超高纯不锈钢。

5. 铸铁和铸钢

铸铁和铸钢是现代工业不可缺少的重要金属材料，广泛应用于冶金、矿山、建筑、电力、石化等部门。据近年统计，我国铸铁件产量占铸件总产量（质量占比，下同）的 79%～80%（其中，球铁约占 13%），铸钢件占铸件总产量的 13%～14%，有色合金铸件约占 7%（其中，铝铸件约占铸件总产量的 5.5%）。

1）铸铁分类

铸铁根据碳的存在形式和石墨的形态分类，常分为：

（1）灰口铸铁：石墨为片状，断口呈暗灰色。

（2）可锻铸铁：石墨为团絮状。

（3）球墨铸铁：石墨呈球状。

（4）蠕墨铸铁：石墨呈蠕虫状。

（5）白口铸铁：碳元素以 Fe_3C 形式存在。如图 1-4-15 所示为白口铸铁暖气片和三通。

图 1-4-15　白口铸铁暖气片和三通

2）灰口铸铁的牌号、成分及性能
（1）灰口铸铁的牌号。

灰口铸铁是石墨呈片状分布的铸铁，它是应用最为广泛的铸铁。我国灰口铸铁的牌号用"HT"表示，这是"灰铁"两字汉语拼音的第一个字母，后面的三位数字表示最低抗拉强度（由直径 30mm 的单铸试棒测定）。

（2）灰口铸铁的成分。

灰口铸铁的组织由片状石墨和金属基体组成，基体组织可分为铁素体基体、铁素体+珠光体基体、珠光体基体三种。

（3）灰口铸铁的性能。

HT100 为抗拉强度大于 100MPa 的铁素体基体灰口铸铁；HT150 为抗拉强度大于 150MPa 的以铁素体+珠光体基体的灰口铸铁；HT200、HT250 分别为抗拉强度大于 200MPa、250MPa 的珠光体基体灰口铸铁；HT300、HT350 分别是抗拉强度大于 300MPa、350MPa 的经过孕育处理的灰口铸铁。

6. 有色金属及其合金

1）有色金属的概念

有色金属是指元素周期表中除铁（有时也除去锰和铬）元素以外的所有金属元素。有色金属是我国习惯称谓，西方国家习惯上称有色金属为非铁金属。

2）有色金属的分类

有色金属一般可分为轻有色金属、重有色金属、稀有金属（含稀土金属和放射性金属）、贵金属和半金属等。半金属硅、锗是半导体，已成为信息功能材料的主体；稀土金属虽然作为微量合金元素在有色金属合金中应用很广，但稀土金属合金的主要用途都涉及信息技术；放射性金属则由于其特殊性质，在一般制造业中很少应用。如图 1-4-16 所示为铝合金门窗和镁合金汽车轮毂。

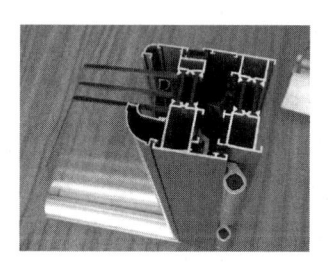

图 1-4-16　铝合金门窗和镁合金汽车轮毂

钛及钛合金的质量小、强度高（抗拉强度最高可达 1400MPa，和某些高强度合金钢相近），具有良好的低温性能，还有良好的塑性和韧性及优良的耐蚀性能、耐高温性能。如图 1-4-17 所示为钛合金锻件（飞机发动机框）。由于钛资源丰富，所以钛及钛合金获得了广泛的应用。但钛及钛合金的加工条件较复杂，而且要求严格，成本高，在很大程度上限制了其应用。

图 1-4-17　钛合金锻件

在有色金属中，铜的产量仅次于铝。铜及其合金在我国有着悠久的使用历史，而且使用范围很广。纯铜一般指纯度高于 99.70%的工业用金属铜，俗称紫铜。纯铜的熔点为 1083℃，密度为 8.93g/cm³（比钢的密度大 15%左右）。纯铜具有高导电性，如图 1-4-18 所示为纯铜导线，有着良好的导热性和耐蚀性。纯铜具有良好的化学稳定性，在大气、淡水及冷凝水中均有优良的抗蚀性能，但在海水中耐蚀性差，易被腐蚀。

图 1-4-18　纯铜导线

1.4.5　热处理技术

一、热处理的概念

热处理是指材料在固态下，通过加热、保温和冷却手段，以获得预期组织和性能的一种金属热加工工艺。在从石器时代进展到铜器时代和铁器时代的过程中，热处理的作用逐渐为人们所认识。

二、热处理的发展历程

早在公元前 770 年至公元前 222 年，人们在生产实践中就已发现，金属的性能会因温度和加压变形的影响而变化。公元前 6 世纪，钢制兵器逐渐被采用，为了提高钢的硬度，淬火工艺遂得到迅速发展。中国河北省易县燕下都出土的两把剑和一把戟，其显微组织中都有马氏体存在，说明这些兵器是经过淬火的。随着淬火技术的发展，人们逐渐发现淬冷剂对淬火质量的影响。相传三国时期蜀人蒲元曾在今陕西斜谷为诸葛亮打造 3000 把刀，打造过程中曾派人到成都取水淬火。这说明在古代，人们就注意到不同水质的冷却能力不同了，同时也注意到了油和水的冷却能力的差异。河北保定出土的西汉（公元前 206 年—公元 24 年）中山靖王墓中的宝剑，芯部含碳量为 0.15%～0.4%，而表面含碳量却达 0.6%以上，说明制剑时已应用了渗碳工艺。但当时这项工艺作为个人"手艺"的秘密，掌握的人不肯外传，因而当时的金属加工工艺发展很慢。1863 年，英国金相学家和地质学家展示了钢铁在显微镜下的六种不同的金相组织，证明了钢在被加热和冷却时，内部会发生组织改变，如高温急冷会使得钢质较硬等。法国人奥斯蒙德确立的铁的同素异构理论，以及英国人奥斯汀最早制定的铁碳相图，为现代热处理工艺初步奠定了理论基础。与此同时，人们还研究了在金属热处理的加热过程中对金属的保护方法，以避免加热过程中金属的氧化和脱碳等。1850 年—1880 年，对于应用各种气体（如氢气、煤气、一氧化碳等）进行保护加热曾出现了一系列专利。1889 年—1890 年，英国人莱克获得多种金属光亮热处理的专利。20 世纪以来，金属物理的发展和其他新技术的移植、应用，使金属热处理工艺得到更大发展。一个显著的进展是：1901 年—1925 年，在工业生产中应用转筒炉进行气体渗碳；20 世纪 30 年代出现露点电位差计，使炉内气氛碳势可控，之后，科学家们又研究出用二氧化碳红外仪、氧探头等进一步控制炉内气氛碳势的方法；20 世纪 60 年代，热处理技术借助了等离子场的作用，发展出了离子渗氮、渗碳工艺；激光、电子束技术的应用，又使新的表面热处理和化学热处理方法出现在人们面前。如图 1-4-19 所示为齿轮热处理。

图 1-4-19 齿轮热处理

1.4.6 表面处理技术

一、表面处理

1. 表面处理的概念

表面处理是在工件表面上人工形成一层与基体的物理和化学性能不同的表层的工艺方法。表面处理的目的是满足产品的耐蚀性、耐磨性、装饰或其他特种功能要求。

一般国内所说的表面处理有两种解释,一种为广义的表面处理,即包括前处理、电镀、涂装、化学氧化、热喷涂等众多物理、化学方法在内的工艺方法;另一种为狭义的表面处理,即只包括喷砂、抛光等,即我们常说的前处理部分。

2. 常用的表面处理方法

对于金属铸件,比较常用的表面处理方法是机械打磨、化学处理、表面热处理、喷涂表面,表面处理就是对工件表面进行清洁、清扫、去毛刺、去油污、去氧化皮等。

3. 表面处理的作用

工件在加工、运输、存放等过程中,表面往往带有氧化皮、铁锈制模残留的型砂、焊渣、尘土、油或其他污物。如果要涂层牢固地附着在工件表面上,在涂装前就必须对工件表面进行清理,否则,不仅影响涂层与工件表面的结合力和抗腐蚀性能,而且工件即使涂有涂层也会继续被腐蚀,以及使涂层剥落,影响工件的机械性能和使用寿命。因此,工件涂装前的表面处理是获得质量优良的涂层,延长产品使用寿命的重要保证和措施。

二、电化学氧化技术

1. 阳极氧化

阳极氧化,即金属或合金的电化学氧化,一般指铝或其合金在相应的电解液和特定的工艺条件下,由于外加电流的作用,在铝或其合金(阳极)上形成一层氧化膜的过程。阳极氧化如果没有特别指明,通常指硫酸阳极氧化。

为了克服铝合金表面硬度、耐磨性等方面的缺陷,扩大其应用范围,延长其使用寿命,表面处理技术成为铝合金制造过程中不可缺少的一环,而阳极氧化技术是其中应用最广且最成功的。

2. 微弧氧化

微弧氧化也被称为等离子体电解氧化,是从阳极氧化技术的基础上发展而来的,微弧氧化形成的涂层性能优于阳极氧化。微弧氧化工艺主要依靠电解液与电参数的调节，在弧光放电产生的瞬时高温、高压作用下，使铝、镁、钛等阀金属或其合金表面生长出以基体金属氧化物为主并辅以电解液组分的改性陶瓷涂层，（其防腐性及耐磨性显著优于传统阳极氧化涂层），因此在海洋舰船与航空构件上的应用受到广泛关注。如图 1-4-20 所示为微弧氧化活塞。

图 1-4-20　微弧氧化活塞

1.4.7　现代锻压技术

一、相关概念

1. 锻压

锻压是锻造和冲压的合称。锻压是利用锻压机械的锤头、砧块、冲头或通过模具对坯料施加压力，使之产生塑性变形，从而获得所需形状和尺寸的制件的成型加工方法。

2. 锻造与冲压

在锻造加工中，坯料整体发生明显的塑性变形，产生大量的塑性流动；在冲压加工中，坯料主要通过改变各部位的空间位置而成型，其内部不出现较大距离的塑性流动。锻压主要用于加工金属材料，也可用于加工某些非金属材料，如工程塑料、橡胶、陶瓷坯、砖坯及复合材料等。

锻压和冶金工业中的轧制、拔制等都属于塑性加工，或称压力加工，但锻压主要用于生产金属制件，而轧制、拔制等主要用于生产板材、带材、管材和线材等通用性金属材料。

二、锻压的分类

锻压主要按成型方式和变形温度进行分类，锻压按成型方式可分为锻造和冲压两大类；按变形温度可分为热锻压、冷锻压、温锻压和等温锻压等。

1. 热锻压

热锻压是在金属再结晶温度以上进行的锻压。提高温度能改善金属的塑性，有利于提高工件的内在质量，使之不易开裂。高温还能减弱金属的变形抗力，降低所需锻压机械的吨位。但热锻压工序多，工件精度差，表面不光洁，工件容易产生氧化、脱碳和烧损等问题。当加工工件大、厚，材料强度高、塑性低时（如特厚板的滚弯、高碳钢棒的拉长等），都采用热锻压。当金属（如铅、锡、锌、铜、铝等）有足够的塑性且变形量不大（如在大多数冲压加工中）时，或变形总量大而所用的锻压工艺（如挤压、径向锻造等）有利于金属的塑性变形时，常用冷锻压。为使一次加热完成尽量多的锻压工作量，热锻压的始锻温度与终锻温度间的温度区间应尽可能大。但始锻温度过高会引起金属晶粒生长过大而形成过热现象，降低工件质量。锻压温度接近金属熔点时则会发生晶间低熔点物质熔化和晶间氧化，形成过烧。过烧的坯料在锻压时往往会碎裂。一般采用的热锻压温度为：碳钢 800～1250℃；合金结构钢 850～1150℃；高速钢

900~1100℃；铝合金 380~500℃；钛合金 850~1000℃；黄铜 700~900℃。如图 1-4-21 所示为热锻压制造的曲轴。

图 1-4-21　热锻压制造的曲轴

2. 冷锻压

冷锻压是在低于金属再结晶温度下进行的锻压，通常所说的冷锻压多指在常温下的锻压，在常温下冷锻压成型的工件，其形状和尺寸精度高，表面光洁，加工工序少，便于自动化生产。许多冷锻压、冷冲压工件可以直接用作零件或制品，而不再需要切削加工。但进行冷锻压时，因金属的塑性低，成型时工件易开裂，变形抗力大，需要大吨位的锻压机械。

3. 温锻压

一般将锻压温度高于常温但又不超过金属再结晶温度的锻压称为温锻压。进行温锻压前，应将坯料预先加热（加热温度较热锻压低许多）。温锻压而成的工件精度较高，表面较光洁而变形抗力不大。

4. 等温锻压

等温锻压是在整个成型过程中使坯料温度保持恒定，这是为了充分利用某些金属在某一特定温度下所具有的高塑性，或是为了获得特定的组织和性能。等温锻压需要将模具和坯料一起保持恒温，所需费用较高，仅用于特殊的锻压工艺，如超塑性成型。

项目五　理化检测与质检技术

1.5.1　概述

一、理化检测

检测是材料进厂、生产过程质量控制、产品出厂的必备手段，是原材料进厂、产品出厂环节的最后一道关卡，是提高质量的关键。

理化检测是依靠物理学、有机化学的方式，应用某类测量仪器或实验仪器，如游标卡尺、千分表、验规、光学显微镜等所开展的检测，是检验产品质量的方法之一。

理化检测与质检技术专业的培养目标是培养具有良好综合素质，具备质量检验与管理基本知识、理化分析知识、检验工艺编制及标准基本知识，具备较强的无损探伤、化学成分分析、力学性能测试的操作能力、基本的检验工艺编制及检验分析能力；适应从事金属材料及产品的质量检测岗位的要求，并具有进一步向检测技术及质量管理岗位拓展潜力的高素质、高技能质量检验与管理专门人才。如图 1-5-1 所示为进行理化检测与质检的检验检测中心。

图 1-5-1　进行理化检测与质检的检验检测中心

二、化学成分分析

1. 概念

化学成分分析的方法有化学分析、光谱分析、质谱分析、色谱分析、红外光谱分析、核磁共振分析等。以物质的化学反应为基础的分析称为化学分析。化学分析历史悠久，是分析化学的基础，又称为经典分析。

2. 分类

分析化学的两个基本分析方法是化学分析与仪器分析。化学分析可分为滴定分析、重量分析。

仪器分析实验室（如图 1-5-2 所示）的主要设备有：电感耦合等离子体发射光谱仪（ICP-OES）、氧氮氢分析仪、光电直读光谱仪、分光光度计等，主要用于：对金属材料进行定性、半定量及定量分析。

图 1-5-2　仪器分析实验室

化学分析实验室是培养和提高学生化学检测基本实验、实训技能的场所，如图 1-5-3 所示，主要用于仪器分析的前处理及滴定分析实验。

图 1-5-3　化学分析实验室

1.5.2 仪器分析

一、概念

仪器分析是指采用比较复杂或特殊的仪器设备，通过测量物质的某些物理或化学性质的参数及其变化来获取物质的化学组成、成分含量及化学结构等信息的一类方法。

仪器分析的分析对象一般是半微量（0.01g～0.1g）、微量（0.1mg～10mg）、超微量（少于0.1mg）的组分，仪器分析的灵敏度高；而化学分析的分析对象一般是半微量（0.01g～0.1g）、常量（多于0.1g）的组分，化学分析的准确度高。

二、特点

1. 灵敏度高

大多数仪器分析方法适用于微量、痕量分析，且灵敏度高。例如，采用原子吸收分光光度法测定某些元素的绝对灵敏度可达 10^{-14}g，若采用电子光谱法进行测定，上述绝对灵敏度甚至可达 10^{-18}g。

2. 取样量少

进行化学分析需要的试样一般为 10^{-1}～10^{-4}g。

进行仪器分析需要的试样一般为 10^{-2}～10^{-8}g。

3. 准确度较高

仪器分析在低浓度下的分析准确度较高：对含量在 10^{-5}%～10^{-9}% 范围内的杂质进行测定，相对误差可低至 1%～10%。

4. 快速

仪器分析通常较为快速，例如，采用发射光谱分析法在 1min 内可同时测定水中 48 种元素。

5. 可无损分析

仪器分析有时可在不破坏试样的情况下进行测定，适于考古、文物等特殊领域的分析。有的仪器分析方法还能进行表面或微区分析，或允许试样回收。

6. 多信息分析

仪器分析能进行多信息或特殊功能的分析：有时可同时进行定性、定量分析，有时可同时测定材料的组分比和原子的价态。放射性分析法还可进行痕量杂质分析。

7. 专一性强

仪器分析专一性强，例如，用单晶 X 射线衍射仪可专测晶体结构；用离子选择性电极可测指定离子的浓度等。

8. 便于实现自动化

仪器分析便于遥测、遥控，方便实现自动化，可实时、在线分析、控制生产过程，以及用于环境的自动监测与控制。

9. 操作简便

仪器分析操作较简便，省去了烦琐的操作过程。随着相关仪器自动化、程序化程度的提高，操作将更趋于简化。

10. 价格较贵

仪器分析所使用的仪器设备较复杂，价格较昂贵。

三、仪器分析的方法

仪器分析的方法大致可以分为：发射光谱法、原子吸收光谱法、原子荧光分光光度法、红外吸收光谱法、紫外—可见分光光度法、电化学分析法、核磁共振波谱法、气相色谱法、高效液相色谱法、质谱分析法等。

1. 发射光谱法

发射光谱法是依据物质被激发发光而形成的光谱来分析其化学成分，使用不同的激发源而有不同名称。如用高频电感耦合等离子体（ICP）作为激发源，称高频电感耦合等离子体发射光谱法；用激光作为光源，称激光探针显微分析法。

赛默飞 ICP7000 是一种电感耦合等离子体发射光谱仪，如图 1-5-4 所示，可用于地质、化工、生物、医药、食品、冶金、农业等方面的化学成分分析，它能对 70 多种金属元素和部分非金属元素进行定性、定量分析。

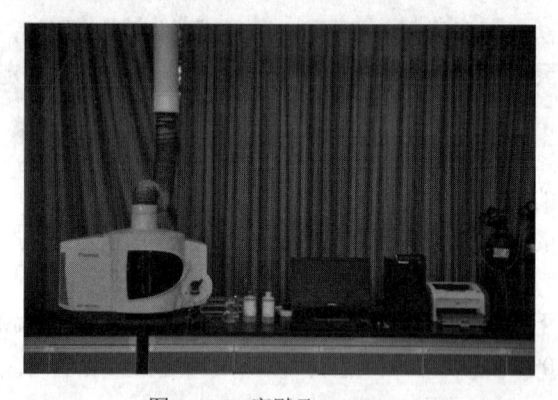

图 1-5-4　赛默飞 ICP7000

2. 原子吸收光谱法

原子吸收光谱法是基于待测元素的基态原子蒸汽对其特征谱线的吸收，由特征谱线的特征性和谱线被减弱的程度对待测元素进行定性、定量分析的一种仪器分析的方法。应用较广的原子吸收光谱法有火焰原子吸收法和非火焰原子吸收法，后者的灵敏度较前者高 4～5 个数量级。如图 1-5-5 所示是岛津 ASC-6880 原子吸收光谱仪。

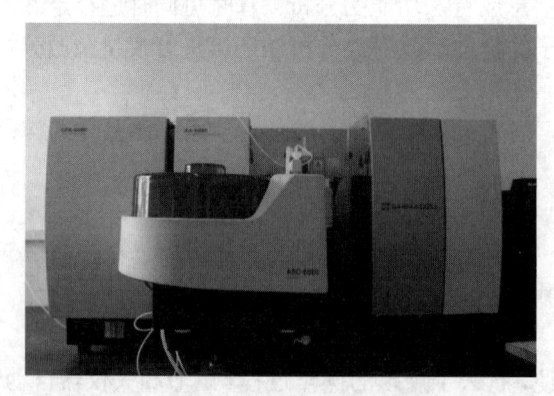

图 1-5-5　岛津 ASC-6880 原子吸收光谱仪

岛津 ASC-6880 原子吸收光谱仪的主要优势是运用了高性能空心阴极灯，其发射强度大、稳定性好、测定灵敏度高、检出限低、工作曲线线性范围大、临近光谱干扰少，可使用光谱带宽较大。一般来说，低熔点易挥发元素（如 As、Bi 等元素）的高性能空心阴极灯应用效果相对较好。

3. 原子荧光分光光度法

1）定义

原子荧光分光光度法通过测量待测元素的原子蒸汽在辐射能激发下所产生的荧光发射强度来测定待测元素。如图1-5-6所示为Kylin S18四通道原子荧光光度计。

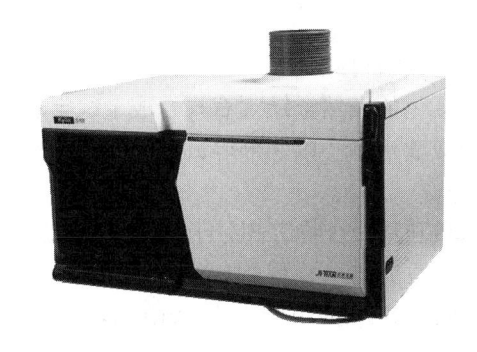

图1-5-6　Kylin S18四通道原子荧光光度计

2）Kylin S18四通道原子荧光光度计的适用范围

（1）GB 5009.11-2014 食品安全国家标准——食品中总砷及无机砷的测定。

（2）GB 5009.17-2014 食品安全国家标准——食品中总汞及有机汞的测定。

（3）GB/T 22105-2008 土壤质量 总汞、总砷、总铅的测定。

（4）HJ 1133-2020 环境空气和废气 颗粒物中砷、硒、铋、锑的测定。

（5）HJ 680-2013 土壤和沉积物 汞、砷、硒、铋、锑的测定。

（6）HJ 694-2014 水质 汞、砷、硒、铋和锑的测定。

（7）HJ 702-2014 固体废物 汞、砷、硒、铋、锑的测定。

4. 红外吸收光谱法

红外吸收光谱法主要用于鉴定有机化合物的组成（确定化学基团及进行定量分析），也可用于无机化合物的鉴定。如图1-5-7所示是Great 50型傅里叶变换红外光谱仪。

图1-5-7　Great 50型傅里叶变换红外光谱仪

Great 50型傅里叶变换红外光谱仪采用众多创新技术，使得仪器的光源能量传输效率、干涉模块的稳定性、接收模块的灵敏度都达到业内的先进水平。Great 50型傅里叶变换红外光谱仪主要应用于珠宝鉴定，食品药品及其包装材料的测试，塑料、橡胶、尼龙、树脂等高分子材料的鉴定，沥青溯源及SBS含量测定，脂肪酸甲酯含量测定，矿物绝缘油、润滑油结构簇组成的测定，车用汽油中典型非常规添加物的识别与测定，硅晶体中碳氧含量的测量，纺织纤维鉴别，水晶Q值测定，建筑玻璃参数测定等。

红外吸收光谱法极大地弥补了常规检测方法的不足,并成为研究和检测宝石(含玉石,下同)的一种新的无损鉴定手段,它的应用主要有两方面。

1)区分天然与合成宝石

尽管宝石内部所含的各种包裹体有助于宝石学家将天然宝石与合成宝石区分开。然而,对于一些内部几乎无瑕或所含的包裹体无所分辨的宝石,常规的宝石检测仪器就往往束手无策。相比之下,红外吸收光谱法能在很短的时间内提供快速、准确且无损伤的测试结果。

借助红外吸收光谱法能够:

(1)区分天然祖母绿与合成祖母绿。

(2)将内部缺乏特征包裹体的天然金绿宝石与合成金绿宝石区分开。

(3)将天然紫水晶与合成紫水晶予以区分等。

2)检测人工优化的宝石

对于用塑料、环氧树脂和硅基聚合物等高分子材料浸染或充填的宝石材料,如欧泊、绿松石、翡翠、水晶等,用红外吸收光谱法检测亦有独到之处。

如图 1-5-8 所示是某玉佩的红外反射光谱图,如图 1-5-9 所示是某翡翠挂坠的红外透射光谱图。

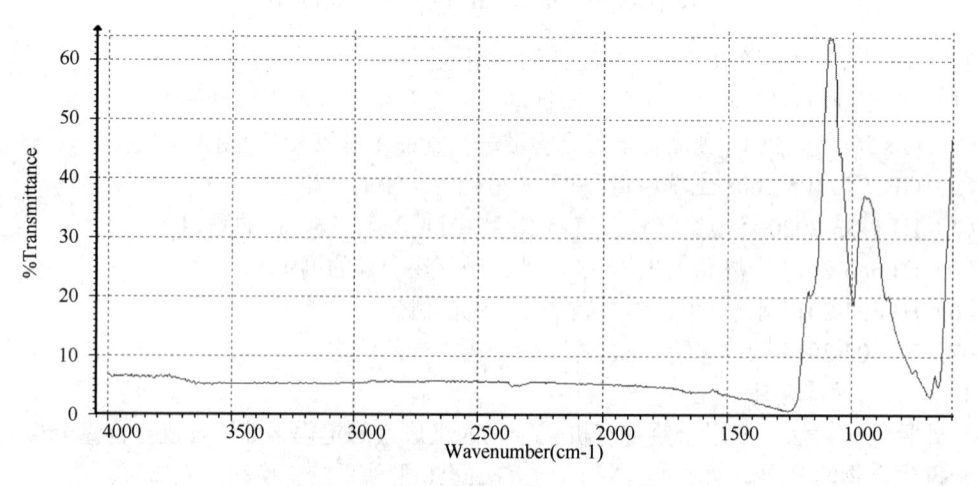

图 1-5-8 某玉佩的红外反射光谱图

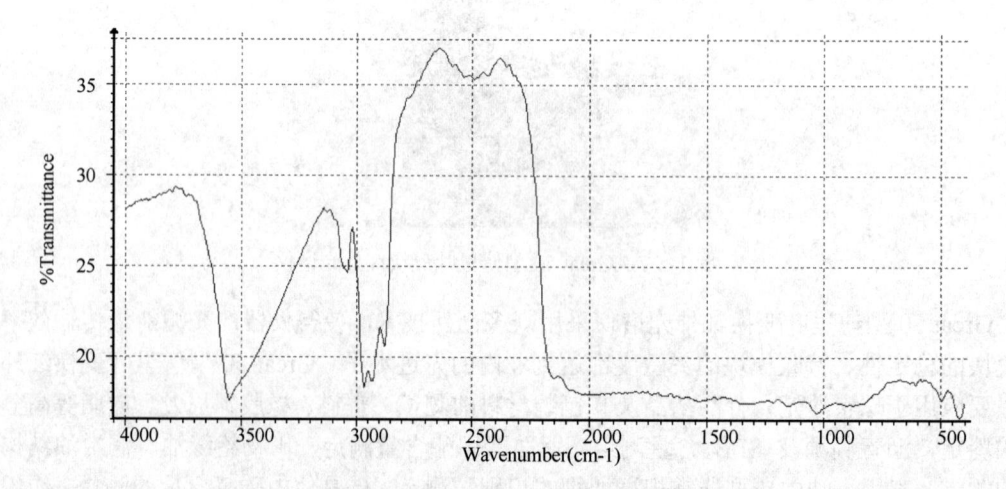

图 1-5-9 某翡翠挂坠的红外透射光谱

5. 紫外—可见分光光度法

紫外—可见分光光度法适用于低含量组分测定，还可以进行多组分混合物的分析。利用催化反应可大大提高该法的灵敏度。如图 1-5-10 所示是紫外—可见分光光度计 756CRT。

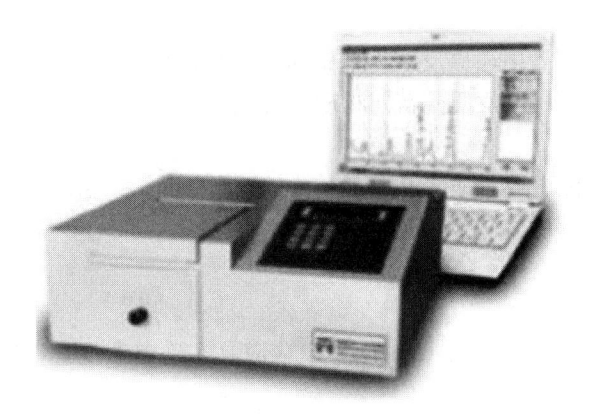

图 1-5-10　紫外—可见分光光度计 756CRT

在水质的常规监测中，紫外—可见分光光度法占有较大的比重。由于待测水（尤其是废水）的成分复杂多变，待测物的浓度和干扰物的浓度差别很大，在具体分析时必须选择好分析方法。在农产品和食品分析中，紫外—可见分光光度法可用于检测的组分或成分有蛋白质、赖氨酸、葡萄糖、维生素 C、硝酸盐、亚硝酸盐、砷、汞等；在植物生化分析中可用于检测叶绿素、全氮和酶的活力等；在饲料分析中可用于检测烟酸、棉酚、磷化氢和甲酯等。

1.5.3　化学分析

一、滴定分析

1. 概念

滴定分析是根据滴定所消耗标准溶液的浓度和体积，以及被测物质与标准溶液所进行的化学反应计量关系，求出被测物质的含量的方法，也叫容量分析，如图 1-5-11 所示。滴定分析主要是利用溶液 4 大平衡：酸碱（电离）平衡、氧化还原平衡、络合（配位）平衡、沉淀溶解平衡。

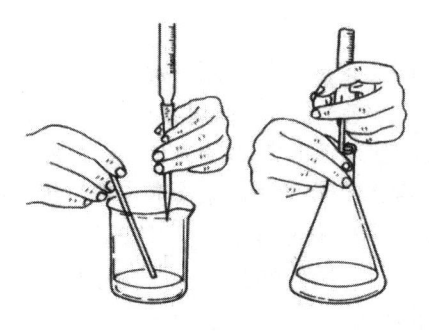

图 1-5-11　滴定分析

2. 方法

1）酸碱滴定法

酸碱滴定法是以酸、碱之间质子传递反应为基础的一种滴定分析法，可用于测定酸、碱和两性物质。

2）配位滴定法

配位滴定法是以配位反应为基础的一种滴定分析法，可用于对金属离子进行测定。

3）氧化还原滴定法

氧化还原滴定法是以氧化还原反应为基础的一种滴定分析法，可用于对具有氧化还原性质的物质或某些不具有氧化还原性质的特定物质进行测定。

4）沉淀滴定法

沉淀滴定法是以沉淀生成反应为基础的一种滴定分析法，可用于对 Ag^+、CN^-、SCN^- 及类卤素等进行测定，如银量法。

3. 滴定分析的反应要求

1）按化学反应式进行

滴定分析要按一定的化学反应式进行，即反应应具有确定的化学计量关系，不发生副反应。

2）定量

反应必须定量进行，通常要求反应完全程度不低于99.9%。

3）速度快

反应速度要快。对于速度较慢的反应，可以通过加热、增加反应物浓度、加入催化剂等措施来改善。

4）能确定反应终点

反应要有适当的方法确定反应终点。

4. 滴定分析方式

1）直接滴定法

凡能满足滴定分析的反应要求的反应都可用标准滴定溶液直接滴定被测物质。例如，用NaOH标准滴定溶液可直接滴定 HCl、H_2SO_4 等试样。

2）返滴定法

返滴定法（又称回滴法）是在待测试液中准确加入适当过量的第一种标准溶液，待反应完全后，再用第二种标准溶液返滴定剩余的第一种标准溶液，从而测定待测组分的含量。

返滴定法主要用于滴定反应速度较慢或反应物是固体的情况，此时，加入符合计量关系的标准滴定溶液后，反应常常不能立即完成。例如，Al^{3+} 离子与 EDTA（一种配位剂）溶液反应速度慢，不能直接滴定，可采用返滴定法。

3）置换滴定法

置换滴定法是先加入适当的滴定溶液与待测组分定量反应，生成另一种可滴定的反应产物，再利用标准溶液滴定该反应产物，然后由滴定溶液的消耗量、反应产物与待测组分等物质的量的关系计算出待测组分的含量。

这种滴定方式主要用于因直接滴定时的化学反应没有定量关系或伴有副反应而无法直接测定的情况。例如，用 $K_2Cr_2O_7$ 滴定确定 $Na_2S_2O_3$ 溶液的浓度时，就是以一定量的 $K_2Cr_2O_7$ 在酸性溶液中与过量的 KI 作用，析出相当量的 I_2，以淀粉为指示剂，用 $Na_2S_2O_3$ 溶液滴定析出的 I_2，进而求得 $Na_2S_2O_3$ 溶液的浓度。

4）间接滴定法

某些待测组分不能直接与滴定溶液反应，但可通过其他的化学反应，间接测定其含量，称为间接滴定法。例如，溶液中 Ca^{2+} 几乎不发生氧化还原反应，但利用它与 $C_2O_4^{2-}$ 作用形成 CaC_2O_4 沉淀，过滤洗净后，加入 H_2SO_4 使其溶解，用 $KMnO_4$ 标准滴定溶液滴定 $C_2O_4^{2-}$，就可间接测

定 Ca^{2+} 含量。

5. 滴定分析常用仪器

1）锥形瓶

锥形瓶是一种化学实验室中常见的玻璃仪器，由德国化学家理查·鄂伦麦尔（Richard Erlenmeyer）于 1861 年发明，一般用于滴定实验，也可用于普通实验，锥形瓶一般用于制取气体或作为反应容器，其锥形结构相对稳定，不易倾倒。

锥形瓶容量由 50mL 至 250mL 不等，亦有小至 10mL 或大至 2000mL 的特制锥形瓶。

2）容量瓶

容量瓶是一种细颈、平底的梨形容量器，带有磨口玻塞，颈上有标线。在所指温度下液体凹液面与容量瓶颈部的标线相切时，液体体积恰好与瓶上标注的容量值相等。容量瓶上标有：温度、容量、刻度线。如图 1-5-12 所示为滴定分析常用器材。

容量瓶是为配制准确的一定物质的量浓度的溶液用的精确仪器，常和移液管配合使用，以把某种物质分为若干等份，通常有 25mL、50mL、100mL、250mL、500mL、1000mL 等数种规格，实验中常用的是 100mL 和 250mL 的容量瓶。

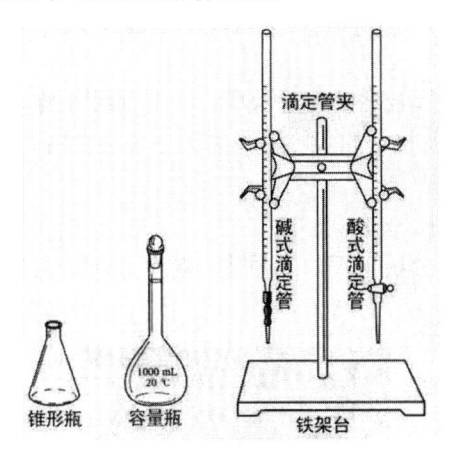

图 1-5-12 滴定分析常用器材

3）铁架台

铁架台用于固定和支撑各种仪器，铁圈可代替漏斗架使用。铁架台一般用于过滤、加热、滴定等实验操作，是物理、化学实验中使用最广泛的器材之一。

实验时常常会用到较长的滴定管或是要放置烧杯加热，此时就要借助铁架台将这些器材架在适宜的高度，以于利实验的进行。

要支撑滴定管时，铁架台上要装一个滴定管夹，这样就可将滴定管夹在滴定管夹上，如图 1-5-12 所示。要放置烧杯时，铁架台上则要装一个铁环，铁环上再放置石棉网，烧杯则放在石棉网上。

4）滴定管

滴定管分为碱式滴定管和酸式滴定管。前者用于量取对玻璃有侵蚀作用的液体；后者用于量取对橡胶有侵蚀作用的液体。滴定管为一细长的管状容器，一端具有活栓开关，其上具有刻度值，一般在上部的刻度值较小。滴定管容量一般为 50mL，刻度的每一大格为 1mL，每一大格又分为 10 小格，故每一小格为 0.1mL，精确度是百分之一，即可精确到 0.01mL。

5）数字化滴定分析仪

数字化滴定分析仪（如图 1-5-13 所示）实现了可视化滴定，采用模块化设计，由滴定装置和控制装置两部分组成。数字化滴定分析仪以按键代替活塞控制整个滴定实验,操作简单方便,很快便可学会;不需要加液调零;可一键清洗;滴定结果由仪器自动显示,避免累积误差,且其应用范围广,适用于酸碱、氧化还原、沉淀和络合等多种滴定实验。

图 1-5-13　数字化滴定分析仪

二、重量分析

1. 概念

根据物质的化学性质,选择合适的化学反应,将被测组分转化为一种组成固定的沉淀或气体,通过钝化、干燥、灼烧或吸收剂的吸收等一系列处理后,精确称量,求出被测组分的含量,这种分析称为重量分析。

2. 电子分析天平

重量分析法是直接用电子分析天平对物质进行称量来测定其质量的,如图 1-5-14 所示为万分之一电子分析天平。

图 1-5-14　万分之一电子分析天平

1) 万分之一电子分析天平

电子分析天平的精度有相对精度分度值与绝对精度分度值之分,而绝对精度分度值达到 0.1mg(即 0.0001g)的就称为万分之一电子分析天平,简称万分之一天平(以下简称天平)。

2) 操作天平注意事项

(1) 动作要缓而轻。将升降旋枢缓慢打开且开至最大位置,慢慢转动圈码,防止圈码脱落或错位。

(2) 不直接放。称量物不能直接放在天平称量盘内,根据称量物的不同性质,可将其放在纸片、表面皿或称量瓶内。

（3）不能称量超过天平最大载重量的物体。

（4）不更换天平。同一称量过程中不能更换天平，以免产生相对误差。

3）操作规程

（1）调水平。天平开机前，应观察天平后部水平仪内的水泡是否位于圆环的中央，否则通过天平的地脚螺栓调节，左旋升高，右旋下降。

（2）预热。天平在初次接通电源或长时间断电后开机时，至少需要 30min 的预热时间。因此，在通常情况下，不要经常切断天平电源。

（3）称量。

① 按下 ON/OFF 键，接通显示器。

② 等待天平自检。当显示器显示零时，自检过程结束，天平可进行称量。

③ 放置称量纸，按显示器两侧的 Tare 键去皮，待显示器显示零时，在称量纸上加入所要称量的试剂进行称量。

④ 称量完毕，按 ON/OFF 键，关闭显示器。

3. 重量分析法的适用范围

用重量分析法测定成分时，对含量高的成分（即常量成分）的测定具有很高的准确度和精密度。一些常见的非金属元素（如硅、磷、硫等）和金属元素（如铁、钙、镁等）在样品中通常是常量成分，因此，常用重量分析法进行测定。

4. 分离方法和称量形式

用重量分析法测定常量成分时，要根据样品和待测成分的性质采用适当的分离方法和称量形式。例如，在分析硅酸盐中硅的含量时，一般是设法将硅酸盐转化为硅酸沉淀后，再灼烧为二氧化硅进行称量。在分析样品中磷的含量时，一般是设法将磷全部转化为正磷酸后，再用钼酸盐将其转化为磷钼杂多酸盐沉淀，将其沉淀烘干后再进行称量。在分析样品中的钾时，可用四苯硼钠将 K^+ 沉淀为四苯硼钾后再烘干并进行称量。

一些化学性质相近的物质常常共存于混合物中，将这些性质相近的物质完全分离开有时比较麻烦。此时可将重量分析法与滴定分析法或其他分析法相结合，测出这些物质的总质量和总的物质的量，然后通过计算分别求出其各自的含量。

1.5.4 无损检测

一、简介

无损检测也叫无损探伤，是在不损害或不影响被检测对象使用性能的前提下，采用射线、超声、红外、电磁等原理或技术，结合仪器对材料、零件、设备进行缺陷、化学性能、物理参数检测的技术，如用超声检测焊缝中的裂纹，当今国内有关的超声检测标准有 NB/T47013.3、GB/T11345-2013、CB/T3559-2011 等，其中 NB/T47013.3 为综合性标准，而后两个标准为焊缝检测标准，另外，还有其他针对钢板、铸锻件等的检测标准。

一般的检验检测中心里的无损检测设备主要有：盘环件水浸超声探伤系统、X 射线探伤系统，如图 1-5-15 所示。盘环件水浸超声探伤系统主要用于航空发动机各种盘环件、短轴等的探伤，检测灵敏度为 0.4~18dB，可检测直径为 100~1000mm 的实心及空心零件，零件质量最大可达 1000kg。X 射线探伤系统主要用于各类铸件、焊接件等的检测，最大射线穿透厚度为 80mm。

超声探伤实验室（如图 1-5-16 所示）一般配备有模拟式及数字式超声检测仪。

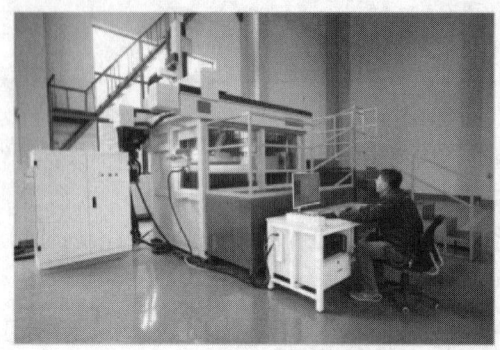

图 1-5-15　盘环件水浸超声探伤系统及 X 射线探伤系统

图 1-5-16　超声波探伤实验室

二、无损检测的特点

无损检测是利用物质的声、光、磁和电等特性，在不损害或不影响被检测对象使用性能的前提下，检测被检测对象中是否存在缺陷或不均匀性，给出缺陷大小、位置、性质和数量等信息。与破坏性检测相比，无损检测有以下特点：

（1）非破坏性，无损检测不会损害被检测对象的使用性能。

（2）全面性，由于无损检测是非破坏性的，因此必要时可对被检测对象进行 100%的全面检测，这是破坏性检测办不到的。

（3）全程性，破坏性检测一般只适用于对原材料进行检测，如机械工程中普遍采用的拉伸、压缩、弯曲等，破坏性检验都是针对制造用原材料进行的，对于成品，除非不准备继续使用，否则是不能对其进行破坏性检测的，而无损检测因不损坏被检测对象的使用性能，所以它不仅可对制造用原材料、各中间工艺环节、最终成品进行全程检测，也可对使用中的产品进行检测。

三、无损检测的方法

无损检测的方法很多，常用的有以下五种常规方法：射线检测（RT）、磁粉检测（MT）、涡流检测（ECT）、超声检测（UT）和渗透检测（PT）五种，除此之外还有目视检测。五大常规无损检测方法在工业上有着非常广泛的应用。

1. 射线检测（RT）

射线检测一般使用 X 射线进行检测。X 射线与自然光并没有本质的区别，都是电磁波，只是 X 射线的光量子的能量远大于可见光。X 射线能够穿透可见光不能穿透的物体，而且在穿透物体的同时将和被穿透物体中的物质发生复杂的物理和化学作用，可以使原子发生电离，使某些物质发出荧光，还可以使某些物质产生光化学反应。如果工件局部区域存在缺陷，那么在用 X 射线穿透工件时，这些缺陷将改变工件本身对 X 射线的衰减，引起透射效果的不均匀变化。

这样，采用一定的检测方法，如利用胶片感光来检测透射效果，就可以判断工件中是否存在缺陷及缺陷的位置、大小。

2. 磁粉检测（MT）

磁粉检测又称磁粉检验或磁粉探伤，是以磁粉为显示介质对缺陷进行检测的方法。根据磁化时施加的磁粉种类，磁粉检测分为湿法和干法；按照工件上施加磁粉的时间，磁粉检测分为连续法和剩磁法。

铁磁性材料工件被磁化后，由于不连续性（缺陷）的存在，使工件表面和近表面的磁力线发生局部畸变而产生漏磁场，吸附施加在工件表面的磁粉在合适的光照下形成目视可见的磁痕，从而显示出不连续性（缺陷）的位置、大小、形状和严重程度。

3. 涡流检测（ECT）

1）概念

涡流检测是建立在电磁感应原理基础之上的一种无损检测方法，它适用于导电材料。涡流检测是指利用电磁感应原理，通过测量工件内感生涡流的变化来无损地评定工件的某些性能，或发现工件缺陷的无损检测方法。在工业生产中，涡流检测是控制各种金属材料及少数石墨、碳纤维复合材料等非金属导电材料及其产品品质的主要手段之一，在无损检测技术领域占有重要的地位。

2）特点

（1）涡流检测的优点：

① 检测线圈不需要接触工件，也不需要耦合剂，对管材、棒材、线材的检测易于实现高速、高效率的自动化检测；也可在高温条件下进行检测，或对工件的狭窄区域及深孔壁等探头难以到达的深远处进行检测。

② 对工件表面及近表面的缺陷有很高的检测灵敏度。

③ 采用不同的信号处理电路，可抑制干扰，提取不同的涡流影响因素，涡流检测可用于电导率测量、膜层厚度测量及金属薄板厚度测量。

④ 由于检测信号是电信号，所以可对检测结果进行数字化处理，然后将检测数据进行存储、再现及比较。

（2）涡流检测的局限性：

① 只适用于检测导电金属材料或能感生涡流的非金属材料。

② （由于涡流渗透效应的影响）只适用于检查金属表面及近表面缺陷，不能检查金属材料深层的内部缺陷。

③ 影响涡流形成的因素较多，对缺陷的定性和定量分析还比较困难。

④ 针对不同工件采用不同检测线圈进行检测时各有不足。

4. 超声检测（UT）

1）超声波的特点

机械振动在介质中的传播过程叫作波，人耳能够感受到频率高于20Hz，低于20000Hz的弹性波，所以在这个频率范围内的弹性波又叫声波。频率小于20Hz的弹性波又叫次声波，频率高于20000Hz的弹性波叫作超声波。次声波和超声波人耳都不能感受。超声波的特点如下：

（1）超声波声束能集中在特定的方向上，在介质中沿直线传播，具有良好的指向性。

（2）超声波在介质中传播时会发生衰减和散射。

（3）超声波在异种介质的界面上将产生反射、折射和波形转换。利用这些特性可以获得从缺陷界面反射回来的反射波，从而达到探测缺陷的目的。

（4）超声波的能量比声波大得多。

（5）超声波在固体中的传输损失很小，探测深度大，由于超声波在异质界面上会发生反射、折射等现象，尤其是不能通过气体—固体界面。如果金属中有气孔、裂纹、分层等缺陷（缺陷中有气体），超声波传播到缺陷表面处时，就会全部或部分反射。反射回来的超声波被接收探头接收，通过仪器内部的电路处理，在仪器的荧光屏上就会显示出高度不同且有一定间距的波峰，可以据此判断缺陷在工件中的深度、位置和形状。

2）超声检测概念

超声检测是指利用超声波对金属工件内部缺陷进行检测的一种无损检测方法。用发射探头向工件表面通过耦合剂发射超声波，超声波在工件内部传播时若遇到不同介质形成的界面，将产生不同的反射信号（回波）。利用不同反射信号传递到接收探头的时间差，可以检查到工件内部的缺陷。根据在荧光屏上显示出的反射信号的幅度、位置等可以判断缺陷的大小、位置和大致性质。超声检测对裂纹、未焊透及未熔合缺陷较敏感，对气孔、夹渣不太敏感。超声检测直观性较差，易漏检。对近表面缺陷不敏感（称为超声波的盲区）。如图 1-5-17 所示为数字式超声检测仪。

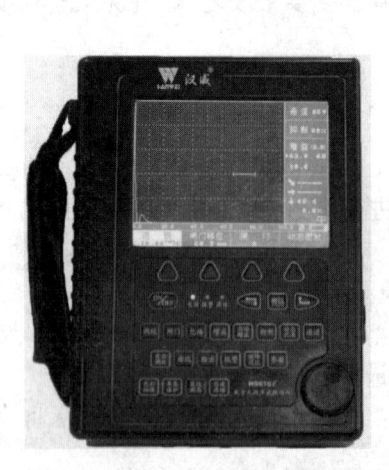

图 1-5-17 数字式超声检测仪

随着科技的发展，数字式超声检测仪大都具备以下功能：

① 波峰记忆：实时检索缺陷最高波峰，标定缺陷最大值。

② φ 值（表征缺陷尺寸）计算：找准缺陷最高波峰，自动计算 φ 值。

③ 裂纹测高：可采用实时衍射法进行裂纹测高。

④ 动态记录：实时、动态地记录波形，并可存储、回放相关数据。

⑤ 缺陷定位：实时显示缺陷的水平值、深度值、声程值。

⑥ 缺陷定量：实时显示定量值；通过包络波形、经验数据可对缺陷进行定性分析。

⑦ 曲面修正：对曲面工件进行探伤时，可修正曲面曲率。

⑧ 距离补偿：对厚工件进行远距离探伤时，可进行实时距离补偿，避免漏检小缺陷。

⑨ B 型扫描：实时扫查，描绘缺陷横切面。

3）超声检测原理

超声检测是利用工件及其缺陷的声学性能差异，根据超声波反射情况和穿透时的能量变化来检验工件内部缺陷的无损检测方法。

进行超声检测时，在垂直检测时用纵波，在斜射检测时用横波。在超声检测仪示波屏上，以横坐标代表超声波的传播时间,以纵坐标表示缺陷回波信号幅度。对于同一均匀介质,超声波的传播时间与声程成正比,因此可由缺陷回波信号的出现判断缺陷的存在;又可由缺陷回波信号出现的位置来确定缺陷距探测面的距离,实现缺陷定位;通过缺陷回波幅度来判断缺陷的当量大小。

4)超声检测的优缺点

(1)优点。

超声检测的优点是穿透能力较强,例如,超声检测对钢的有效检测深度可达 1m 以上;对平面性缺陷(如裂纹、夹层等)的检测灵敏度较高,并可测定缺陷的深度和相对大小;设备轻便,操作安全,易于实现自动化检验。

(2)缺点。

超声检测的缺点是不易检查形状复杂的工件,要求被检测工件的表面有一定的光洁度,并需要采用耦合剂填满探头和被检测工件的表面之间的空隙,以保证充分的声耦合。对于粗晶粒的铸件和焊缝,因其易产生杂乱反射波而较难应用超声检测。此外,超声检测还要求有一定经验的检验人员来进行操作和判断检测结果。

5)超声检测的步骤

(1)检测前的准备。

① 熟悉被检测工件:工件名称、材质、规格、坡口形式、焊接方法、热处理状态、工件表面状态、检测标准、合格级别、检测比例等。

② 选择仪器和探头:根据工件具体情况,按照规定选择检测所用仪器和探头。

③ 仪器校准:在开始使用仪器前,对仪器的水平线性和垂直线性进行测定和校准。

④ 探头校准:前沿、折射角、主声束偏离、灵敏度余量和分辨力的校准。

⑤ 仪器调整:时基线刻度可按比例调节,以表示缺陷的水平距离、深度或声程。

⑥ 灵敏度调节:在对比试块或其他等效试块上对灵敏度进行调节。

(2)超声检测操作。

① 母材的检验:母材的检验是指检测前应测量工件厚度(若工件为管材,则测量管壁厚度),并将无缺陷处的二次底波调节到荧光屏满刻度,作为检测的参考值。

② 探头的检验:检验要求是扫查灵敏度应不低于评定线(EL 线)灵敏度,探头的扫查速度不应超过 150mm/s,扫查时相邻两次探头移动应保证至少有 10% 的重叠。

(3)检验结果及评级。根据缺陷性质、幅度、指示长度,依据相关标准评级。

(4)复验。对仪器设备进行复验。

(5)出具检测报告。根据检测结果和分析结论,出具一份正式的检测报告。

6)超声检测方法的分类

(1)按检测方法原理分:脉冲反射法、衍射时差法、穿透法和共振法等。

(2)按超声波的类型分:纵波法、横波法、表面波法、板波法和爬波法。

(3)按显示方法分:

① A 显示法:这是一种波形显示法,用直角坐标系的纵坐标代表幅度,横坐标代表时间。

② 超声成像显示法。

③ B 显示法:纵截面显示。医院的 B 超检查就采用 B 显示法。

④ C 显示法:显示横截面(投影)。

⑤ D 显示法:显示侧截面。

⑥ P 显示法:C 显示法和 D 显示法的综合应用。在焊缝检测上应用的商品化成像系统一

般采用此法。

（4）按耦合方式分：直接接触法、液浸法和电磁耦合法。

（5）按探头个数分：单探头法、双探头法和多探头法。

（6）按人工干预程度分：手工检测法和自动检测法。

5. 渗透检测

1）概念

渗透检测也是以不损坏被检测对象的使用性能为前提，以物理、化学、材料科学及工程学理论为基础，对工件进行有效的检验，以评价其完整性、连续性及安全可靠性。渗透检测是产品制造中实现质量控制、节约原材料、改进工艺、提高劳动生产率的重要手段，也是设备维护中不可或缺的手段。

2）着色渗透检测

着色渗透检测在特种设备行业及机械行业里应用广泛。特种设备包括锅炉、压力容器、压力管道等承压设备，以及电梯、起重机械、客运索道、大型游乐设施等机电设备。着色渗透检测在航空、航天、军事、原子能等领域中应用特别广泛。

3）适用范围及特点

渗透检测可广泛应用于检测大部分非吸收性物料的表面开口缺陷，如钢铁、有色金属、陶瓷及塑料等，对于形状复杂的缺陷也可一次性全面检测。用渗透检测的方法检测裂纹、白点、疏松、夹杂物等缺陷时不需要额外设备，对于现场检测来说，常使用便携式的灌装渗透检测剂（包括渗透剂、清洗剂和显像剂这三个部分），便于现场使用。渗透检测的缺陷显示很直观，能大致确定缺陷的性质，检测灵敏度较高，但检测速度慢，因使用的检测剂为化学试剂，对人的健康和环境有较大的影响。

渗透检测特别适用于野外现场检测，因其不用水电。渗透检测虽然只能检测表面开口缺陷，但检测却不受工件几何形状和缺陷方向的影响，只需要进行一次检测就可以完成对缺陷的检测。

6. 目视检测（VT）

1）概念

目视检测是在国际上非常受重视的无损检测第一阶段首要方法。按照国际惯例，目视检测要先做，以确认不会影响后面的检测，再接着做五大常规检测。目视检测常用于检查焊缝。焊缝本身有工艺评定标准，通过目测和直接测量尺寸进行初步检验，可以发现咬边等不合格的外观缺陷，之后再做其他深入检测。例如，检测焊件表面和铸件表面时一般会先进行目视检测，而检测锻件表面就很少采用目视检测。

2）适用范围

（1）焊缝表面缺陷检查。检查焊缝表面裂纹、未焊透及焊漏等焊接缺陷。

（2）状态检查。检查工件表面裂纹、起皮、拉线、划痕、凹坑、凸起、斑点、腐蚀等缺陷。

（3）内腔检查。当某些产品（如蜗轮泵、发动机等）投入工作后，一般会按技术要求规定的项目对其进行内窥（目视）检测。

（4）装配检查。当有需要时，使用三维工业视频内窥镜对装配质量进行目视检测；装配或某一工序完成后，检查各零、部、组件装配位置是否符合图样或技术条件的要求，以及是否存在装配缺陷，也可以采用目视检测。

（5）多余物检查。检查产品内腔是否存在残余内屑、外来物等多余物。

身边榜样

巧手玩转"巨无霸"——八万吨模锻压机首位操作者 叶林伟

叶林伟，四川青年五四奖章获得者、中央企业青年岗位能手、德阳市技术能手，中国二重万航模锻有限责任公司（以下简称中国二重）锻工，八万吨模锻压机的首位操作者。

作为一位"八零后"，叶林伟从进入中国二重开始，他的梦想就和当时世界上最大的模锻压机——八万吨模锻压机联系在一起，和我国自主研制的新一代喷气式大型客机 C919 联系在一起。在他看来，实现梦想不是一蹴而就的，而是通过孜孜不倦的追求，他的梦想就是"造飞机"。

叶林伟出生于 1986 年。"我要造飞机"，在他还是个小孩子的时候，造飞机的梦想就在他心中扎了根。高中毕业后，叶林伟来到四川工程职业技术学院，进入 2006 届材料系模具设计与制造（锻压方向）专业学习。2009 年毕业后，他进入中国二重，经过不懈努力成为了中国八万吨模锻压机的首位操作手，开启了一段新的人生旅程。

中国二重有一台八万吨模锻压机。这个总重达 2.2 万吨、有 13 层楼高的庞然大物，是中国二重历时 10 年打造的"重装之王"，是当时世界上最大的模锻压机。而让这台"巨无霸"发出澎湃能量的正是看起来有些瘦削的叶林伟。

2012 年，中国二重开始了八万吨模锻压机的试制生产。如何精确操控这台前所未有的机器巨人？前行的每一步都是摸着石子过河，而这个先行者的重担，就放在了刚刚参加工作不久的叶林伟肩上。

为了尽快掌握模锻压机操作技术和初步维修能力，叶林伟利用休息时间在家自学八万吨液压原理图。由于八万吨液压原理相关技术资料都是用英文写成的，叶林伟只能借助词典，一点点翻译，摸索其含义。凭借着一股子初生牛犊不怕虎的钻劲，他用了短短一个月时间就通过了外方技术考核，迅速完成了八万吨模锻压机操作界面的定版工作，让大型压机拥有了全新的"中国符号"。在当时一起培训的人中间，叶林伟的学习成绩是最好的，他的实际操作也获得了外方的高度认可。2014 年，叶林伟获得德阳市技术能手荣誉称号。

八万吨模锻压机是当时我国乃至世界最先进的锻造设备之一，它的生产能力决定了所生产的产品具有科学性、复杂性。每当坐在八万吨模锻压机操作台前，叶林伟总是透出与他年龄不符的沉稳与专注，他的手轻轻推动操纵杆，数吨重的零部件不断被挤压成型，工友们戏称这个过程叫"压月饼"。

2017 年，叶林伟迎来了他人生的第一块"大月饼"——C919 起落架。七年铸一剑，C919 在 2017 年 5 月 5 日成功首飞，实现了中国人的大飞机梦。C919 飞机有 38.9m 长，35.8m 宽，11.95m 高，一般情况下可以承载 168 位旅客，最多可以承载 190 位旅客飞行 5000km。

叶林伟说，当 C919 首飞降落的一瞬间，他非常激动，因为 C919 使用的起落架就是他所在的中国二重生产制造的。在国产大飞机 C919 项目中，八万吨模锻压机制造的航空锻件占全部锻件的比例超过 70%。C919 首飞成功，标志着中国向航空工业强国迈进了一大步，他的"造飞机梦"终于实现了！

  从八万吨模锻压机的调试、试车到成功运行，他凭借着一股子钻劲和对大型压机纯粹的专注力量，将艰涩的技术掌握得了如指掌。叶林伟先后成功压制出某型号先进战机整体框、某重型燃机用高温合金透平轮盘锻件、C919 大飞机主起落架外筒，以及用于新型海陆直升机、航空发动机、燃气轮机等代表我国最高制造水平的设备的大型高端锻件，为多项国家重点项目建设提供了有力支撑，造就了八万吨模锻压机"巨无霸"的世界纪录。

  专注，是一种很纯粹的力量，这种力量的源头来自人们对自己所做的事情发自真心的热爱。叶林伟将这份热爱通过掌心与八万吨模锻压机操作台紧紧联系在了一起。7 年时间，他压制各种航空锻件上千件，先后荣获中央企业青年岗位能手、德阳市技术能手等荣誉称号。2022 年 4 月，他被授予第 25 届"四川青年五四奖章"。他也将这份热爱传递给后来者，叶林伟先后参与了八万吨模锻压机操作界面和工艺参数列表的设定，以及模锻压机操作界面的汉化工作。即使新任操作员没有一点英语基础，只要经过系统培训，也能胜任八万吨模锻压机的操作。叶林伟为中国二重培训、培养了多位八万吨模锻压机操作员，毫无保留地将自己的技艺不断传递。

模块二　交通工程基础认知

行业先锋

教学相长　精益求精——大国工匠　张永忠

张永忠，生于 1964 年，重庆长安汽车股份有限公司（以下简称长安汽车公司）一级技师，长安汽车公司发动机制造厂（以下简称工厂）维修调试工，先后获得"全国技术能手""中华技能大奖""中国科学技术突出贡献奖""重庆市劳动模范"等荣誉。

从业以来，他潜心钻研技术，独创一套发动机维修绝技，大大提升了工作效率，为企业创造了可观的经济价值，其成果在全国汽车行业内推广。他用 30 多年的坚实步伐，向人们展示了从木工到中国汽车行业发动机维修专家的蜕变。

一个退伍老兵从平凡到不平凡的蜕变

1983 年，张永忠从部队退伍后来到长安汽车公司，被分配到当时的 31 车间，从事木工工作。在这个全新的领域里，他从一个个螺钉干起，从基本的零件名称学起，装配、磨合、调试，他什么都干，为长安汽车公司第一台"江陵"发动机的研制成功付出了无数的心血和汗水。

时光如梭，30 多年来，张永忠始终"干一行、爱一行、钻一行"，经他手调修好的发动机已经数不清有多少台。在这期间，他先后被评选为工厂十佳能手、长安汽车公司一级技师、重庆市劳动模范，获得了中国兵器装备集团技能大师、全国技术能手、中华技能大奖等荣誉。

张永忠是汽车发动机维修的"老中医"。他耳朵很灵，总是能从撞击声中推断出质量问题。有一次，他在巡查时听到工人在维修过程中的撞击声音似乎和标准力度下发出的声音有些出入。他赶紧查看仪器的显示，果然发现了连杆螺母力矩小的质量问题。

如今，张永忠自创的诊断方法已经成为发动机维修宝典。这一方法被纳入"重庆市职工经典操作法"，为长安汽车品牌质量提升、中国汽车动力发展做出了不可磨灭的贡献。

一个匠人从技能大师到授业者的转变

没有惊人的履历，却做出骄人的业绩。张永忠，已然成为当下年轻人学习的楷模。

"学习十九大精神，弘扬劳模精神和工匠精神，就是要带动身边的职工认真钻研技术，掌握过硬的技能，甘于奉献，为提高中国汽车制造业技术水平不断贡献力量。"张永忠说。

在一台发动机前，一群工人簇拥着一位师傅，仔细聆听他讲解发动机装调知识，这位师傅就是张永忠。他说："技术这个东西保留是没有用的，要给别人解决实际困难才能体现它的价值。"为了更好地为全国各地长安汽车用户服务，张永忠又扮演起老师的角色，为后来者们讲解发动机调试维修技能。张永忠对待这个角色,可谓兢兢业业,不但毫无保留地把多年来掌握、练就的调试维修技巧传授给大家,还亲手带出了一支熟练掌握发动机调试维修的国家级"全能"团队。现在,长安汽车公司发动机调试维修一线的技术骨干,80%都受过他的指点,这些人中,被聘为二、三级技师的有4人、被聘为高级技师的有6人。

"既做事,也做人"是张永忠一直在心中默守的准则,有人叫他"土专家",他依靠自制的工具,为成千上万长安汽车用户排忧解难;也有人叫他"老中医",他将"望、闻、听、切"的独门绝技推广到全国汽车行业,还有人称赞他为"活雷锋",从他的身上,你能看到雷锋精神的存在和雷锋般的人格魅力。

项目一　交通安全常识

2.1.1　交通安全现状

一、国内外交通事故现状

国外交通事故形势虽然趋于稳定,但伤亡率却很高,每年大约有150万人在道路交通事故中伤亡。与其他发达国家相比,我国的交通事故状况一直是最为严重的,交通事故多发,并且危害极大。随着汽车制造业及运输业的发展,交通事故出现的频率也越来越高,交通事故死亡率居高不下,经济损失越来越大。目前,我国对交通事故已经采取了一些有效的预防措施,但效果和力度还不够,需要进一步加强,整体来说,交通安全现状不容乐观,还需要加强相关举措,进一步减少交通事故的发生。

二、我国交通事故的特征

1. 死亡率高

截至2013年1月,全国机动车保有量约1.92亿辆,全国机动车驾驶员约2.05亿人,中国已经大踏步进入"汽车时代",然而我国交通事故死亡率高,稳居世界之最,是欧洲的2.5倍、美国的2.6倍!据统计:我国平均每1分钟就有一人因车祸伤残,平均每5分钟就有一人因车祸死亡。截至目前,我国汽车数量占世界1.9%,车祸死亡人数却占世界15%,且车祸死亡人数占比每年都在增加。自1899年发生第一起有记录车祸以来,全球因车祸导致的死亡人数累计达3000万,超过第二次世界大战死亡人数。

2. 伤亡率不断增长

数据显示,国外交通事故的伤亡率已经度过了高峰期,伤亡率曲线逐渐趋于平稳下降,与国外相比较,我国交通事故的伤亡率还在不断增长中,增长趋势不容乐观。我国的交通事故的伤亡率居高不下,究其原因还是没有进行足够有效的控制和预防。

3. 高速公路交通事故较多

我国高速公路的发展历史比较短,高速公路在设计、建设和管理方面还不够完善,还需要一定的实践以积累经验,同时目前的驾驶员培养体系仍然有所欠缺,导致我国高速公路交通事故比较多,造成的损失比较严重。高速驾驶对驾驶员的素质和综合能力有了更高的要求,驾驶员在高速公路上驾驶需要具备更高的驾驶技能和综合素质,才能更好地避免交通事故的发生。

2.1.2 引发交通事故的因素

交通事故的频发除了一些不可避免的因素之外,还有很多是由于驾驶员和行人没有遵守交通规则造成的,这也提醒我们应当加强道路交通安全知识的学习,认真遵守交通规则。

一、行人及非机动车驾驶员常见交通陋习

我们一方面感叹城市交通的种种不堪,同时又常常是交通不和谐的始作俑者,请看看以下几种陋习,如果对号入座,你占几条?

1. 争分夺秒、乱闯红灯

凑够一撮人就能走,与红绿灯无关。

2. 违规横穿行车道和翻越护栏

有地下通道或天桥不走,偏要违规横穿行车道和翻越护栏。图省事的心态在任何情况下都是弊大于利的,由于这种心态,导致很多人冒险违规横穿行车道,要知道每天都会发生因行人或非机动车冒险违规横穿行车道、翻越护栏导致的交通死亡事故,血淋淋的教训还不足以给我们警示吗?

3. "鬼探头"

对于行人来说,即使走人行横道,横穿行车道时也不应忽然从车前窜出,汽车不是说停就能停的。

4. 走路不看路、边走边打电话

横穿行车道时,不要打电话、刷微博、看微信……你能确保司机一定能注意到你吗?

5. 骑电动车闯红灯、逆行与超速

骑电动车闯红灯、超速、逆行而造成的事故现场大都惨不忍睹,为了自己与家人的幸福,应远离这三种要命行为。

6. 占用机动车道

非机动车或行人在机动车道上穿插是非常危险的,"各行其道"才是王道。

也许我们管不了刮风下雨,但对于这些"不起眼"的不文明行为,我们还是可以"独善其身"的,这么做不是为了显示我们多么高尚,即使为了我们自身的安全,也应该告别上述陋习。

二、机动车常见违法行为

机动车驾驶员违反交通法规是造成交通事故的主要原因,其中闯红灯、超速行驶、疲劳驾驶、超载、违规变道、无证驾驶和酒后驾驶等交通违法造成人员死亡的情况较为严重。

1. 闯红灯

闯红灯是最常见的交通违法行为了,可能我们一不留神就碰上了。闯红灯的原因主要有驾驶员注意力不集中、犹豫不决、试图在黄灯期间加速通过及心存侥幸强行通过等,如图 2-1-1 所示。另外,一些人认为黄灯亮时还可以通行。《中华人民共和国道路交通安全法》规定:黄灯亮时,已经越过停止线的车辆可以继续通行,没有越过停止线的禁止通行。

2. 超速行驶

现在的路是越来越平整了,开起车来也是越来越好开了。有的人就会想"放纵一把",像电影里那样来一回"速度与激情",却不知超了速,违了规,如图 2-1-2 所示。

图 2-1-1　不应闯红灯　　　　　　　　　图 2-1-2　不应超速行驶

3. 酒后驾驶

"这年头谁没机会参加聚会，谁不需要应酬？一高兴那是酒逢知己千杯少，不醉不归啊！"开心过后，开车来的总得把车开回去吧？大多数人会叫代驾，少数人则觉得自己"艺高人胆大"，自己开车回家。这么做，即使没出事，也违反了交通法规（如图 2-1-3 所示），一旦出事，往往后果都较为严重。

4. 超载

超载包括超重和超员，出门在外，谁都有不方便的时候，如果心存侥幸，想着"反正就多一个人，挤挤就好"，那就给驾驶车辆造成了安全隐患，如图 2-1-4 所示。

图 2-1-3　不应酒后驾驶　　　　　　　　图 2-1-4　不应超载

5. 违规变道

目前，国内有信号灯的路口基本上均划分了直行车道、左转车道和右转车道。车辆进入车道后，如果边线变为实线，就不允许变道了。万一进错车道了，也不能压实线变道或违规调头，而应按车道要求行驶，再择机调整。

6. 逆向行驶

从违法记录中可以发现，逆向行驶被抓拍的基本上都是在等绿灯或刚开始放行时，有些心急的驾驶员没等前方车辆起步，就起步左转，意图借对向车道超车；有的驾驶员左转弯时不是从路口中心点外侧转弯，而是越过停止线后就近转弯，导致在进入路口时驶上中心线左侧的对向车道。

7. 不礼让行人

行人闯红灯、违法乱穿行车道一直是交警交通管理工作的重点和难点。然而，即便行人在路口斑马线按信号灯提示过行车道，有时也会被右转汽车阻挡，而这是交通法规所不允许的。

8. 疲劳驾驶

疲劳驾驶极易引起交通事故。疲劳驾驶是指驾驶员在长时间连续行车后，产生生理机能和心理机能的失调，而在客观上出现驾驶能力下降的现象。驾驶员睡眠质量差、睡眠不足、长时间驾驶车辆，都容易导致驾驶疲劳。驾驶疲劳会影响驾驶员的感知能力、判断能力和运动能力等诸方面，使驾驶员感到困倦瞌睡，四肢无力，注意力不集中，判断能力下降，甚至出现精神恍惚或瞬间意识不清，导致驾驶动作迟误或过早，操作停顿或修正时间不当等不安全因素，极易引发道路交通事故。因此，驾驶员应提高安全意识，严禁疲劳驾驶，如图2-1-5所示。

图 2-1-5　严禁疲劳驾驶

2.1.3　交通安全基本常识

一、加强交通安全教育

交通安全，一个老生常谈的话题！频频出现安全问题的根本原因是广大交通参与者的交通安全意识普遍不强，主要体现在交通安全知识缺乏和交通安全意识淡薄两个方面。而加强交通安全教育，提升思想认识是解决交通事故频发的根本途径之一，只有知悉交通事故是双方的责任，安全永远排在第一位，才会自觉地提高自身安全意识和自觉性，自觉遵守交通规则，这样道路的交通秩序才会更好，才能减少交通事故的发生。

二、基本交通常识

1. 步行安全常识

走路，谁不会呢？其实也不尽然。如果我们不注意交通安全，走路也闯祸。

步行外出时要注意行走在人行道内，在没有人行道的地方要靠路边行走。横穿公路时最好走过街天桥或地下通道，没有过街天桥和地下通道的地方应走人行横道；在没有人行横道的地方横穿公路时要注意来往车辆，不要斜穿、猛跑；在通过十字路口时，要听从交警的指挥并遵守交通信号；在设有护栏或隔离墩的地段不得横穿公路。

2. 骑行安全常识

骑行外出前要先检查一下车辆的铃、闸、锁、牌是否齐全、有效，保证没有问题后方可上路，上路后应在规定车道内骑行。通过路口时要严守信号，停车不要越过停车线；不要逆行；不要做危险动作，如扶肩并行、双手离把骑行、攀扶其他车辆及在人行道上骑行等。在横穿较宽的公路或中途车闸失效时，须下车推行；转弯和变道时要注意行人和后方来车。

3. 驾车安全常识

上车前一定要认真检查车辆，确认车辆无故障后方可上路；驾车应备齐有关证件，驾驶期间要随时注意交通标识和信号，切忌酒后驾车。

4. 乘车安全常识

乘车时要先下后上，排队上车，不要乱推乱挤，以免造成自己或他人受伤，或为小偷作案提供条件。车停稳后才能上下车，乘车时不可将头或手伸出窗外，以免受到伤害；乘长途汽车时，应尽量保持清醒，注意观察路上情况，若车辆急刹时准备不足，巨大的惯性可能造成伤害。

5. 横穿公路安全常识

横穿公路时可能遇到的危险因素会大大增加，应特别注意安全。

（1）要听从交警的指挥；要遵守交通规则，做到"绿灯行，红灯停"。

（2）穿越公路，要走人行横道；在有过街天桥和地下通道的路段，应自觉走过街天桥和地下通道。

（4）穿越公路时，要走直线，不可迂回穿行；在没有人行横道、过街天桥或地下通道的路段穿越公路，应充分观察，在确认安全后才可以穿越公路。

（5）不要翻越公路中央的安全护栏和隔离墩。

（6）不要突然横穿公路，特别是公路对面有熟人、朋友呼唤，或者自己要乘坐的公共汽车已经进站时，千万不能贸然行事，以免发生意外。

三、交通信号灯、标线和标志

1. 交通信号灯

在繁忙的十字路口，大都设有交通信号灯，它是不出声的"交警"。交通信号灯俗称红绿灯，红灯亮表示禁止通行（在不妨碍他人通行的情况下，有的地方允许车辆右转弯），绿灯亮表示允许通行，黄灯闪警告车辆注意安全。在路口，几个方向来的车都汇集在这儿，有的要直行，有的要拐弯，到底让谁先走，要听从红绿灯的指挥。

2. 交通标线

公路上各种颜色、样式的线条是"交通标线"，中间长长的黄色或白色直线，叫"车道中心线"，用来分隔来往车辆，使它们互不干扰；车道中心线两侧的白色虚线叫"车道分界线"，它规定机动车在机动车道上行驶，非机动车在非机动车道上行驶；在路口四周的白色横线是"停止线"，红灯亮时，各种车辆应该停在这条线内；斑马线则专门用于表示人行横道，行人在这里过公路比较安全。

3. 交通标志

交通标志是画有一定的形状、颜色的符号的标志牌，用于向车辆驾驶员和行人传递道路或交通管理信息。我们理解了它们的意思，就能明白道路或交通的有关情况。常见交通标志如图 2-1-6 所示。

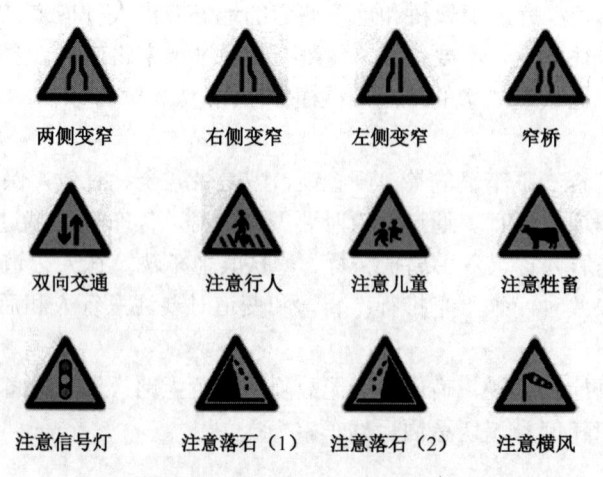

图 2-1-6　常见交通标志

禁止非机动车通行	禁止畜力车通行	禁止人力货运三轮车通行	禁止人力客运三轮车通行
禁止人力车通行	禁止骑自行车下坡	禁止骑自行车上坡	禁止行人通行
禁止向左转弯	禁止向右转弯	禁止直行	禁止向左向右转弯
直行	向左转弯	向右转弯	直行和向左转弯
直行和向右转弯	向左和向右转弯	靠右侧道路行驶	靠左侧道路行驶
立交桥直行和左转弯行驶	立交桥直行和右转弯行驶	环岛行驶	步行

图 2-1-6　常见交通标志（续）

我们应该理解交通标志和交通标线的含义并遵守其规定，这对维护交通秩序，保证交通安全具有十分重要的意义。

四、交通事故的处理

1. 及时报案

遇到交通事故发生，不要慌乱，要沉着冷静，先确保自身安全，再帮助他人。如果有必要，及时拨打"122"交通报警电话。

2. 保护现场

在交警未到达现场之前，要尽量保护好事故现场，事故现场的勘查结论是划分事故责任的依据之一，若事故现场没有保护好，会给交通事故的处理带来困难，造成有理说不清的情况。

3. 控制肇事者

若肇事者想逃脱，一定要设法控制，自己不能控制可以发动周围的人帮忙控制，若实在无法控制，也要记住肇事者的样貌或肇事车辆的车辆牌号等特征。

4. 高速公路交通事故的处理

在高速公路上发生事故后,首先要打开汽车双闪灯,如果事故轻微,无人员伤亡,双方对责任划分及赔偿方案无异议,且车辆具备移动能力,一定要将车辆移动至紧急停车道内停放,或开到下一个服务区,同时报保险公司,然后耐心等待救援和交警处理,可在动车前拍好事故现场的照片备用;如果事故较为严重,车辆无法继续行驶,一定不要破坏事故现场(抢救伤员除外),这时就需要做两件比较重要的事情:设置警告标志和电话报警。

2.1.4 交通法规认知

一、法规简介

《中华人民共和国道路交通安全法》(以下简称为《交通法》)是我国实施的第一部全面规范道路交通参与人权利和义务关系的基本法律,于2021年4月29日第十三届全国人民代表大会第三次修正。

其第一条阐明其重大意义:为了维护道路交通秩序,预防和减少交通事故,保护人身安全,保护公民、法人和其他组织的财产安全及其他合法权益,提高通行效率,制定本法。

其第二条规定:中华人民共和国境内的车辆驾驶人、行人、乘车人以及与道路交通活动有关的单位和个人,都应当遵守本法。

全文对车辆、驾驶人、行人和乘车人通行做出了明确规定,对于不遵循本法之规定的行为将做出处罚,情节严重者将依法追究刑事责任。

交通事件一般分为交通违法行为和交通事故,前者最多给予行政处罚,后者属于刑事范畴,多带有民事赔偿性质。

二、违反交通法规的处罚

1. 处罚机构

处理道路交通违法行为的机构是公安机关交通管理部门。

2. 处罚种类

《交通法》明确规定,对道路交通违法行为的处罚种类包括:警告、罚款、暂扣或者吊销机动车驾驶证、行政拘留等。

1) 警告

警告是指处罚机构对道路交通违法行为人的告诫,这种处罚带有教育性质,又具有强制性的性质。

警告处罚的作用在于指出违法行为的危害,促使行为人认识自身错误,不至再犯。警告是一种较轻的行政处罚,一般适用于初犯,同时其违法行为必须具有情节比较轻微、后果极轻微的条件。

2) 罚款

罚款是指限定违法行为人在一定期限内缴纳一定数额货币的经济性处罚,具有强制性。

罚款是一种行政处罚,其执行必须依据相关法律、法规的规定,在法定程序和法律规定的具体处罚幅度内执行。

3) 暂扣机动车驾驶证

暂扣机动车驾驶证,是指将机动车驾驶人的机动车驾驶证予以扣留,在一定期限内取消其机动车驾驶资格的处罚,这种处罚一般要比罚款严厉。

暂扣机动车驾驶证可以单独使用，也可以和其他处罚合并使用。

4）吊销机动车驾驶证

吊销机动车驾驶证是取消机动车驾驶人驾驶资格的处罚，属于非常严厉的处罚。

吊销机动车驾驶证可以单独使用，也可以和其他处罚合并使用。

5）行政拘留

行政拘留是处罚机构依法短期、强制限制道路交通违法行为人人身自由的一种行政处罚，一般用于违法情节比较严重、造成严重影响或者严重危害后果的违法行为。

综上所述，我国的道路交通事故的现状是十分严峻的，交通事故的伤亡率居高不下，对人们的生命和财产安全造成了极大的威胁和损害，所以在原有的交通事故防范措施之上，还需要采取更加科学的措施和办法加强交通安全，尽可能减少和避免交通事故的发生。

项目二　汽车文化

2.2.1　汽车概述

一、汽车的定义

汽车的英文为"Automobile"，直译为中文的意思是"自动车"，不同地域对汽车的定义有所不同。

1. 美国对汽车的定义

在美国，汽车工程师学会（SAE）对汽车的定义是：汽车是由本身携带的动力源驱动的、装有驾驶操纵装置的、在固定轨道以外的道路或自然地域上运输客、货或牵引其他车辆的车辆。

2. 日本对汽车的定义

在日本，汽车一般被定义为不依靠架线和轨道，带有动力装置，能够在道路上行驶的车辆。

3. 德国对汽车的定义

德国对汽车的定义是：汽车是使用液体燃料，用内燃机驱动，具有3个或3个以上轮子，用于载运乘员或者货物的车辆。

4. 我国对汽车的定义

我国对汽车的定义为：汽车是由动力驱动、具有四个或四个以上车轮的非轨道承载的车辆，包括与电力线相连的车辆（如无轨电车）；主要用于运载人员和/或货物（物品）、牵引载运货物（物品）和/或人员的车辆或特殊用途车辆，以及进行专项作业。另外，对于"汽车"这个术语，我国还进行了补充说明：本术语还包括以下由动力驱动、非轨道承载的三轮车辆：（1）整车整备质量超过400kg、不带驾驶室、用于载运货物的三轮车辆；（2）整车整备质量超过600kg、不带驾驶室、不具有载运货物结构或功能且设计和制造上最多允许乘坐2人（包括驾驶员）的三轮车辆；（3）整车整备质量超过600kg的、带驾驶室的三轮车辆。

二、汽车的分类

汽车分为乘用车和商用车两种。

1. 乘用车

乘用车（Passenger car）是指包括驾驶员座位在内最多不超过9个座位，主要供私人使用的汽车,可按发动机工作容积(发动机排量)分级。

1)微型乘用车

微型乘用车的发动机排量在 1.0L 以下(A00 级),其特点是尺寸较小,结构紧凑,通常有 2 到 5 个座位,适用于人数较少的家庭,如图 2-2-1 所示为单排座微型乘用车,如图 2-2-2 所示为双排座微型乘用车。

图 2-2-1　单排座微型乘用车　　　　图 2-2-2　双排座微型乘用车

2)普通乘用车

普通乘用车发动机排量为 1.0~1.6L(A 级),其特点是有 4 个或 5 个座位,后排座椅可折叠或移动,以形成装载空间,其燃油经济性较好,适用于普通家庭日常出行及短途旅行,如图 2-2-3 所示。

图 2-2-3　普通乘用车

3)中级乘用车

中级乘用车发动机排量为 1.6~2.5L(B 级),其特点是车身尺寸相对于普通乘用车稍大一些,有比较齐全的配置,适用于一般家庭日常出行及旅行,如图 2-2-4 所示。

图 2-2-4　中级乘用车

4)中高级乘用车

中高级乘用车发动机排量为 2.5~4L(C 级),其特点是拥有相对于中级乘用车更大的车身尺寸,乘坐环境更加舒适,拥有优良的性能和先进的汽车技术,适用于条件较好的家庭出行及商务活动,如图 2-2-5 所示。

图 2-2-5　中高级乘用车

5）高级乘用车

高级乘用车发动机排量在 4.0L 以上（D 级），其特点是车身尺寸特别大，动力输出强劲，配置及装备齐全，车内外用料考究，拥有舒适的乘坐环境，适于社会成功人士使用，如图 2-2-6 所示。

图 2-2-6　高级乘用车

6）多用途乘用车（MPV）

多用途乘用车的特点是发动机被安放在驾驶员座位的后下方，使得整车高度相对较高，从而具有较大的车内空间，通常采用 6 座或 7 座布局，适用于家庭人数较多且希望车内使用空间较大的用户，如图 2-2-7 所示。

7）运动型多用途乘用车（SUV）

运动型多用途乘用车在拥有轿车的舒适性的同时，也具越野车的通过性，是轿车与越野车的混合产品，适用于身材高大或喜爱自驾旅游的用户，如图 2-2-8 所示。

图 2-2-7　多用途乘用车（MPV） 　　　　图 2-2-8　运动型多用途乘用车（SUV）

8）越野车

越野车从军事车辆发展而来，配备动力强劲的发动机，具有较强的越野行驶能力，适用于行驶地域路况较差的情况及喜爱越野运动的用户，如图 2-2-9 所示。

9）专用乘用车

专用乘用车的特点是具备完成特定功能所需的特殊车身或装备，如旅居房车（如图 2-2-10 所示）、救护车、防弹车、殡仪车等。

图 2-2-9　越野车　　　　　　　　　图 2-2-10　旅居房车

2. 商用车

商用车（Commercial Vehicle）是指在设计和技术特征上以运送人员和货物为目的，且可用于牵引的汽车。在汽车行业媒体中，商用车主要根据其自身用途不同来分类，一般将商用车划分为客车和货车两大类。

1）客车

客车的特点是座位不少于 9 个（包括驾驶员座位在内），具有方形车厢，用于载运乘客及其随身行李。客车按车辆总重或设置座位数常分为大、中、小型，我国规定单体客车的长度一般不超过 12m，如图 2-2-11 所示为中型客车，如图 2-2-12 所示为大型客车。

图 2-2-11　中型客车　　　　　　　　图 2-2-12　大型客车

2）货车

货车主要用于运送货物，绝大部分货车都以柴油作为动力源。货车根据用途分为普通货车、多用途货车、全挂牵引车、越野货车、专用作业车、专用货车等，如图 2-2-13 所示为普通货车，如图 2-2-14 所示为专用作业车，如图 2-2-15 所示为全挂牵引车。

图 2-2-13　普通货车　　　　　　　　图 2-2-14　专用作业车

图 2-2-15　全挂牵引车

三、新能源汽车

1. 概念

按照国家《新能源汽车生产企业及产品准入管理规定》的规定：新能源汽车是指采用非常规的车用燃料作为动力源，综合车辆的动力控制和驱动方面的先进技术形成的，具有新技术、新结构，技术原理先进的汽车。

2. 分类

新能源汽车包括纯电动汽车、混合动力汽车、燃料电池电动汽车、氢动力汽车、增程式电动汽车等。

1）纯电动汽车

纯电动汽车（BEV）是一种采用单一蓄电池（动力电池）作为储能动力源的汽车，通过蓄电池向驱动电机提供电能使其运转，从而推动汽车行驶，如图 2-2-16 所示。

2）混合动力汽车

混合动力汽车（HEV）的主要驱动系统由至少两个能独立运转的单个驱动系统组合而成，混合动力汽车的行驶功率主要取决于车辆行驶状态：一种是由单个驱动系统单独提供动力；另一种是通过多个驱动系统共同提供动力，混合动力汽车如图 2-2-17 所示。

图 2-2-16　纯电动汽车　　　　图 2-2-17　混合动力汽车

3）燃料电池电动汽车

在燃料电池电动汽车（FCEV）中，氢气、甲醇、天然气、汽油等反应物在催化剂的作用下与空气中的氧在电池中反应，进而产生电能，为汽车提供动力。本质上来说，燃料电池电动汽车也属于电动汽车，它在性能和设计等方面和其他电动汽车有很多相似之处，将其单独归为一类是由于燃料电池电动汽车是通过化学反应生成电能的，燃料电池电动汽车如图 2-2-18 所示。

4）氢动力汽车

氢动力汽车（HPV）如图 2-2-19 所示，它以氢为能量来源，非常环保。

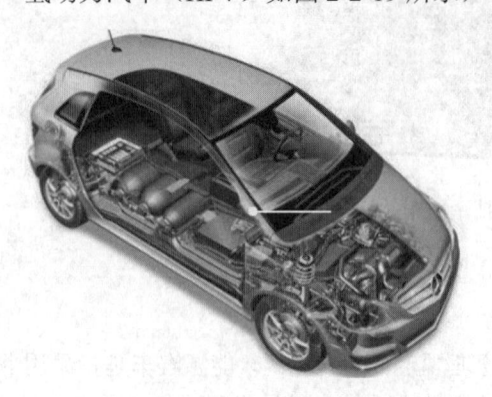

图 2-2-18　燃料电池电动汽车

图 2-2-19　氢动力汽车

5）增程式电动汽车

增程式电动汽车（EREV）也通过电池向驱动电机提供动能，驱动其运转，从而推动车辆行驶，与其他电动汽车不同的是，增程式电动汽车配有一个汽油或柴油发动机，在电池电量过低的情况下，驾驶员可以利用这个发动机为电池补充能量，增程式电动汽车如图 2-2-20 所示。

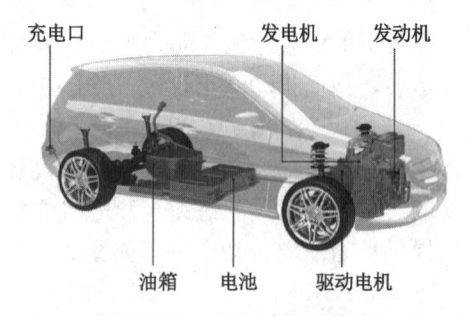

图 2-2-20　增程式电动汽车

2.2.2　汽车的发展

一、汽车的起源

1. 蒸汽汽车的诞生

1765 年，英国人詹姆斯·瓦特发明了蒸汽机，带领人类进入了"蒸汽机时代"，后续许多发明家纷纷把瓦特的发明应用到"自走式车辆"的设计中。

世界上第一辆蒸汽汽车是由法国人尼古拉斯·古诺于 1769 年制造出来的，如图 2-2-21 所示。这部车长 7.32m，宽 2.2m，车身为硬木框架，由三个铁轮支撑，车前进时靠前轮控制方向。车的前部吊装一个容积为 50L 的锅炉，锅炉后面有两个汽缸。锅炉中的蒸汽推动汽缸中的活塞驱动前轮。这是车轮第一次借助人力或畜力以外的动力向前行驶。但是这辆车的弊端之一是负责转向的前轮上有一个大大的锅炉，导致转向杆操作很不灵活。1771 年，这辆车在试车时由于转向系统失灵，一头撞在兵工厂的墙上而变成一堆废铁，这也是世界上第一起机动车交通事故。尼古拉斯·古诺的发明是古代交通工具与近代交通工具的分水岭，在汽车发展史上具有划时代的意义。

图 2-2-21　世界上第一辆蒸汽汽车

尼古拉斯·古诺的发明极大地激励了后来者。1801 年，英国铁路蒸汽机发明者理查德·特拉维西克设计并制造了一辆三轮蒸汽汽车，他将改进的高压蒸汽机安装在一辆后轮直径达 2.5m 的大型三轮车上，这辆车依靠后轮驱动前进，由于车体高大，乘客上下极不方便，经过两年的改进，该车可乘坐六名乘客，车速可达 9.6km/h，至此，蒸汽汽车进入成熟的实用阶段。

2. 内燃机的发明

随着科技的不断进步，越来越多的发明家意识到蒸汽机热效率低，主要原因是蒸汽机的燃料是在汽缸外燃烧的，容易散失热量，因此，发明家们开始研究燃料能在汽缸内燃烧的装置，这就是内燃机。

1794 年，英国人斯特里特提出从燃料的燃烧中获得动力，以及燃料与空气混合的概念。

1801 年，法国人勒本提出了煤气机的原理。

1833 年，英国人莱特设计了直接利用燃烧压力推动活塞做功的结构。

1860 年，法国人勒努瓦成功研制出一台使用煤气作为燃料的单缸二冲程内燃机，这是世界上最早的内燃机。

1860 年，法国人罗西提出提高内燃机效率的要求，提出进气、压缩、做功、排气的四冲程理论，为现代内燃机的发明奠定了理论基础。

1877 年，德国人尼科劳斯·奥古斯特·奥托（以下简称"奥托"）在勒努瓦的启发下，提出四冲程内燃机"奥托循环"理论，发明了四冲程内燃机（如图 2-2-22 所示）并获得专利，奥托以内燃机奠基人的身份被载入史册。

图 2-2-22　四冲程内燃机和奥托

3. 汽车的发明

关于汽车的发明，一般认为德国人卡尔·本茨和戈特利普·戴姆勒是汽车业的鼻祖和元勋。卡尔·本茨于 1878 年开始研究新型内燃机，在 1879 年成功造出了一台二冲程试验发动机，1885 年卡尔·本茨购买了奥托的专利，将一个内燃机和加速器安装在一辆三轮马车上（如图 2-2-23 所示），制成了内燃机汽车，1886 年 1 月 29 日，德国曼海姆专利局批准卡尔·本茨凭此申请专利，由此卡尔·本茨获得了世界上第一辆汽车的发明权，这一天被公认为"现代汽车诞生日"。1886 年，德国人戈特利普·戴姆勒制成世界上第一辆四轮汽车（如图 2-2-24 所示），因此被称为"世界汽车之父"。

图 2-2-23　卡尔·本茨与他研制的蒸汽汽车

图 2-2-24　戈特利普·戴姆勒与他研制的蒸汽汽车

二、汽车工业的形成

1. 德国是汽车工业的诞生地

卡尔·本茨发明了世界上第一辆由内燃机驱动的三轮汽车，戈特利普·戴姆勒发明了世界上第一辆四轮汽车，他们不仅发明了汽车，而且生产了汽车。1894 年卡尔·本茨成立了汽车生产厂并开始大量生产汽车，1899 年年产量达到 500 多台，是当时世界上最大的汽车生产商，即奔驰汽车公司。1890 年戈特利普·戴姆勒建立汽车公司，1900 年 11 月第一辆梅赛德斯汽车诞生。

1924 年 5 月 1 日，奔驰汽车公司和戴姆勒汽车公司组成共同利益联盟，并于 1926 年 6 月 28 日合并为戴姆勒—奔驰股份公司。

2. 各国汽车的研制与生产

由内燃机驱动的汽车被发明后，欧洲和美国相继出现了一大批汽车公司，如美国的福特汽车公司、英国的劳斯莱斯汽车公司、法国的雪铁龙汽车公司及意大利的菲亚特汽车公司等。受限于当时的技术水平，这些汽车公司并不具备规模化生产的能力，只能进行小批量生产，因此成本较高，售价昂贵，所生产的汽车仅供给皇家贵族、名门绅士使用，是当时的奢侈品。

三、汽车工业的发展

1. 美国公司采用流水线生产大量汽车

1903 年美国人亨利·福特创建了福特汽车公司，提出将汽车由奢侈品变为生活必需品的主张，在 1908 年，福特汽车公司推出 T 型汽车（如图 2-2-25 所示），1913 年汽车装配流水线问世（如图 2-2-26 所示），各公司开始大批量地生产汽车，这是汽车工业发展史上的第一次变革。

图 2-2-25　T 型汽车

图 2-2-26　汽车装配流水线

2. 欧洲汽车产品的多样化

第二次世界大战前，德国汽车工业就有较好的发展基础，戴姆勒—奔驰、奥迪、BMW、大众等汽车公司已形成一定规模。二战期间，各国汽车工业为满足军事需要而生产军用车辆及装备。战后，得益于政府的支持和经济的复苏，欧洲汽车工业快速发展，针对美国汽车车型单一、体积庞大、油耗高的弱点，开发出许多新车型，实现了汽车产品的多样化，这是汽车工业发展史上的第二次变革，至此，世界汽车工业发展中心由美国转回欧洲，欧洲成为世界第二个汽车工业发展中心。

3. 日本精益化生产方式

1904年，日本人吉田真太郎成立了东京汽车制造厂，1933年，丰田汽车公司和本田汽车公司成立，二战期间，日本汽车工业服务于战争，到1941年，日本的汽车年产量达到5万辆，但在20世纪50年代，日本汽车工业发展缓慢，直到1955年，日本通产省公布了发展"国民汽车"的构想，提出发展实用的微型汽车计划，该构想在日本国内引起很大反响。

日本丰田汽车公司探索出独特的"丰田生产方式"，以"精益思想"为根基，打造出以"消除一切浪费，力争尽善尽美"为最佳境界的新的生产经营体系。丰田生产方式的推广，使得日本在20世纪70年代进入世界汽车强国行列，并引领了汽车工业发展史上的第三次变革。日本成为继美国、欧洲之后的第三个汽车工业发展中心。

四、中国汽车工业发展史

1. 旧中国的汽车工业

1901年，匈牙利人李恩时将两辆美国生产的奥兹莫比尔汽车（如图2-2-27所示）通过香港运到上海，将汽车引入中国。

1902年，袁世凯从美国购买了一辆汽车作为生日礼物送给慈禧太后，这是中国人拥有的第一辆汽车（如图2-2-28所示）。

图 2-2-27　奥兹莫比尔汽车　　　　　图 2-2-28　慈禧太后乘坐过的汽车

1920年，孙中山先生提出建造汽车，并在1924年致电亨利·福特，请他帮助建设中国的汽车工业。

1929年，张学良任命同窗好友李宜春为辽宁迫击炮厂附设民生工厂厂长，李宜春从美国购买"瑞雪号"汽车，然后拆卸，对其零部件进行重新设计并制造，于1929年5月试制成功国内的第一辆汽车——"民生牌"汽车（如图2-2-29所示）。

图 2-2-29　"民生牌"汽车

2. 新中国的汽车工业

新中国汽车工业从 1953 年开始建设到现在，经历了从无到有、从小到大、从弱到强的发展变化，现在的中国汽车工业进入了高速发展的高速路。

1）第一阶段（1953 年～1978 年）——探索

1950 年，国家领导人访苏期间，双方商定由苏联援助中国建设载重汽车制造厂，1953 年，第一汽车制造厂在长春破土动工，这是中国有史以来第一次建设自己的汽车制造厂。1956 年 7 月 13 日，在第一汽车制造厂，首批 12 辆"解放"牌汽车试制成功。这 12 辆"解放"牌汽车的下线（如图 2-2-30 所示），结束了中国不能批量制造汽车的历史。1958 年 5 月，第一汽车制造厂生产出第一辆东风 CA71 型轿车（如图 2-2-31 所示）。1958 年 7 月，第一汽车制造厂自行设计研制的第一辆红旗 CA72 型高级轿车诞生（如图 2-2-32 所示）。

图 2-2-30　"解放"牌汽车的下线 　　　　图 2-2-31　东风 CA71 型轿车

图 2-2-32　红旗 CA72 型高级轿车

1958 年以后，全国各省市开始利用汽车配件厂和修理厂仿制和拼装汽车，形成了中国汽车工业发展史上的第一次热潮，汽车制造厂由最初的 1 家发展为 16 家，其中南京汽车制造厂生产出第一辆仿国外嘎斯 51 型汽车的跃进牌 NJ130 型 2.5 吨轻型载货汽车，上海汽车装配厂生产出第一辆凤凰牌轿车，北京汽车制造厂生产出第一辆 BJ210 型轻型越野车，济南汽车制造厂仿制国外生产的斯柯达 706RT 型 8 吨载货汽车成功。

1966 年 3 月 11 日，四川汽车制造厂开工建设，同年 6 月，红岩牌 CQ260 越野汽车试制成功。

1967 年 4 月 1 日，第二汽车制造厂在湖北省十堰破土动工，1975 年 7 月 1 日，东风 EQ240 型 2.5 吨越野汽车投产。

1978 年 7 月，东风 EQ140 型 5 吨载货汽车投入批量生产。

2）第二阶段（1978 年～20 世纪末）——发展

党的十一届三中全会后，中国汽车工业进入对外开放阶段。1985 年，我国第一个轿车生产企业上海大众成立，开始批量生产桑塔纳轿车（如图 2-2-33 所示），标志着中国的现代化轿车工业的开端。

图 2-2-33 桑塔纳轿车

随后,广州标致汽车公司成立。此外,我国还引进了夏利、奥迪等车型。上世纪 90 年代前、中期,全国主要引进车型的国产化率达到 80% 以上,质量也显著提高,而车价大幅度下降,轿车开始迅速进入寻常百姓家。1998 年,我国轿车年产量达到 43 万辆,大约占当年汽车总产量的 40%,我国汽车产业结构已经发生根本性转变。

3)第三阶段(进入 21 世纪以后)——成熟

在加入 WTO 后,我国的汽车销售市场规模、生产规模迅速扩大,汽车工业体系开始全面融入世界汽车工业体系,我国逐渐成为汽车产销大国。2009 年,我国汽车全年产销量首次超过美国,跃居世界第一。

改革开放以来,中国汽车行业高速发展,庞大的消费市场吸引着世界著名汽车厂商在中国投资建厂。截至 2021 年年底,我国汽车保有量达到 3.02 亿辆,位居世界第一。

2.2.3 各国汽车品牌

一、德国车系

1. 宝马 BMW

宝马车标中间的蓝白相间图案表示蓝天、白云和旋转不停的螺旋桨,代表宝马汽车公司悠久的历史及该公司过去在航空发动机技术方面的领先地位,又象征该公司一贯的宗旨和目标:在广阔的时空中,以先进的精湛技术、最新的观念,满足顾客的最大愿望,反映了该公司蓬勃向上的气势和日新月异的新面貌。宝马车标与宝马轿车如图 2-2-34 所示。

图 2-2-34 宝马车标与宝马轿车

2. 保时捷 PORSCHE

保时捷车标采用公司所在地斯图加特市市徽的盾形。车标中央是一匹马,其上部标有 STUTTGART(斯图加特)字样。历史上,斯图加特早在 16 世纪就是名马产地,保时捷车标的左上方和右下方是鹿角的图案,表明该地也曾是狩猎的场所;右上方和左下方的条纹代表成熟麦穗，黑色意味着肥沃的土地和带给人们的幸福，红色则象征着人们的智慧。保时捷车标与保时捷跑车如图 2-2-35 所示。

图 2-2-35　保时捷车标与保时捷跑车

3. 梅赛德斯—奔驰 Mercedes-Benz

1909 年 6 月，戴姆勒公司登记了三叉星作为其生产的轿车的标志，象征着陆上、水上和空中的机械化，1916 年，戴姆勒公司在它的四周加上了一个圆圈，在圆圈的上方镶嵌了 4 个小星，下面有梅赛德斯"Mercedes"字样。"梅赛德斯"是幸福的意思，意为戴姆勒生产的汽车将为车主们带来幸福。如今的奔驰汽车及其车标图案如图 2-2-36 所示。

图 2-2-36　奔驰汽车及其车标图案

4. 奥迪 Audi

奥迪车标为四个半径相等的紧扣圆环，每一环都代表着合并前的一家公司，象征着公司成员平等、互利、协作的亲密关系和奋发向上的敬业精神，寓示着四家公司像四兄弟一样手挽手共同进退。奥迪车标图案与奥迪轿车如图 2-2-37 所示。

图 2-2-37　奥迪车标图案与奥迪轿车

5. 欧宝 OPEL

欧宝汽车公司建于 1862 年，是以创建人亚当·欧宝（Adam Opel）命名的。该公司最初生产缝纫机和自行车，1897 年开始生产汽车，1923～1924 年建成长达 45m 的当时德国第一条流水生产线，产量猛增。欧宝汽车的标志为"闪电"图案，代表公司的技术进步和发展像闪电划破长空一样灿烂辉煌，也象征着欧宝汽车的风驰电掣，欧宝车标图案与欧宝轿车如图 2-2-38 所示。

图 2-2-38　欧宝车标图案与欧宝轿车

6. 大众 Volkswagen

大众汽车公司的名称来源于德文，意为大众使用的汽车，其车标中的 VW 为上述德文的首字母，大众车标图案与大众轿车如图 2-2-39 所示。

图 2-2-39　大众车标图案与大众轿车

二、美国车系

1. 凯迪拉克 Cadillac

凯迪拉克是美国通用汽车公司旗下的世界著名豪华汽车品牌，以"凯迪拉克"为名是为了向法国的皇家贵族、探险家、美国底特律城的创始人安东尼门斯·凯迪拉克表示敬意。凯迪拉克车标图案与凯迪拉克轿车如图 2-2-40 所示。

图 2-2-40　凯迪拉克车标图案与凯迪拉克轿车

2. 特斯拉

特斯拉汽车公司成立于 2003 年，总部设在了美国加州的硅谷地带。特斯拉汽车公司的名字来源于 19 世纪末 20 世纪初的一位科学奇才——尼古拉·特斯拉（Nikola Tesla），这位科学家在电学（电磁学）领域的成就影响了世界科技的发展，特斯拉汽车公司延续了这位伟人的科学理念。全力打造拥有独特的造型、高效的加速、良好的操控性能的汽车正是特斯拉汽车公司所一直追求的。特斯拉车标与特斯拉电动汽车如图 2-2-41 所示。

图 2-2-41　特斯拉车标与特斯拉电动汽车

3. 林肯 LINCOLN

林肯汽车公司是亨利·利兰于 1907 年创立的，1922 年被福特汽车公司收购，初期以生产飞机发动机为业。林肯汽车是第一个以美国总统的名字命名的品牌，其图案部分的中心是一颗闪闪发光的星辰，表示林肯总统是美国联邦统一和废除奴隶制度的启明星，也象征林肯轿车光辉灿烂的发展历程，林肯车标（含图案和文字部分）与林肯轿车如图 2-2-42 所示。

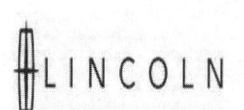

图 2-2-42　林肯车标（含图案和文字部分）与林肯轿车

4. 吉普 Jeep

Jeep 一词的来历，要确切地考证已经不太可能了。据说，早在 1934 年，人们就把一种拥有特殊装备的钻井大卡车称为"Jeep"了。目前 Jeep 一词除了代表一个品牌，也有"小型的越野车"的意思，Jeep 车标及吉普车如图 2-2-43 所示。

图 2-2-43　Jeep 车标及吉普车

5. 别克 BUICK

别克车标（图案）为"三利剑"，三把颜色不同的利剑（从左到右分别为红、白、蓝）依次排列在不同的高度位置上，给人一种积极进取、不断攀登的感觉，别克这一名称来源于该公司的创始人大卫·别克。别克车标（图案及文字）与别克轿车如图 2-2-44 所示。

图 2-2-44　别克车标（图案及文字）与别克轿车

6. 福特 Ford

福特汽车的车标主体是蓝底白字的英文 Ford 字样。由于福特汽车公司创建人亨利·福特喜欢小动物，所以福特汽车的车标据称是一只在大自然中向前飞奔的小白兔，象征福特汽车奔驰在世界各地，福特车标与福特轿车如图 2-2-45 所示。

图 2-2-45　福特车标与福特轿车

7. 雪佛兰 CHEVROLET

雪佛兰品牌属于通用汽车集团，其名称来源于瑞士的赛车手、工程师路易斯·雪佛兰的名字，车标是一个图案化了的蝴蝶结，象征着雪佛兰轿车的大方、气派和风度，雪佛兰车标与雪佛兰轿车如图 2-2-46 所示。

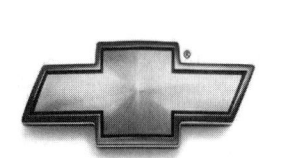

图 2-2-46　雪佛兰车标与雪佛兰轿车

三、英国车系

1. 劳斯莱斯 ROLLS-ROYCE

劳斯莱斯汽车的车标为两个重叠的字母"R",代表着该公司两位创始人名字的字头,体现了两人融洽及和谐的关系。

除了双 R 之外,劳斯莱斯汽车的特征还有著名的"欢庆女神"车头立标,其创意取自巴黎卢浮宫艺术品走廊的一尊有两千年历史的雕像。当汽车艺术品大师查尔斯·塞克斯应邀为劳斯莱斯汽车公司设计标志时,深深印在他脑海中的女神雕像立刻给了他创作灵感,于是"欢庆女神"车头立标便被创造了出来,劳斯莱斯车标、车头立标与劳斯莱斯轿车如图 2-2-47 所示。

图 2-2-47 劳斯莱斯车标、车头立标与劳斯莱斯轿车

2. 捷豹 JAGUAR

捷豹汽车公司由威廉·里昂斯爵士创立,车标的图案是一只纵身跳跃的猛兽,造型生动、形象简练、动感强烈,蕴含着力量、节奏和勇猛,捷豹车标(含图案和文字)及捷豹轿车如图 2-2-48 所示。

图 2-2-48 捷豹车标(含图案和文字)及捷豹轿车

3. 路虎 LAND ROVER

路虎汽车公司以生产四驱车而举世闻名,自创始以来就始终致力于为用户提供不断完善的四驱车驾驶体验。在四驱车领域中,路虎汽车公司不仅拥有先进的核心技术,而且充满了对四驱车的热情,是举世公认的权威四驱车革新者。尽管路虎汽车公司在不断改进产品,但它始终秉承其优良传统——将公司价值与精益设计完美结合。

如今,路虎汽车公司是世界上为数不多的专门生产四驱车的公司,或许正是由于这一点,才使得其价值观——冒险、勇气和至尊,闪耀在其各款产品中,路虎车标与路虎四驱车如图 2-2-49 所示。

4. 宾利 BENTLEY

宾利(又名本特利)轿车的车标(图案)以公司名的第一个字母"B"为主体,辅以一对翅膀,似凌空翱翔的雄鹰,此标志一直沿用至今,宾利车标(含图案和文字)与宾利轿车如图 2-2-50 所示。

图 2-2-49　路虎车标与路虎四驱车

图 2-2-50　宾利车标（含图案和文字）与宾利轿车

本特利（Bentley）于 1920 年创建了宾利汽车公司，开始设计制造他多年来梦寐以求的运动车。1931 年，劳斯莱斯汽车公司收购了宾利汽车公司，之后，宾利汽车公司也生产豪华轿车。劳斯莱斯汽车和宾利汽车有很多相似之处，但实际上，二者面向不同的用户群体，各有特色，魅力不同。宾利汽车的主要销售目标是富有的年轻人，满足其追求高速驾驶、寻求刺激的需要。

5. 阿斯顿·马丁 ASTON MARTIN

阿斯顿·马丁汽车的车标为一副翅膀，表示该公司像大鹏一样，具有飞一般的冲刺速度和远大的志向，阿斯顿·马丁汽车及其车标如图 2-2-51 所示。

图 2-2-51　阿斯顿·马丁汽车及其车标

四、意大利车系

1. 法拉利 Ferrari

法拉利汽车的车标是一匹跃起的马，在第一次世界大战中，意大利有一位表现非常出色的飞行员；他的飞机上就绘有这样一匹马，这位飞行员坚信这匹马会给他带来好运气。后来，该飞行员的父母——一对伯爵夫妇建议：法拉利汽车也应印上这匹带来好运气的马。法拉利汽车及其车标图案如图 2-2-52 所示。

图 2-2-52　法拉利汽车及其车标图案

2. 玛莎拉蒂 MASERATI

玛莎拉蒂汽车以其精湛的做工和设计思维的独创性让人着迷。玛莎拉蒂汽车的车标图案是一把三叉戟，这是公司所在地意大利博洛尼亚市的市徽，相传，三叉戟是海神的武器，具有无比的威力。玛莎拉蒂汽车被认为代表着非凡的精致、永恒的风格和强烈的情感，最重要的是，代表着梦想成真，玛莎拉蒂汽车及其车标如图 2-2-53 所示。玛莎拉蒂汽车始终是尊贵品质与运动精神完美融合的象征。

图 2-2-53　玛莎拉蒂汽车及其车标

3. 兰博基尼 LAMBORGHINI

兰博基尼汽车的车标图案是一头浑身充满了力量感，正准备向对手发动猛烈攻击的蛮牛。据说该公司创始人，兰博基尼本人就具有这种不甘示弱的"牛脾气"，而这种力量感也体现了兰博基尼汽车的特点——大功率、高速、运动型跑车。兰博基尼汽车及其车标如图 2-2-54 所示。

图 2-2-54　兰博基尼汽车及其车标

4. 菲亚特 FIAT

菲亚特汽车公司是世界十大汽车公司之一，菲亚特汽车公司于 1899 年 7 月始建于意大利都灵市，创始人是乔瓦尼·阿涅利，现在，其董事长是创始人的长孙。菲亚特汽车公司汽车部雇员有约 27 万人。它是世界上第一个生产微型车的汽车生产厂家。公司全称是意大利都灵汽车制造厂，菲亚特是该名称缩写的译音，菲亚特汽车及其车标如图 2-2-55 所示。

图 2-2-55　菲亚特汽车及其车标

5. 布加迪 BUGATTI

布加迪最初创立时是一个汽车工厂，其创办人 Ettore Bugatti 出生于意大利，工厂坐落在 Molsheim，此地位于阿尔萨斯，阿尔萨斯原本是法国的一个省，普法战争法国战败后，阿尔萨斯被割让给普鲁士，后来，该地成为德国领土，在第一次世界大战后，阿尔萨斯被归还给法国。布加迪汽车以做工精湛、性能卓越出名，其高级汽车的品质更是享誉世界。布加迪超级跑车及其车标如图 2-2-56 所示。

图 2-2-56　布加迪超级跑车及其车标

五、法国车系

1. 雪铁龙

1900 年，安德烈·雪铁龙发明了人字形齿轮。1912 年，安德烈·雪铁龙开始用人字形齿轮作为雪铁龙汽车的车标，后来，安德烈·雪铁龙曾组织过横穿非洲大陆和横越亚洲大陆的两次旅行，使雪铁龙汽车名声大振。法国人生性开朗，爱赶时髦，追求新颖和漂亮，雪铁龙汽车就体现了法国人这种性格特点，每时每刻都在散发着法国的浪漫气息。雪铁龙汽车及其车标如图 2-2-57 所示。

图 2-2-57　雪铁龙汽车及其车标

2. 标致 PEUGEOT

1848 年，标致（别儒）家族在法国巴黎创建了一家工厂，主要生产拉锯、弹簧和齿轮等。1896 年，阿尔芒·标致在蒙贝利亚尔创建了标致汽车公司。1976 年，该公司与雪铁龙汽车公司组成标致集团，是欧洲第三大汽车公司。

标致车标的图案部分是一只狮子，这个图案来源于标致（别儒）家族的徽章，据说该家族的祖先曾到美洲和非洲探险，在那里见到了令人惊奇的动物——狮子，为此就用狮子作为本家族的徽章。后来，这尊小狮子又成为蒙贝利亚尔省的省徽。标致汽车及其车标如图 2-2-58 所示。

图 2-2-58　标致汽车及其车标

3. 雷诺

1898 年，路易斯·雷诺三兄弟在法国比仰古创建雷诺汽车公司。

雷诺汽车的车标为 4 个相互叠在一起的菱形，象征雷诺三兄弟与汽车工业融为一体，表示"雷诺"能在无限的（四维）空间中竞争、生存、发展。近年来雷诺汽车公司已成为世界十大汽车公司之一，也是法国第二大汽车公司。雷诺汽车及其车标如图 2-2-59 所示。

图 2-2-59　雷诺汽车及其车标

六、日本车系

1. 丰田 TOYOTA

丰田汽车的车标由三个椭圆构成。椭圆具有两个中心（焦点），表示汽车制造者与顾客心心相印。大椭圆里面的横竖两椭圆组合在一起，表示丰田的第一个字母 T。丰田汽车及其车标如图 2-2-60 所示。

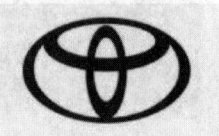

图 2-2-60　丰田汽车及其车标

2. 本田 HONDA

本田汽车公司在 20 世纪 80 年代成立了商标设计研究组，从来自世界各地的 2500 多件设计图稿中，确定了现在的车标图案，也就是带框的"H"，图案中的 H 是"HONDA"的第一个字母。本田车标（含图案和文字）及本田汽车如图 2-2-61 所示。

图 2-2-61　本田车标（含图案和文字）及本田汽车

3. 马自达 Mazda

马自达汽车公司的原名为东洋工业公司，生产的汽车用公司创始人"松田"来命名，又因"松田"用英文字母表示为 Mazda，所以人们便习惯性地称之为马自达。

马自达汽车起初使用的车标是在椭圆之中有双手捧着一个太阳，寓意马自达汽车将拥有明天。马自达汽车公司与福特汽车公司合作之后，采用了新的车标，为椭圆中展翅飞翔的海鸥，预示该公司将展翅高飞，以无穷的创意和真诚的服务，迈向新世纪，马自达车标（含图案和文字）及马自达汽车如图 2-2-62 所示。

图 2-2-62　马自达车标（含图案和文字）及马自达汽车

4. 日产 NISSAN

日产的车标为日语"日产"的英文形式，日产即日本产业的简称，图案中的圆表示太阳，寓意以明天为目标，该车标简明扼要地表明了公司名称，突出了所在国家的形象，日产车标及日产汽车如图 2-2-63 所示。

图 2-2-63　日产车标及日产汽车

5. 英菲尼迪 INFINITI

英菲尼迪车标表现的是一条无尽延伸的道路，象征着通往巅峰的道路，象征着无尽的发展。英菲尼迪汽车公司致力于创造有全球竞争力的、真正的豪华车用户体验和实现最高水平的客户满意度。英菲尼迪车标及汽车如图 2-2-64 所示。

图 2-2-64　英菲尼迪车标及汽车

6. 三菱 MITSUBISHI

日本三菱汽车以三枚菱形为车标，突出其蕴含在雅致的单纯性中的深邃、灿烂光华——菱钻般"剔透"的造车艺术。三菱汽车及其车标如图 2-2-65 所示。

图 2-2-65　三菱汽车及其车标

7. 斯巴鲁 SUBARU

斯巴鲁汽车的车标代表着第二次世界大战后，五个独立的公司一起组成了现今的斯巴鲁，斯巴鲁汽车拥有独特的技术，其特色为水平对卧式引擎和全时四轮驱动系统。斯巴鲁车标与斯巴鲁汽车如图 2-2-66 所示。

图 2-2-66　斯巴鲁车标与斯巴鲁汽车

七、韩国车系

1. 现代 HYUNDAI

1947 年，现代汽车公司成立，经过数十年的发展，它已成为韩国最大的汽车生产厂家，并进入世界著名汽车公司行列。现代汽车公司的车标为椭圆内的斜字母 H，H 是 HYUNDAI

的首字母,椭圆既代表汽车方向盘,又可看作地球,两者结合象征着现代汽车遍布世界,现代汽车及其车标如图 2-2-67 所示。

图 2-2-67　现代汽车及其车标

2. 起亚 KIA

起亚汽车公司是韩国历史最悠久的汽车公司,现行的标志由白色的椭圆、红色的背景和 KIA 三个字母构成。起亚汽车及其车标如图 2-2-68 所示。

图 2-2-68　起亚汽车及其车标

八、中国车系

1. 中国第一汽车集团有限公司(中国一汽)

一汽的标志中,数字"1"代表中国一汽打造世界一流汽车企业的发展愿景和永争第一的企业精神;由两个字母 E(一正一反)构成展翅雄鹰的形态,标志着中国一汽充满积极向上、奋斗奋进的力量。两个字母 E 分别代表 Environment 和 Enjoy,寓意中国一汽致力于绿色低碳、节能环保,努力为用户提供"美妙出行、美好生活"。红旗是中国一汽直接运营的高端汽车品牌,中国一汽的标志和红旗的标志如图 2-2-69 所示。

图 2-2-69　中国一汽的标志和红旗的标志

2. 中华

中华汽车是华晨汽车集团的子品牌,是集合全球领先技术、时尚优雅设计于一身的高档自主汽车品牌,拥有轿车、SUV 两大系列十余款车型。目前,华晨汽车集团旗下拥有两个整车品牌、三大整车产品。这两个整车品牌即华晨金杯汽车有限公司生产的"中华"和"金杯"系列;中华汽车及其车标如图 2-2-70 所示。

图 2-2-70 中华汽车及其车标

3. 东风

东风是一个中国汽车品牌，创立于 1969 年，主要产品为中重卡、SUV、中客等。东风乘用车事业是东风集团的一项战略事业，是东风集团新世纪"建设永续发展的百年东风，面向世界的国际化东风，在开放中自主发展的东风"战略驱动的必然结果。轿车化的设计使东风系列轻型车成为城市商用车的理想选择。东风汽车及其"双飞燕"车标如图 2-2-71 所示。

图 2-2-71 东风汽车及其"双飞燕"车标

4. 奇瑞

奇瑞汽车车标的整体是英文字母 CAC 的一种艺术化变形；CAC 即英文 CHERY AUTOMOBILE CORPORATION 的缩写，中文意思是奇瑞汽车（有限）公司；标志中间 A 为一变体的"人"字，象征着公司以人为本的经营理念；两边的 C 字向上环绕，如同人的两个臂膀，象征着团结和力量。奇瑞汽车及其车标如图 2-2-72 所示。

图 2-2-72 奇瑞汽车及其车标

5. 吉利

吉利汽车的六宝石车标，将星光银、深空灰和地球蓝融汇其中，展示了吉利汽车对更广阔天地的追求。车标整体具有的质感和科技感，令吉利汽车品牌形象焕发全新气息，象征着吉利汽车将迈入全新的年轻化、科技化、全球化战略时代。吉利汽车及其车标如图 2-2-73 所示。

图 2-2-73 吉利汽车及其车标

6. 长安

长安汽车车标是抽象的羊角形象，充分体现了长安汽车对中国汽车行业"领头羊"地位的追求，象征着长安汽车整合多方资源，团队紧密合作，不断发展创新的经营理念。长安汽车及其车标如图 2-2-74 所示。

图 2-2-74 长安汽车及其车标

7. 长城

长城汽车车标以椭圆为外形，中间的烽火台形象象征中国传统文化；烽火台也可以看成是剑锋或箭头，寓意着充满活力，蒸蒸日上，无坚不摧；烽火台还可以看成立体的"1"，寓意着快速反应，永争第一，长城汽车及其车标如图 2-2-75 所示。

图 2-2-75 长城汽车及其车标

8. 北汽轿车

北京汽车集团有限公司（简称"北汽集团"）是中国汽车行业的骨干企业，成立于 1958 年，总部位于北京，现已发展成为涵盖整车及零部件研发与制造、汽车服务贸易、综合出行服务、金融与投资等业务的国有大型汽车企业集团。

北汽轿车与北汽集团采用统一标识，内部的"北"字既象征了中国北京，又代表了北汽集团，体现出企业的地域属性与身份象征。同时，"北"字好似一个欢呼雀跃的人形，表明了"以人为本"是北汽集团永远不变的核心。这个"北"字犹如两扇打开的大门，它是北京之门、北汽之门、开放之门、未来之门，标志着北汽集团更加市场化、集团化、国际化，与北汽集团全新的品牌口号"融世界、创未来"相辅相成，表示北汽集团将以全新的、开放包容的姿态启动新的品牌战略。北汽轿车及其车标如图 2-2-76 所示。

图 2-2-76　北汽轿车及其车标

9. 比亚迪

比亚迪汽车的车标由 BYD 三个字母和一个椭圆组成，BYD 既是比亚迪拼音的首字母，也是比亚迪广告语 Build Your Dreams 的首字母，比亚迪汽车及其车标如图 2-2-77 所示。

图 2-2-77　比亚迪汽车及其车标

九、其他品牌

1. 沃尔沃 VOLVO

沃尔沃诞生于瑞典。车标由图案和文字两部分组成。图案部分是由双圆环组成的车轮形状，并有指向右上方的箭头。中间的"VOLVO"含有滚滚向前的意思，寓意沃尔沃汽车的车轮滚滚向前和公司兴旺发达、前途无量，沃尔沃汽车及其车标如图 2-2-78 所示。

图 2-2-78　沃尔沃汽车及其车标

2. 斯柯达 SKODA

斯柯达诞生于捷克，车标中巨大的圆环象征着斯柯达追求圆满的精神；鸟翼象征着技术飞速进步；向右飞行着的箭矢则象征着先进的工艺；车标中央的绿色表达了斯柯达人对资源再生和环境保护的重视。另外，关于"斯柯达"车标还有一个传说：很久以前，该厂的经理从美洲带回一名印第安雇工，这个人很勤快，脸谱也很有特色，所以就选用了他的脸谱作为商标。斯柯达汽车及其车标如图 2-2-79 所示。

图 2-2-79 斯柯达汽车及其车标

项目三 汽车的构造

汽车通常由发动机、车身、底盘、电器四个部分组成。汽车总体构造如图 2-3-1 所示。

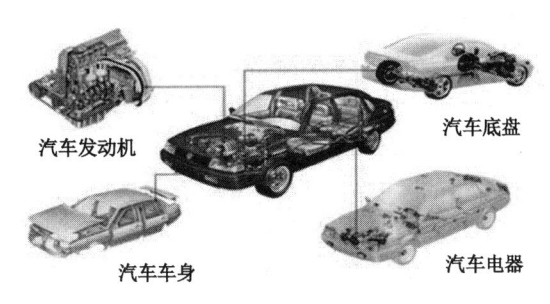

图 2-3-1 汽车总体构造

2.3.1 汽车发动机

一、发动机基本知识

通常将发动机称为汽车的心脏，它是一部较为复杂的机器，迄今为止除了纯电动汽车外，汽车发动机都是热能动力装置，其实质就是将燃料的化学能转变为机械能。目前所有发动机均采用往复活塞式内燃机，其被广泛地应用在汽车、船舶、发电机等领域。

二、按发动机布置方式分类

1. 发动机前置前驱（FF）

FF 为前置发动机，前轮驱动（如图 2-3-2 所示）。很多汽车采用这种驱动方式，它的优点是汽车结构紧凑、整车质量小、节省燃油、发动机散热条件好、底盘低;缺点是前轮必须负责转向和驱动,其转向时所负担的作用力较大,导致转向不足,上坡时驱动轮容易打滑,下坡制动时前轮负荷大,易失控。

2. 发动机前置后驱(FR)

FR 为前置发动机,后轮驱动(如图 2-3-3 所示)。发动机产生的动力由变速箱与传动轴传至后轮,这样,驱动的力量由后向前推,使得汽车启动、加速、爬坡时,驱动轮的牵引性明显优于前置前驱式。但其缺陷是为了便于传动轴的布置,后排座椅中间的底板必须隆起一定高度,导致车内空间受到影响,且在转向时由于惯性容易出现转向过度的情况。

图 2-3-2　发动机前置前驱　　　　　图 2-3-3　发动机前置后驱

3. 发动机后置后驱(RR)

RR 为后置发动机,后轮驱动(如图 2-3-4 所示)。RR 布置方式多数为大型客车采用,这种方式使车重在前后轴均匀分布,但此方式发动机散热条件相对较差,车辆操作机构远离驾驶员,使得操作机构较为复杂。

4. 四轮驱动(4WD)

4WD 还可写成 4×4,代表 4 个车轮都是驱动轮(如图 2-3-5 所示)。四轮驱动是更加平衡的驱动方式,能有效避免转向不足和转向过度等问题。采用 4WD 方式的车辆在通过条件较差的路面有较好的通过性,所以越野车和城市 SUV 都采用 4WD。现代汽车的 4WD 都加入了电子控制系统,可以实现自动四驱或两驱,车载计算机可以根据路况和车轮打滑情况自动判断是否使用四驱。四驱车比两驱车(采用相同排量的发动机)的油耗可能增加 40%及以上,同时四驱车的车体相对较大,在高速行驶时主动安全性相对较低。

图 2-3-4　发动机后置后驱　　　　　图 2-3-5　四轮驱动

三、按使用燃料分类

根据所用燃料种类,活塞式内燃机主要分为汽油发动机和柴油发动机两大类(如图 2-3-6 所示)。

(a) 汽油发动机　　　　　　　　　(b) 柴油发动机

图 2-3-6　汽油发动机和柴油发动机

四、发动机的基本结构

汽油发动机由两大机构（曲柄连杆机构、配气机构），五大系统（点火系统、启动系统、润滑系统、冷却系统、燃料供给系统）组成。

柴油发动机由两大机构（曲柄连杆机构、配气机构），四大系统（启动系统、润滑系统、冷却系统、燃料供给系统）组成。由于柴油发动机的压缩比较大，且柴油的燃点比汽油低，因此柴油发动机采用压燃的方式，故而柴油发动机没有点火系统。

1. 曲柄连杆机构

曲柄连杆机构是发动机实现工作循环，完成能量转换的主要运动机构，发动机各系统均围绕该机构进行配合性工作。它通常由机体组、活塞连杆组和曲轴飞轮组三部分组成，如图 2-3-7 所示。

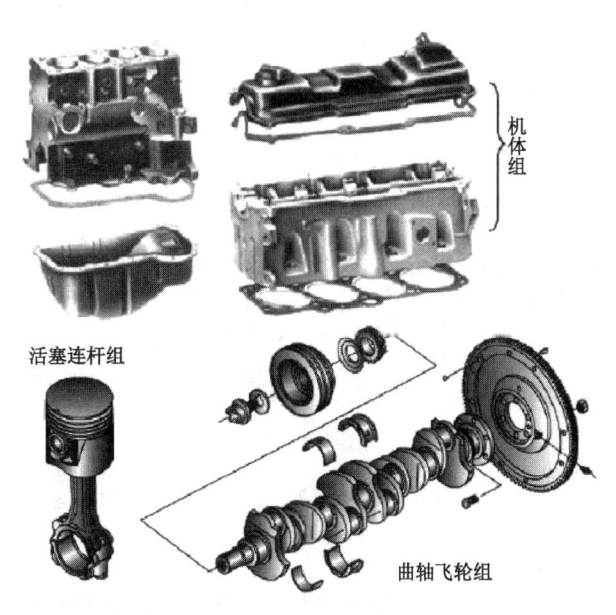

图 2-3-7　汽车发动机曲柄连杆机构

1）机体组

机体组由气门室盖、汽缸盖、汽缸垫、汽缸体、油底壳垫、油底壳等组成。

2）活塞连杆组

活塞连杆组由活塞、活塞销、连杆、连杆轴瓦等组成。

3）曲轴飞轮组

曲轴飞轮组由曲轴、飞轮、曲轴主轴瓦等组成。

2. 配气机构

配气机构的功用是根据发动机的工作顺序和工作过程，定时开启和关闭进气门和排气门，使可燃混合气或空气进入汽缸，并使废气从汽缸内排出，实现换气过程。它通常由气门传动组和气门组组成，如图2-3-8所示。

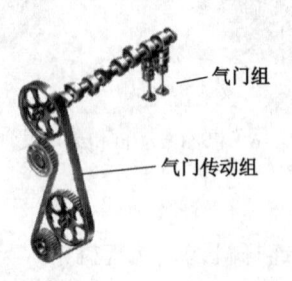

图2-3-8 发动机配气机构

1）气门传动组

气门传动组由曲轴正时齿轮、张紧轮、正时皮带、凸轮轴正时齿轮、凸轮轴、液力挺柱等组成。

2）气门组

气门组由气门、气门座圈、气门导管、气门弹簧、气门锁片、气门油封等组成。

3. 冷却系统

冷却系统的功用是将受热零件吸收的部分热量及时散发出去，保证发动机在最适宜的温度状态下工作（发动机最佳工作温度为80~90℃）。水冷发动机的冷却系统通常由汽缸体水套、水泵、风扇、散热器、节温器、膨胀水箱等组成（如图2-3-9所示）。

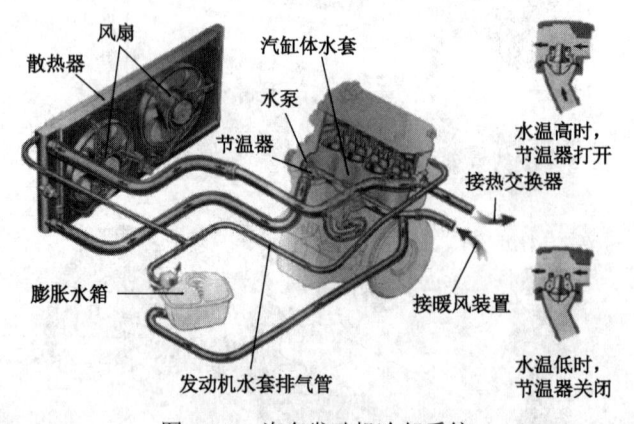

图2-3-9 汽车发动机冷却系统

在日常使用车辆过程中，如通过膨胀水箱发现冷却液缺少，可自行添加"蒸馏水"，使冷却液液面升至膨胀水箱刻线范围。

4. 润滑系统

润滑系统的功用是向进行相对运动的零件的表面输送定量的清洁润滑油，以实现液体摩擦，减小摩擦阻力，减轻零件的磨损，并对零件表面进行清洗和冷却。润滑系统通常由润滑油道、机油泵、机油滤清器和一些阀门等组成，如图2-3-10所示。为了延长发动机的使用寿命，应定期对发动机润滑油进行更换，通常使用全合成润滑油，更换周期为汽车每行驶10000km或者 12 个月。

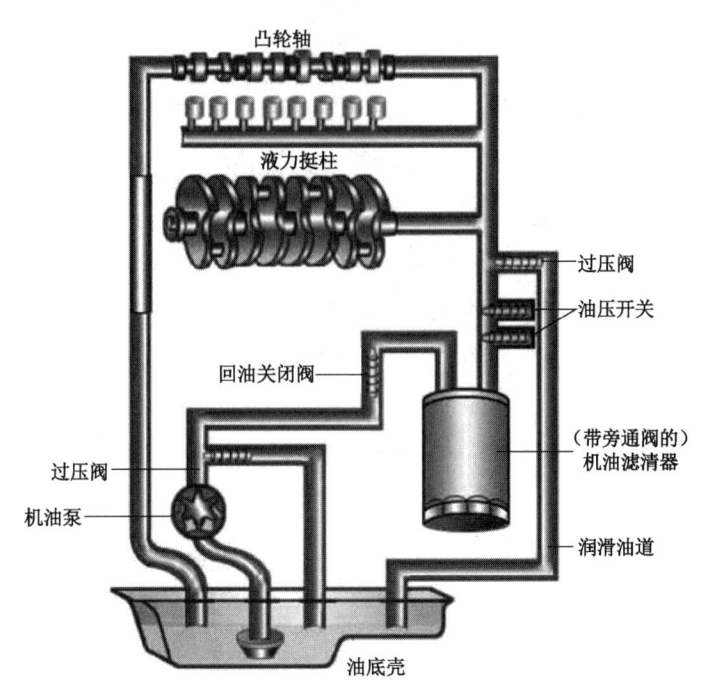

图 2-3-10　汽车发动机润滑系统

5. 启动系统

要使发动机由静止状态过渡到工作状态，必须先用外力转动发动机的曲轴，使活塞进行往复运动，汽缸内的可燃混合气燃烧膨胀做功，推动活塞运动并使曲轴旋转。发动机才能自行运转，工作循环才能自动进行。因此，曲轴在外力作用下开始转动到发动机开始自动地怠速运转的全过程，称为发动机的启动。完成启动过程所需的装置，称为发动机的启动系统。发动机启动系统通常由启动机、蓄电池、点火开关等组成，如图 2-3-11 所示。

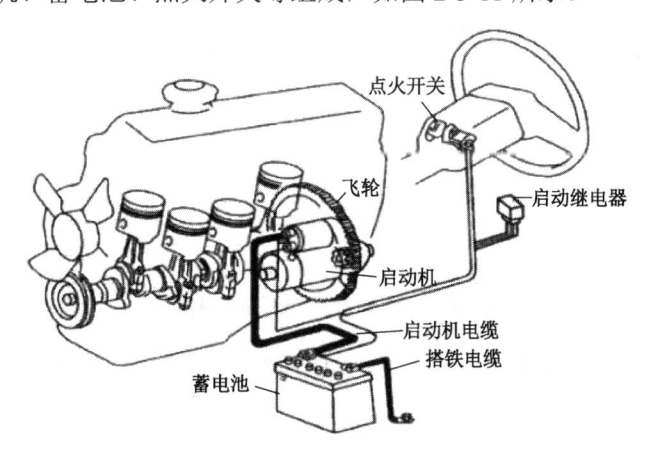

图 2-3-11　汽车发动机启动系统

在日常使用车辆过程中，蓄电池作为启动车辆的重要部件，使用年限不应超过 4 年。

6. 燃料供给系统

汽油发动机燃料供给系统的功用是根据发动机的要求，配制出一定量的特定浓度的可燃混合气，并将其供入汽缸，再将燃烧后的废气从汽缸内排出。汽油发动机燃料供给系统通常由油箱、燃油泵、燃油滤清器、燃油管路、喷油嘴等组成，如图 2-3-12 所示。

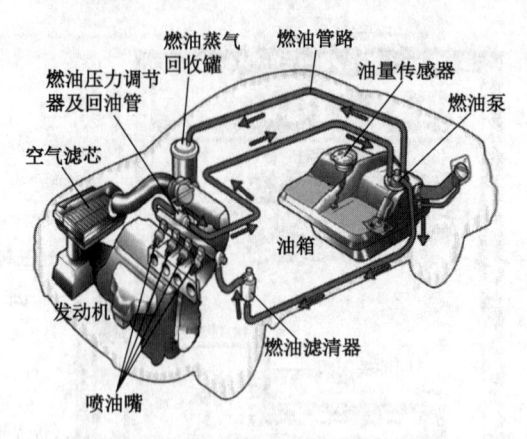

图 2-3-12 汽油发动机燃料供给系统

柴油发动机燃料供给系统的功用是把柴油和空气分别供入汽缸，在燃烧室内形成可燃混合气，最后将燃烧后的废气排出。柴油发动机燃料供给系统通常由油箱、低压油管、柴油滤清器（包括粗滤清器等）、高压油管、供油自动提前器、喷油泵等组成，如图 2-3-13 所示。

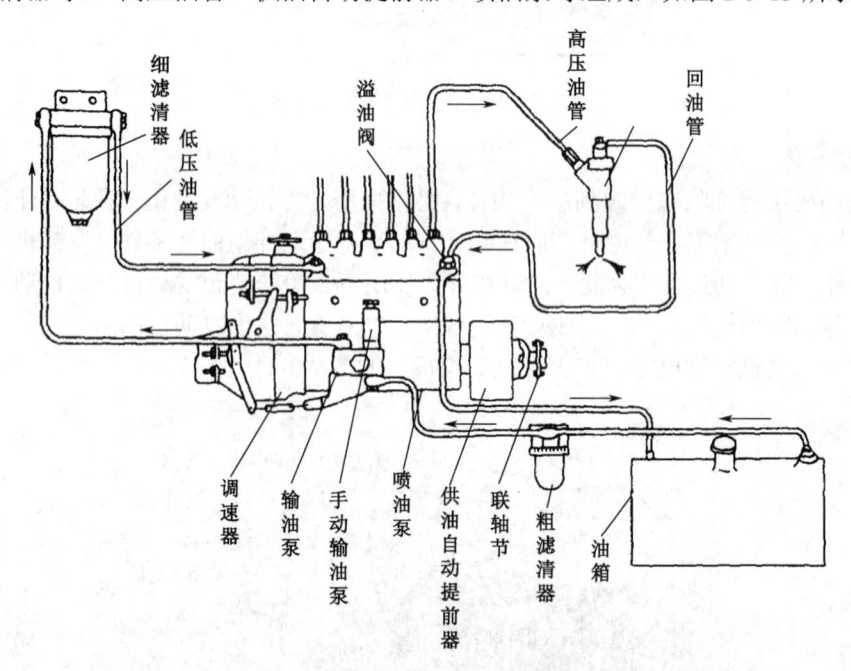

图 2-3-13 柴油机燃料供给系统

在日常使用车辆过程中，驾驶员应时刻关注油量，并且掌握所驾驶车辆使用的燃料是汽油还是柴油，千万不可以加错。

7. 点火系统（汽油发动机独有）

在汽油发动机中，汽缸内的可燃混合气是靠电火花点燃的，为此在汽油发动机的汽缸盖上装有火花塞，火花塞头部伸入燃烧室内。能够按时在火花塞电极间产生电火花的全部设备称为点火系统，点火系统通常由各种传感器、点火控制器、点火线圈和火花塞等组成，如图 2-3-14 所示。

模块二 交通工程基础认知

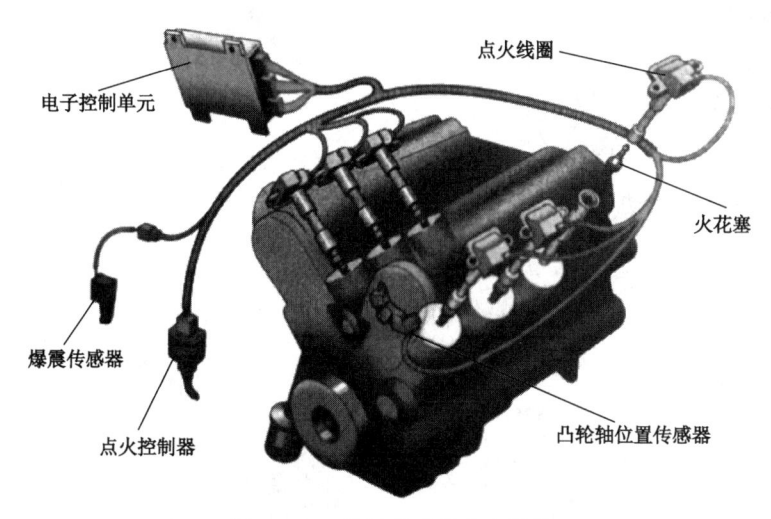

图 2-3-14 汽油发动机点火系统

在日常使用车辆过程中，如出现油耗增加、加速无力、发动机抖动等异常情况，可考虑更换火花塞来排除异常。

2.3.2 汽车车身

一、汽车车身主要功用

（1）为驾驶员提供良好的操作条件和舒适的工作场所。

（2）车身可以隔离汽车行驶时的震动、噪声、废气以及恶劣气候的影响，为乘员提供舒适的乘坐条件。

（3）保证完好无损地运载货物且装卸方便。

（4）车身结构和设备可以保证行车安全和减轻事故后果。

（5）车身合理的外部形状，可以在汽车行驶时有效引导周围的气流，提高汽车的动力性、燃料经济性和行驶稳定性，改善发动机的冷却条件和驾驶室内的通风。

二、车身结构

车身结构包括纵梁、车门防撞梁，以及 A 柱～D 柱等，车身结构及车辆玻璃如图 2-3-15 所示。在货车和专用汽车上还包括货厢和其他装备。

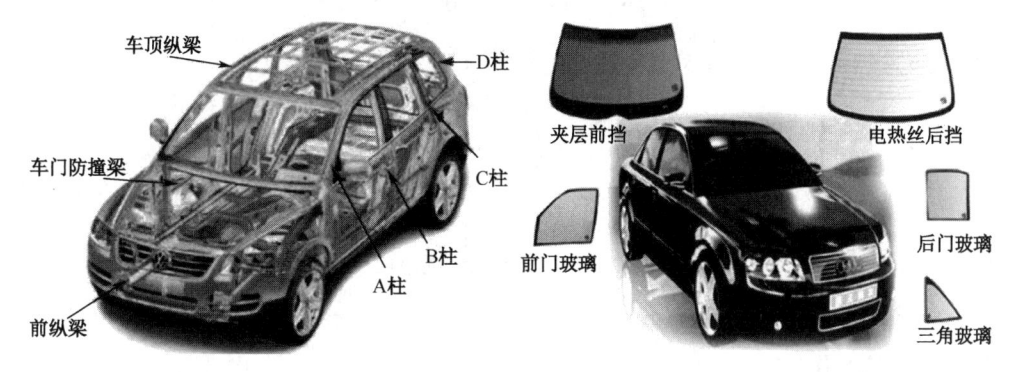

图 2-3-15 车身结构及车辆玻璃

2.3.3 汽车底盘

一、底盘的作用

底盘的作用是支撑、安装汽车发动机及其配套部件、总成，形成汽车的整体结构，并接受发动机的动力，使汽车运动。

二、汽车底盘的组成

汽车底盘由传动系统、行驶系统、转向系统和制动系统四部分组成，如图 2-3-16 所示。

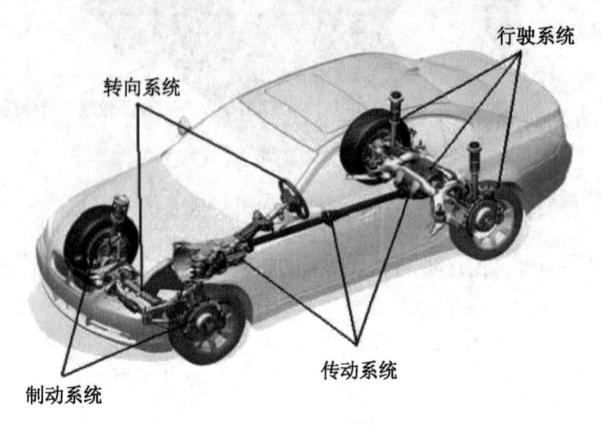

图 2-3-16　汽车底盘的组成

1．传动系统

1) 传动系统的作用

传动系统的作用是降低发动机输出的转速，提高转矩（减速增矩）；通过变速器适应行驶阻力的变化（变速变矩）；实现车辆往前、往后行驶（倒车）；必要时可中断发动机与传动系统的动力连接（实现空挡）；车辆转向时实现车轮以不同转速转动（差速）。

2) 传动系统的组成

传动系统由变速器、传动轴和后驱动桥等组成，如图 2-3-17 所示。

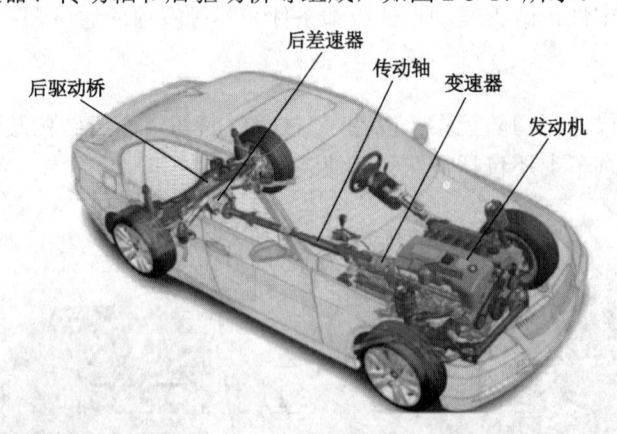

图 2-3-17　传动系统的组成

2．行驶系统

1) 行驶系统的作用

行驶系统的作用是接受传动系统传来的发动机转矩并产生驱动力；承受汽车的总重量，传递并承受路面作用于车轮上的各个方向的反力及转矩；缓冲减震，保证汽车行驶的平顺性；与转向系统协调配合工作，控制汽车的行驶方向。

2）行驶系统的组成

行驶系统由车架、车桥、悬架、车轮组成，如图 2-3-18 所示。

图 2-3-18　行驶系统组成

在日常使用车辆过程中，车轮的好坏关系着行车过程的安全，应随时对车轮进行检查，确保车轮没有安全隐患才能上路行驶。

3. 转向系统

1）转向系统的作用

转向系统的作用是保证汽车能按驾驶员的意愿进行直线或转向行驶。

2）转向系统的组成

转向系统由转向操纵机构、转向器和转向传动机构三大部分组成，液压助力及电子助力转向机构如图 2-3-19 所示。

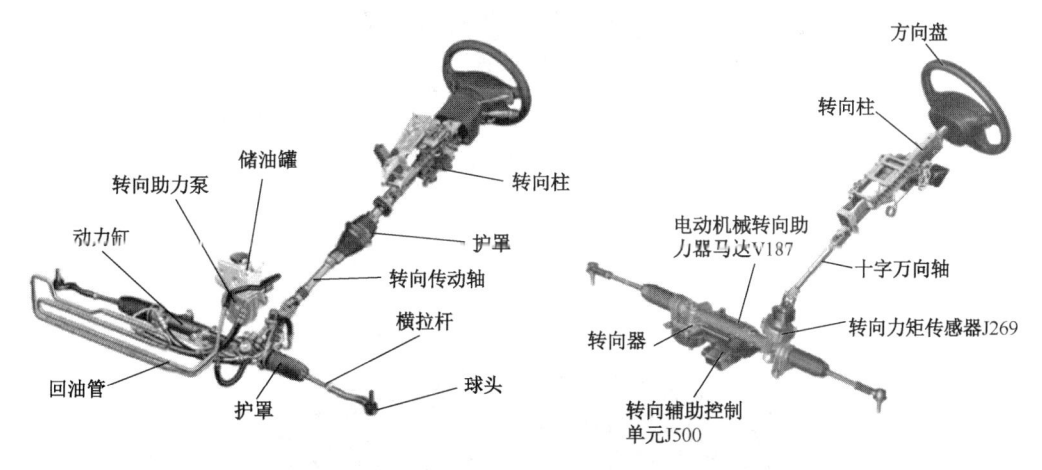

图 2-3-19　液压助力及电子助力转向机构

4. 制动系统

1）制动系统的作用

制动系统的作用是减速、停车制动及驻车制动。

2）制动系统的组成

制动系统由供能装置、控制装置、传动装置和制动器 4 部分组成，如图 2-3-20 所示。

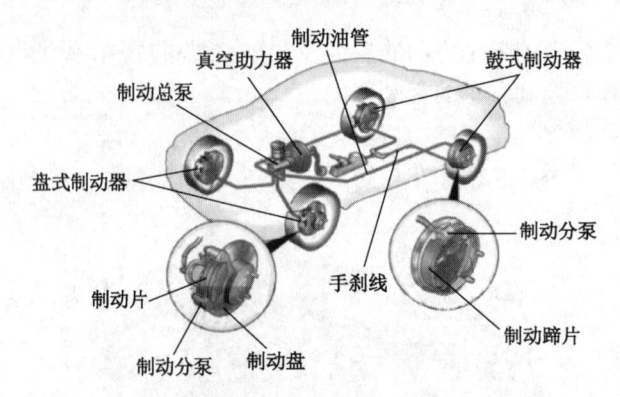

图 2-3-20　制动系统的组成

在日常使用车辆过程中，制动系统的好坏关系着车中人员的生命安全，一定要定期对制动系统零部件进行检查和维护。

2.3.4　汽车电器

一、汽车仪表

为了使驾驶员能够掌握汽车中各系统的工作情况，在汽车驾驶室内的仪表板上装有各种指示仪表、指示灯及各种报警信号装置，如图 2-3-21 所示。

图 2-3-21　汽车仪表板

汽车上常用的仪表有车速表、转速表、里程表、油量表、水温表等，它们通常与各种指示灯一起安装在仪表板上，称为组合仪表，如图 2-3-22 所示。

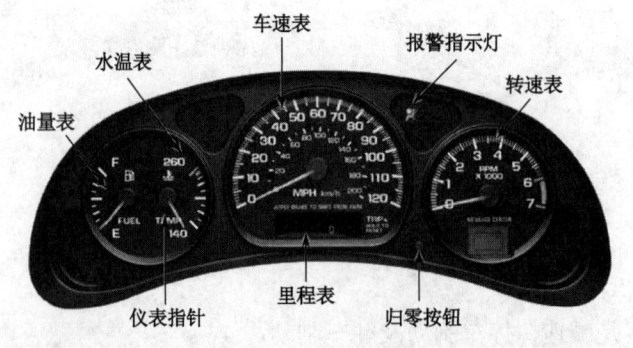

图 2-3-22　组合仪表

汽车驾驶室的仪表板上装有指示汽车、发动机运行工况的各种仪表、指示灯，以及各种控制开关。为了便于驾驶员识别和控制，在各指示灯、控制开关的相应位置标有醒目的形象符号。

各种符号的含义如图 2-3-23 所示。

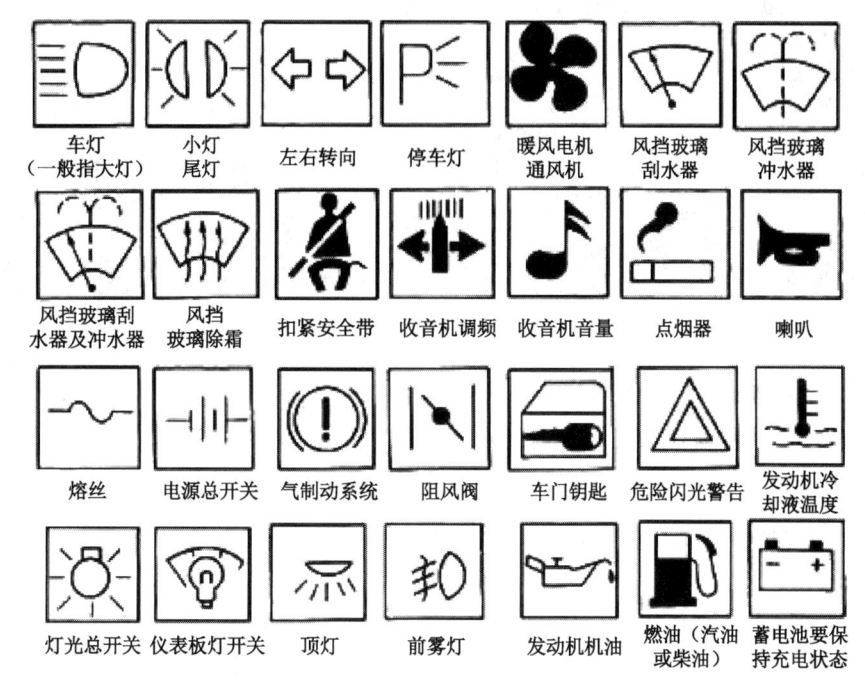

图 2-3-23 汽车仪表板上常用符号及其含义

在日常使用车辆过程中，驾驶员除了时刻关注车辆行驶前、后方路况及其他车辆情况外，还应时刻关注车辆仪表是否出现异常。如有黄色指示灯点亮，应降低车速尽快检查，如有红色指示灯点亮，则应立刻靠边停车检查。

二、照明及信号装置

为了保证汽车行驶安全和工作可靠，在汽车上装有各种照明及信号装置，用以照明道路、表示车辆宽度和车辆所处的位置、照明车厢内部、指示仪表以及夜间检修车辆等。此外，在转弯、制动、会车、停、倒车等工况下，照明及信号装置还应发出光亮或音响信号，以警示行人和其他车辆。车辆照明及信号装置通常由日间行车灯（远光及近光）、示宽灯（也叫小灯）、转向灯、雾灯、阅读灯、倒车灯、牌照灯等组成，如图 2-3-24、图 2-3-25 所示。

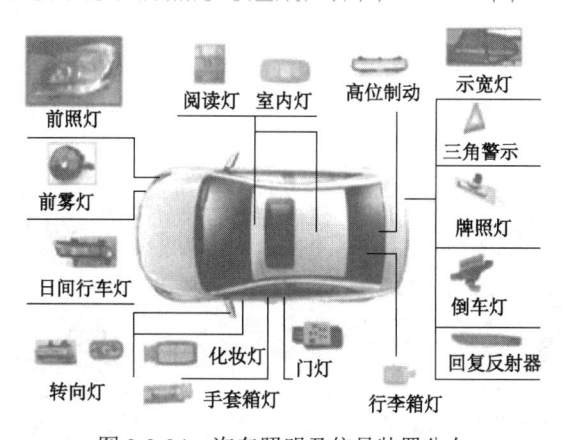

图 2-3-24 汽车照明及信号装置分布

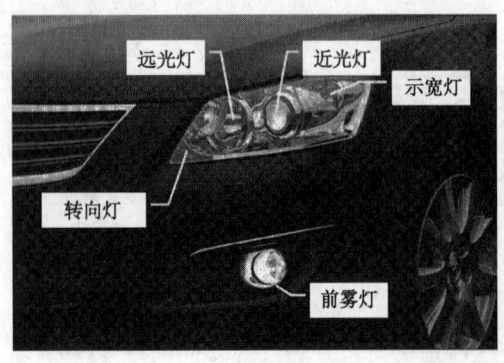

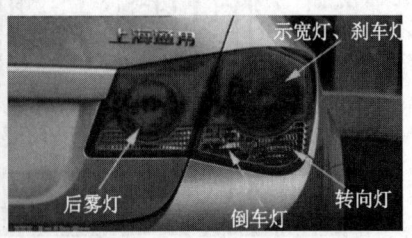

图 2-3-25　汽车前部、后部灯光说明

在日常使用车辆过程中，照明及信号装置是辅助驾驶员进行驾驶的很重要的组成部分，为避免不必要的交通事故，开车上路前应检查所有照明及信号装置是否正常。

三、汽车多媒体系统

如今，汽车多媒体系统已经不再局限为音视频系统，而是一个移动的多媒体终端，一部移动的"汽车计算机"。它可以实现传统收音机的功能，还能进行音频/视频播放、车辆导航、360°全车影像、手机互联，乘员可以在车内使用该系统进行娱乐和与外界保持紧密的联系，尤其在智能交通系统（ITS）中，汽车多媒体系统必将成为一个综合的移动信息终端，使行车安全性得到实时的保证，汽车多媒体系统界面如图 2-3-26 所示。

图 2-3-26　汽车多媒体系统界面

四、汽车空调系统

汽车空调系统是实现对车厢内空气进行制冷、加热、换气和净化的装置。它可以为乘员提供舒适的乘车环境，降低驾驶员的疲劳程度，提高行车安全性，汽车空调系统控制面板如图 2-3-27 所示。

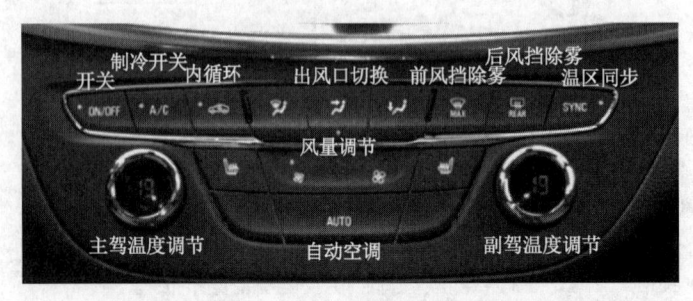

图 2-3-27　汽车空调系统控制面板

项目四 安全驾驶常识

掌握安全驾驶常识,是保障文明交通、平安出行(如图 2-4-1 所示)的前提与保障。

图 2-4-1 文明交通、平安出行

2.4.1 驾驶员基础能力

1. 考取机动车驾驶证

驾驶机动车需要一定的驾驶技能,缺少这种技能随意驾驶机动车就有可能发生交通事故,因此,想驾驶机动车的人员,应经过学习,掌握各类交通法规知识和驾驶技术后,经管理部门考核合格,核发许可驾驶相应机动车的法律凭证——机动车驾驶证(如图 2-4-2 所示)后,方可驾驶规定类别的机动车上路行驶。

图 2-4-2 机动车驾驶证

2. 提高安全行车能力

面对人、车、路、环境构成的复杂的道路交通状况,各种因素的不确定性和变化性,决定了交通事故的随机性和偶然性。因而要求驾驶员有机敏、冷静的头脑,熟练的驾驶技能,确保安全行车。驾驶员在驾驶车辆时,遇到紧急情况应迅速决断,快速采取措施。同时要求驾驶员还应具备化险为夷或尽量减少损失的技术素质和化复杂情况为简单情况的能力。

3. 增强自控能力

复杂的社会现象和各种各样的矛盾都会影响驾驶员。在这种情况下,要求驾驶员必须有较强的自我克制和解脱能力,保持良好的心态,专心致志地驾驶好车辆。所谓自控能力,就是在意志作用下约束和控制自己的言行的能力。在行车中,驾驶员不能有丝毫的马虎和任何失误,精神必须高度集中。如果自控能力差,不能保持良好的心态,带着个人情绪驾车,就有可能导致交通事故的发生,造成无法弥补的损失。

2.4.2 正常驾驶机动车

1. 了解车辆及行车信息

对行车信息的了解是指持有有效驾驶执照、拥有车况良好的汽车并了解最新的汽车和道路安全新闻。通过这种方法可以应付可能发生的紧急情况。每一个合格的驾驶员在上路之前应进行充分的驾驶准备，如事先了解天气、路况等信息，这样就不必在陌生甚至是危险的路段行驶、停车。

2. 正确使用安全带

研究表明，使用安全带的乘客和驾驶员生存的概率要大得多，而且被抛离座位或撞出挡风玻璃而受重伤的概率也很小。在熟悉的路线上行驶易分神，如果不系安全带，事故造成的损伤要大得多。因此，无论是驾驶员和乘坐人员，务必系好安全带。

3. 控制好行车速度

车辆高速行驶时，会削弱驾驶员对空间的认识，使其错误地判断速度和距离，增加发生交通事故的概率。因此，最好将车辆速度控制在所在道路对速度限制要求范围以内。

4. 会车

会车前，应看清来车动态及路面情况，适当降低车速，选择较宽阔、坚实的路段会车。做到"礼让三先"，即先让、先慢、先停。会车时，要与来车保持较宽的横向距离。在复杂的道路交通情况下会车，应把脚放在制动踏板上，做好随时停车的准备。在没有交通标线的道路或窄路上会车，必须减速靠右行驶。会车困难时，有让路条件的一方让对方先行。夜间在照明不良的道路上会车，须距对面来车150m以外互闭远光灯，改用近光灯。在会车中，为了看清行驶路线，可短暂开远光灯，但应与对面来车错开时间开灯。当车头交会后，即可开远光灯。

5. 超车

超车要选择道路宽直、视线良好的路段。超车时的车速不得超过交通法规规定的时速限制。想要连续超车（俗称串车）时，若被超的车多、线长，则应慎重，能不超就不超。如能保证安全，具备良好的超车条件，方可加速连续超越。超越停驶车辆时，应减速鸣喇叭，注意观察，防止因停驶车辆突然开启车门有人下车或其他行人和非机动车从停驶车辆前窜出导致事故。在夜间、雨天、雾天视线不良时，按交通法规规定，在泥泞、冰雪覆盖的道路及隧道中严禁超车。

6. 倒车

倒车时，驾驶员应事先下车观察周围情况，确认安全后，选择好地形、路线，并通过驾驶室后窗观察情况再倒车。小型客货车在倒车时，驾驶员可将侧窗玻璃放下，从侧窗观察后方道路情况，确认安全后，方可倒车。倒车中在观察后面路况的同时，要不间断地以翼子板或示廓标杆为标志，观察车头情况。

7. 转弯

汽车驶近转弯处，要提前降低车速，再转弯。转弯时驾驶员必须估计本车的内轮差，否则可能使后轮越出路外，导致车身刮蹭行人或障碍物等。汽车在右转弯时，遇到右前方有直行的自行车或行人，不能强行截头转弯，应减速让自行车或行人先行。

8. 调头

汽车在调头时，在保证安全的前提下，尽量选择广场、立交桥、岔路口或平坦、宽阔、土质坚实的地段进行。应尽量避免在坡道、狭窄路段或交通拥挤之处调头。不能选择桥梁、隧道、涵洞、城门、铁路交叉道口或相关法规不允许调头的路段调头。

9. 停车

停车应选择道路宽阔、不影响交通且相关法规允许的地方，靠右停放。在坡道上停车，停好后应挂上低速挡或倒挡，拉紧手刹，并在车轮下坡的前方垫上三角木。在冰雪路上停车，应提前减速，尽量运用发动机的牵制制动或灵活地运用手刹。

10. 宽敞直路行驶注意事项

由于路宽且直，操作简单，驾驶员容易产生思想麻痹和疲劳感，事故易发生，所以驾驶员在宽敞直路上行车，不能放松警惕，不能盲目开快车。

11. 坡路行驶注意事项

上坡前，应认真检查车辆装载是否匀称合理，认真检查车辆状况，特别是制动性能，必要时应试试制动效应。上坡时要尽量使用低速挡一次通过，避免中途换挡。下坡时应认真检查制动器。严禁熄火滑行和空挡滑行。如制动器失效，应充分利用发动机的牵制制动控制车速，果断地利用天然障碍物，给车辆造成阻力，以消耗汽车的惯性，使车辆停在天然障碍物处脱险。

12. 弯路行驶注意事项

车辆行驶速度较高，行驶中有较大的惯性和离心力。车速越高，方向变得越急，车辆离心力越大，在这种情况下，容易造成车辆侧滑。如车辆重心较高，路面附着条件较好，则可能造成车辆侧翻事故。因此，在弯路上行驶时，应提前减速，再转弯，对障碍物、险情要提早发现，根据情况进行相应的处理。

13. 交叉路口行驶注意事项

交叉路口车辆行人密度大，容易引发交通事故，驾驶员此时应高度重视。在由交通信号控制的路口，可按交通信号的规定通行。在通过无信号控制的路口时，应在进入路口之前的一段距离内，看清行人和车辆的动向，以便安全顺利地驶过路口。

14. 繁华地区行驶注意事项

繁华地区行人拥挤，车辆繁多，交通情况复杂多变，给安全行车带来一定的威胁，所以必须集中注意力，谨慎驾驶，严密注意行人和车辆动态，正确判断交通情况的变化。此时应依次序行驶，严禁超车。

15. 避免发生交通意外

当紧跟在其他车辆后面时，应该保持清醒，提高警惕。驾驶时千万不能分神。改变行车状态前，预先以信号灯清楚并有效地与其他驾驶员沟通，以便让他们知道您的驾驶意图。采取预防性驾驶方法，预测其他驾驶员的驾驶意图，并在车辆四周保留一椭圆形的空间。

16. 禁止酒后开车

据统计，交通事故总数的一半都涉及饮酒。为了保全性命，应意识到即使一杯酒也可能影响一个人的知觉，千万不能酒后驾车。如果自己确实已饮了酒，则应安排他人开车送你回家。

17. 驾驶中的节油方法

加速时要均匀、缓慢、轻柔；提前制动，提前把脚从加速踏板上移开，然后利用车身的惯性滑行。缩短提挡时间。如果车是自动变速的，加速时可轻踩加速踏板让变速器很快提到高速挡。稳速行驶时，尽量避免频繁加速以保证车速和加速踏板的压力均衡。一旦达到稳速行驶状态，放在加速踏板上的脚就要完全放松，保持稳定的供油状态。如果打算停车1分钟以上，最好熄火，启动发动机比发动机空转1分钟的耗油要少。

图 2-4-3 减速慢行

2.4.3 特殊条件下的行驶

在特殊条件下驾车，一定要减速慢行，如图 2-4-3 所示。

1. 雨天

雨天出车前要认真检查制动器、雨刷器、灯光、喇叭、转向等机件，确认良好方可出车。行车时，车速要酌情放慢，前后车距要适当拉大，一般不要超车。遇到情况，要及早采取措施，不要紧急转向和紧急制动，以防车辆横滑侧翻，车辆通过积水路段前应探明水情，水深不能超过排气管离地高度。通过时车速要缓慢，中途不能熄火停车。

2. 刮风天气

刮风对车辆行驶影响不大，但对非机动车和行人的影响较大。大风天气影响行人视线，易造成事故。在这种情况下，驾驶员应减速慢行，随时做好避让或停车准备。

3. 雾天

雾天能见度低，视线模糊，驾驶员难以看清道路情况，行车危险性大，除打开雾灯和尾灯外，还应以很慢的速度行驶。如浓雾过大，应该停车，待雾散后再行驶。

4. 冰雪天气

冰雪天气条件下，路面滑，车辆后轮容易打滑空转，开车应做到缓慢起步，慢行，车速均匀。在转向、制动方面都应忌急，尽量少用制动，避免紧急制动。在冰雪道路上行驶时制动距离长（约是普通沥青路面的三倍），因此行驶中，与前车要保持足够的距离，做到早发现，提前做好停车准备，严禁空挡滑行。冰雪道路还因雪光反射，易使驾驶员视觉疲劳，甚至会产生短时的目眩现象，此时，必须减速直至停车，待视力恢复后再继续行驶。

5. 夜间行车

夜间行车，要做到灯光齐全，有效，符合规定，根据可见度控制车速，尽量不超车；必须超车时，应事先连续变换远近灯光，必要时用喇叭配合，在确定前车让路允许超越后，再进行超车。另外，骑车人和行人在来车灯光照射下，会发生目眩，看不清路面，所以还必须注意骑车人和行人的安全。

6. 迎面遇车

此时不要惊慌，保持镇定和冷静。在确保右边的车道没有车辆后，把车开进右车道。踩制动踏板减速，降至低速挡借以减速（除非车辆已安装 ABS 制动系统）。同时以鸣喇叭及闪灯的方式向对面驾驶员示意，并做好开离当前车道的心理准备，因为任何一种闪避方法都胜于两车迎面相撞。

7. 注意驾驶盲区

在车辆的左右两边都有无法通过外后视镜观察的地方，在改换车道之前，在确保安全的条件下先转头看看旁边车道的交通情况。尽量避免在另一车道行车的驾驶员的盲区范围内行驶。

2.4.4 紧急情况的处理

1. 紧急制动

此时不可猛踩制动踏板，因为这将导致车子侧滑。连续快速地踩踏制动踏板，能让车辆安全地停下。如果紧急制动时车辆正以高速行驶,应该立刻踩踏制动踏板,并尽快退至低速挡。

2. 遇意外危险

由于无法预测何时发生意外事件,所以驾驶时必须提高警惕,保持冷静;在车辆的四周留有一定的安全驾驶活动空间,如紧急事件发生时,驾驶员可有足够的时间和空间进行避险;当车速为10km/h时,与前面的车辆应至少保持一个车身的距离,车辆时速每增加10km,车辆之间的距离也应随之增加一个车身的距离。另外应确保车辆长期保持最佳状态,因为车辆的电气设备及配件失灵,也可造成意外。

3. 对面车辆点亮远光灯令自己目眩

可以略向右看,以避开刺眼的灯光,或者以公路边缘作为行车参照。若灯光实在太强,必要时,可逐渐减速,再将车辆停于一旁。

4. 动物冲至公路上时

先鸣笛,再从后视镜观察后面的道路交通情况,确保在避开动物的同时不会造成任何危险。

5. 车子突然打滑

若是因加速过度造成的打滑,就停止踩踏加速踏板;若是突然制动所致,就停止踩踏制动踏板并顺着打滑的方向行驶,当完全控制车辆时再制动。

6. 前方车辆掉落物件

若与前车距离足够远,有机会变道行驶,可放慢车速,从后视镜观察后面的道路交通情况,并在适当的时机变道。还应用车灯示意,但不能因此而影响其他车辆的行驶。如果事情发生得太突然,则应立刻停车,千万不可突然超车。如果挡风玻璃被物体击碎,应减速停车,联络维修。

7. 遇到心不在焉或精神恍惚的驾驶员

驾车最重要的是对四周环境保有警觉性。注意提防因其他事情而分神或不专心驾驶的驾驶员;提防使用移动电话或与别人交谈、被车上的其他乘客分散注意力及驾驶时表现得不稳定的驾驶员。

8. 紧急救护办法

快速地为伤者进行检查。如果伤者仍有知觉,则检查他是否神志清醒。如果神志不清,检查最重要的三件事,即呼吸、失血和骨折。如果伤者停止呼吸,应马上对其进行嘴对嘴的人工呼吸。如果伤者已休克则以心肺复苏法为他施救;抬高双脚超过头部,借以促进血液循环;用大衣或被子包裹伤者来保持体温。如果怀疑伤者的颈部或脊椎受伤,千万不能移动他。如果伤者身体某部位出血,应以最快的速度为伤者止血。

在现场紧急救护的同时,拨打120紧急救护电话,请求专业救援,如图2-4-4所示。

图2-4-4 120紧急救援

身边榜样

以赛促学 以赛变"强"——"汽车人" 李富强

受家人影响,李富强从小就对汽车这种东西有着强烈的好奇心和浓厚的兴趣,很早便学会了汽车驾驶技能,并立志要在汽车这个行业发展。通过高考,他成功考入了四川工程职业技术学院汽车检测与维修专业,如愿迈入了汽车这个行业,成为了一名汽车人。

巴哈大赛起源于美国,中国汽车工程学会在2015年将巴哈大赛引入我国,该项赛事是一项由高等院校汽车及相关专业在校生组队参加的越野汽车设计、制造和检查的比赛,是一个综合技能型人才培养平台,四川工程职业技术学院巴哈车队同年成立,李富强凭借良好的汽车知识基础和对赛车运动的热爱,很顺利地通过选拔成为了车队的一员,担任电气设计员并兼任车手。

要将梦想转化为实际,必然是需要付出努力和汗水的,李富强除了要完成大学必修课程外,其余时间都用在对巴哈赛车的设计、建造和调校中,由于巴哈大赛通常都在每年的8月份举办,因此赛车会在6月份基本成型,团队会在比赛前不断对赛车进行修改和调校,在这期间对车手的考验是最严峻的,为保护车手的安全,车手开车时必须身穿防火服,头戴防火头盔,在高温和暴晒条件下进行长时间训练,这需要强大的意志力和必胜的理想信念。付出总是有回报的,李富强在参加的两届比赛中,作为主力队员带领车队获得一次全国一等奖、一次全国二等奖。

李富强在毕业时,由于有了在巴哈车队的学习经历和标志性的奖项,被上汽大众汽车有限公司选中成为了一名汽车电器检测员。他在工作期间对车辆电器的熟练掌握和较强的动手能力很快便被领导发现并得以器重,开始负责对开发新车型项目中电器的功能测试、参数刷写、故障诊断等工作,并为新车型批量生产编写规范操作指导书。经过两年的基础磨炼,他升任为电器分析技术员,负责电器返修、整车控制器故障分析、总结维修经验,对生产问题进行分析并给出应急方案和解决办法等重要工作。

2022年初,他凭借出色的工作能力被吉利汽车集团研发中心看中,随后加入吉利汽车集团研发中心工作,成为了一名电器测试助理工程师,为吉利汽车电器进行开发和软件维护工作。

模块三　电气工程基础认知

行业先锋

"痴"于学习，"醉"于创新——创新尖兵　罗东元

罗东元：广东韶关钢铁集团有限公司（韶钢）主任工程师、高级技师，中国高技能人才楷模"创新尖兵"，两届全国劳动模范、广东省模范共产党员，被誉为新时期知识工人的杰出代表。

人生，是一个充满奇遇的旅途，一城一地的得失决定不了人的一生，只要生命还在，只要不屈服，只要还有梦想，一切都有可能。罗东元的成长轨迹，完美地验证了这一点。

1975年，因家境贫寒，只念了一年高中的罗东元走出农村，通过招工成为韶钢的一名一线工人，这是罗东元一切梦想的开端。

机遇　由于此前有帮村民修理家电的经验，一次偶然的机会，领导找到罗东元说："你能不能做一台生产用的扩音机？给你七个月时间完成任务。"接到任务后，罗东元废寝忘食，不断查阅资料，自学电路知识，最终完成了制作，提前四个月让广播的声音响遍工厂的每个角落。从那之后，罗东元成为一名电工。他非常珍惜这份改变命运轨迹的幸运。学历不高，家庭贫困，种种困难都被他抛在脑后。他勤奋好学，很快成为技术骨干，凡是带危险性、单靠自己处理不了的技术活，工人们都爱找罗东元，罗东元成了工厂里名副其实的"技术砖"，哪里需要哪里搬，每次他都能出色地完成任务。

勤学　罗东元说："最艰苦的时候，就是在铁路站工作车间，连续工作了8个月，每天工作18小时。那时候很亢奋，企业那么信任我，把一个那么大的项目交给我，还采用我的创新技术，所以那几个月根本没有感觉到累。"罗东元从最初的高中一年级学历，到精通无线电、电工基础、电工工艺、机械制图、电气制图、模拟电路、数字逻辑电路等十几门专业技术、理论，在自我提升的过程中是无数个昼夜交替的勤学苦练，是近乎疯疯的求知若渴。

扬名　1988年，韶钢举办了一次"钢化杯"电力知识大赛。参赛的有厂里的工程师、技术员，罗东元作为一名技术工人也参加了比赛。由于题目难度大，评委们估计考到75分就可以拿冠军了，而罗东元竟考了94分，高出第二名20分。第二天，罗东元被叫到大赛办公室，评委们对他进行盘问，让他重考，题目照旧但时间减半。当罗东元把3张试卷交出后，评委们彻底信服了。这个没有文凭，也没有正规学过电气理论和维修技术的年轻工人，考出了前所未有的好成绩。

1990年，韶钢内部的铁路要实行自动化控制。那时候工厂的列车轨道变道，需要大量工人在道岔实行人工变道，容易导致列车相撞或人员伤亡。为了彻底消除这种危险性，为了工人

和生产的安全，罗东元主动请缨，毛遂自荐，主动报名参加培训，学习相关知识，以改善这种局面。靠着一晚晚的挑灯夜战，罗东元只用了两个半月便提前学完了一般学员两三年才能学会的技术。回到工厂后，罗东元大胆设想，勇于实践，研制出了一套属于韶钢的工矿企业型自动控制系统，彻底解决了企业的困顿。1994年10月，原定在武钢举行的全国冶金重点企业运输科技工作会议改在韶钢举行，当来到韶钢铁路道岔全自动控制现场，来自冶金行业的"大哥大"们——首钢、包钢、鞍钢、武钢、攀钢的专家代表都看呆了，只见现场没有了扳道工，却随时都能按要求控制前方道岔，使机车灵活自如地运行，完全实现了自动化控制的新要求。罗东元研发的"铁路道岔全自动控制系统"让冶金行业的专家为之瞩目，也让他们记住了韶钢。

坚守　扎根韶钢四十多年，这位与共和国同龄的老人，手工绘制了上千张"如印刷品般精准"的大型施工图纸，完成大小技术革新项目超过170项，创造了铁路运输自动控制领域的"韶钢模式"；使韶钢的铁路运输自动控制技术跻身全国工矿企业的领先行列，使韶钢在全国工矿企业中率先完成了铁路系统"电气系统微机化、调度指挥信息化、牵引动力内燃化、车辆和重要区域路轨重型化"进程，创造了由一批普通电工接管现代化车站的神话；为企业创造直接经济效益超过4000万元，独立完成的创新工程设计价值总量已超过1.5亿元。

初心　罗东元这样看待曾经经历的艰难困苦："看到几代铁路工人的夙愿通过我们的双手终于得以实现，看到技术进步给铁路运输带来的崭新面貌，看到我们的技改工程在韶钢的大发展中发挥着重要作用，我心中只有兴奋、激动和自豪，还有什么比奋斗更能体现人生价值呢？"

心系国家，开拓未来，这是罗东元这一辈老同志们的大爱大德，他们继往开来，守正创新，开启了新中国高新技术领域的新时代，为我们带来了光明和希望，也成为了时代楷模。让我们站在巨人的肩膀上，拿起国家发展和技术革新的接力棒，为我们的国家开创更加美好的未来！

项目一　电气安全常识

3.1.1　电工安全操作规程

电工操作关系到生产及人身安全，为保证生产及生活的正常进行，保证电工人身安全，电工操作必须遵守《电工安全操作规程》。除此之外，电工还应该熟悉各行业或企业根据自身情况颁布的相关电气作业安全技术规程。

（1）熟悉电气安全知识和触电急救方法，并经考试合格获得相关操作证，才能操作。新工人要由老师傅带领操作。

（2）必须认真执行各项电气安全管理规定，做到装得安全，拆得彻底，经常检查，及时修理。

（3）工作前，必须检查工具、测量仪器和绝缘用具的灵敏性和安全可靠性。禁止使用失灵的测量仪器和绝缘不良的工具。

（4）任何电气设备未经验电，一律视为有电，不准用手触及。开关跳闸后，须将线路仔细检查一遍，方可推上开关，不允许强行送电。

（5）动力配电箱的闸刀开关，禁止带负荷拉开。凡校验及修理电气设备时，应切断电源，取下熔丝，挂上"禁止合闸，有人工作"的警告牌。停电警告牌应"谁挂谁取"。

(6) 不准带电作业,遇特殊情况不能停电时,应经领导同意,并在有经验的电工监护下,标出危险(禁入)区域,采取严格的安全绝缘措施方能操作。工作时要戴安全帽、穿长袖衣服、戴绝缘手套,使用有绝缘柄的工具,并站在绝缘垫上进行。邻近两相的带电部分和接地金属部分应用绝缘板隔开。严禁使用锉刀、钢尺。

(7) 工作临时中断后或每班开始工作前,都必须重新检查电源,验明无电方可继续工作。

(8) 带电装卸熔丝时,要戴好绝缘手套,必要时使用绝缘夹钳,站在绝缘垫上。熔丝的容量要与设备或线路安装容量相适应。不得使用超容量的熔丝,严禁用铜丝或其他金属丝代替熔丝。

(9) 电气设备的金属外壳必须接地(或接零)。接地线要符合标准。有电设备不准断开外壳接地线。

(10) 电器或线路拆除后,遗留的线头应及时用绝缘胶布包扎好。

(11) 安装或维修照明灯具,必须分清零线和相线,安装灯头时,开关必须接在相线上,灯口螺纹必须接在零线上。

(12) 严格执行临时线的接、装、拆制度。在检查中,发现有私自接装的电气设备或灯具等,应予以拆除,确保用电安全。

(13) 动力配电盘、配电箱、开关、变压器等各种电气设备附近要勤检查,不准堆放各种易燃、易爆、潮湿或其他影响操作的物件,并做好清洁保养工作。

(14) 每次维修结束时,必须清点所带工具、零件,以防遗失在设备里造成事故。

(15) 由专门检修人员修理电气设备时,值班电工要进行登记,完工后要做好交代并共同检查,然后方可送电。

(16) 临时装设的电气设备必须将金属外壳接地。严禁将电动工具的外壳接地线和工作零线拧在一起插入插座。必须使用两线接地或三线接地插座,或者将外壳接地线单独接到接地干线上,以防接触不良时引起外壳带电。用橡胶套软电缆连接移动设备时,专供保护接零的电线上不许有工作电流通过。

(17) 登高作业必须系好安全带。使用竹梯时,应认真检查,梯脚要有防滑措施,放在坚固的支持物上,顶端必须扎牢或梯脚有人扶住。缺损、霉蛀的竹梯不准使用。使用人字梯时,拉绳必须牢固。

(18) 使用工作电压达 36V 及以上的手持电动工具,应保证接地良好。检查所用的电动工具电压等级是否与电源电压相符。使用时,必须戴好绝缘手套并站在绝缘垫上工作。

(19) 绝缘工具要定期做好耐压试验,确保用具安全可靠。

(20) 使用喷灯时,油量不得超过容积的四分之三。打气要适当。不得使用漏油、漏气的喷灯。不准在易燃易爆物品附近点火、使用。

(21) 使用柴油、煤油清洗零件时,附近不得吸烟或明火作业,用后应将油盘盖好,保管好。禁止用汽油清洗零件。

(22) 电气设备起火时,应立即切断电源,并使用干粉或1211灭火器扑救。严禁用水或泡沫灭火器扑救。

3.1.2 电气火灾应急处理

发生电气火灾时,为了防止触电事故,一般都在切断电源后才进行扑救。面对危险的电气火灾,只有以正确方法和措施为指导,才能以最快的速度扑灭火灾,减少人员伤亡,最大限度地保护财产安全。电气火灾的处理措施主要如下。

一、切断电源

发生电气火灾时，应立即切断电源。

（1）首先立即断开总开关，切断总电源，切勿用手触碰着火的电器开关或插座，以免发生触电。

（2）火灾发生后，由于烘烤烟熏，开关设备绝缘能力降低，因此，操作应使用绝缘工具。

（3）对于高压设备应先断开断路器而不应先操作隔离开关；对于低压设备应先操作磁力启动器而不应先拉开闸刀开关切断电源，以免引起弧光短路或烧伤人员。

（4）切断电源的地点要适当，防止切断电源而影响灭火工作。

（5）剪断低压电线时，非同相电线应在不同部位剪断，以免造成短路；剪断空中低压电线时，剪断位置应选择在电源方向的支持物附近，以防止电线剪断后落下来造成接地短路或触电事故。

（6）剪断低压电线时，无论线路带电与否，均应视为线路带电，使用的剪钳绝缘性能必须良好。

（7）打 95598 全国统一供电热线电话，请供电部门切断电源。

二、拨打 119 报警

发现火灾时及时打"119"报警。报火警时一定要沉着冷静，并说清以下几点：

（1）说清着火点的具体地址，如哪个街道、哪个小区、几栋、几单元、具体门牌号等。

（2）说清是什么东西着火和火势大小，以便调配相应的消防车辆。

（3）说清有无人员被困。如有人员被困，说清被困人员具体人数及被困位置。

（4）说清有无烟雾，烟雾的颜色是白色还是黑色，烟雾有无味道等。

（5）说清报警人的姓名和使用的电话号码。

（6）注意听清消防人员的询问，回答正确、简洁，待对方明确说明可以挂断电话时，方可挂断电话。

（7）报警后要到路口等候消防车，为消防车指路。

三、火灾逃生

（1）发生火灾时，不要贪恋钱财，确保生命安全是第一位的。

（2）当发生火灾时，一定要保持头脑镇定，以便在逃生过程中保证自身安全，选择正确逃生路线。

（3）往远离着火点的方向逃生。

（4）燃烧时会散发出大量的烟雾和有毒气体，当烟雾呛人时，要用湿毛巾、浸湿的衣服等捂住口、鼻并屏住呼吸，要尽量使身体贴近地面，靠墙边爬行逃离火场。

（5）不要在火场内找躲避点妄图躲避火势。

（6）当火灾在自己所处的楼层之上时，应迅速向楼下跑，因为火是向上蔓延的。

（7）逃生过程中在确保自身安全的情况下，要随手关闭通道上的门窗，以减缓烟雾沿人们逃离的通道蔓延。

（8）在实在无法自主逃离火场的情况下，应走到墙边位置，便于消防人员寻找、营救，因为消防人员进入室内都是沿墙壁摸索着行进。

（9）当自己所在的地方被大火封闭时，可以暂时退入居室。关闭所有通向火区的门窗，用浸湿的被褥、衣物等堵塞门窗缝，并泼水降温。同时，要积极向外寻找救援，用打手电筒、挥舞色彩明亮的衣物、呼叫等方式向窗外发送求救信号，以引起救援者的注意，等待救援。

四、要点总结

（1）扑救电气火灾必须先切断电源后，才可进行灭火。

（2）发生电气火灾时应首先想办法断电，实在无法断开电源的情况下，应使用四氯化碳灭火器、二氧化碳灭火器、干粉灭火器等不导电的灭火器。

（3）发生电气火灾时，应第一时间拨打119，请消防队救援。

3.1.3 家庭中的安全用电

现代家庭生活离不开电，掌握家庭用电安全常识，可以保护生命财产安全。下面是一些家庭用电安全常识。

（1）了解电源总开关。现在的家庭照明配电箱（如图 3-1-1 所示）一般都装有具有漏电保护的空气开关，我们应学会在紧急情况下关断电源。

（2）不要超负荷用电。家庭用电设备的总电流不能超过电度表和电源线的最大额定电流。

（3）安装保护器。家庭用电一定要安装过压跳闸、漏电跳闸双功能保护器，如常用的空气开关。若采用电气火灾监控系统（漏电火灾报警系统），就可以在电气设备漏电、人身触电、供电电压太高或太低时自动跳闸切断电源。

图 3-1-1 家庭照明配电箱

（4）购买正规厂家产品，按说明书要求正确操作。

（5）不要将家用电器安装在潮湿、有热源、多灰尘、易燃和有腐蚀性气体的环境中。

（6）平时多注意观察家电、插头、插座等，是否有破损老化的现象，如果有应及时更换。

（7）严禁使用铜丝、铝丝、铁丝代替熔丝；严禁用信号传输线代替电源线，严禁用医用胶布代替绝缘胶带。

（8）严禁私自从公用线路上接线，不要将电线直接敷设在可燃材料上，电气线路连接要牢靠，防止松动或接触不良。

（9）电气设备如果因停电或其他原因断电，一般应延时 1-2 分钟，才能重新上电。

（10）雷雨天气时，要及时关掉电器，防止电击伤人，或击坏电器。

（11）做到人走断电，停电断开关，维护检查先断电，电器不用时拔插头。睡觉前或离家时应断电。

（12）家用电器冒烟、烧焦、着火或有异常的响声，必须立即断电，再进行检查或灭火抢救。未切断电源时，切记不可用水浇，以免造成电器短路引发火灾，或造成救火人员触电的事故。断电后，无灭火器时，可用湿棉被、棉毯将电器盖上，隔绝空气，窒息灭火。

（13）发现有人触电应先断开电源，严禁带电救人。

（14）湿手不得触摸电器，不用湿布擦拭电器。

（15）插座都有额定电流，不能超负荷使用（如图3-1-2所示），否则会使插座发热、损坏甚至引起火灾。三相插座要安装接地线，不要随意把三相插头改为两相插头。家用插座应采用安全型插座，卫生间等潮湿场所应采用防溅型插座，以防触电和保证幼童安全。

（16）家用电热设备、暖气设备在使用中会发出高热，一定要远离煤气罐、煤气管道、电吹风、电饭锅、电熨斗、电暖器等电器，应注意远离纸张、棉布等易燃物品，防止发生火灾。使用时注意避免烫伤，用完后切断电源，拔下电源插头以防意外。

（17）使用电熨斗时，不要长时间在衣物上熨烫，暂不使用时应将其竖立搁置在一边，或放在专用金属架上。

（18）电热毯应铺在平整的板床上，不宜铺在软床垫上，以防凹凸的床面折断电阻丝。严禁在卷曲和折叠的情况下通电。电热毯使用至规定年限后，不能继续使用。

（19）使用电饭煲时要保持内胆底部和电热板之间清洁干净，不得附有水点、灰尘、饭粒、杂物等。

（20）电冰箱内严禁存放易燃、易挥发的化学试剂及药品，以免挥发与空气形成混合易燃气体，遇电火花引起爆炸起火。

（21）用洗衣机洗衣服时，不能超量，以免电动机超负荷发热产生高温。

（22）不得带电移动电气设备。

（23）电器损坏时，请专业人员修理，千万不可自己拆卸拼装。

只有提高安全意识，掌握家庭安全用电的基本常识，严格按规定使用电器，才能有效预防家庭电气火灾的发生，充分保障家庭用电安全。

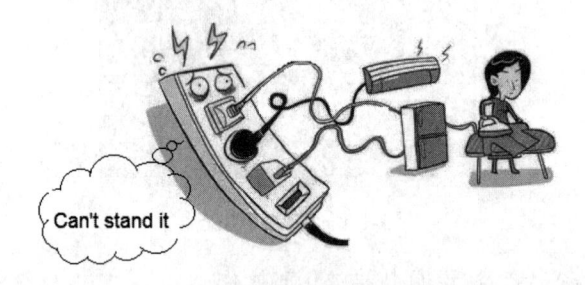

图3-1-2　不可超负荷使用插座

3.1.4　正确防止雷击

世界上每年都有雷电伤人事故。据报道：印度2021年7月11日雷击事故造成72人死亡。1989年8月12日，中石油黄岛油库遭受雷击，19人死亡，100多人受伤。据统计：闪电的受害者有2/3以上是在户外受到袭击的。他们每3人中有2位幸存者。在闪电击死的人中，85%是女性，年龄大都在10岁至35岁之间。死者以在树下躲避雷雨者居多。

春夏两季是雷雨天气高发期，一般来说，雷电有直击雷和感应雷之分，雷雨天应注意什么？如何有效防止遭受雷击呢？

一、室内防雷常识

（1）在雷雨天，不要触摸或靠近金属水管以及与屋顶相连的上下水管道，不要在电灯下站立。

（2）关好门窗，预防雷电直击室内或者防止侧击雷和球形雷侵入。远离门窗、水管、煤气管等金属物体，应离开电力线、电话线、无线电天线 1.5m 以外。

（3）在雷雨天，不要洗澡、洗头，不要在厨房、浴室等潮湿的场所逗留。

（4）在雷雨天，不宜用淋浴器、太阳能热水器，因水管与防雷接地装置相连，雷电电流可能通过水流传导而致人伤亡。

（5）在雷雨天，切断电器如电视、计算机等与外界的连接，拔掉电源插头，能起到防雷作用。一般来说，感应雷的入侵途径有四个，分别是供电线、电话线、电视天线（无线和有线都包括）、房屋外墙或柱子。其中，前三个途径都与家用电器有直接的外部线路连接。

（6）家电如果靠墙太近，可能受到波及而造成不同程度的损坏。当房屋遭遇直击雷或者侧击雷时，强大的雷电电流会沿着房屋的外墙或柱子流入地下。

（7）雷电较频繁时，尽量不使用座机、手机、电视、计算机等，以防雷电电流沿信号线或电源线入侵，造成危险。

（8）晒衣服被褥的铁丝不要连至窗户、门口，以防铁丝引雷致人伤亡。

二、室外防雷常识

（1）在雷雨天，不要停留在高楼平台、山脊或建（构）筑物顶部，以及山顶、湖边、河边、沼泽地、游泳池等易受雷击的地方。不宜停留在小型无防雷设施的建筑物中，如小棚房，小草棚、车库、车棚、岗亭及其附近。

（2）在雷雨天应远离孤立的大树、高烟囱、铁塔、电线杆、广告牌等物体，不要乘坐敞篷车。如万不得已，须与其保持至少 5m 距离，下蹲并双腿靠拢。雷电通常会击中户外最高物体尖顶，尤其是金属物体，所以孤立的高大物体往往最易遭受雷击。

（3）在雷雨天，不在空旷的野外停留。在空旷野外无处躲避时，尽量寻找低洼之处（如土坑）藏身，或者立即下蹲，降低身体高度。千万不要在大树底下躲雨。

（4）躲避雷雨，最好就近进入有屏蔽作用的建筑或物体，如汽车、电车、混凝土房屋等。一旦这些建筑或物体被雷击中，它们的金属构架、避雷装置会将雷电电流导入地下。

（5）打雷下雨时，不宜在旷野中打伞，或高举羽毛球拍、高尔夫球棍、锄头等，避免增加人的有效高度成为"尖端"而遭雷击。

（6）在户外看见闪电后，几秒钟内就听见雷声时，说明正处于近雷暴的危险环境，此时应停止行走，两脚并拢并立即下蹲，不要与人拉在一起，最好使用塑料雨具、雨衣等。

（7）不要惊慌，不要奔跑。在户外躲避雷雨时，注意不要用手撑地，最好双脚并拢，双手抱膝就地蹲下，同时胸口紧贴膝盖，尽量低下头，因为头部较之身体其他部位最易遭到雷击。

（8）在雷雨天不应在室外活动，如跑步、打球、游泳、划船、钓鱼等。

（9）如果在雷电交加时，头、颈、手处有蚂蚁爬走感，头发竖起，说明将发生雷击，应赶紧趴在地上，并拿去身上佩戴的金属饰品如发卡、项链等，这样可以减少遭雷击的危险。

（10）在雷雨天不宜快速开摩托、快骑自行车和在雨中狂奔，因为身体的跨步越大，电压就越大，也越容易伤人。

（11）在雷雨天不要到室外收取晾晒在铁丝上的衣物。

（12）遇到雷雨天气出门，最好穿胶鞋，可以起到绝缘作用。

（13）乘车途中遭遇打雷时千万不要将头、手伸出窗外。

（14）如果在户外看到高压线遭雷击断裂，此时应提高警惕，因为高压线断点附近存在跨步电压，身处附近的人此时千万不要跑动，而应双脚并拢，跳离现场。

（15）如果有人遭到雷击，应迅速冷静处理。即使受雷击者心跳、呼吸均已停止，也不一定死亡，应及时进行人工呼吸和胸外心脏挤压，并送医院抢救。

3.1.5　消除静电小妙招

天气干燥时非常容易产生静电（如图 3-1-3 所示），虽然静电对人体没有生命危害，但是，静电对人体健康的确有很多负面影响。比如，一些心律失常的人无法查到器质性病变以及心律失常的原因。听从医生建议改穿纯棉衣服后，心律很快就恢复正常了。防止静电首先要设法不使静电产生；对已产生的静电，应尽快泄漏或中和，从而消除电荷的大量积聚。

下面我们来看看日常生活中简单有效消除静电的一些小妙招。

图 3-1-3　生活中的静电

（1）干性皮肤容易产生静电，因而，在冬天、春天等干燥季节，可以多用保湿类化妆品，注意保持皮肤湿润，减少静电产生。

（2）尽量多穿全棉、真丝衣服，穿橡胶底的鞋，少穿化纤类服装。

（3）干燥环境有利于静电的积累。因此室内要保持一定的湿度，勤拖地、勤洒水。在室内使用加湿器，或是放置盛水的敞口容器，可以有效抑制静电产生。在室内放观赏鱼缸或盆栽花草也是调节室内湿度的好方法。

（4）勤洗手、勤洗澡和勤换衣服，能有效消除人体表面聚集的静电和带电尘埃。赤脚有利于体表积聚的静电释放，因此休闲时，可以赤脚释放静电。

（5）带有较多静电者，不要随便去触碰他人，特别是婴幼儿、老年人、有心脏疾病和高血压的人，否则后果可能很严重。触碰前，要先消除静电。

（6）选择骨质梳子或木质梳子可以有效防止静电产生，避免用易产生静电的塑料梳子。

（7）头发带静电后，可以给头发喷雾状清水，或让梳子在水中浸湿，然后再梳理头发。

（8）不少计算机工作者脸部多发红斑、色素沉着等面部疾病，这是由于计算机屏幕产生的静电吸引大量悬浮的灰尘，使面部受到刺激引起的。预防的办法是：当你离开计算机或关上显示器后，马上洗手洗脸，让皮肤表面上的静电在水中释放掉。

（9）吹风机、冰箱、洗衣机等电器的外壳也可携带静电，为了保证安全，必须将冰箱、洗衣机外壳妥善接地，这样做还能够防止电器外壳漏电发生的伤亡事故。

（10）尽量避免使用化纤地毯和以塑料为表面材料的家具家电，防止摩擦起电。

（11）在暖气下放置一盆水，用吸水效果好的布，一头放在水里，一头搭在暖气上，整个房间就会湿润宜人，减少了静电产生的可能性。

（12）长期处于室内，静电容易堆积，可以多到户外活动，把室内静电尽量释放到空气中。

（13）冬天少戴耳机。如果人体静电比较多，静电会通过耳机释放到耳道损害耳部。

（14）随身带一小瓶喷雾器，随时喷一下，一小瓶自来水够用一天。

（15）脱毛衣或者接触金属物，例如，开水龙头、推超市手推车等之前，先用手摸一下墙壁或者用废旧电池在衣服或水龙头上来回摩擦几下，可以充分释放静电。

（16）多喝水、注意补充钙质和维生素 C，多吃酸奶、蔬菜、水果等酸性食品，可以维持人体电解质平衡，减少静电产生。

（17）家里开暖气的话，在家里放一盆水或用加温器可以增加空气湿度，有效降低静电产生的可能性。

（18）衣物柔顺剂可以降低静电产生。柔顺剂成分主要为阳离子表面活性剂，通过附着在衣物表面，使纤维带上同种电荷、相互排斥，从而降低了摩擦起电。柔顺剂适用于织物洗涤护理过程中配合洗涤剂使用，起到使织物柔软、蓬松、消除静电作用。

（19）为避免静电击打，先用小金属器件(如钥匙)先碰触几下车门、门把、水龙头、椅背、床栏、超市手推车等或者用胳膊肘蹭蹭这些容易产生静电的物体，再用手触及。

综上所述，对付静电，我们可以采取"防"和"放"两种办法。"防"，就是增加湿度，使用不易起静电的物品以及室内要经常通风换气，使静电不易产生；"放"，就是用金属或易导电物件将已产生的静电释放，使其达不到危险的程度，如使用防静电腕带（如图 3-1-4 所示）。

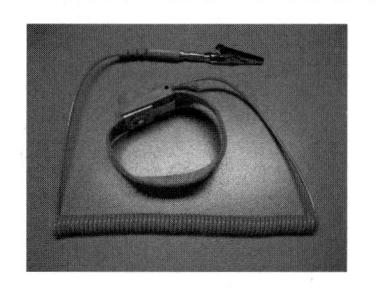

图 3-1-4　防静电腕带

3.1.6　节约用电

很多人可能觉得 1 度电微不足道，节约 1 度电没有任何意义，可这区区 1 度电却有相当大的用处，能为生活带来不少便利。大家可能还不十分了解 1 度电对我们的生活、生产起到的作用。

一、1 度电用在生活方面

（1）能用吸尘器把你的房间打扫不止一遍。

（2）能连续点亮 25W 的灯泡 40h。

（3）能使家用冰箱运行一天。

（4）能使普通电风扇连续运行 15h。

（5）能使 1P 空调运行 1.5h。

（6）能将 8kg 的水烧开。

（7）能使电视工作 10h。

（8）如果有电炒锅，你可以烧两个非常美味的菜。

（9）如果你有电动自行车，充 1 度电，足够跑上 80km。

（10）如果你使用的是电热淋浴器，可以美美地洗个澡。

二、1度电用在生产方面

（1）电炉炼钢 1.25～1.5kg。
（2）织布 8.7～10m。
（3）加工面粉 16kg。
（4）灌溉麦田 0.14 亩。
（5）灌液化气 10 瓶。
（6）生产啤酒 15 瓶。
（7）采煤 27kg。
（8）生产化肥 22kg。
（9）生产洗衣粉 11.8kg。
（10）使电动汽车行驶 5～6km。

同时，节约 1 度电，对我们节约资源、保护环境也有不小的作用。每节约 1 度电，就相应节约了 0.4kg 标准煤、4L 净水；同时减少 0.272kg 炭粉尘、0.997kg 二氧化碳、0.03kg 二氧化硫、0.015kg 氮氧化物等污染物。

三、节电小技艺

（1）选用 1 级能耗的家用电器，将大功率电器、多用电器更换为节能型电器，节电效果非常明显。
（2）使用带开关的插座，电器不用时，直接断开插座电源。
（3）居家照明尽量利用自然光，做到晴天不开灯，少开长明灯。
（4）家用电器（如洗衣机、电视、计算机、电饭煲、微波炉、烤箱、洗碗机、消毒柜等）待机时，断开电源，可以有效节电。
（5）用日光灯、LED 灯代替白炽灯。
（6）用新电器取代旧电器，也可以节电。
（7）电冰箱应放置在阴凉通风处，绝不能靠近热源，以保证散热片很好地散热。使用时，尽量减少开门次数和时间。
（8）空调温度夏天设置于 26℃或以上为宜，夏天空调每调高 1℃，可省电约 15%。
（9）冬天，空调在制热时，空调温度每调低 2℃，空调可省电 20%以上。综合各种因素，冬天空调温度设置在 20℃为宜。
（10）在使用洗衣机时，加水至 70%至 80%，将衣物浸泡 20 分钟后再洗，既节约电能，也能洗得更干净。
（11）用电饭煲煮饭时，先将生米浸泡后再煮，可以缩短煮饭时间。
（12）计算机暂时不用时，可将其置于待机或关机状态。不用的外设，如打印机、音箱等要及时关掉。暂时不用的设备可以先屏蔽掉。使用 CPU 降温软件。降低显示器亮度。只是播放音乐、评书、小说等单一音频文件时，可以彻底关闭显示器。
（13）有的同学热衷于超频 CPU，若是为了进行技术试验未尝不可，但如果不超频，计算机一样能完全满足性能需要时，还是尽量不超频，既节能又稳定还安全。
（14）开启空调时，要关闭门窗；定期清洗隔尘网，可节省不少电能；不要频繁启动，停机后必须隔 2 至 3 分钟以后再开机。
（15）电热水器温度建议设定在 60～80℃之间，不用水时应及时关机，避免反复烧水。如家中经常使用热水,则应让热水器始终通电,并设置在保温状态。

(16) 在最后一个离开办公室或教室等公共场合时,要确保所有的电器都处于关闭状态。

(17) 晚上睡觉前接一碗水,放在冰箱里,第二天早上放在冷藏室里,可以有效降低冷藏室温度。

(18) 第二天要用的冷冻食材,可以提前放在冷藏室,冷冻食材解冻过程可以降低冷藏室温度,从而节约电能。

目前中国电力消耗量居世界第一位,节约用电是我们每一个人义不容辞的责任。

项目二 触电与急救

3.2.1 触电

一、触电的原因

因人体接触或接近带电体导致电流经过人体的现象称为触电。造成触电的原因主要有以下几类:

(1) 线路架设不合规格。

(2) 电气操作制度不严格、不健全。

(3) 用电设备不合要求。

(4) 违反安全操作规程。

(5) 设备绝缘老化。

二、触电的类型

1. 低压触电

低压触电有两种类型,单相触电和两相触电。

1) 单相触电

单相触电是指人体接触带电体或线路中的某一相,电流从带电体流经人体到大地(或零线)形成回路。此时,人体承受相电压。单相触电可分为中性点接地系统的单相触电和中性点不接地系统的单相触电两种,分别如图 3-2-1 (a) 和图 3-2-1 (b) 所示。一般中性点不接地系统的工作电压大多是 6kV～10kV,在这种系统上单相触电,几乎是致命的。

(a) 中性点接地系统　　　　　　(b) 中性点不接地系统

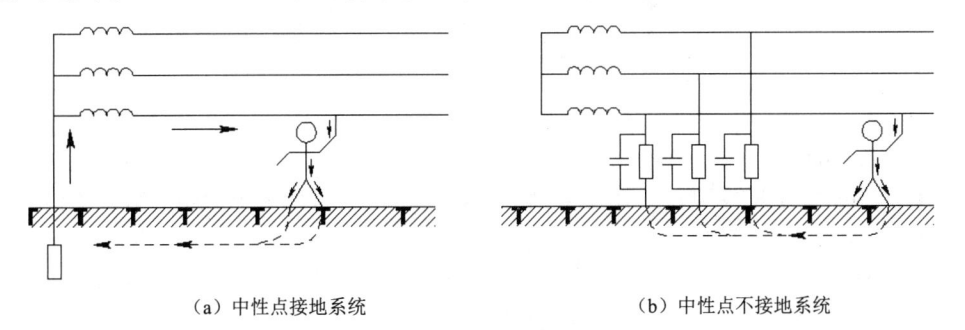

图 3-2-1 单相触电

2）两相触电

两相触电也叫相间触电，是人体与大地绝缘时，人体同时接触两根不同的相线或人体的不同部分同时接触同一电源的任何两相导线造成的。两相触电时电流由一根相线经人体流到另一相线，形成闭合回路，此时人体承受线电压。两相触电比单相触电更具有危险性，如图 3-2-2 所示。

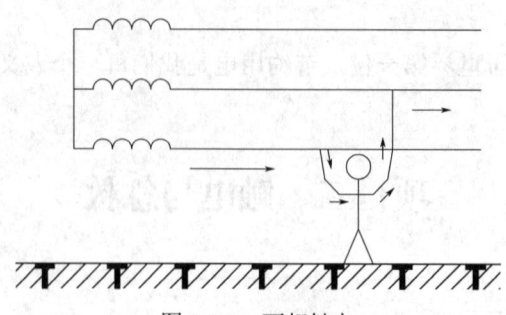

图 3-2-2　两相触电

2. 高压触电

1）跨步电压触电

当高压线断落触地、雷电电流入地或运行中的电气设备因绝缘损坏漏电时，会在电流入地点及周围地面形成强电场。人跨进这个区域，两脚间将存在电位差，电流从接触高电位的脚流进，经过人体，从接触低电位的脚流出，即为跨步电压触电。如图 3-2-3 所示，电压 U 即为跨步电压。如果遇到这种危险场合，应合拢双脚，跳至电流入地点 20m 之外，以保障人身安全。

人受到跨步电压时，电流虽然是沿着人的下身，从一只脚经腿、胯部又到另一只脚，再与大地形成通路的，没有经过人体的重要器官，好像比较安全，但是实际并非如此！因为人受到较高的跨步电压作用时，双脚会抽筋，使人体失去平衡摔倒在地。这不仅使作用于人体的电流增加，而且使电流经过人体的路径改变，完全可能流经人体重要器官，如从头到手或脚。经验证明，人倒地后电流在体内持续作用 2 秒钟，就有可能致命。

图 3-2-3　跨步电压触电

2）高压电弧触电

（1）高压电弧触电的定义。人体过分接近高压带电体会引起电弧放电，给人体带来致命的电击和电伤，称为高压电弧触电。

（2）弧光放电。如果电压过高，即使人不直接接触高压带电体，在接近过程中也会看到一瞬的闪光（就是弧光）并触电，这就是弧光放电。

当人体靠近高压带电体到一定距离时，高压带电体和人体之间就发生放电现象，所以"不靠近高压带电体"是安全用电原则之一。

低压触电都是由于人直接或间接接触相线造成的,所以不要接触低压带电体。高压触电是由于人靠近高压带电体造成的,所以不要靠近高压带电体。

切记:低压勿摸,高压勿近!

3. 雷击触电

雷击是一种自然现象,是雷云向地面凸出的导电物体放电时引起的自然灾害。雷电电流可能导致直接伤害和间接伤害。直接雷击可将人击毙或击伤、灼伤;间接伤害则可能导致跨步电压触电、接触电压触电以及感应电压触电。

除了上述触电类型,还有感应电压触电、残余电荷触电、静电触电等其他触电情况。

3.2.2 触电对人体的伤害

一、触电对人体伤害的类型

按人体受伤害的程度不同,触电可分为电击和电伤两类。

1. 电击

电击是电流通过人体,使机体组织受到刺激,肌肉不由自主地发生痉挛性收缩造成的伤害。严重的电击会使人的心脏、肺部神经系统的正常工作受到破坏,产生休克,甚至造成生命危险。电击致伤的部位主要在人体内部,而在人体外部不会留下明显痕迹,致命电流较小。50mA(对于交流电指有效值,下同)以上的工频交流电流通过人体,就可能引起心室颤动或心跳骤停,或导致呼吸停止。

如果通过人体的电流只有20~25mA,一般不会直接引起心室颤动或心跳骤停,但如触电时间较长,仍可导致心脏停止跳动。这时,心室颤动或心跳骤停主要是由于呼吸停止,导致机体缺氧引起的。

2. 电伤

电伤是电流的热效应、化学效应、机械效应等对人体造成的伤害,造成电伤的电流强度都比较大。电伤会在人体表面留下明显的伤痕,但其伤害作用可能深入体内。热效应会导致电烧伤、电烙印;化学效应会引起皮肤金属化、电光眼;机械效应可能直接致人受机械损伤、骨折等。电伤主要伤害人体外部,在人体外表留下明显的痕迹,电流进出口烧伤最严重,致命电流强度较大。

1)电烧伤

电烧伤是最常见的电伤。大部分电击事故都会造成电烧伤。电烧伤可分为电流灼伤和电弧烧伤。电流越强、通电时间越长,电流通过途径的电阻越小,则电流灼伤越严重。由于人体与带电体接触的面积一般都不大,加之皮肤电阻又比较高,使得皮肤与带电体的接触部位产生较多的热量,受到严重的灼伤。当电流较强时,可能灼伤皮下组织。

由于接近高压带电体时会发生击穿放电,因此,电流灼伤一般发生在低压电气设备上,往往数百毫安的电流即可导致灼伤。

2)电烙印

电烙印是电流通过人体后,在接触部位留下的斑痕。斑痕处皮肤变硬,失去原有弹性和色泽,表层坏死,失去知觉。

3)皮肤金属化

皮肤金属化是金属微粒渗入皮肤造成的。受伤部位变得粗糙而张紧。皮肤金属化多在电弧放电时发生,而且一般都伤在人体的裸露部位。当发生电弧放电时,与电烧伤相比,皮肤金属化不是主要伤害。

4)电光眼

电光眼表现为角膜和结膜发炎。在电弧放电时,红外线、可见光、紫外线都可能损伤眼睛。对于短暂的照射,紫外线是引起电光眼的主要原因。

二、触电对人体伤害的影响因素

触电对人体伤害的程度受到电流、电压、电流持续时间、电流流经人体的途径、电流频率、人体电阻等因素的影响。其中,电流的影响至关重要。

1. 电流

以下几个重要的电流值反映了电流对人体的影响。

1)感知电流

用手握住电源时,能引起人体感觉的最小电流值,称为感知电流。成年男性的平均感知电流约为 1.1mA,成年女性的平均感知电流约为 0.7mA。

2)摆脱电流

人体触电后,在不需要任何外来帮助情况下能自主摆脱电源的最大电流称为摆脱电流。当 18~22mA(摆脱电流的上限)的工频电流通过人体的胸部时,如果电流停止,呼吸即可恢复,而且不会因短暂的呼吸停止而造成不良后果。对应 99.5%摆脱概率,成年男性的摆脱电流约为 9mA,成年女性的摆脱电流约为 6mA。

3)致命电流

在较短的时间内危及生命的最小电流称为致命电流。50Hz 交流电和直流电流过人体时,对人体的伤害如表 3-2-1 所示。我国规定通过人体的最大安全电流为 30mA。

表 3-2-1 电流对人体的伤害

电流(mA)	交流电(50Hz)	直流电
0.6~1.5	手指开始发麻	无感觉
2~3	手指感觉强烈发麻	无感觉
5~7	手指肌肉感觉痉挛	手指感觉灼热和刺痛
8~10	手指关节与手掌感觉痛,自己难于脱离电源,但尚能摆脱	手指感觉灼热,较接触 5~7mA 直流电时更强
20~25	手指感觉剧痛,迅速麻痹,不能摆脱电源,呼吸困难	灼热感很强,手部肌肉痉挛
50~80	呼吸麻痹,心室开始震颤	灼热感强烈,手部肌肉痉挛,呼吸困难
90~100	呼吸麻痹,持续 3 秒或更长时间后,心室颤动或心跳停止	呼吸麻痹
>500	延续 1 秒以上有死亡危险	呼吸麻痹,心室颤动或心跳停止

2. 电压

人体接触的电压越高,流过人体的电流越大,对人体的伤害越严重。

3. 电流持续时间

人体触电电流越大,触电时间越长,电流对人体产生的热伤害、化学伤害及生理伤害越严重。

一般而言,短时间内,交流(工频)15~20mA、直流 50mA 范围以内的电流基本安全。长时间接触交流(工频)8~10mA 电流会导致人死亡。

4. 电流流经人体的途径

电流从不同的路径流经人体,对人体的伤害程度有所不同。电流通过头部可使人昏迷;通过脊髓可能导致肢体瘫痪；通过心脏可造成心脏停跳、血液循环中断；通过呼吸系统会造成窒息。因此，电流从左手流经胸部的危险性最大；从手到手、从手到脚也是很危险的电流路径；从脚到脚的危险性较小，但容易造成腿部肌肉痉挛而摔倒，导致二次触电。

5. 电流频率

50～60Hz 的交流电对人最危险，随着频率的升高，触电危险程度将下降。在电流相同的条件下，直流电的危险性要低于交流电。通过对事故数据的统计，得到不同频率交流电的触电死亡率如表 3-2-2 所示。

表 3-2-2　不同频率交流电的触电死亡率

频率（Hz）	10	25	50	60	80
死亡率（%）	21	70	95	91	43
频率（Hz）	100	120	200	500	1000
死亡率（%）	34	31	22	14	11

6. 人体电阻

人体电阻越大，受电击伤害越轻。人体电阻由体内电阻和体表电阻组成，体内电阻基本不变，体表电阻受较多因素影响，如果皮肤表面角质层损伤、皮肤潮湿、流汗、携带导电粉尘、与带电体接触面大、接触压力大等，都会大幅度增加触电受伤程度。通常人体电阻可按 1～2kΩ 考虑。

人的性别、健康状况、精神状态等与触电受伤程度有着密切关系。女性比男性更容易受电流伤害。老人、小孩比青年更容易受电流伤害。体弱的人比健康的人更容易受电流伤害。

三、安全电压

人体触电时，对人体各部位组织（如皮肤、心脏、呼吸器官和神经系统）不会造成任何损害的电压称为安全电压。人体触电的本质是电流通过人体产生了有害效应，然而触电的形式通常都是人体的两部分同时触及了带电体，而且这两部分带电体之间存在着电位差。因此在电击防护措施中，要将流过人体的电流限制在无危险范围内，即将人体能触及的电压限制在安全的范围内。对此国家制定了安全电压系列标准，称为安全电压等级或额定值，这些额定值指的是交流有效值。

对于安全电压值的规定，各国有所不同，如荷兰和瑞典为 24V；美国为 40V；法国为 24V（交流）及 50V（直流）；波兰为 50V。我国的安全交流电压值规定如表 3-2-3 所示。

表 3-2-3　我国安全交流电压值规定

安全电压（V）		适用情况举例
额定值	空载上限值	
42	50	没有高度触电危险的场所，如干燥、无导电粉尘、地板为非导电性材料的场所，在有触电危险的场所使用手持电动工具等
36	43	有高度触电危险的场所，如相对湿度达 75%、有导电粉尘和地板潮湿的场所，多粉尘矿井及类似场所使用行灯等
24	29	工作空间狭窄，操作者容易大面积接触带电体的场所，如锅炉等金属容器内
12	15	
6	8	人体需要长期触及器具上带电体的场所，如医疗器械等

安全电压并非绝对安全，只是相对安全。

四、防止触电的安全措施

安全用电的基本原则是"安全第一,预防为主"。分析触电原因,掌握预防触电的措施是电气从业人员基本素养。

1. 预防直接触电的措施

(1) 选用安全电压:交流电安全电压额定值的等级分为42V、36V、24V、12V和6V,直流电安全电压为不超过120V。

(2) 加强绝缘:良好的绝缘是保证电气设备和线路正常运行的必要条件,是防止触电的重要措施。

(3) 采用屏护措施和间距措施:采用屏护装置将带电体与外界隔绝,以杜绝不安全因素的措施叫屏护措施。常用的屏护装置有遮栏、护罩、护盖、栅栏等。

为防止人体、车辆或其他设备触及或过分接近带电体,同时为了操作的方便,在带电体与地面之间、带电体与带电体之间、带电体与其他设备之间,保持一定的安全间距,称为间距措施。

安全间距的大小取决于电压等级、设备类型、安装方式等因素。人体与不同电压等级带电体间的安全间距如表 3-2-4 所示。

表 3-2-4 人体与带电体间的安全间距

电压等级(kV)	10 以下	35	110
安全距离(m)	0.7	1.0	1.5

2. 预防间接触电的措施

(1) 加强绝缘措施:对电气设备或线路采取双重绝缘措施,可使设备或线路绝缘可靠,不易损坏。即使工作绝缘损坏,还有一层加强绝缘,不致因金属导体裸露而造成间接触电。

(2) 电气隔离措施:采用隔离变压器或具有同等隔离作用的装置,使电气线路和设备的带电部分处于隔离状态,称为电气隔离措施。即便线路或设备的工作绝缘损坏,人站在地面上与之接触也不易触电。必须注意,被隔离线路的电压不得超过 500V,其带电部分不能与其他电气回路或大地相连。

(3) 自动断电措施:在带电线路或设备上发生触电事故或其他事故(如短路、过载、欠压等)时,在规定时间内能自动切断电源而起保护作用的措施叫自动断电措施,如漏电保护、过流保护、过压或欠压保护、短路保护、接零保护等均属自动断电措施。

(4) 电气设备的保护接地和保护接零。

3.2.3 触电急救

在实际工作和生活中,完全避免触电事故是不可能的,触电时,及时抢救和正确救治是抢救触电者生命的关键。触电救护要点为:抢救迅速、救护得法、贵在坚持。

一、迅速脱离电源

(1) 触电急救,首先要使触电者迅速脱离电源,越快越好。因为电流作用的时间越长,伤害越重。

(2) 脱离电源,就是要把触电者接触的那一部分带电设备的所有断路器(开关)、隔离开关(刀闸)或其他断路设备断开;或设法使触电者与带电设备脱离。在脱离带电设备过程中,救护人员也要注意保护自身的安全。如触电者处于高处，应采取相应措施，防止其脱离带电设备后自高处坠落形成复合伤。

(3) 低压触电可采用下列方法使触电者脱离带电设备：

① 如果触电地点附近有电源开关或电源插座，可立即拉开开关或拔出插头，断开电源。但应注意到拉线开关或墙壁开关等只控制一根线的开关，有可能因为安装问题只能切断零线而不能断开相线。

② 如果触电地点附近没有电源开关或电源插座，可用有绝缘柄的电工钳或有干燥木柄的斧头切断电线，断开电源。

③ 当电线搭落在触电者身上或被压在身下时，可用干燥的衣服、手套、绳索、皮带、木板、木棒等绝缘物作为工具，拉开触电者或挑开电线。

④ 如果触电者的衣服是干燥的，又没有紧缠在身上，可以用一只手抓住他的衣服，将其拉离带电设备。但因触电者的身体是带电的，其鞋的绝缘也可能遭到破坏，救护人员不得接触触电者的皮肤，也不能抓他的鞋。

⑤ 若触电发生在低压带电的架空线路上或配电台架、进户线上，对可立即切断电源的，应迅速断开电源，救助者迅速登杆或登至可靠地方，并做好自身防触电、防坠落安全措施，用带有绝缘胶柄的钢丝钳、绝缘物等工具使触电者脱离带电设备。

(4) 高压触电可采用下列方法之一使触电者脱离带电设备：

① 立即通知有关供电部门或用户停电。

② 戴上绝缘手套，穿上绝缘靴，用相应电压等级的绝缘工具按顺序切断电源或熔断器。

③ 抛掷裸金属线使线路短路接地，迫使保护装置动作，断开电源。注意抛掷金属线之前，应先将金属线的一端固定可靠接地，然后另一端系上重物抛掷，注意抛掷的一端不可触及触电者和其他人。另外，抛掷者抛出金属线后，要迅速离开接地的金属线 8m 以外或双腿并拢站立，防止跨步电压伤人。在抛掷金属线时，应注意防止电弧伤人或断线危及人员安全。

(5) 脱离带电设备后的救护应注意的事项：

① 救护人不可直接用手、其他金属及潮湿的物体作为救护工具，而应使用适当的绝缘工具。救护人最好用一只手操作，以防自己触电。

② 防止触电者脱离带电设备后可能的摔伤，特别是当触电者在高处的情况下，应考虑防止坠落的措施。即使触电者在平地，也要注意触电者倒下的方向，注意防摔。救护者也应注意救护中自身的防坠落、摔伤措施。

③ 救护者在救护过程中，特别是在杆上或高处抢救触电者时，要注意自身、触电者与附近带电体之间的安全距离，防止再次触及带电设备。对未做安全措施，挂上接地线的设备，即使已切断电源，也应视作带电设备。救护人员登高时应随身携带必要的绝缘工具和牢固的绳索等。

④ 如事故发生在夜间，应设置临时照明灯，以便抢救，避免意外事故，但不能因此延误切断电源和进行急救的时间。

切记：救护者一定要在能确保自身安全的前提下，才能去救助触电者。

二、电话报警

当出现触电事故时，在对触电者施救的同时应及时拨打 110 和 120 报警，若是生活中的触电事故，还应及时通知亲戚朋友；若是生产中的触电事故，还应通知相关领导和上级指挥部门切断电源；若涉及公共电力设施，还应立即拨打电力部门专用电话 95598 告知相关情况。

三、准确实施救治

触电者脱离带电设备后，应立即在现场对其进行急救治疗。救护人员必须在现场或附近就地抢救触电者，千万不要停止救治而长途运送去医院。抢救奏效的关键是迅速，即必须就地救治。要实现就地救治，必须普及救治方法，如口对口人工呼吸法、胸外按压心脏法等。

抢救既要迅速又要有耐心，即使在送往医院途中也不能停止急救。此外，不能给触电者打强心针、泼冷水或压木板等。

1）症状判断

（1）判断触电者有无知觉。

（2）判断呼吸是否停止：先将触电者移到干燥、宽敞、通风的地方，放松衣、裤，使其仰卧，观察胸部或腹部有无因呼吸产生的起伏动作。

（3）判断是否还有脉搏：用手检查颈动脉或腹股沟处的股动脉是否搏动。

（4）判断瞳孔是否散大：用手电筒照射瞳孔，看其是否收缩。

2）准确实施救治

触电者脱离电源后，应迅速判断其症状，根据其受电流伤害的不同程度，采用不同的急救方法。

（1）触电者神志清醒，能回答问题，只是感觉头昏、乏力、心悸、出冷汗、恶心及四肢麻木，属于症状较轻，应让其就地静卧休息一段时间，以减轻心脏负担，加快恢复。同时，应迅速请医生到现场诊治，做好一切抢救准备。

（2）触电者神志不清或失去知觉，但呼吸、心跳尚存，这时，应将其抬到附近通风、干燥、空气清新的地方平卧，解开衣服，随时观察伤情的变化，同时立即请医生到现场诊治或送医院。

（3）对失去知觉、呼吸困难或呼吸逐渐微弱但还有心跳的触电者，要立即进行口对口人工呼吸救治，同时立即请医生到现场急救或送医院。

（4）对心跳渐弱或心跳停止，但还有呼吸的触电者，要立即进行胸外心脏按压救治，同时立即请医生到现场急救或送医院。

（5）如果触电者呼吸和心跳均已停止，出现假死现象，应立即同时进行口对口人工呼吸和胸外心脏按压两种救治。

四、急救方法

1. 口对口人工呼吸法

如果触电者受伤较严重，失去知觉，停止呼吸，就应采用口对口人工呼吸法进行救治，如图 3-2-4 所示。具体做法如下。

（1）迅速解开触电者身上阻碍呼吸的衣服、裤带，松开上身的衣服、围巾等，令其头先侧向一边，并迅速清除触电者口腔内妨碍呼吸的物体（如脱落的假牙、血块、黏液等），以免堵塞呼吸道。

（2）使触电者仰卧，不垫枕头，使其头部充分后仰（最好一只手托在触电者颈后），鼻孔朝上，以使呼吸道畅通。

（3）救护人员位于触电者头部的左边或右边，用一只手捏紧其鼻孔，使其不漏气，另一只手将其下巴拉向前下方，使嘴巴张开，嘴上可盖上一层纱布，准备吹气。

（4）救护人员深吸一口气后，口对口向触电者的口内吹气，为时约 2 秒；同时观察触电者胸部隆起的程度，一般应以胸部略有起伏为宜。

(5) 吹气完毕，立即松口，并松开触电者的鼻孔，让其自行呼气，为时约 3 秒。这时应注意观察触电者胸部的复原情况，倾听口鼻处有无呼吸声，从而检查呼吸道是否阻塞。

重复第（4）、(5) 步，吹气 2 秒，放松 3 秒，大约 5 秒一个循环。当触电者自己开始呼吸时，人工呼吸应立即停止。如果触电者为小龄儿童，或无法使触电者的嘴张开，可改用口对鼻人工呼吸法。

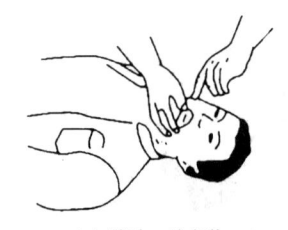

（a）清除口腔杂物　　　　　（b）头部后仰保持呼吸道畅通

（c）深吸一口气后紧贴嘴吹气　　　（d）放松嘴鼻换气

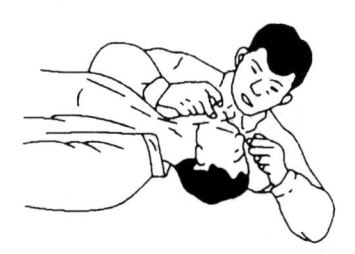

图 3-2-4　口对口人工呼吸法

操作口诀：张口捏鼻手抬颌，深吸缓吹口对紧；张口困难吹鼻孔，5 秒一次坚持吹。

2. 胸外按压心脏法

使用胸外按压心脏法进行急救前，应使触电者仰卧在比较坚实的地方，并使其姿势与口对口人工呼吸法相同，如图 3-2-5 所示。胸外按压心脏的具体操作步骤如下：

（1）解开触电者的衣裤，使其胸部能自由扩张。

（2）救护人员跪在触电者一侧或骑跪在其腰部两侧，两手相叠，将一只手的掌根放在心窝稍高一点的地方（胸骨下），中指指尖对准锁骨间凹陷处边缘，另一只手压上，呈两手交叠状（对儿童可用一只手），如图 3-2-5（a）、(b) 所示。

（3）掌根用力垂直向下（脊背方向）按，自上而下垂直均衡地用力，对成人应压陷 3～4cm，每秒按压一次，压出心脏里面的血液，注意用力适当，对儿童用力要轻一些，如图 3-2-5（c）所示。

（4）按压后，掌根迅速放松（但手掌不要离开胸部），让触电者胸廓自动复原，心脏扩张，血液又回到心脏，如图 3-2-5（d）所示。

重复（3）、(4) 步骤，每分钟 60 次左右为宜。

操作口诀：掌根下压不冲击，突然放松手不离；手腕略弯压一寸，每秒一次较适宜。

若触电者被伤害得相当严重，心跳和呼吸都已停止，人完全失去知觉，则须同时采用口对口人工呼吸和胸外按压心脏两种方法。单人救护时，可先吹气 2～3 次，再按压 10～15 次，交替进行。双人救护时，每 5 秒吹气一次，每秒按压一次，两人同时进行操作。

触电急救贵在坚持，只要有一线希望就要尽全力去抢救。

(a) 找准位置　　　(b) 按压姿势

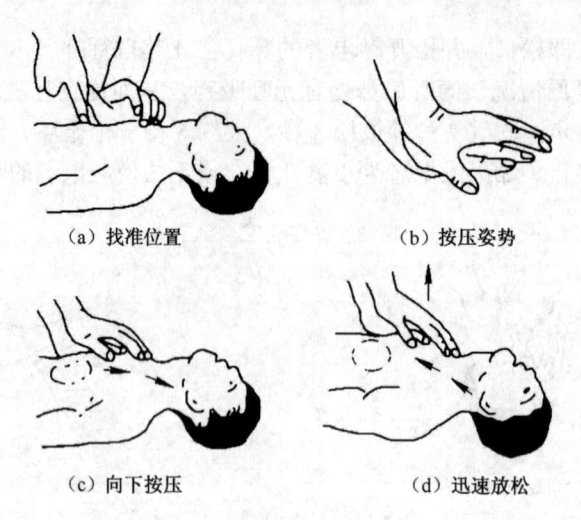

(c) 向下按压　　　(d) 迅速放松

图 3-2-5　胸外按压心脏法

3. 外伤处理

对于不危及生命的轻度外伤，可以放在触电急救之后处理。对于危及生命的严重外伤的处理，应当与口对口人工呼吸和胸外按压心脏法等急救措施同时进行。

为了减轻伤口的感染，可以使用食盐水或温开水冲洗伤口，再使用干净的绷带、布带等进行包扎。如果伤口出血，应设法止血。

高压触电时，往往会造成严重烧伤。为了减少伤口感染和便于及时治疗，最好用酒精擦洗后再进行包扎。

项目三　常用电工工具与仪表

3.3.1　电笔

电笔又称低压验电器、测电笔，有钢笔式和螺丝刀式（又称旋凿式或起子式）两种。

一、电笔的结构

钢笔式电笔和螺丝刀式电笔都由氖管、电阻、弹簧、笔身和探头等组成，如图 3-3-1 所示。

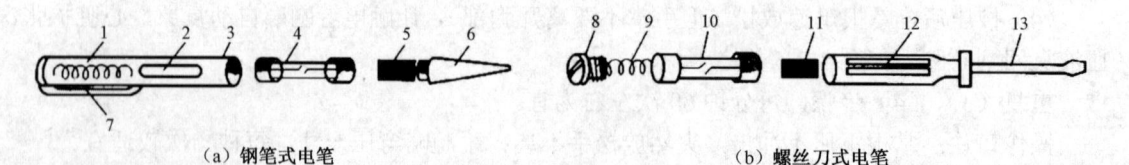

(a) 钢笔式电笔　　　(b) 螺丝刀式电笔

1、9—弹簧；2、12—观察孔；3—笔身；4、10—氖管；5、11—电阻；6—笔尖探头；7—金属笔挂；8—金属螺钉；13—刀体探头

图 3-3-1　电笔的结构

二、电笔的使用方法

1. 握持方法

使用电笔时，必须按照图 3-3-2 所示的正确方法握持。以手指触及笔尾的金属螺钉，使氖

管小窗背光朝向自己。使用电笔时，一定要用手触及电笔尾端的金属部分，否则，因带电体、电笔、人体与大地没有形成回路，电笔中的氖管不会发光，这就将造成误判，使测试者误认为带电体不带电。

2. 测量范围

用电笔测试带电体时，电流经带电体、电笔、人体到大地形成通电回路，只要带电体与大地之间的电位差超过 60V，电笔中的氖管就发光。

（a）钢笔式电笔握法　　（b）螺丝刀式电笔握法

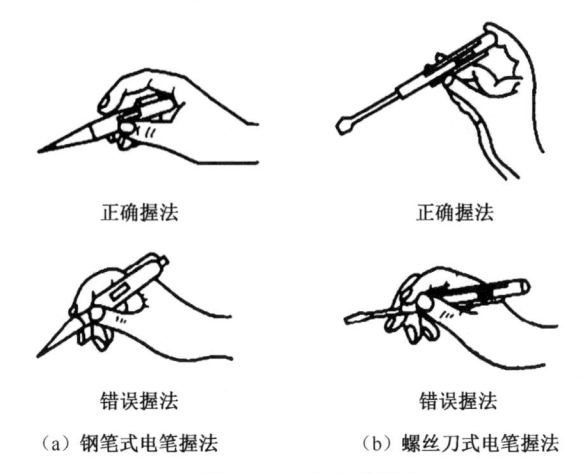

图 3-3-2　电笔的握法

电笔检测电压的范围为 60~500V。由于降压电阻的阻值很大，因此，验电时，流过人体的电流很微弱，属于安全电流，不会对使用者构成危险。

三、电笔的作用

电笔除了具有最基本的测定物体是否带电的作用之外，在实际工作中还有以下实用功能。

1. 区别相线与零线

在交流电路中，正常情况下，相线带电，当用电笔触及相线时，氖管会发亮，触及零线时，氖管不会发亮。

2. 区别电压的高低

氖管发亮的强弱由被测电压高低决定，电压越高氖管越亮。

3. 区别直流电与交流电

交流电通过电笔时，氖管中的两个电极同时发亮；直流电通过电笔时，氖管中只有一个电极发亮。

4. 区别直流电的正负极

把电笔连接在直流电的正负极之间，氖管发亮的一端即为直流电的负极。

5. 识别相线是否碰壳

用电笔触及未接地的设备金属外壳时，若氖管发出强光，则说明该设备有碰壳现象；若氖管发亮不强烈，搭接接地线后亮光消失，则该设备存在感应电。

6. 识别相线是否接地

在三相四线制星形交流电路中，用电笔触及相线时，有两根比通常情况稍亮，另一根稍暗，说明亮度暗的相线有接地现象，但不太严重。如果有一根不亮，则说明这一相已完全接地。在三相四线制电路中，当单相接地后，用电笔触及中性线，也可能发亮。

四、使用电笔的注意事项

1. 鉴定电笔

使用前,一定要在已知带电体上试验,以鉴定电笔是否完好,确定电笔完好后方可使用。

2. 前端加护套

电笔前端最好加护套,只露出 10mm 左右的笔尖部分用于测试。由于低压设备相线之间及相线与地线之间的距离较小,若不加护套易引起相线之间短路或相线对地短路。

3. 避光测量

因氖管亮度较低,应避光测量,以防误判。

螺丝刀式电笔的刀体探头只能承受很小的转矩,一般不可作为螺钉旋具使用。

3.3.2 螺钉旋具

一、简介

螺钉旋具,也常称作螺丝起子、螺丝刀或改锥等,是用以旋紧或旋松螺钉的工具,主要有一字形(负号)和十字形(正号)两种,如图 3-3-3 所示。螺钉旋具按握柄材料可分为木柄和塑料柄两种。

(a)一字形螺钉旋具　　(b) 十字形螺钉旋具

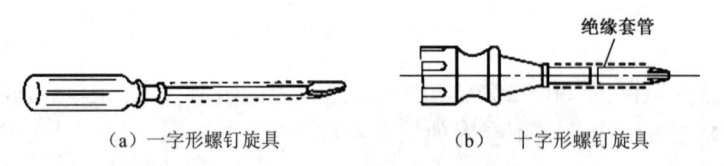

图 3-3-3　螺钉旋具

一字形螺钉旋具的规格用柄部以外的长度表示,常用的有 50mm、100mm、150mm、200mm、300mm、400mm 等规格。十字形螺钉旋具(有时称梅花改锥)用于紧固或拆卸十字槽的螺钉,一般分为四种型号,其中:Ⅰ号适用于直径为 2~2.5mm 的螺钉;Ⅱ、Ⅲ、Ⅳ号分别适用于直径为 3~5mm、6~8mm、10~12mm 的螺钉。

螺钉旋具又可分为传统螺钉旋具(Screw driver)和棘轮螺钉旋具(Ratchet screw driver)。传统螺钉旋具是由一个握柄外加一个可以拧螺钉的铁棒组成的,而棘轮螺钉旋具则在前者的基础上增加了一个棘轮机构,从而可以让铁棒固定地按顺时针或逆时针空转,借由空转的机能提高拧螺钉的效率。

二、螺钉旋具的用法

1. 对准

将螺钉旋具拥有特化形状的端头对准螺钉的顶部凹坑,固定,然后开始旋转手柄。

2. 左松右紧

根据规格标准,逆时针方向旋转则为松出,顺时针方向旋转为嵌紧;即左松右紧。

3. 大螺钉旋具的使用

大螺钉旋具一般用来操作较大的螺钉。使用时,除大拇指、食指和中指要夹住握柄外,手掌还要顶住握柄的末端,这样就可以防止旋转时滑脱,如图 3-3-4(a)所示。

4. 小螺钉旋具的使用

小螺钉旋具一般用来紧固电气装置接线桩上的小螺钉,使用时,可用大拇指和中指夹住握柄，用食指顶住握柄的末端捻旋，如图 3-3-4（b）所示。

5. 较长螺钉旋具的使用

可用右手压紧并转动握柄，左手握住螺钉旋具的中间，以使螺钉旋具不滑脱，此时左手不得放在螺钉旋具周围，以免螺钉旋具滑出将手划伤。

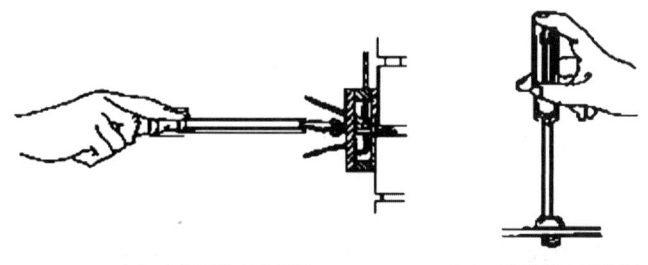

（a）大螺钉旋具的用法　　（b）小螺钉旋具的用法

图 3-3-4　螺钉旋具的使用

一字形螺钉旋具可用于十字形螺钉。十字形螺钉拥有较强的抗变形能力。

3.3.3　剥线钳

剥线钳是内线电工、电动机修理工、仪器仪表电工常用的工具之一，用来剥除导线头部的表面绝缘层。剥线钳可以在分开绝缘层与线芯的同时避免操作者触电。

一、结构

剥线钳是用于剥除小直径导线绝缘层的专用工具，它的手柄是绝缘的，耐压强度为 500V，剥线钳外形如图 3-3-5 所示。

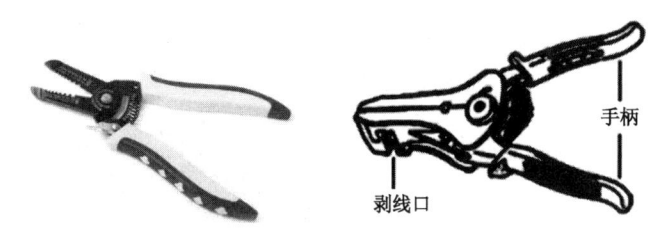

图 3-3-5　剥线钳外形

二、机构原理

如图 3-3-6 所示为剥线钳的工作原理示意图，当握紧剥线钳手柄使其工作时，弹簧首先被压缩，使得夹紧机构夹紧导线。此时由于扭簧 1 的作用，剪切机构不会运动。当夹紧机构完全夹紧导线时，扭簧 1 所受的作用力逐渐变大，致使扭簧 1 开始变形，使得剪切机构开始工作。此时扭簧 2 所受的力还不足以使得夹紧机构与剪切机构分开，剪切机构完全将绝缘层切开后，剪切机构被夹紧。此时扭簧 2 所受作用力增大，当扭簧 2 所受作用力达到一定程度时，扭簧 2 开始变形，夹紧机构与剪切机构分开，使得导线被切断的绝缘层与线芯分开，从而达到剥线的目的。

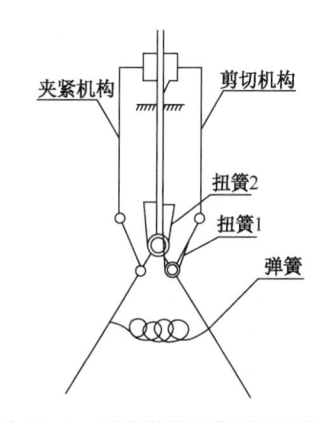

图 3-3-6　剥线钳的工作原理示意图

三、剥线钳的规格

剥线钳的全长有 140mm、160mm、180mm 等规格。其中，140mm 剥线钳适用于截面直径为 0.6mm、1.2mm 或 1.7mm 的铝线、铜线；180mm 剥线钳适用于截面直径为 0.6mm、1.2mm、1.7mm 或 2.2mm 的铝线、铜线。

四、使用要点

1. 选孔径

根据导线的粗细、型号，选择相应的剥线钳刀口。如果不能确定刀口孔径时，从大孔径开始试。

2. 放导线

将准备好的导线放在剥线钳刀口中间，选择好要剥线的长度。

3. 剥导线

握住剥线钳手柄，将导线夹住，缓缓用力，使导线绝缘层慢慢剥落。

4. 松开手柄

松开剥线钳手柄，取出导线，这时剥线部分的导线的线芯会整齐地露出，导线其余部分绝缘层完好无损。

3.3.4 万用表

一、万用表简介

万用表是一种多功能、多量程的便携式仪表。常用的万用表有指针式（模拟式）和数字式两种。万用表一般都能测交直流电流、电压和直流电阻等电量，有的万用表还能测功率、电容、电感及三极管的 h_{FE} 值等。万用表的类型很多，使用方法也有所不同，但基本原理是一样的，如图 3-3-7（a）所示，如图 3-3-7（b）所示为 500 型万用表，如图 3-3-8 所示为数字式万用表。下面以如图 3-3-7（b）所示的万用表为例来说明其使用方法。

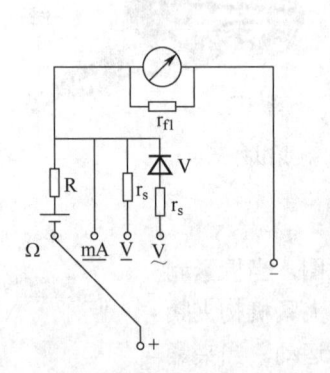

（a）万用表测量基本原理图　　（b）500 型万用表外观图

图 3-3-7　万用表测量基本原理图及 500 型万用表外观图

二、万用表的组成

万用表由表头、测量电路、转换开关等主要部分组成。

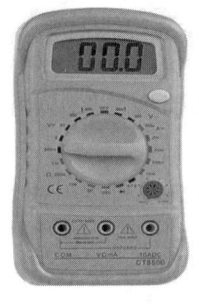

图 3-3-8　数字式万用表

1. 表头

表头是一只高灵敏度的磁电式直流电流表，万用表的主要性能指标基本上取决于表头的性能。表头的灵敏度是指表头指针满刻度偏转时流过表头的直流电流值，这个值越小，表头的灵敏度越高。测电压时的内阻越大，其性能就越好。表头上有四条刻度线，它们的功能如下：第一条（从上到下）标有 R 或 Ω，指示的是电阻值，转换开关在欧姆挡时，即读此条刻度线。第二条标有 ∽ 和 VA，指示的是交、直流电压和直流电流值，当转换开关在交、直流电压或直流电流挡，量程在除交流 10V 以外的其他位置时，即读此条刻度线。第三条标有 10V，指示的是 10V 以内的交流电压值，当转换开关在交、直流电压挡，量程在交流 10V 时，即读此条刻度线。第四条标有 dB，指示的是音频电平。

2. 测量电路

测量电路是用来把各种被测量转换成适合表头测量的微小直流电流的电路，它主要由电阻、半导体元件及电池组成。它能将各种不同的被测量（如电流、电压、电阻等）、不同的量程，经过一系列的处理（如整流、分流、分压等）统一变成一定量程的微小直流电流送入表头进行测量。

3. 转换开关

转换开关用来选择各种不同的测量电路，以满足不同种类和不同量程的测量要求。转换开关一般有两个，分别代表不同的挡位和量程。

4. 表笔

万用表表笔分为红、黑二只。使用时应将红表笔插入标有"+"号的插孔，黑表笔插入标有"-"号的插孔。

三、万用表的使用方法

1. 使用前的准备

（1）用万用表测量电压、电流前，先要调整机械零点。把万用表水平放置好，看指针是否指在电压刻度零点，如不指零，则应旋动机械调零螺丝，使指针准确指在零点上。

（2）用万用表测量电阻前，应先调整欧姆零点，将两表笔短接，看指针是否指在欧姆零点上，若不指零，应转动欧姆调零旋钮，使指针指在零点。每次变换倍率挡后，应重新调零。

（3）万用表有红色和黑色两只表笔（测试棒），使用时插入表下方标有"+"（或"VΩ"）和"-"（或"COM"）的两个插孔内，红表笔插入"+"（或"VΩ"）插孔，黑表笔插入"-"（或"COM"）插孔。

（4）万用表的刻度盘上有多条刻度线，分别对应不同被测量和不同量程，测量时应在与被测量及其量程相对应的刻度线上读数。

提示：对万用表进行电气调零时，若无法使指针指到零点，则应当更换电池。

2. 测量电压

1) 测量交流电压

（1）将右边转换开关转到交流电压挡"V̰"，再用左边转换开关选择适当的电压量程，测量交流电压时不分正负极。

（2）如果不知道被测量电压的大概值，可选用最大量程500V，若指针偏转幅度很小，再逐级调低到合适的量程。

（3）测量时，将表笔并联在被测电路或被测元件两端。严禁在测量中拨动转换开关选择量程。

（4）测电压时，要养成单手操作习惯，且注意力要高度集中。

（5）由于表盘上交流电压刻度是按正弦交流电标定的，如果被测电量不是正弦量，误差会较大。

（6）可测交流电压的频率范围一般为45～1000Hz，如果超过此范围，误差会增大。

2) 测量直流电压

直流电压的测量方法与测交流电压基本相同，但要注意以下两点。

（1）将右边转换开关转到直流电压挡"V̱"。

（2）测量时，必须注意表笔的正负极性。红表笔接被测电路的高电位端，黑表笔接低电位端。若表笔接反，指针会反打，容易打弯。如果不知道被测点电位高低，可将表笔轻轻地试触一下被测点。若指针反偏，说明表笔极性反了，交换表笔即可。

3. 测量直流电流

（1）将右边转换开关旋到直流电流挡"mA"或"μA"上。

（2）通过左边转换开关选择适当的电流量程。

（3）将万用表串联到被测电路中进行测量。测量时注意正负极性必须正确，应按电流从正到负的方向，即由红表笔流入，黑表笔流出。

（4）测量大于500mA的电流时，应将红表笔插到"5A"插孔内。

4. 测量电阻

（1）将右边转换开关旋到欧姆挡（符号"Ω"）上。

（2）通过左边转换开关选择适当的电阻倍率，使指针指示在中值附近。最好不使用刻度左边三分之一的部分，这部分刻度密集，读数准确度很差。

（3）调整欧姆零点。

（4）测量时用红、黑两表笔接在被测电阻两端进行测量，为提高测量的准确度，选择量程时应使指针指在欧姆刻度的中间位置附近为宜，测量值由表盘欧姆刻度线上读出。

被测电阻值=表盘欧姆读数×挡位倍率

（5）不能带电测量电阻，若带电测量相当于在测量回路中又增加一外加电源，这不仅使测量结果无效，而且可能烧坏表头。所以测量电路电阻时，首先应断开电源。

（6）被测电阻不能有并联支路，否则测得的电阻值将不是被测电阻之实际值，而是某一等效电阻值。

（7）测量电阻时，不要双手同时接触表笔的金属部分，否则，人体电阻与被测电阻并联，影响测量的准确度，在测量阻值较高的电阻时，尤其要注意。

四、使用万用表的注意事项

（1）转换开关的位置应选择正确。选择测量种类时，要特别细心，若误用电流挡或电阻挡测电压，轻则指针损坏，重则表头烧毁。选择量程时也要适当，测量时最好使指针指到量程 1/2 到 2/3 范围内，读数较为准确。在无法预测测量的电压或电流值时，应选择最高量程，然后再逐步减小量程。

（2）端钮或插孔选择要正确。红表笔应插入标有"＋"号的插孔内，黑表笔应插入标有"－"号的插孔内；在测量电阻时注意万用表内干电池的正极与面板上"－"号插孔相连，干电池的负极与面板上"＋"号插孔相连。

（3）当测量线路中的某一电阻时，线路必须与电源断开，不能在带电的情况下测量电阻值，否则会烧坏万用表。

（4）在测量大电流或高电压时，禁止带电拧动转换开关。

（5）测量直流电量时，正负极性应正确，接反会导致指针反向偏转，引起仪表损坏。在不能分清正负极时，可选用较大量程的挡试测，一旦发生指针反偏，应立即更正。

（6）正确读数：读数时应首先分清各类刻度线，再从垂直于表盘中心的位置正确读数，若有反射镜，则应待指针与反射镜中镜像重合时读数。

（7）数字万用表不能在有电磁干扰的场合使用，以免影响读数的准确性。

（8）重新调零：测量电阻时，每转换一次挡位，就应重新调零一次。

（9）测量完毕，应将转换开关拨到最高交流电压挡，有的万用表（如 500 型）应将转换开关拨到标有"."的空挡位置。若仪表长期不用时，应取出内部电池，以防电解液流出损坏仪表。

项目四　导线的连接

3.4.1　导线绝缘层剖削

一、概述

1. 剖削方法分类

（1）按剖削方式分类：可分为直削法、斜削法、分段剖削法三种。直削法和斜削法适用于单层绝缘导线的剖削；分段剖削法适用于多层绝缘导线的剖削。

（2）按剖削对象分类：可分为塑料硬线绝缘层的剖削、塑料软线绝缘层的剖削、塑料护套线的绝缘层的剖削、橡皮线绝缘层的剖削、花线绝缘层的剖削、橡皮套软线的护套层和绝缘层的剖削等。

2. 剖削工具

导线绝缘层的剖削工具有电工刀、钢丝钳、剥线钳等。

二、塑料硬线绝缘层的剖削

塑料硬线绝缘层有三种剖削方法，用电工刀、钢丝钳、剥线钳都可以。

1. 用剥线钳剖削

线芯截面积为 4mm² 及以下的塑料硬线，一般用剥线钳或钢丝钳进行剖削，首选剥线钳进行剖削，其步骤如下：

（1）将导线卡入与线芯相配的钳口，如图 3-4-1（a）所示。

(2) 剥线钳刀口外侧应留出需要剥去绝缘层的导线长度。如图 3-4-1（b）所示。

(3) 用手夹紧钳柄，剥除绝缘层，如图 3-4-1（c）所示。

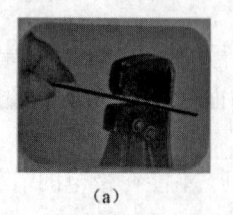

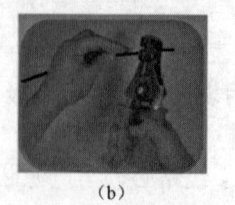

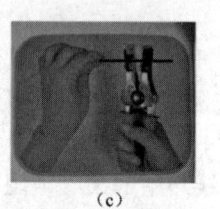

（a） （b） （c）

图 3-4-1 用剥线钳剖削

2. 用钢丝钳剖削

步骤如下：

（1）用左手捏住导线，根据线头所需长度，用钳头刀口轻切绝缘层，但不可切入线芯，如图 3-4-2（a）所示。

（2）用右手握住钢丝钳头部，用力向外勒去绝缘层，如图 3-4-2（b）所示。

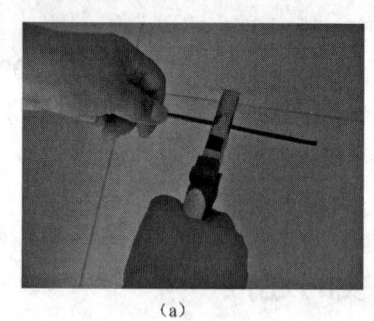

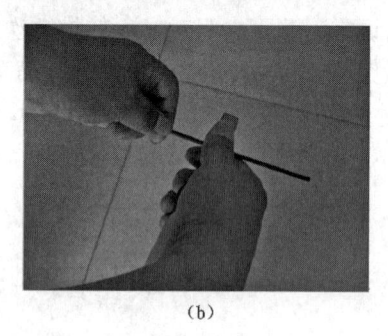

（a） （b）

图 3-4-2 用钢丝钳剖削

（3）左手把紧导线，反方向用力配合。

提示：在勒去绝缘层时，不可在钳口处加剪切力，这样会伤及线芯，甚至将导线剪断。

3. 用电工刀剖削

线芯截面积大于 $4mm^2$ 的塑料硬线，可用电工刀剖削绝缘层，步骤如下：

（1）用电工刀以 45°角倾斜切入绝缘层，不可切入线芯，如图 3-4-3（a）、（b）所示。

（2）刀面与线芯保持 25°左右的角度，用力向线端推削，削去上面一层绝缘层，削出一条缺口，如图 3-4-3（c）所示。

（3）将下面绝缘层剥离线芯，向后扳翻，最后用电工刀齐根切去，如图 3-4-3（d）所示。

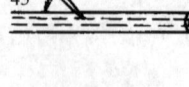

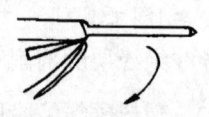

（a）握刀姿势　（b）刀以45°切入　（c）刀以25°倾斜推削　（d）扳翻绝缘层并在根部切去

图 3-4-3 用电工刀剖削

三、塑料护套线绝缘层的剖削

塑料护套线具有两层绝缘：护套层和每根线芯的绝缘层，可用电工刀剖削其外层护套层，用钢丝钳或剥线钳剖削内部绝缘层。用电工刀剖削塑料护套线的护套层及绝缘层，剖削步骤如下：

（1）在线头所需长度处，用电工刀刀尖对准中间线芯缝隙处划开护套层，不可切入线芯，如图 3-4-4（a）所示。

（2）向后扳翻护套层，用电工刀将其齐根切去，如图 3-4-4（b）所示。

（3）在距离护套层 5~10mm 处，用钢丝钳或剥线钳剖削内部绝缘层，方法与塑料软线绝缘层的剖削方法类似，如图 3-4-4（c）所示。

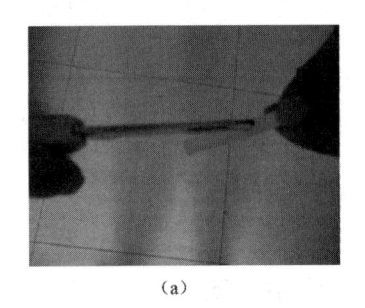

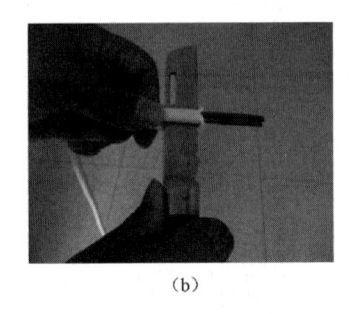

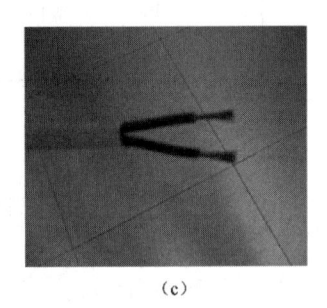

图 3-4-4　用电工刀剖削塑料护套线护套层及绝缘层

提示：剖削塑料护套线分两步完成：第一步，用电工刀剖削其外层护套层；第二步，用钢丝钳或剥线钳剖削内部绝缘层。

3.4.2　导线的连接

一、导线连接的要求

当导线不够长或要分接支路以及导线与设备、器具连接时，需要将导线与导线、导线与端子连接。常用导线的线芯分单股和多股，连接方法随线芯的股数不同而不同。导线的连接方法很多，有绞接、缠绑、焊接、压接、紧固螺钉和螺栓连接等，具体的连接方法应视导线的连接点而定。

按照规程，无论是绞接还是缠绑，连接后必须搪锡，对铝线芯都应进行焊接或压接处理。

1. 导线连接的总体要求

（1）连接可靠。接头连接牢固、接触良好、电阻小、稳定性好。接头电阻不大于相同长度导线的电阻值。

（2）强度足够。接头的机械强度不小于导线机械强度的 80%。

（3）接头美观。接头整体规范、美观。

（4）耐腐蚀。对于铝线与铝线相连，如果采用熔焊法，要防止残余熔剂或熔渣的化学腐蚀。对于铝线与铜线相连，要防止电化学腐蚀。在接头前后，应采用铜铝过渡，如采用铜铝接头。

（5）绝缘性能好。接头处绝缘强度应与导线绝缘强度一致。

（6）截面积为 4mm^2 及以下的单股导线，采用绞接法。截面积为 6mm^2 及以上单股导线多用缠绑法。截面不同时截面积较小的单股导线剖削尺寸应比截面积较大的单股导线剖削尺寸要长。

导线的剖削长度和绑线直径如表 3-4-1 所示。

表 3-4-1 导线的剖削长度和绑线直径

导线截面积（mm²）	剖削长度（mm）	绑线直径（mm）	绑线长度
2.5 以下	120（100）	—	一般为 500mm 以上
4	140（120）	—	
6	60	1.6	
10	120	2.0	
16	200	2.0	

2. 导线连接时的要求

（1）剖削导线绝缘层时，不能损伤线芯。

（2）导线缠绕方法要正确。

（3）导线缠绕后要平直、整齐和紧密。

（4）截面积为 10mm² 及以下的单股导线可以直接与设备、器具的端子连接。

（5）截面积为 2.5mm² 及以下的多股铜芯导线应先拧紧、搪锡或压接端子后再与设备及器具的端子连接。

（6）多股铝芯导线和截面积大于 2.5mm² 的多股铜芯导线应焊接或压接端子后再与设备及器具的端子连接。

二、铜芯导线的连接

单股铜芯导线的连接常用绞接或缠绑的方式进行连接。

1）单股小截面积导线的直线连接

（1）连接步骤如图 3-4-5 所示。

① 剥去线头绝缘层，约 120mm。

② 清除线芯表面氧化层。

③ 两线头的线芯以 X 形相交，交叉点距绝缘层 50mm，如图 3-4-5（a）所示，相互缠绕 2～3 圈，如图 3-4-5（b）所示。

④ 扳直两线头，如图 3-4-5（c）所示，将两个线头在线芯上紧贴并绕 5～8 圈，用钢丝钳切去余下的线芯，并钳平线芯的末端，如图 3-4-5（d）所示。

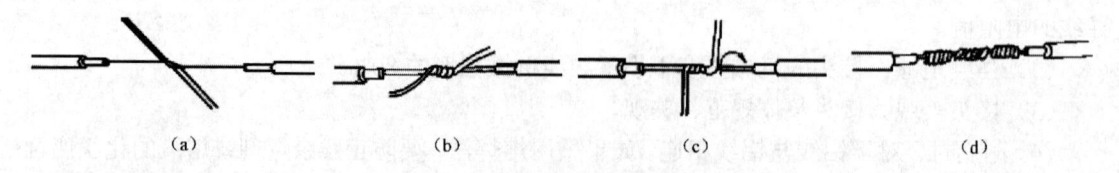

图 3-4-5 单股铜芯导线的直接连接

（2）连接要求：

① 直线度要好。

② 左右对称。

③ 圈与圈之间没有缝隙。

④ 连接的有效长度离绝缘层 5mm 左右。

⑤ 机械强度符合要求。

模块三　电气工程基础认知

2）单股小截面导线"T"形连接

（1）剖削长度：干路剖削 30mm，支路剖削 110mm。

（2）打结法：首先环绕成结状，再把支路线头扳直，顺时针紧密缠绕 5~8 圈，剪去余线、毛刺，如图 3-4-6（a）所示。

（3）平绕法：单股支路线芯的线头与干路线芯十字相交，支路线芯根部留出 3~5mm，然后顺时针方向缠绕支路线芯，缠绕 5~8 圈后，剪去余下线芯，并钳平线芯末端，如图 3-4-6（b）所示。

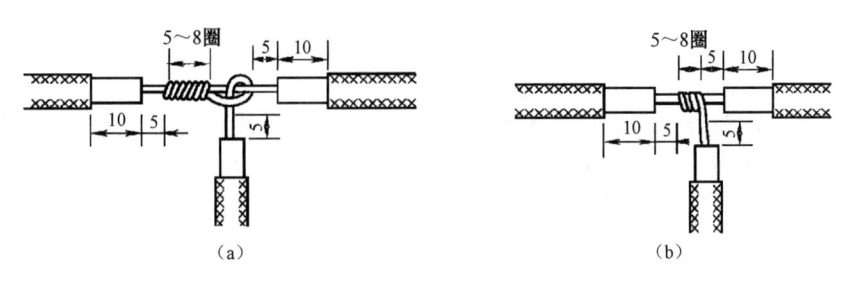

图 3-4-6　单股小截面积导线"T"形连接（单位：mm）

三、软、硬线间的连接

（1）剖削长度：硬线约 70mm，软线约 250mm。
（2）把软线放在硬线中部位置，往绝缘层方向缠绕 8~10 圈。
（3）把硬线折过来紧压住已缠绕的软线。
（4）把软线继续在硬线上缠绕 6~8 圈。剪去余线，钳平末端，如图 3-4-7 所示。

图 3-4-7　软、硬线间的连接

四、7 股导线的连接

1. 直接连接

（1）将剥去绝缘层的线芯头散开并拉直，接着把离绝缘层一端 $l/3$ 长度的线绞紧（l 为剥去绝缘层导线长度，后同），余下的 $2l/3$ 长度线头呈伞状分布，并拉直线芯，如图 3-4-8（a）所示。

（2）把两个伞状线头隔股对插，并钳平两端线芯，如图 3-4-8（b）所示。

（3）把一端的 7 股线芯按 2、2、3 股分成三组，接着把第一组的 2 股线芯在绞紧处扳起，使其垂直于导线，并按顺时针方向缠绕，如图 3-4-8（c）所示。

（4）缠绕两圈后，将余下线芯向右扳直，再把下边第二组的 2 股线芯扳起使其垂直于导线，也按顺时针方向紧紧压住前 2 股扳直的线芯缠绕，如图 3-4-8（d）所示。

（5）缠绕两圈后，将余下的线芯向右扳直，再把下边第三组的 3 股线芯扳起，按顺时针方向紧压前 4 股扳直的线芯，向右旋转，如图 3-4-8（e）所示。

（6）缠绕 3 圈后，切去每组多余的线芯，钳平线端，如图 3-4-8（f）所示。

（7）用同样的方法再缠绕另一边的线芯。

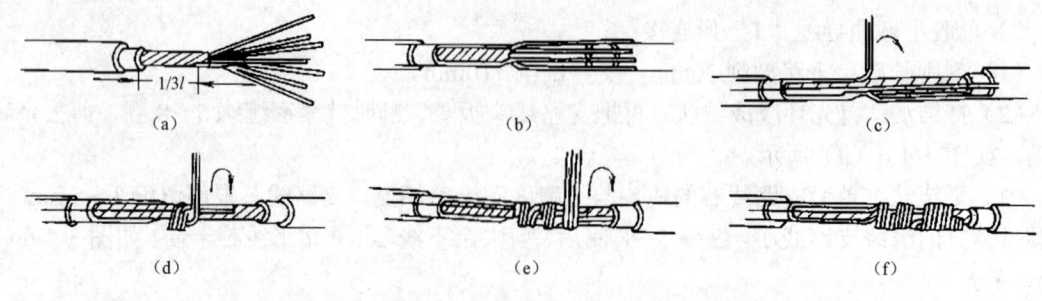

图 3-4-8　7 股导线的直接连接

2. "T" 形分支连接

（1）把支线线芯散开钳直，接着把离绝缘层最近的 1/8 段线芯绞紧，把支线线头 7l/8 的线芯分成两组，一组 4 股，另一组 3 股，并排列整齐，然后用旋凿把干线的线芯撬分成两组，再把支线中 4 股线芯的一组插入干线两组线芯中间，而把 3 股线芯的一组支线放在干线线芯的前面，如图 3-4-9（a）所示。

（2）把右边 3 股线芯的一组在干线一边按顺时针方向紧紧缠绕 3～4 圈，钳平线端，再把左边 4 股线芯的一组线芯按逆时针方向缠绕，如图 3-4-9（b）所示。

（3）逆时针缠绕 4～5 圈后，钳平线端，如图 3-4-9（c）所示。

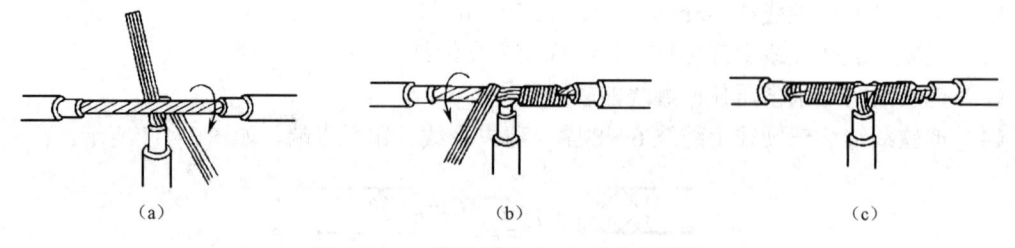

图 3-4-9　7 股导线的 "T" 形分支连接

3.4.3　导线绝缘层的恢复

导线的绝缘层破损后，必须恢复；导线连接后，也必须恢复绝缘层。恢复后绝缘层的绝缘强度不应低于原有绝缘强度。通常用黄蜡带、涤纶薄膜带和黑胶带作为恢复绝缘层的材料，一般选用 20mm 宽的黄蜡带和黑胶带，包缠方便。

1. 直线连接的绝缘层恢复

直线连接的绝缘层恢复常采用绝缘带包缠的方法，具体步骤如下：

（1）用黄蜡带从导线左边绝缘层完整处开始包缠，包缠长度两倍于黄蜡带宽度后，方可包缠无绝缘层的线芯部分，如图 3-4-10（a）所示。

（2）包缠时，黄蜡带与导线保持约 45°～55° 的倾斜角，每圈压叠带宽的 1/2，如图 3-4-10（b）所示。

（3）包缠一层黄蜡带后，将黑胶带接在黄蜡带的尾端，按另一斜叠方向包缠一层黑胶带，也要每圈压叠带宽的 1/2，如图 3-4-10（c）、（d）所示。

2. T 形连接的绝缘层恢复

具体步骤如下：

（1）首先用黄蜡带从接头左端开始包缠，每圈叠压带宽的 1/2 左右，如图 3-4-11（a）所示。

模块三　电气工程基础认知

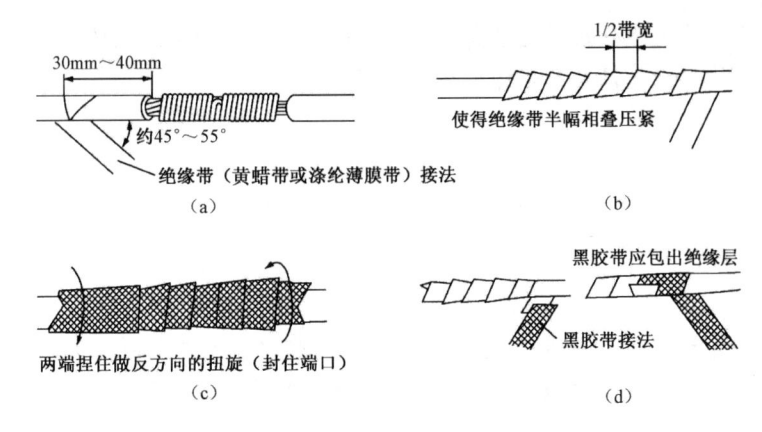

图 3-4-10　绝缘带的包缠

（2）包缠至支线时，用左手拇指顶住左侧直角处的带面，使它紧贴于转角处线芯，而且要使处于接头顶部的带面尽量向右侧斜压，如图 3-4-11（b）所示。

（3）当围绕到右侧转角处时，用手指顶住右侧直角处带面，将带面在干线顶部向左侧斜压，使其与被压在下边的带面形成 X 状交叉，然后再回绕到左侧转角处，如图 3-4-11（c）所示。

（4）用黄蜡带从接头交叉处开始在支线上向下包缠，并使黄蜡带向右侧倾斜，如图 3-4-11（d）所示。

（5）在支线上包缠绝缘层至约两个带宽时，将黄蜡带折回，向上包缠，并使黄蜡带向左侧倾斜，绕至接头交叉处，使黄蜡带绕过干线顶部，然后开始在干线右侧线芯上进行包缠，如图 3-4-11（e）所示。

（6）包缠至干线右端的完好绝缘层后，再接上黑胶带，按上述方法包缠一层即可，如图 3-4-11（f）所示。

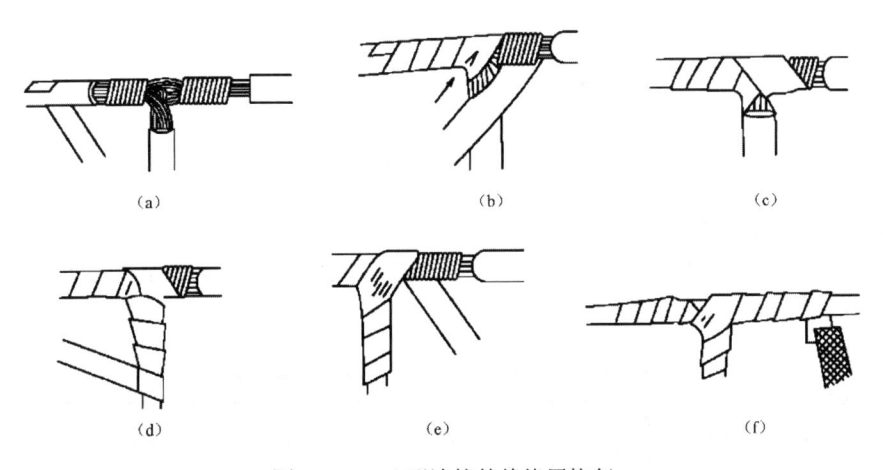

图 3-4-11　T 形连接的绝缘层恢复

3. 绝缘层恢复注意事项

（1）在 380V 线路上恢复绝缘层时，必须先包缠 1~2 层黄蜡带，然后再包缠 1 层黑胶带。

（2）在 220V 线路上恢复绝缘层时，应先包缠 1 层黄蜡带，然后再包缠 1 层黑胶带，也可只包缠 2 层黑胶带。

（3）包缠绝缘带（黄蜡带或黑胶带）时，不能过疏，更不允许露出线芯，以免造成触电或短路事故。

提示：绝缘带平时不可放在温度很高的地方，也不可浸染油类。绝缘层恢复时绝缘带包缠并非层数越多越厚就越好，只要符合绝缘要求就好。

项目五　照明电路

照明电路是电工操作涉及的基本控制电路之一，本部分内容主要讲解照明电路的基本概念，以及两种常用照明电路：白炽灯照明电路和日光灯照明电路的工作原理及安装方法。

3.5.1　照明电路的基本概念

照明电路通常指照明灯具和采用单相电源的电气设备及其开关、电气控制电路的总称。

照明电路通常由以下几部分组成：电度表、断路器、闸刀开关、插座、导线、照明灯具。照明电路的基本构成如图 3-5-1 所示。

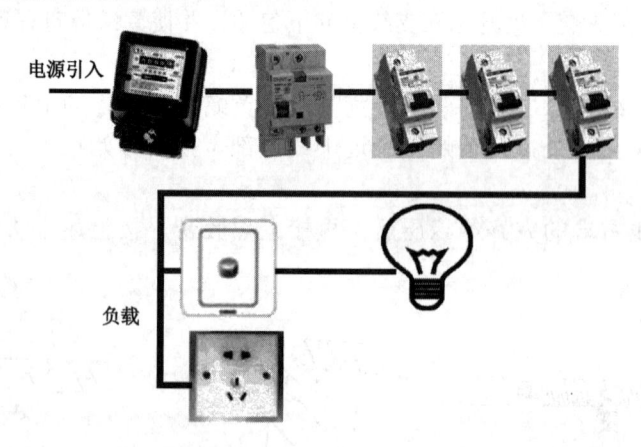

图 3-5-1　照明电路的基本构成

1. 常用照明灯具的特点和使用场所

常用照明灯具有白炽灯、荧光灯、高压汞灯、碘钨灯等多种，它们各自的特点和使用场所如表 3-5-1 所示。

表 3-5-1　常用照明灯具的特点和使用场所

种　类	特　点	使 用 场 所
白炽灯	构造简单，使用可靠，装修方便，光效低，寿命短	各种场所
荧光灯	1. 光效较高，寿命较长 2. 附件较多，价格较高	办公室、会议室、住宅
碘钨灯	1. 光效高，构造简单，安装方便 2. 灯管表面温度较高	广场、工地、田间、土建工程
节能灯	1. 光效高，节能，安装方便 2. 价格较高	宾馆、展览馆及住宅

续表

种类	特点	使用场所
高压汞灯	1. 光效高，耐震，耐热 2. 功率因数低	街道、大型车站、港口、仓库、广场
高压钠灯	光效高，省电，透雾能力强	街道、港口、码头及机场
钠铊铟金属卤化物灯	1. 光效高，发光体小 2. 电压波动不大于±5%	车站、码头、广场
有色金属卤化物灯	1. 光效高，发光体小 2. 电压波动不大于±5%	宾馆、商店、建筑物外墙以及彩色立体照明的场所

2. 照明方式

照明方式有一般照明、局部照明、混合照明三种方式。

（1）一般照明是指在整个场所或场所的某部分照度基本上相同的照明，适用于工作位置密度很大而对光照方向又无特殊要求，或工艺上不适宜装设局部照明设置的场所。采用一般照明的视界范围内，具有较佳的亮度对比；可采用较大功率的灯泡，因而光效较高；照明装置数量少，投资费用较低。

（2）局部照明是指局限于工作部位的固定的或移动的照明，对于局部地点需要高照度并对照射方向有要求时宜采用局部照明。

（3）混合照明是指一般照明与局部照明共同组成的照明，适用于工作部位需要较高照度并对照射方向有特殊要求的场所。混合照明可以使工作平面、垂直和倾斜表面上，甚至工件的内腔里，获得高的照度，易于改善光色，减少装置功率和节约运行费用。

3. 照明种类

照明有工作照明和事故照明两种。

（1）工作照明是指用来保证照明场所正常工作所需的照度（适合视力条件）的照明。

（2）事故照明是指当工作照明由于电气事故而熄灭后，为了继续工作或从房间内疏散人员而设置的照明。由于工作中断或误操作可能引起爆炸、火灾、人身伤亡等严重事故或生产秩序长期混乱的场所应有事故照明，如大型的总降压变电所，其事故照明照度不应小于规定工作照明照度的10%。

4. 电气照明应注意的问题

（1）应使各种场合下的照度达到规定标准。

（2）空间亮度应合理分布。

（3）照明灯具应实用、经济、安全，便于施工和维修，其光色、灯具外形与建筑物相协调。

3.5.2 常用照明电路

1. 白炽灯照明电路

1）白炽灯

白炽灯是利用电流流过高熔点钨丝，使其发热到白炽程度而发光的电光源。

2）白炽灯照明电路工作原理

白炽灯照明电路工作原理很简单，如图 3-5-2 所示，将灯具并联在交流 220V 电源上，灯具直接发光。

白炽灯照明电路如图 3-5-3 所示。

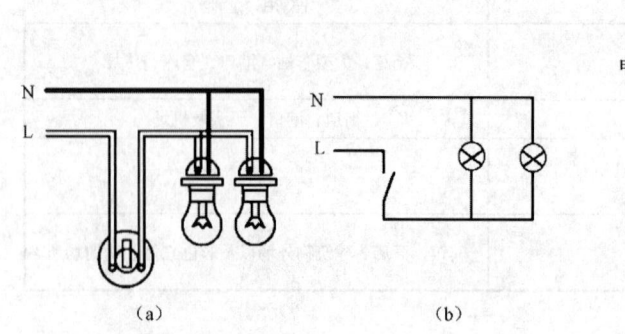

图 3-5-2　白炽灯照明电路工作原理　　　　图 3-5-3　白炽灯照明电路

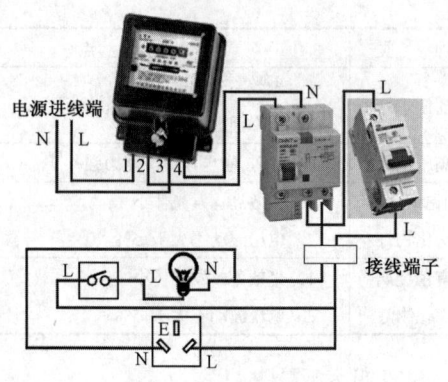

2. 日光灯照明电路

1）日光灯的组成

日光灯又叫荧光灯，由灯管、启辉器、镇流器、灯架和灯座等组成。日光灯照明电路的组成如图 3-5-4 所示。

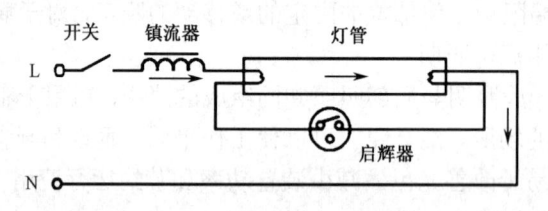

图 3-5-4　日光灯照明电路的组成

2）日光灯的构造及作用

日光灯两端各有一灯丝，灯管内充有微量的氩和稀薄的汞蒸气，灯管内壁上涂有荧光粉，两个灯丝之间的气体导电时发出紫外线，使荧光粉发出柔和的可见光。

3）日光灯照明电路工作原理

（1）启辉器的作用。

启辉器在电路中起开关作用，它由一个放电管与一个电容并联而成，电容的作用为消除对电源的电磁干扰并与镇流器形成振荡回路，增加启动脉冲电压幅度。放电管中一个电极用双金属片组成，利用氖泡放电加热，使双金属片在开闭时，引起镇流器电流突变并产生高压脉冲加到灯管两端。

（2）日光灯工作原理。

当日光灯接入电路以后，启辉器两个电极间开始辉光放电，使双金属片受热膨胀而与静触极接触，于是电源、镇流器、灯丝和启辉器构成一个闭合回路，电流使灯丝预热，当受热 1～3s 后，启辉器的两个电极间的辉光放电停止，随之双金属片冷却而与静触极断开，当两个电极断开的瞬间，电路中的电流突然消失，于是镇流器产生一个高压脉冲，它与电源叠加后，加到灯管两端，使灯管内的惰性气体电离而引起弧光放电，在正常发光过程中，镇流器的自感还起着稳定电路中电流的作用。

（3）镇流器的三个作用：

① 启动过程中，限制预热电流，防止预热电流过大而烧毁灯丝，同时又保证灯丝具有热电发射能力。

② 建立高压脉冲。启辉器两个电极跳开瞬间，镇流器在灯管两端建立高压脉冲，使灯管点亮。

③ 稳定工作电流，保持稳定放电。日光灯开始发光时，由于交变电流通过镇流器的线圈，线圈中产生自感电动势，它总是阻碍电流变化的，这时镇流器起着降压限流的作用，保证日光灯正常工作。

日光灯照明电路如图 3-5-5 所示。

提示：镇流器在启动时产生瞬时高压，在正常工作时起降压限流作用。

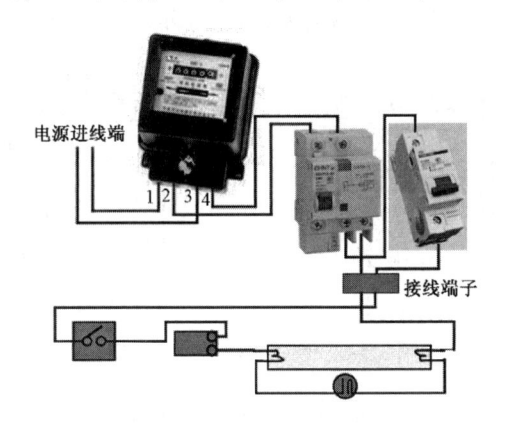

图 3-5-5 日光灯照明电路

提示：灯管开始点亮时需要一个高电压，正常发光时只允许通过不大的电流，这时灯管两端的电压低于电源电压。

4）采用电子镇流器的日光灯

日光灯的镇流器有电感镇流器和电子镇流器两种。目前，许多日光灯的镇流器都采用电子镇流器（如图 3-5-6 所示），电感镇流器逐渐被淘汰，电子镇流器具有高效节能、启动电压范围较宽、启动时间短（0.5s）、无噪声、无频闪等优点。

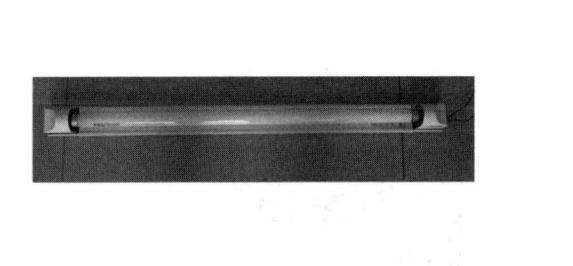

（a）采用电子镇流器的日光灯外观　　　　（b）接线图

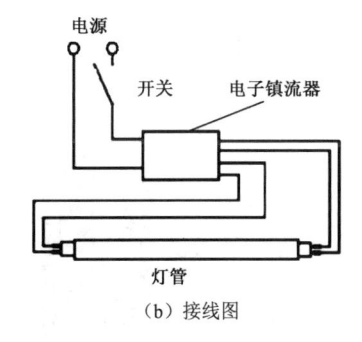

图 3-5-6 采用电子镇流器的日光灯

3.5.3 照明灯具的安装

1. 照明灯具安装的一般要求

室内常用照明灯具无论其安装方式如何，均应满足以下要求：

（1）灯具的安装应牢固可靠（特别是吊灯），灯具不重于 1kg 时，可直接用软线悬吊；重于 1kg 者应加装金属吊链；重于 3kg 时，必须将其固定在预埋的吊钩或吊挂螺栓上。吊钩和吊挂螺栓的埋设方法分别如图 3-5-7 和图 3-5-8 所示（单位：mm）。

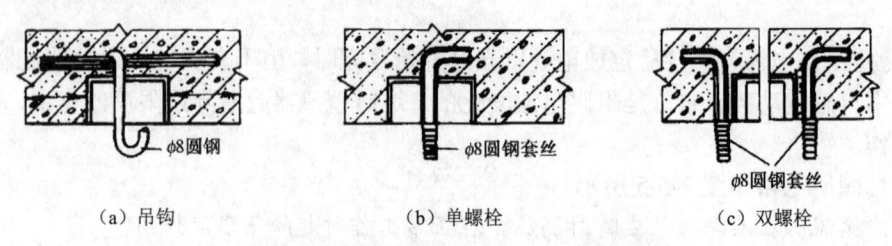

（a）吊钩　　　　　（b）单螺栓　　　　　（c）双螺栓

图 3-5-7　现浇楼板预埋吊钩和吊挂螺栓

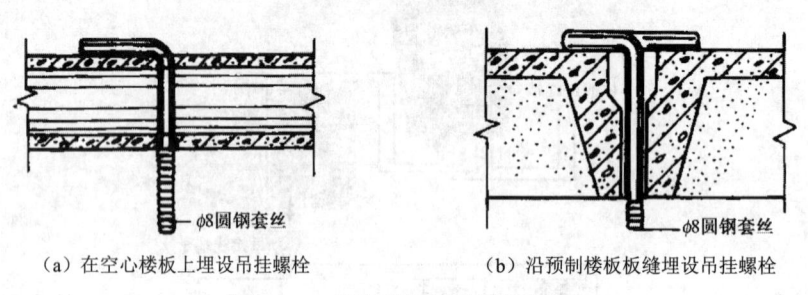

（a）在空心楼板上埋设吊挂螺栓　　　（b）沿预制楼板缝埋设吊挂螺栓

图 3-5-8　预制楼板埋设吊挂螺栓

（2）灯具固定时，不应因灯具自重而使导线承受额外的张力。
（3）灯架和管内的导线不应有接头。
（4）导线分支和连接处应便于检查。
（5）导线引入灯具处不应受到拉力和存在摩擦。
（6）必须接地或接零的金属外壳，应设有专用的连接螺钉。
（7）灯具配件应齐全；灯具的各种金属构件应进行防腐处理；灯具应无机械损伤、变形、油漆剥落、灯罩破裂等缺陷。
（8）灯具使用导线的截面积随照明装置和安装场所的不同而异。
（9）采用螺口灯头时，应将相线与中心弹簧片的一端连接，零线与另一端连接，软线在吊盒内应结扣，如图 3-5-9 所示。

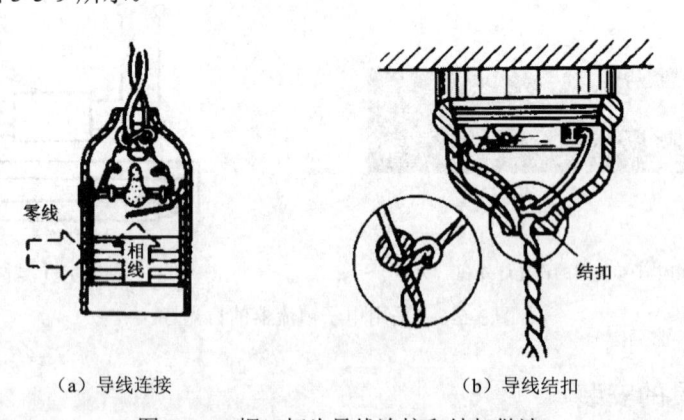

（a）导线连接　　　　　（b）导线结扣

图 3-5-9　螺口灯头导线连接和结扣做法

（10）安装在建筑物易燃吊顶内的灯具，以及贴近易燃材料安装的照明设备，应在灯具或设备的周围用阻燃材料隔离，并留出通风散热孔隙。
（11）固定灯具的螺钉一般不少于两个，木台直径在 75mm 以下时，可只用一个螺钉固定。
（12）采用圆钢吊挂花灯时，圆钢直径不得小于 6mm，并且不得小于灯具吊挂销钉的直径。

（13）厂房灯具距地面高度不得小于 2.5m。若小于此值，应采取保护措施。保护措施主要包括：使用安全电压；不许使用带开关的灯口；不得将导线直接焊在灯泡的接点上；当使用螺口灯头时，铜口不得外露，如图 3-5-10（a）所示。为了安全可靠，在螺口灯头上应另加保护环（也称喇叭口），如图 3-5-10（b）所示。

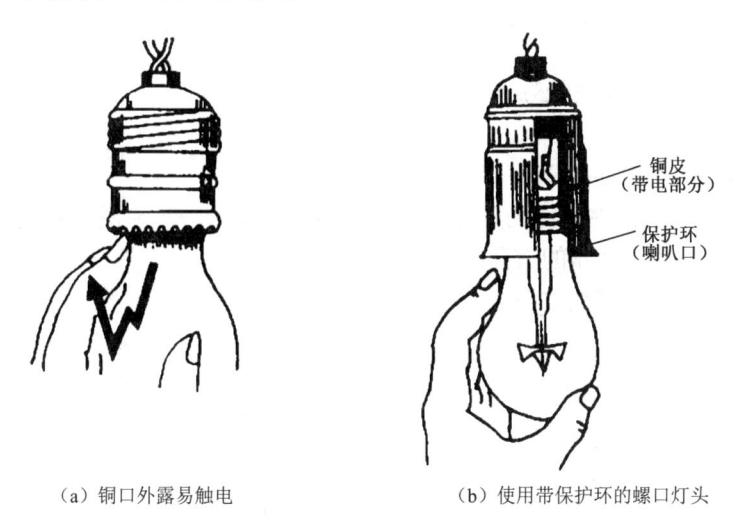

(a) 铜口外露易触电　　　　(b) 使用带保护环的螺口灯头

图 3-5-10　螺口灯头触电和防护示意图

2. 照明电路基本连接方式

1) 电源与电度表连接

电度表接线遵循"1、3 接进线，2、4 接出线"的原则，即：电度表的 1 号、3 号端子接电源进线，1 号端子接相线，3 号端子接零线；电度表的 2 号、4 号端子接出线，2 号端子接相线，4 号端子接零线。

2) 电度表与空气开关连接

电度表与双极单相空气开关的连接如图 3-5-11 所示。

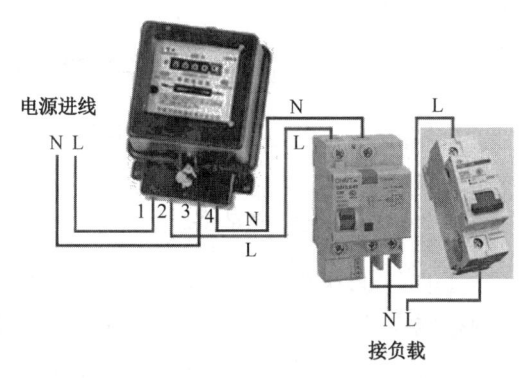

图 3-5-11　电度表与双极单相空气开关的连接

3) 开关连接

将相线接入开关，控制负载通断。单联开关与双联开关在电路中的接法如图 3-5-12 所示。单联开关在电路中单个使用便可控制电路的通断，双联开关在电路中要两个开关配套使用才能控制电路的通断。

4) 白炽灯的连接

白炽灯接在电路中必须有相线，有零线。在接线中要注意灯座上的标号，将相线接在 L 接线端子上,将零线接在 N 接线端子上。白炽灯的接法如图 3-5-13 所示。

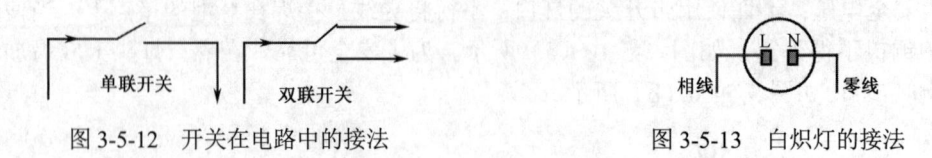

图 3-5-12　开关在电路中的接法　　　　图 3-5-13　白炽灯的接法

提示:相线进开关,零线进灯头。

5)插座的安装

插座的接线应符合下列要求:

① 单相两孔插座,面对插座的右孔或上孔与相线(L)相接,左孔或下孔与零线(N)相接;单相三孔插座,面对插座的右孔与相线(L)相接,左孔与零线(N)相接,上孔与保护地线(PE)相接。插座的接法如图 3-5-14 所示。

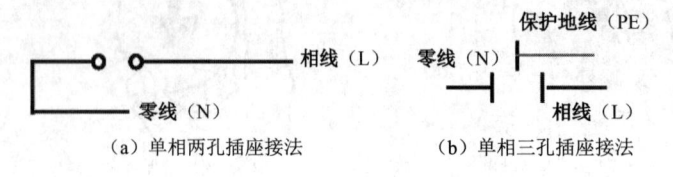

(a)单相两孔插座接法　　　(b)单相三孔插座接法

图 3-5-14　插座的接法

② 单相三孔、三相四孔及三相五孔插座的保护地线或零线均应接在上孔。插座的接地端子不应与零线端子直接连接。

③ 同一场所的三相插座,其接线的相位必须一致。

3. 白炽灯的安装

安装白炽灯的关键是灯座、开关要串联,相线进开关,中性线进灯座。

白炽灯的安装通常有悬吊式、嵌顶式和壁式等几种。其中悬吊式安装又分为吊线式(软线吊灯)、吊链式(链式吊灯)和吊管式(钢管吊灯)。悬吊式安装如图 3-5-15 所示(单位:mm)。

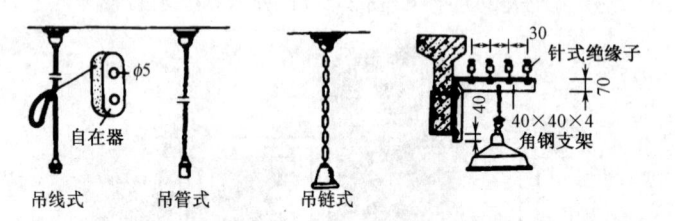

图 3-5-15　悬吊式安装

(1)吊线式:灯具不重于 1kg 时,可采用吊线式安装,直接由软线承重,软线应绝缘良好,且不得有接头。由于吊线盒内接线螺钉的承重能力较差,因此安装时应在吊线盒内打好线结,使线结卡在盒盖的线孔处。有时还在导线上采用自在器(图 3-5-15),以便调整灯的悬挂高度。吊线式安装步骤和方法如图 3-5-16 所示。

(2)吊链式:吊链式安装方法与吊线式相同,但悬挂重量由吊链承担。吊链下端固定在灯具上,上端固定在吊线盒内或挂钩上,软导线应编在吊链内。

(3)吊管式:当灯具重于 3kg 时,采用吊管来悬吊灯具。吊管应选用薄壁钢管,其内径不应小于 10mm。用暗管布线安装吊管式灯具时,其固定方法如图 3-5-17 所示。

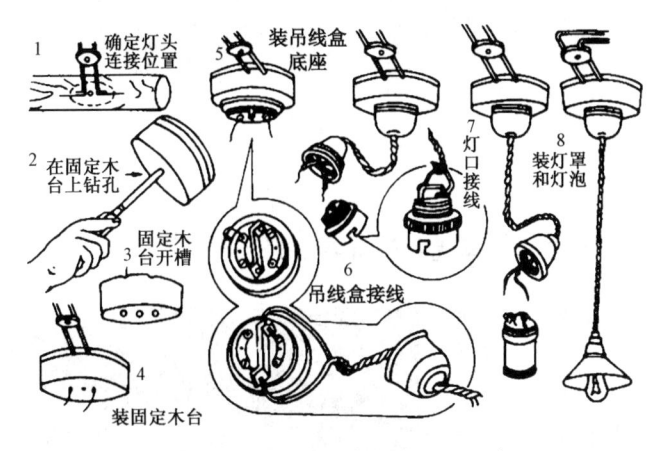

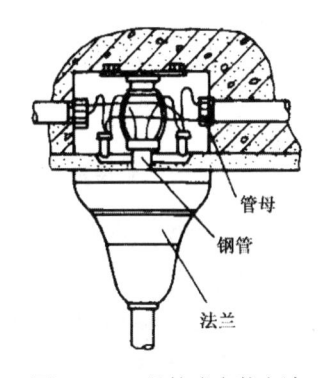

图 3-5-16　吊线式安装步骤和方法　　　　图 3-5-17　吊管式安装方法

4. 日光灯的安装

日光灯安装步骤如下：

1）接线

根据采用电子镇流器（或电感镇流器）的日光灯电路接线图，将电源线接入日光灯电路中。采用电感镇流器的日光灯电路接线方法如下：

（1）启辉器座上的两个接线端分别与两个灯座中的一个接线端连接。

（2）灯管余下的两个接线端，其中一个与电源的中性线相连，另一个与镇流器的一个出线头连接。

（3）镇流器的另一个出线头与开关的一个接线端连接。

（4）开关的另一个接线端则与电源中的一根相线相连。

与镇流器连接的导线既可通过瓷接线柱连接，也可直接连接，但要恢复绝缘。接线方法如图 3-5-18 所示。

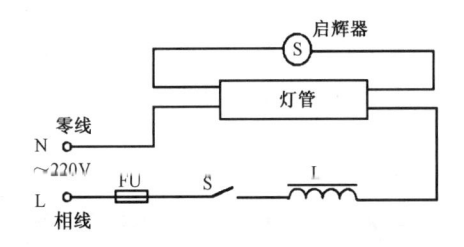

图 3-5-18　采用电感镇流器的日光灯电路接线图

提示：接线完毕，要对照电路图仔细检查，以免错接或漏接。

2）固定灯架

固定灯架分吸顶式和悬吊式两种。悬吊式又分为金属链条悬吊和钢管悬吊两种。

提示：安装前先在设计的固定点钻孔，预埋合适的紧固件，然后将灯架固定在紧固件上。

3）安装日光灯灯管

先将灯管一接线端插入有弹簧一端的灯脚内并用力推入，然后将另一接线端对准灯脚，利用弹簧的作用力使其插入灯脚内。

4）通电试用

将启辉器旋入底座，检查无误后，即可通电试用。

身边榜样

拼搏与创新,实业焕新生——李虎兵的奋斗之旅

李虎兵,1973年出生,四川达卡电气有限公司(简称"达卡公司")董事长、四川变通电力建设有限公司董事长、四川和美易通(集团)投资有限公司(简称"和美易通公司")董事长、成都品信联行物业服务有限公司董事长、四川和美思延农业发展有限公司董事长、四川和美致远实业有限公司董事长、成都市工商联常委、成都市双流区政协常委、成都市双流区工商联副主席、西南航空港经济开发区企业家协会常务副会长。

李虎兵在学校学习时选择的是电气专业,1994年中专毕业后他进入四川开关厂从事电气自动化相关技术工作,在工作中不断提高专业技术,积累经验。2000年,在得知达卡公司即将全面停产的消息后,李虎兵毅然承包了这个村办企业。根据这些年在本行业的工作经验,李虎兵清楚地意识到"对于传统企业而言,要生存就必须有订单"。于是,李虎兵开始努力地拓展市场,最终扭亏为盈。

从普通的技术人员到成功的企业家,不仅需要埋头苦干,还需要找准市场方向。随着科技与经济的快速发展,传统行业市场日趋饱和,全成都与他所承包的公司同类型的企业有近500家,如何才能在这激烈的竞争中脱颖而出,李虎兵心中的答案是"创新"。他认为核心技术是传统企业发展的基础,于是带头组建了专业技术研发团队,成立了技术中心,设立专项研发基金,搭建起专业技术创新平台,通过技术创新,不断提升产品的市场竞争力。"你若盛开,清风自来",李虎兵和企业员工的努力没有白费,2009年6月,达卡公司的低压成套开关设备获得了"四川名牌产品"称号。达卡公司荣获国家高新技术企业、四川省企业技术中心等多项殊荣,并取得了十余项国家专利,综合实力不断提升。正是因为雄厚的技术实力和良好的品牌形象,达卡公司开始焕发出新的活力,实现了逆转。

"水到中流浪更急,人到半山路更陡",经过前期的高速发展,达卡公司也遇到了瓶颈。再加上2010年实体经济增长困难,各传统行业都面临着转型升级,李虎兵敏锐地意识到要从规模发展向品质提升转变。于是,在2011年,他成立了和美易通公司,在坚守实业的基础上,开始积极探索新的业务。要想实现新的经济增长,就必须能够敏锐地捕捉到市场需求。"思想是行动的先导,要改革必先从武装头脑开始。"李虎兵首先从自身开始积极提高知识层次,拓宽知识面,不断自我充电。2015年他进入电子科技大学学习,获得EMBA硕士学位。同时,他还与电子科技大学联合开办MBA培训班、邀请各类专家学者进企业开展培训、选送集团各层级人员到高校学习,以"请进来、送出去"等多种方式,积极构建学习型现代企业,不断强化人才队伍建设和提升员工能力水平,为企业转型升级奠定了理论基础和团队基础。

因为积极地拓展业务和建设团队,和美易通公司开始在股权与证券投资、智慧农业与康养等业务领域发力,同时,李虎兵也将达卡公司发展成为一家集输配电设备研发设计、生产销售于一体的专业化企业。在以往这些成功经历的基础上,李虎兵的商业之路也越发顺畅,他又创

建了四川变通电力建设有限公司，控股富川典当有限公司；并通过和美易通公司实施集团化管理模式，实现对旗下达卡公司、四川变通电力建设有限公司等的高效管理。

在经营管理自有企业的同时，李虎兵积极履行社会责任，为地方经济社会发展积极贡献力量。作为成都市工商联第十二届常委、成都市双流区政协第十一届常委、成都市双流区工商联第十一届副主席、西南航空港经济开发区企业家协会常务副会长，李虎兵认真履职尽责，围绕民营经济、行业发展以及经济社会，积极建言献策，参与各类社会组织活动，并带领企业投身"三大攻坚战"，连续多年参加"万企帮万村"精准扶贫、成都 SOS 儿童村对口帮扶、建设乡村道路等慈善活动，累计捐赠善款、物资价值二百余万元。由他管理的企业多次获评双流区优秀民营企业、最具社会责任感企业（成都市电力行业协会）、援藏工作先进单位（双流西开区管委会）、环保工作先进单位（双流西开区管委会）、成都市双流区工商联优秀会员单位、成都市双流区工商联光彩事业先进单位。

回看李虎兵这二十多年的奋斗历程，从一个普通的技术人员，到使达卡公司起死回生，再到管理经营多家企业，以及回报社会，李虎兵的故事令我们激动不已，也似乎有着几分必然性。因为他知道，干一行就要爱一行、钻一行，即使是小小的电工，只要耐心学习和积累，紧握"拼搏"与"创新"两把利剑，就终究会厚积薄发，鹰击长空。

模块四 机电工程基础认知

行业先锋

机电再制造追梦尖兵——机电医生 韩金虎

韩金虎，中共党员，大专学历，高级工，现任河北瑞兆激光再制造技术股份有限公司（以下简称"瑞兆激光"）冶金六队队长。自2008年3月到瑞兆激光工作以来，他从最基础的学徒工开始干起，在公司的悉心培养和自己的不懈努力下，逐步成长为政治坚定、技术一流、能力突出、敢打必胜的"大国工匠"、全能型"机电医生"，强势完成了从草根到金牌蓝领的逆袭。韩金虎多次获评公司优秀员工、劳动模范，先后被授予唐山市技术创新优秀工作者、河北省劳动模范等荣誉称号，并获得了河北省五一劳动奖章。2020年11月，他被中共中央、国务院授予"全国劳动模范"光荣称号，并应邀参加在北京举行的全国劳动模范和先进工作者表彰大会，受到党和国家领导人的亲切接见。

初中毕业生韩金虎进入工厂时，没学过机电再制造技术，也没有相关工作经验，厂里的一切在他看来都显得那么高深。面对艰涩难懂的专业知识，他迎难而上，坚持以水滴石穿的韧劲，利用一切可以利用的时间，全身心投入到机电再制造理论知识的学习之中。除了自学，他还积极参加相关院校举办的培训班、辅导班、提升班，掌握了令一般人望而却步的机械制造、机械修复、钳工、低速动平衡、高速动平衡等专业知识，相继取得了钳工中级工、钳工高级工、高压焊工操作证书等，掌握了极为丰富的机械修复知识，终于从一名普通的、毫无机电修复专业知识的门外汉成长为一个全面掌握机械设备安装技能的技术工人，具备了冲击大国工匠的潜质。特别是2014年底，为进一步提升装备技术水平、抢占再制造产业发展制高点，瑞兆激光决定投资1.3亿元引进当时世界上最先进的德国申克高速动平衡设备。为了掌握该设备的使用方法，韩金虎在进入南汽集团学习高速动平衡技术的5个月时间里，进入了忘我的"癫狂"学习状态，翻烂了《高速动平衡装配技术》《机械故障诊断及典型案例解析》等7本专业书籍，记读书笔记3万多字、听课笔记2万多字、问题思考3万多字，他废寝忘食的学习精神，深深地感动了南汽集团的培训讲师和领导，培训讲师对他倾囊相授、毫无保留，最后，他以优异成绩完成业务培训，成为瑞兆激光高速动平衡车间领军人物。

为打造循环再制造强企，韩金虎积极钻研再制造技术，参与发明了"电机轴承室激光熔覆修复方法""制碱挤压辊磨损后的埋弧焊焊接修复方法""H形钢的开坯辊辊面激光合金化方法""用于拆卸TRT圆锥销的液压装置"4项专利，填补了国内机电再制造领域的多项空白，为公司创造直接经济效益超2000万元。

轴流风机承缸中的石墨轴承从承缸上拆下来后，需要更换已经损坏或报废的石墨环。拆卸时不仅耗费工时，体力劳动强度高，而且在敲击时容易造成石墨轴承内孔出现毛刺，回装需要经过人工打磨处理。面对这些难题，他创新性地利用报废的铣刀、平口台钳和台钻，通过大胆创新、反复实践，组成了拆石墨轴承的专用工具，探索出了铣加工破碎法，用台钳将待处理的石墨轴承固定好并进行对正，然后用铣加工破碎法破碎旧石墨环，节约人力成本50%、缩减工时20%。他组织、实施承缸外圆点焊机加工和规圆法，处理后的承缸装到机组内，其尺寸、高度精准，保证了转子与承缸直平、叶片间隙均匀及叶片偏磨归零，减少了承缸的变形程度，提高了设备修复质量，每年创造经济效益480多万元。

对天津天重重工的ACL50S-13型轴流风机进行高速动平衡检测时，韩金虎采用创新的"转子外伸端过长转子轴瓦支撑位高速动平衡"技术，一举解决了该领域校对技术难题，改变了对转子进行高速动平衡检测时的支撑位置，为开展高速动平衡检测提供了新思路、新方法。

在抢修吉林建龙钢铁TRT（MPG10.4kW煤气透平机）伺服驱动器油缸时，他大胆尝试，利用无损拆解下的"定位套"，通过现场再制造，实现了微尺寸恢复，节省了新件，简化了工艺，并将工时缩短为原来的四分之一。新冠肺炎疫情期间，面对抗击疫情和复产稳产的双重压力，韩金虎不畏艰险，逆行出征，充分发扬劳模精神和共产党员先锋模范作用，带领突击队、尖刀班远赴山东、内蒙古、辽宁、天津等地，圆满完成了4套TRT风机和透平机安装任务，赢得了客户赞誉，提升了企业形象，为我国打赢疫情防控的人民战争、总体战、阻击战贡献了力量。

新时代是奋斗者的时代，劳动是一切幸福的源泉。韩金虎表示将永远听党话、跟党走，诚实做人、踏实做事，不忘初心、牢记使命，认真贯彻落实新发展理念，扎实推进"五位一体"建设，为推进瑞兆激光"11156"发展战略，培养万名"机电医生"，构建新发展格局，打造世界一流"以奋斗者（双工人才）为本"的绿色智能机电设备服务企业贡献自己的一份力量。

项目一　机电安全常识

4.1.1　机械伤害基本知识

一、机械伤害概述

1. 机械伤害的定义

机械伤害是指机械工作时，因其强劲的动能和坚固的结构，对人体造成的伤害。

2. 机械伤害的特点

机械伤害事故多较为惨烈，如因搅拌、挤压、碾压、磨削导致的伤亡及被弹出物体（甚至是液体）击中导致的伤亡等。当发现有人被机械伤害时，即使及时紧急停车，因设备惯性作用，伤害也仍可继续加重，导致伤者严重受创，乃至身亡。

二、机械伤害的基本类型

(1) 被绕入或卷入导致的碾轧伤。

(2) 冲击伤（包括飞出物打击和物体坠落打击）。

(3) 绞缠伤。

(4) 切割伤。

(5) 跌倒、坠落导致的受伤。
(6) 碰撞伤和刮蹭伤。

三、导致机械伤害的主要原因

(1) 检修、检查机械时忽视安全措施。
(2) 缺乏安全装置。
(3) 电源开关布局不合理。
(4) 自制或改造的机械设备不符合安全要求。
(5) 在机械运行中进行清理、卡料、上蜡等作业。
(6) 任意进入机械运行危险作业区（采样、借道、拣物等）。
(7) 人员上岗不具操作机械资质或其他人员乱动机械。

四、常见的不安全心理状态

(1) 侥幸心理。
(2) 逞能心理。
(3) 从众心理。
(4) 逆反心理。
(5) 惰性心理。
(6) 好奇心理。
(7) 疲劳、厌倦状态。
(8) 情绪波动、思想不集中状态。

4.1.2 对机械伤害的防范

一、机械伤害常规防范事项

对于机械伤害，我们应时刻注意，在工作中，常规防范注意事项如下。
(1) 按要求着装。
(2) 机器运转时，禁止用手调整或测量工件，应停机测量，并把刀架移到安全位置。
(3) 工件和刀具装夹要牢固，禁止用手触摸机器的旋转部件。
(4) 保证作业必要的安全空间，机器开始运转时，严格按信号指示进行操作。
(5) 清理辊轴、切刀等危险部位时，应使用夹具（如搭钩、铁刷等），切勿用手直接操作。
(6) 禁止把工具、量具、卡具和工件放在机器或变速箱上，防止落下伤人。
(7) 停机进行清扫、加油、检查和维修保养等作业时，须锁定机器的启动装置，并挂警示牌。
(8) 严禁无关人员进入有危险的机械作业现场，非本机械作业人员因事必须进入的，要先与当班机械作业人员取得联系，确保安全并获得同意后方可进入。
(9) 操作各种机械的人员必须经过专业培训，以确保掌握该机械的相关基础知识，经考试合格，持证上岗。实际操作中，必须专心工作，严格执行有关规章制度，正确使用劳动防护用品，严禁无证人员开动机械设备。
(10) 感到有危险时，立即进行紧急停机。
(11) 切忌长期加班加点、疲劳作业。

二、切削加工

1. 切削加工常见伤害

（1）机器缠绕，如机床的齿轮、丝杠、卡盘等旋转部件将操作者的衣服、手臂或头发卷入。
（2）工件碰伤或飞出伤人。
（3）切屑造成烫伤、划伤、割刺。
（4）砂轮碎裂导致崩伤等。

2. 导致切削加工伤害的主要原因

（1）操作者违章作业或未按规定穿戴劳动防护用品，如图 4-1-1 所示。

图 4-1-1　未按规定穿戴劳动防护用品

（2）机械设备本身有缺陷，如没有安全保险装置或安全防护装置、零部件缺失或失灵。
（3）工件装夹不牢，工具破裂，机械开始运转后，工件、工具飞出伤人。飞溅的切屑伤人。
（4）工作场地环境不良导致动作失误，如照明不良，温度、湿度不合适，地面有油、水、乳化液等。

3. 防范切削加工伤害的措施

（1）按要求穿戴好防护用品。
（2）机械设备的布局要合理，便于操作、清理、维修和检查。
（3）严格遵守安全技术操作规程，及时搞好设备的三级保养。
（4）各类机械设备的刀具要按规定选用，保证完好，装夹要牢固可靠，防止刀具飞出伤人。
（5）各类切屑应用钩子等专用工具清除，缠到工件上或粘在工件上的切屑应在停机后清除，防止切屑伤人。
（6）装夹完工件后，应将各种工具、量具放在规定的存放箱内，不要随手放在工作台或主轴变速箱上，防止其掉落或卡在设备中，造成事故。
（7）机械设备有的部分暂时不用时，应使其处于停用状态并锁紧可动部件，各手柄应调至空挡位置，避免误启动或与工件相撞。
（8）工作完成后，要切断电源，将设备擦拭干净，将工件摆放整齐，将场地清扫干净，润滑各部位及导轨后，关上工作灯，才能离开工作场地。

三、冲压作业

1. 冲压作业常见伤害

（1）手指被切断。
（2）工件被弹出伤人。
（3）齿轮、传动机构或卷辊将操作人员绞伤。

（4）卷钢板或钢筒起重、安装、拆卸时造成砸伤、挤伤。
（5）冲模或工具崩碎伤人。

2. 造成冲压作业伤害的主要原因

（1）私自拆除安全装置或安全装置失效，导致事故发生。
（2）停机检修时，未采取保护措施，机器突然启动发生事故。
（3）多人操作，动作不协调，发生误操作。
（4）违反操作规程，将手伸进运转中的机械设备进行调整作业。
（5）身体不适、疲惫或体力不支导致误操作。

3. 冲压作业伤害的防范措施

（1）按要求穿戴好防护用品。
（2）机械设备的布局要合理，便于操作、清理、维修和检查。
（3）严格遵守安全技术操作规程，及时搞好设备的保养。
（4）尽量实现从送料到卸料整个过程的机械化和自动化，是防止人身伤害事故、提高劳动生产率和减轻劳动强度的有效措施。
（5）禁止在没有安全防护装置的设备上长时间作业。

四、起重/运输作业

1. 起重/运输作业的常见伤害

（1）挤伤。
（2）吊运物体落下或摇晃造成的伤害。
（3）钢丝绳打伤。
（4）起重机倾翻或折臂造成的伤害。

2. 导致起重/运输作业伤害的主要原因

导致起重/运输作业伤害的主要原因有操作方面的，也有设备方面的，还有环境方面的。

1）操作因素

（1）起吊方式不当、捆绑不牢造成的脱钩、起重物散落或摆动伤人。
（2）违反操作规程，如超载起重、人处于危险区工作等造成的人员伤亡和设备损坏，以及因操作员不按规定使用限重器、限位器、制动器或不按规定归位、锚定造成的超载、过卷扬、出轨、倾翻等事故。
（3）指挥不当、动作不协调造成的碰撞等，如图 4-1-2 所示的吊装作业就是不正确的。

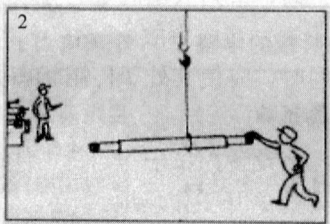

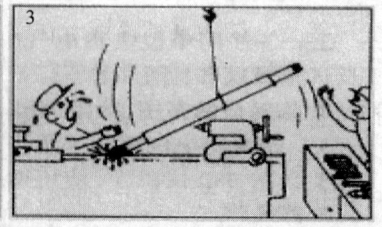

图 4-1-2　不正确的吊装作业

2）设备因素

（1）吊具失效，如吊钩、抓斗、钢丝绳、网具等损坏而造成的重物坠落。
（2）起重设备的操纵系统失灵或安全装置失效而引起的事故，如制动装置失灵而造成重物的冲击和夹挤。

(3) 构件强度不够导致的事故,如塔式起重机的倾翻,其原因是塔身的倾翻力矩超过其稳定力矩所致。
(4) 电器损坏而造成的触电事故。
(5) 因啃轨、超磨损或弯曲造成的桥式起重机出轨事故等。

3) 环境因素
(1) 因雷电、强风、地震等强自然灾害造成的出轨、倒塌、倾翻等事故。
(2) 因场地拥挤、杂乱造成的碰撞、挤压事故。
(3) 因亮度不够和遮挡视线造成的碰撞事故等。

3. 防范起重/运输作业伤害的措施
(1) 起重/运输作业人员必须经有资质的培训单位培训并考试合格,取得特种作业人员操作证后,才能上岗。
(2) 起重/运输机械必须设有安全装置。
(3) 定期严格检验和修理起重运输机件,报废的应立即更换。
(4) 建立、健全维护保养、定期检验、交接班制度和安全操作规程。
(5) 起重机运行时,禁止任何人上下,也不能在运行中检修。
(6) 起重机悬臂能够伸到的区域不得站人。
(7) 吊运物品时,不得从有人的区域上空经过,吊起的物品上不准站人,不能对吊起的物品进行加工。
(8) 吊起的物品不能在空中长时间停留,特殊情况下应采取安全保护措施。
(9) 开始作业前必须先打铃或报警,操作中活动部件接近人时,也应持续打铃或报警。
(10) 按指挥信号操作,对紧急停机信号,不论任何人发出,都应立即执行。
(11) 确认起重机上无人时,才能接通主电源进行操作。
(12) 工作中突然断电时,应将所有控制器手柄扳回零位,重新工作前,应检查起重机是否工作正常。
(13) 在轨道上作业的起重机,当工作结束后,应将起重机锚定住,当风力大于 6 级时,一般应停止工作,并将起重机锚定住。

五、登高作业十不准

(1) 有高血压、心脏病、贫血、癫痫、深度近视等问题的人员不准登高作业。
(2) 无人监护不准登高作业。
(3) 没有戴安全帽、系安全带、不扎紧裤管时不准登高作业。
(4) 作业现场有 6 级及以上的大风或暴雨、大雪、大雾,不准登高作业。
(5) 脚手架、跳板不牢不准登高作业。
(6) 梯子无防滑措施、未穿防滑鞋不准登高作业。
(7) 不准攀爬井架、龙门架、脚手架,不能乘坐非载人的垂直运输设备登高作业。
(8) 携带笨重物件不准登高作业。
(9) 高压线旁无遮拦不准登高作业。
(10) 光线不足不准登高作业。

六、机械伤害的救护

由于撞击、摔打、坠落、挤压、摩擦、穿刺、拖曳等造成的人体闭合性或开放性创伤(包括骨折、出血、休克、失明等),现场救护的基本方法有止血、包扎、固定、搬运等。

4.1.3 安全色与安全标志

在容易发生危险的部位，应设有安全标志或涂有安全色，以提醒操作人员。使用统一规定的安全色，能使操作人员在紧急情况下，借助所熟悉的安全色含义，识别危险部位，尽快采取措施。安全色包括红、黄、蓝、绿色，以及红白、黄黑、蓝白相间条纹，对比色有白色和黑色。

1. 红色

红色表示禁止、停止、消除和危险的意思。

2. 黄色

黄色表示注意、警告的意思，如用于皮带轮防护罩等。

3. 蓝色

蓝色表示必须遵守的意思，如用于命令标志等。

4. 绿色

绿色表示安全和提供信息的意思，如用于启动按钮等。

5. 红白相间条纹

红白相间条纹表示禁止通行、禁止跨越的意思，比单独用红色要醒目，如用于护栏等。

6. 黄黑相间条纹

黄黑相间条纹表示注意的意思，如用于起重机回转平台等。

7. 蓝白相间条纹

蓝白相间条纹表示方向，如用于交通指示。

安全来自警惕，事故出自麻痹。生命是宝贵的，没有任何人希望事故发生，想要保证安全，不受伤害，就必须自觉、主动地遵守安全操作规程。在工作和生活中常见的安全标志如图 4-1-3 所示。

图 4-1-3 在工作和生活中常见的安全标志

项目二　机械创新设计

4.2.1　创新概述

一、创新的定义

创新（Innovation）是一个非常古老的词，这个词起源于拉丁语，它原意有三层含义：一是更新；二是创造新的东西；三是改变。创新是指人"为了满足自身需要，不断拓展对客观世界及其自身"的认知与行为。也可以说，创新是指人为了一定的目的，遵循事物发展的规律，对事物的整体或其中的某些部分进行变革，从而使其得以更新与发展的活动。创新是将美好愿景变现的利器，很多人因为缺乏创新能力，只好将一些参差不齐的创意束之高阁。创新能力是创新人才有别于普通人的最大差异点，是评价创新人才的重要指标。

二、创新的内容

对于创新，人们有多方面的理解，有人为了鼓励大家创新，会说创新很简单。例如，说别人没说过的话叫创新，做别人没做过的事叫创新，想别人没想过的东西叫创新。有些事物，之所以被称为是创新，就是因为它改善了人们的工作质量、生活质量，有的是因为它提高了人们的工作效率，有的是因为它巩固了竞争地位，有的是因为它对经济、社会、技术产生了根本性影响等。例如，将市场价格很贵的东西做得很便宜（如小米手机提出"为发烧而生"，向市场提供高性价比手机，使智能手机走向千家万户）、将收费的东西做成免费的东西（如360杀毒软件免费，从而使得制作杀毒软件的人无利可图）、将原本很难获取的东西变得很容易获得（如造车技术的合作引进，让中国现在已经成为"车轮上的国家"）、将原来很难用的东西变得操作非常简单（如虚拟驾驶系统）等。创新不一定非得推出全新的产品或技术，旧的事物经过合适的改良也叫创新——以新的切入点思考或制造叫创新，总量不变而改变结构叫创新，结构不变而改变总量也叫创新。在机械产品创新设计领域，赋予作品一个全新的功能是创新，设计一个巧妙的全新的结构是创新，局部功能的点滴改进也是创新。具体而言，创新包括五个方面的内容：

（1）引入新产品或提升原有产品的质量（如推出新手机）。
（2）采用新的生产方法（主要是工艺，如利用水刀进行金属切割）。
（3）开辟新市场（如送餐服务让大家足不出户品尝美食、打车软件让车辆资源得到充分利用等）。
（4）获得新的供给来源（原料或半成品）。
（5）实行新的组织形式。

三、创新的意义

创新是一个民族进步的灵魂，是一个国家兴旺发达的不竭动力，也是中华民族最深沉的民族禀赋。在剧烈的国际竞争中，唯创新者进，唯创新者强，唯创新者胜。当今国际社会处于飞速发展的时代，创新精神显得尤为重要。随着科技的发展，我们的生活也发生了翻天覆地的变化。科技创新给我们的生活带来了很大的便利，使我们的生活质量不断提高。在我国，有了"新四大发明"的提法:高铁、移动支付、共享单车和网络购物。高铁:中国的高铁已经完全可以称得上具有世界顶尖的水平,在国内,高铁的逐步普及,让人们的出行方式得到了革命性的优化。移动支付:移动支付可能算是近年来对我们日常生活影响最大的一项创新,让外国小伙伴们都不禁感叹我国的发展速度及生活舒适度提升的速度。共享单车:因为共享单车的易用、廉价,不少人将共享单车当作了最主要的出行方式。网络购物:这种新式的购物方式大大节省了我们的时间,足不出户就能买到我们需要的东西,简直太方便了!

4.2.2 创新实例

一、共享单车:创新的发掘

2016 年年底,几乎是一夜之间,共享单车就占领了各大城市的街头巷尾,五颜六色的共享单车标志着共享经济迎来了一个新的时代。共享单车的概念本身就是一个很好的创新,为了解决单车(自行车)共享存在的问题而对其进行的改造更是具有很多创新,今天我们就以摩拜单车为例,给大家介绍共享单车的创新之处。每一个小小的创新都来源于对问题的发掘,都值得我们深入学习与思考。

1. 传动结构

第一代摩拜单车最具代表性的创新设计就是使用圆锥齿轮和轴进行传动,替代传统的链传动,解决了一个非常重要的问题:掉链子的问题。密封结构不易生锈也不易脏,避免了女生穿裙子骑单车时裙子沾上油污的尴尬,采用了密封结构的整车看起来也比较简洁美观。另外,这套传动结构也连接着一个小型发电机,骑车时,传动结构将一小部分动能转化为电能储存起来,可以用来给智能车锁供电,可以说,只要有人骑,车子就不会断电。如图 4-2-1 所示为第一代摩拜单车的封闭式轴传动结构。

图 4-2-1 第一代摩拜单车的封闭式轴传动结构

2. 智能车锁

摩拜单车的智能车锁看似简单,却功能丰富。小小的车锁不仅能够用于锁车,同时还肩负着定位、预约、计时、无线传输、防盗等多个功能。智能车锁内置的报警模块、震动传感器和 CPU 等各模块组合在一起,可上传信息,实现声光报警,记录车辆信息,上传的信息可用于在手机端显示骑行时间、实时位置、骑行费用,甚至骑行路线和距离。如图 4-2-2 所示为摩拜单车的智能车锁装置。

3. 实心轮胎

摩拜单车的轮胎采用的是防爆实心轮胎,所以骑摩拜单车永远不会遇到轮胎没气的情况,另外,摩拜单车的轮胎还采用了镂空设计,既美观又轻盈,别具匠心。如图 4-2-3 所示为摩拜单车的镂空实心轮胎。

图 4-2-2　摩拜单车的智能车锁装置 　　　　图 4-2-3　摩拜单车的镂空实心轮胎

4. 带太阳能充电板的车筐

新一代摩拜单车取消轴传动重新采用链传动后就没有自发电装置了，于是采用了太阳能充电技术。这块技术非常先进的太阳能充电板，保证了智能车锁的稳定和可靠运作。如图 4-2-4 所示为摩拜单车带有太阳能充电板的车筐。

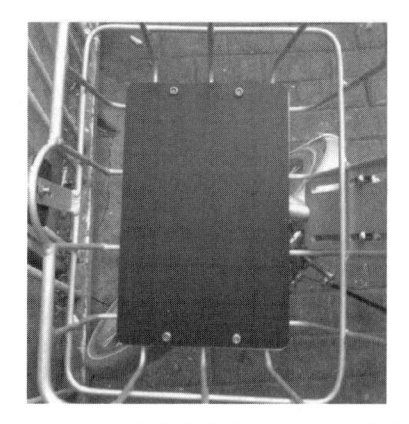

图 4-2-4　摩拜单车带有太阳能充电板的车筐

5. 转动式车铃

刚开始骑摩拜单车的小伙伴，往往找了半天才找到车铃，其实车铃就在车把旁边，用手转动就能发出铃声。一般的自行车车铃都是单独置于车把横梁上，靠手拨动发声，摩拜单车采用这样的设计，既新颖，也是为了防止车铃损坏和丢失。如图 4-2-5 所示为摩拜单车的转动式车铃。

图 4-2-5　摩拜单车的转动式车铃

6. 可升降座椅

新款摩拜单车的座椅高度调节卡扣用起来非常省力,而且座椅高度的调节也十分精准,使得座椅的高度调节非常方便,充分照顾到了不同身高的用户。如图 4-2-6 所示为摩拜单车可升降座椅调节机构。

图 4-2-6 摩拜单车可升降座椅调节机构

二、华为技术有限公司:有创新才有发展

1. 公司简介

华为技术有限公司(简称华为)是我国一家大名鼎鼎的企业,其业务主要涉及高科技产品的研发和销售,如手机、芯片、通信网络等。只要一提到华为这个名字,大家心里就会有一种莫名的自豪感,也许就是因为华为是一家真正的民族企业,处处都充满着爱国情节,始终都在维护着国家以及人民的利益。

2. 创新的华为

华为成功的秘密就是创新,创新无疑是提升企业竞争力的法宝,同时也代表着一条充满了风险和挑战的成长之路。华为虽然和许多民营企业一样从"做贸易"起步,但是华为没有像其他企业那样,继续沿着"贸易"的路线发展,而是踏踏实实地搞起了自主研发,每年拿出年收入的 10% 作为研发费用,最近几年,华为的研发费用甚至已经超过了年收入的 15%。目前华为的研发人员已经超过了 9 万人,华为的研发人员与研发费用,在国内是首屈一指的,在国际上也是遥遥领先的。华为的创新体现在企业的方方面面,在各个细节之中,但是华为不是为创新而创新,它打造的是一种相机而动、有的放矢的创新力,是以客户需求、市场趋势为导向,紧紧沿着技术市场化路线进行的创新,这是一种可以不断自我完善与超越的创新力,这样的创新力才是企业可持续发展的基石。

创新的华为硕果累累,未来可期,持续的创新投入使得华为成为全球屈指可数的通信专利持有企业,截至 2021 年底,华为在全球范围内共持有有效授权专利达 4.5 万余族(超 11 万件),并且其中 90% 以上专利为发明专利。2021 年度,华为在中国国家知识产权局和欧洲专利局的专利授权量均排名第一,在美国专利及商标局的专利授权量位居第五。如图 4-2-7 所示为华为近年每年研发投入和占营收比例情况,从图可知华为的研发投入不断增加,到 2020 年,研发投入 1419 亿元,占营收比例已经接近 16%,创历史新高。

3. 创新创造利润

有创新才有竞争力,创新是产品竞争力和利润的保证。如图 4-2-8 所示为有名的获利微笑曲线(Smiling Curve),从图可知技术、专利、品牌和服务处于获利高位,而组装、制造处于获利低位。正是有了大量的研发投入和高薪聘请了大量的研发人才,才使得华为收获了丰厚的利润,营业收入逐年增加。如图 4-2-9 所示为华为近年营收情况。

图 4-2-7 华为近年每年研发投入和占营收比例情况

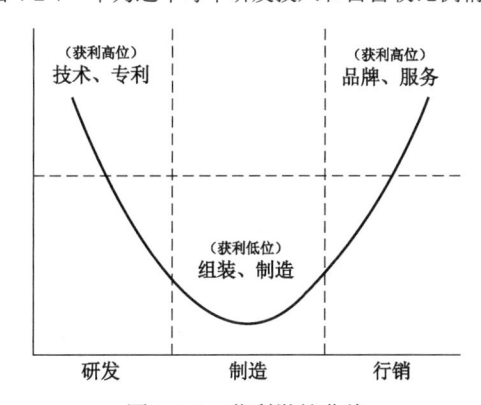

图 4-2-8 获利微笑曲线

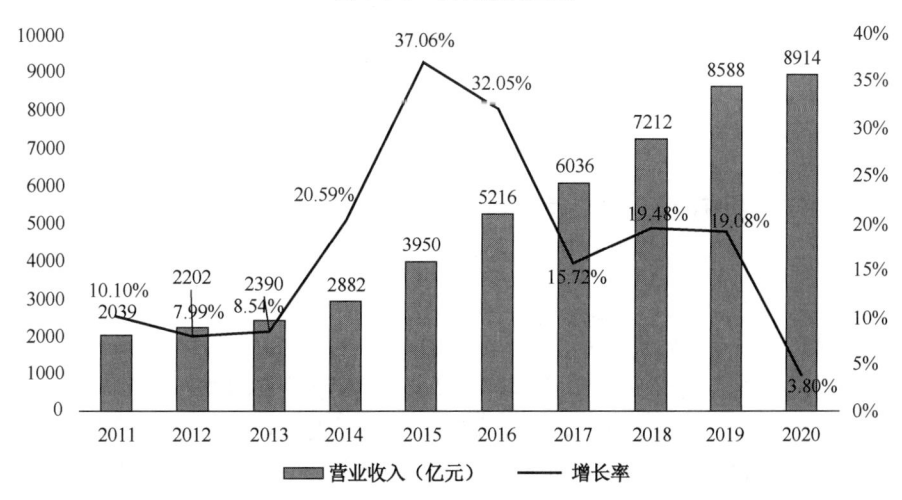

图 4-2-9 华为近年营收情况

三、杀鱼机：人人可创新，处处有创新

1. 创新的范围

如火如荼开展的大众创业、万众创新告诉我们这样一个简单而朴素的道理：创新人人可为，处处可为。很多人提到创新就想到"技术创新"，虽然这确实是创新的一个重要领域，但创新不单单是技术创新，创新也不只是技术人员、工程师、科学家的事，创新是全方位的，包括：技术创新、理念创新、管理创新、制度创新及思想内在的创新，其实说到根本上，就是人人都可创新、处处都有创新。

2. 杀鱼机

鱼是大家都很喜欢的一种食物，那么吃鱼前要先杀鱼，然后清除鱼鳞，还要开膛处理内脏等，专业杀鱼的工作人员平均处理一条鱼大约需要 2～3 分钟，这个过程很复杂，也很烦琐，而且去鳞的刷子容易碰到手从而使手受伤，很多杀鱼的工作人员都会想"如果有个机器杀鱼就方便了"。河南省许昌市的刘新营在买鱼的时候注意到了这个问题，所以他决定发明自动杀鱼机，来帮助鱼贩解决这个难题。刘新营经过大量的实验，克服了不少难题，最终成功地将杀鱼机研制出来了，并且这个机器还获得了发明专利，是我国首创的机器。这台杀鱼机有三道工序，第一道工序是将鱼送到入口，第二道工序是去除鱼鳞，第三道工序是将鱼剖开并清洗内腔后送出来。使用这台机器处理过的鱼和人工处理过的鱼一样干净，为鱼贩们节省了一笔雇佣工人的费用，而且也避免了清除鱼鳞容易受伤的危险。如图 4-2-10 所示为一款在售的杀鱼机。

图 4-2-10　一款在售的杀鱼机

4.2.3　全国大学生机械创新设计大赛

一、概述

1. 举办目的

全国大学生机械创新设计大赛（以下简称"大赛"）经教育部高等教育司批准成立大赛组委会，由教育部高等教育司发文举办，是全国理工学科重要的课外竞赛活动之一。举办大赛主要目的在于引导高等学校在教学中注重培养大学生的创新设计能力、综合设计能力与团队协作精神；加强学生动手能力的培养和工程实践的训练，提高学生针对实际需求进行创新思考、机械设计和制作等实际工作能力；吸引、鼓励广大学生踊跃参加课外科技活动，为优秀人才脱颖而出创造条件。大赛在促进高校创新实验室建设、拓展实践教学内容的深度与广度、提升教师

教学和工程实践能力、培养学生创新精神和实践能力、提高学校教学水平等方面发挥了积极的作用。目前,大赛已成为国内最具影响力、培养学生工程实践能力和综合素质效果显著的大学生竞赛项目。

2. 大赛发展历程

举办大赛的动议于 2002 年由教育部机械基础课程教学指导分委员会提出,2004 年举办了第一届大赛,大赛发展历程如表 4-2-1 所示。

表 4-2-1 大赛发展历程

时间	历程
2002 年	教育部机械基础课程教学指导分委员会提出举办大赛的动议
2003 年	教育部发文同意试办大赛
2005 年	教育部组建大赛组委会
2005 年	当时的教育部相关负责人表示:"机械很重要、设计很重要、创新很重要、大赛很重要、机械创新设计大赛很重要!"

时间	比赛地点	时间	比赛地点
2004 年	第一届大赛,南昌	2014 年	第六届大赛,沈阳
2006 年	第二届大赛,长沙	2016 年	第七届大赛,济南
2008 年	第三届大赛,武汉	2018 年	第八届大赛,杭州
2010 年	第四届大赛,南京	2020 年	第九届大赛,成都
2012 年	第五届大赛,西安	2022 年	第十届大赛,深圳(计划)

3. 历届大赛主题

历届大赛主题如表 4-2-2 所示。

表 4-2-2 历届大赛主题

时间	主题	内容
第一届	在一定范围内自选题目	仿生机器人、一般机器人、工业机械、民用产品
第二届	健康与爱心	助残、康复、健身、运动训练相关的机械
第三届	绿色与环境	环保、环卫、厨卫相关的机械
第四届	珍爱生命、奉献社会	在突发灾难中,用于救援、破障、逃生、避难的机械
第五届	幸福生活——今天和明天	休闲娱乐机械和家庭用机械
第六届	幻·梦课堂	教室用设备和教具
第七届	服务社会——高效、便利、个性化	用于钱币的分类、清点、整理;商品的包装;商品的载运及助力的机械
第八届	关注民生、美好家园	家庭用车停车机械装置;辅助人工采摘机械或工具
第九届	智慧家居、幸福家园	助老机械;智慧家居机械
第十届(计划)	自然·和谐	仿生机械;生态修复机械

4. 大赛举办情况

大赛以其"实物参赛、机电结合、系统训练、创新应用、科技创业"的突出特色,获得了全国高校机械类、近机类及工程类等专业广大师生高度赞誉和积极响应。截至 2021 年,大赛已成功举办九届,旨在培养大学生的创新设计能力、综合设计能力与团队协作精神。如图 4-2-11

所示为大赛的累计数据统计。

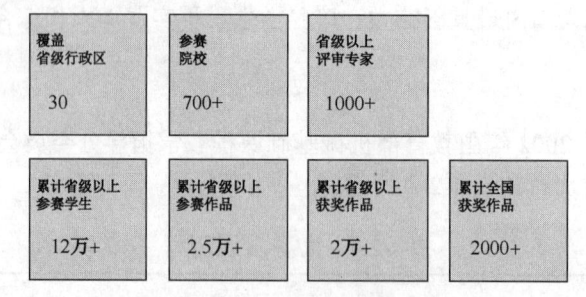

覆盖省级行政区	参赛院校	省级以上评审专家
30	700+	1000+

累计省级以上参赛学生	累计省级以上参赛作品	累计省级以上获奖作品	累计全国获奖作品
12万+	2.5万+	2万+	2000+

图 4-2-11 大赛的累计数据统计

二、实物参赛

大赛的参赛方式之一为实物参赛，参赛团队接到大赛发布的通知后，要根据大赛指定的主题和内容要求进行准备，完成参赛作品的设计、加工制造、装配调试、设计说明书的编写、展示视频的拍摄及现场展示答辩等环节，充分锻炼学生的各种能力。

四川工程职业技术学院非常重视该项比赛，组织师生团队积极参加、认真准备，并且近两届参加比赛都取得了非常好的成绩。如表 4-2-3 所示为四川工程职业技术学院（工院）参加最近两届大赛的参赛情况。如图 4-2-12 至图 4-2-15 所示为表中所列参赛团队和参赛作品的合影图片。

表 4-2-3 工院参加最近两届大赛的情况

参赛时间	参赛作品	参赛学生	指导老师	获奖情况
第八届（2018年）	斜列"跨越式"无避让增位停车装置	邓茂林、黄从宽、师霞、罗跃军、董珊	王会中、费国胜	全国一等奖
第九届（2020年）	老有所"倚"——自动升降折叠式如厕助力装置	辜英政、旷嘉玲、童瑞年、吴浩、向煊平	王会中、李海鹏	全国一等奖，中国"好设计"创意奖
	老有所助——多功能起坐座椅	陈南希、唐鑫、胡本莹、朱果、罗杰浩	王会中、曹素兵	全国一等奖，中国"好设计"创意奖
	辅助站立电动轮椅	董峻珲、王利波、刘红莉、叶鑫	孙勇、朱留宪	全国二等奖

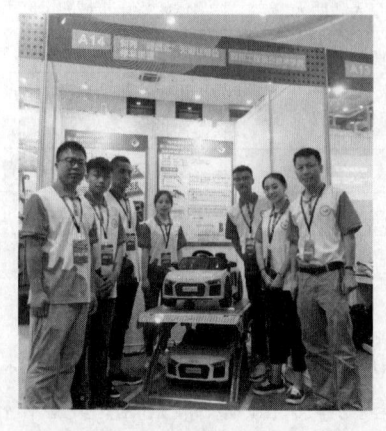

图 4-2-12 斜列"跨越式"无避让增位停车装置参赛团队

模块四　机电工程基础认知

图 4-2-13　老有所"倚"——自动升降折叠式如厕助力装置参赛团队

图 4-2-14　老有所助——多功能起坐座椅参赛团队

图 4-2-15　辅助站立电动轮椅参赛团队

三、慧鱼组竞赛

大赛不仅设有实物组竞赛，还设有慧鱼组竞赛，设慧鱼组竞赛的目的在于引导高等学校在教学中注重培养大学生的创新设计意识、综合设计能力与团队协作精神，加强学生动手能力的培养和工程实践的训练，利用大赛指定比赛用具"慧鱼创意组合模型"的特点，发挥高校"慧鱼创新"实验室平台优势，整合创新资源，提高学生通过创新思维进行机械设计和工艺制作的实际工作能力；吸引、鼓励广大学生踊跃参加科技创新活动，为优秀工程技术人才大量涌现和脱颖而出创造良好条件。如图 4-2-16 至图 4-2-19 所示为慧鱼组竞赛中的一些优秀获奖作品。

图 4-2-16　第三届大赛优秀获奖作品：中央空调通风管道清洁机器人

图 4-2-17　第六届大赛优秀获奖作品：多功能织布机

图 4-2-18　第八届大赛优秀获奖作品：小区智能停车装置

图 4-2-19　第九届大赛优秀获奖作品：智能化洗切一体机

项目三　模具的设计与制造

4.3.1　模具概述

模具是能生产出具有一定形状和尺寸要求的零件的生产工具，也就是通常人们说的模子，例如，电视的外壳、塑料桶等商品，是把塑料加热，注进模具冷却成型生产出来的；蒸饭锅也是由金属板材用模具压制成型的。我们生活中的绝大多数商品都涉及模具制造。

那么模具又是怎样做出来的呢？首先，模具设计人员根据产品（零件）的使用要求，把模具结构设计出来，绘出图纸，其次，由技术工人按图纸要求通过各种机械（如车床、刨床、铣床、磨床）的加工（包括电火花、线切割）做好模具包含的每个零件，然后将其组装、调试，直到合格。制造模具需要掌握很全面的知识和很高超的技能，模具做得好，产品质量也比较有保证；模具结构合理，会使生产效率高，工厂效益好。

一、模具的作用

1. 模具是基础工艺装备

模具是制造业的重要基础工艺装备，工业大批量生产和新产品开发都离不开模具，用模具进行生产所达到的四高二低（高精度、高复杂程度、高一致性、高生产率、低耗能、低耗材）使模具在制造业中的地位越来越重要。

2. 大多数零件需要借助模具成型

人们常见的工业产品中，有 60%～90% 的工业产品涉及模具成型。模具精度低，则产品质量差，模具寿命低，则产品成本高。模具制造行业已成为技术密集型和资金密集型行业，它与高新技术已成为相互依托的关系，一方面，模具直接为高新技术产业化提供不可缺少的装备，另一方面，模具的制造大量采用高新技术，因此模具制造已成为高新技术产业的重要组成部分。模具成型的快速、优质、低耗、环保体现了国家可持续发展的战略和科学发展观。据国外统计资料显示，模具制造行业的发展可带动其相关行业发展的比例大约为 1:100，即模具制造行业产值增加 1 亿元，可带动相关行业产值增加 100 亿元。2005 年，我国模具制造行业的模具销售总额约 610 亿元，可见，模具制造行业的发展对国民经济的贡献是巨大的。

二、模具的结构和分类

1. 结构

模具属于精密机械产品，它主要由机械零件和机构组成，如成型工作零件、导向零件、支撑零件、定位零件等及送料机构、抽芯机构、推件机构、检测与安全机构等。

2. 分类

根据使用模具进行加工的工艺性质和作用对象，将常用模具分为九大类，各大类模具又可根据模具结构、材料、使用功能和模具制造方法等继续细分。模具的分类如图4-3-1所示。

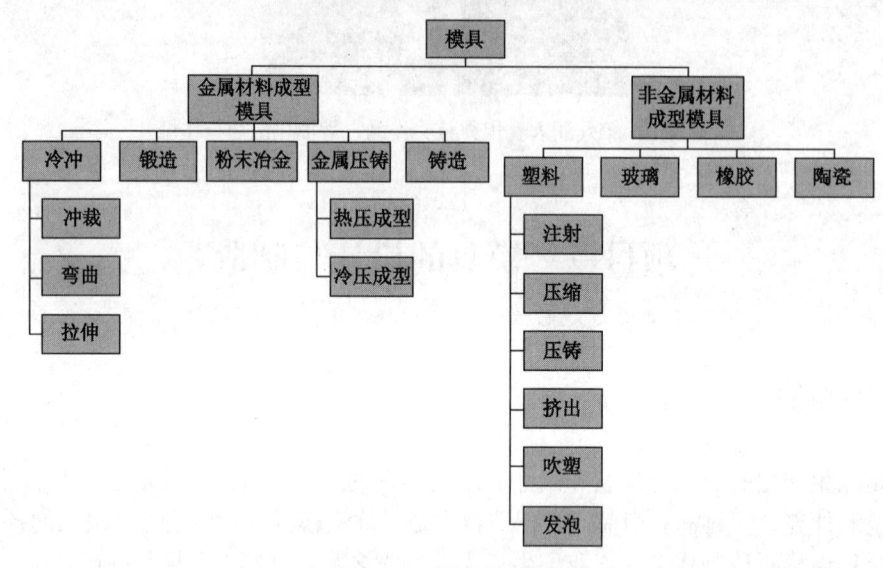

图4-3-1 模具的分类

三、模具材料的选择

模具的选材不仅要满足耐磨性、强韧性好等工作需求，还要在满足工艺要求的基础上追求更佳的经济适用性。

1. 按工作条件选择

1）耐磨性

坯料在模具型腔中进行塑性变形时，沿型腔表面既流动又滑动，使型腔表面与坯料间产生剧烈的摩擦，严重时可导致模具因磨损而失效。所以模具材料的耐磨性是模具最基本、最重要的性能之一。

硬度是影响模具耐磨性的主要因素。一般情况下，模具零件的硬度越高，磨损量越小，耐磨性也越好。另外，耐磨性还与材料中碳化物的种类、数量、形态及分布有关。

2）强韧性

模具的工作条件大多十分恶劣，有些常承受较大的冲击负荷，从而易导致脆性断裂。为防止模具零件在工作时突然脆断，要求模具具有较高的强度和韧性（合称强韧性）。模具的韧性主要取决于模具材料的含碳量、晶粒度及组织状态。

3）抗疲劳断裂性能

模具工作过程中，在循环应力的长期作用下，往往导致疲劳断裂。其形式有小能量多次冲击疲劳断裂、拉伸疲劳断裂、接触疲劳断裂及弯曲疲劳断裂。模具的抗疲劳断裂性能主要取决于其强度、韧性、硬度，以及材料中夹杂物的含量。

4）高温性能

当模具的工作温度较高时，会使硬度和强度下降，导致模具因磨损过量或产生塑性变形而失效。因此，模具材料应具有较高的抗回火稳定性，以保证模具在工作温度下，具有较高的硬度和强度。

5）耐冷热疲劳性能

有些模具在工作过程中处于反复加热和冷却的状态，使型腔表面受拉、压应力的交替作用，易引起表面龟裂和剥落，增大摩擦力，阻碍塑性变形，降低了尺寸精度，从而导致模具失效。冷热疲劳是热作模具失效的主要原因之一，因此，要求这类模具具有较高的耐冷热疲劳性能。

6）耐蚀性

有些模具（如塑料成型模具）在工作时，由于塑料中存在氯、氟等元素的化合物，这些化合物受热后析出 HCl、HF 等强侵蚀性气体，侵蚀模具型腔表面，加大其表面粗糙度，加剧磨损，因此，加工此类坯料的模具应具有较好的耐蚀性。

2. 按工艺性能选择

模具的制造一般都要经过锻造、切削加工、热处理等几道工序。为保证模具的制造质量，降低生产成本，其材料应具有良好的可锻性、退火工艺性、切削加工性、氧化及脱碳敏感性、淬硬性、淬透性及可磨削性，而且淬火变形开裂倾向小。

1）可锻性

可锻性好，意味着具有较低的热锻变形抗力，塑性好，锻造温度范围宽，锻裂冷裂及析出网状碳化物倾向小。

2）退火工艺性

退火工艺性好，意味着球化退火温度范围宽，退火硬度低且波动范围小，球化率高。

3）切削加工性

切削加工性好，意味着切削量大，刀具损耗低，加工表面粗糙度低。

4）氧化及脱碳敏感性

氧化及脱碳敏感性好，意味着高温加热时抗氧化性能好，脱碳速度慢，对加热介质不敏感，产生麻点倾向小。

5）淬硬性

淬硬性好，意味着淬火后具有均匀而高的表面硬度。

6）淬透性

淬透性好，意味着淬火后能获得较深的淬硬层，采用缓和的淬火介质就能淬硬。

7）淬火变形开裂倾向

淬火变形开裂倾向小，意味着常规淬火体积变化小、开裂敏感性低，形状翘曲、畸变轻微，异常变形倾向小，以及模具材料对淬火温度及成型形状不敏感。

8）可磨削性

可磨削性好，意味着砂轮相对损耗小，无烧伤极限磨削用量大，对砂轮质量及冷却条件不敏感，不易发生磨伤及磨削裂纹。

3. 根据经济适用性选择

在给模具选材时必须考虑经济适用性，尽可能地降低制造成本。因此，在满足使用性能的前提下，首先选用价格较低的，能用碳钢就不用合金钢，能用国产材料就不用进口材料。

另外，在选材时还应考虑市场的生产和供应情况，所选钢种应尽量少而集中，易购买。

四、模具制造加工的发展趋势

模具是成型生产必需的工艺装备,过去的模具设计主要靠技术人员的经验,模具的加工、制造在很大程度上依靠工人的操作技能,因此,模具设计水平低、加工质量差、生产周期长、使用寿命短,导致产品的更新换代会因模具问题而受到干扰。随着塑料成型技术的不断发展,模具的重要性日益被人们所认识,甚至有人提出"没有模具就没有产品"的论断。近十年来,国内外塑料成型加工行业都在改进和提高模具设计和制造技术,在此方面投入了大量的资金和研究力量,取得了许多成果,简述如下。

1. 模具加工技术的革新

为提高模具的加工精度,缩短模具加工制造周期,模具制造行业已经广泛应用仿形加工(如电加工、数控加工)等先进技术,以及坐标镗、坐标铣、坐标磨和三坐标测量机等精密加工技术和设备。

2. 各种新材料的广泛应用

在模具设计与制造过程中,模具材料的选用是一个非常重要的问题。材料选择是否合理,将直接影响模具的加工成本、使用寿命及生产出的产品的质量。目前,许多使用性能良好、加工性能好、热处理变形小的新型模具钢,如预硬钢、新型淬火回火钢、马氏体时效钢、析出硬化钢和耐腐蚀钢等已被开发出来,使用效果良好。

3. 模具零部件的设计标准化和生产专业化程度越来越高

模具加工是典型的单件多品种生产过程。模具零部件的设计标准化和生产专业化是缩短模具加工周期,降低模具生产成本的重要方法之一。

据国外统计,对标准化的模具零部件进行专业化生产后,降低模具成本50%,各发达国家对模具零部件的标准化和专业化非常重视,美国和日本的模具标准化程度已达70%,专业化生产程度分别为90%和70%。与之相比,国内模具标准化程度只有20%左右,专业化生产起步不久,但有关部门正加强这方面工作。

4. CAD/CAM技术应用日益普遍

目前国内外都正在广泛地进行塑料模具CAD/CAM技术研究,并且开发出不少软件系统,这些软件系统已经在挤出和注射成型中得到应用。就注射模CAD/CAM技术而言,利用CAD技术,可使计算机在人的干预下,自动完成对塑料制品的工艺分析、成型过程中塑料熔体的流动分析和热分析,以及有关注射模的各种计算、设计和绘图工作;利用CAM技术,可使计算机在人的干预下,控制数控机床自动完成模具零件的加工任务;如果将CAD、CAM技术一体化,则整个注射模的设计和加工制造工作都可以在人的参与下,由计算机自动完成。注射模CAD/CAM技术在工业发达国家应用较普遍,市场上有商品化的系统软件出售,国内在这方面也进行了不少研制开发工作,取得了一些成果,但在该技术的应用和推广方面与国外相比还有一定的差距,有待于进一步改进和完善。

4.3.2 塑料模具

一、概述

1. 定义

塑料模具是塑料加工工业中和各自塑料成型机配套使用,赋予塑料制品以完整结构和精确尺寸的工具。由于塑料品种和加工方法繁多,塑料成型机和塑料制品的结构又繁简不一,所以,塑料模具的种类和结构也是多种多样的。

2. 作用

塑料模具是一种生产塑料制品的工具，以其中的一种——注射模具为例，注射模具由动模和定模两部分组成，动模安装在注塑成型机的移动工作台面上，定模安装在注塑成型机的固定工作台面上。在注射成型时，动模与定模闭合构成浇注系统和型腔，熔融塑料被注入型腔内，并在型腔内冷却成型，此后将动模和定模分开，由顶出系统将塑料制品从型腔中顶出，之后就可以将模具再闭合，进行下一次注塑，整个注塑过程是循环进行的。

现在塑料产品在我们的生活中使用得越来越广泛，很多人对塑料产业有着浓厚的兴趣，但对这个产业知之甚少。下面简要介绍我国塑料产业的发展趋势和现状。

3. 我国塑料产业现状

（1）原材料。生产塑料的原材料来源丰富，成本低，成型加工容易，生产效率高，组件质量轻，强度高，耐磨性、自润滑性、耐腐蚀性、电绝缘性好。塑料应用广泛，可用于工业和农业生产、航空、航天、高速铁路等。

（2）塑料的使用。2020 年 1 月，国家发展和改革委员会和生态环境部发布了关于进一步加强塑料污染治理的指导性文件，根据文件精神，各地市场监督部门进行了塑料产品质量监督检查，以确保塑料产品的使用符合国家相关部门的要求。

（3）增长稳定。近年来，我国塑料产业保持稳定增长，但 2018 年塑料产业的产值出现了明显下降，这与政府政策导向有关。例如，2017 年开始的环境保护调查，使得产业下游小工厂、不合格企业相继被取缔和关闭，政府对塑料产品使用的限制也限制了塑料产品产量的增加。

（4）塑料制品生产企业聚集在沿海地区。

（5）目前，中国塑料产业正处于转型升级的关键阶段。

4. 我国塑料产业的发展趋势

1）塑料制品市场完全竞争和错位发展并存

在东南部沿海地区，塑料制品生产企业集群已进入技术主导、质量取胜、产品升级的发展阶段，未来主要负责带动技术创新和产业升级。在中西部地区，塑料制品生产企业具有比较成本优势，最近中西部地区塑料产业产量平均增长率高于东南部沿海地区，国内塑料产业逐步向中西部地区转移的趋势不可避免，但产业转移需要经历较长的阶段。

2）塑料产业面临着发展机遇

近年来，随着塑料材料研究的进一步突破，改性工程塑料的材料性能越来越优秀，塑料零件的应用开始向航空航天、新能源、先进制造等领域扩展，有非常广阔的发展前景。与此同时，塑料产业在智能家居设备、物联网设备等新兴产业领域也逐渐与其他产业实现交叉融合。今后，塑料产业下游应用领域的扩大将进一步推动上游企业不断开发新产品，以适应市场发展，给行业带来巨大的发展机遇。

随着中国成为世界上的塑料产品主要消费国，国内塑料产业面临着飞速发展的机遇。在今后进一步发展的过程中，塑料产业将依靠自主创新、集成创新和产业基础水平的整体提高来支持产业的可持续发展。

二、塑料模具制造行业的发展现状及前景分析

1. 发展现状

随着塑料产业的飞速发展，以及通用塑料与工程塑料在强度等方面的不断提高，塑料制品的应用范围也在不断扩大，塑料产品的用量也正在上升。

据了解，我国模具制造总量中塑料模具的占比可达 30%，预计在未来塑料模具制造行业中，塑料模具占模具总量的比例仍将逐步提高，且发展速度将快于其他模具。

2. 前景分析

塑料模具制造看上去可能并不起眼，然而据统计，2020 年，国内塑料模具全年产值达 534 亿元人民币，是不是听起来很惊人？塑料模具制造行业的飞速发展，拉动了塑料模具档次的提高，精良的塑料模具制造装备为塑料模具制造技术水平的提升提供了保障。

我国塑料模具在高技术驱动和支柱产业应用需求的推动下，形成了一个巨大的产业链条，从上游的原、辅材料加工及检测到下游的工业机械、车辆、家电、通信设备、建筑建材等几大应用领域，塑料模具的发展展现出一片生机。

随着塑料产业的发展，塑料制品的复杂性、精度等越来越高，对塑料模具也提出更高要求。对于制造复杂、精密度要求高和有腐蚀性的塑料制品，可采用预硬钢（如 PMS）、耐蚀钢（如 PCR）和低碳马氏体时效钢（如 18Ni-250）制作塑料模具，这些材料均具有较好的切削加工、热处理和抛光性能，以及较高的强度。此外，在选择材料时还须考虑防止擦伤与胶合，例如，若两表面存在相对运动的情况，则两表面应尽量避免选择组织结构相同的材料，特殊状况下可将一表面施镀或氮化，使两表面具有不同的表面结构。

三、塑料模具的分类

1. 按成型材料分类

1）热固性塑料模具

采用热固性塑料模具加工的成型材料多为粉末状，如以酚醛、三聚氰胺甲醛、有机硅、聚邻苯二甲酸二烯丙酯等为主要成分的模塑料或模塑粉。其制品具有耐热、绝缘、防腐和机械性能好的特点，广泛用于机械仪表、电器、汽车等的绝缘件和零件等。

2）热塑性塑料模具

热塑性塑料是应用最广的塑料，其材料以热塑性树脂为主要成分，辅以各种助剂配制而成。在一定的温度条件下，热塑性塑料能软化或熔融成任意形状，冷却后形状不变；这种转化是一种物理变化，可多次反复发生。热塑性塑料广泛用于汽车工业、电子电器、生活用品、建筑建材等。

2. 按成型工艺分类

1）压缩模具

压缩模具如图 4-3-2 所示。压缩模具的使用方法包括紧缩成型和压注成型两种，都是直接在型腔内加料并加压加热以制造塑料制品的。压缩模具主要用来成型热固性塑料，其对应的设备是压力成型机。

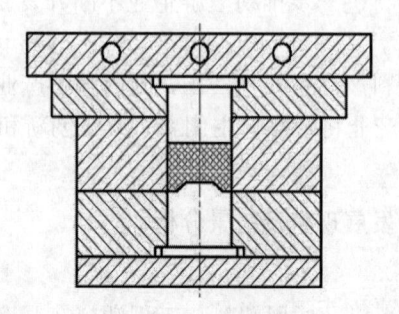

图 4-3-2 压缩模具

紧缩成型方法根据塑料特性，将模具加热至成型温度（通常在 103℃～108℃），然后将计量好的压塑粉放入模具型腔和加料室，闭合模具，压塑粉在高热、高压作用下变软，经一定时间后固化，成为所需制品。

压注成型与紧缩成型不同之处在于：进行压注成型时，有单独的加料室，成型前模具先闭合，压塑粉在加料室内完成预热呈黏流态，在压力作用下经调整并被挤入模具型腔，再硬化成型。

紧缩成型法也被用来使某些特殊的热塑性塑料成型，如难以熔融的热塑性塑料（如聚氟乙烯）坯料（冷压成型）、纤细发泡的硝酸纤维素等。

2）压注模具

压注模具如图 4-3-3 所示。压注模具主要由型腔、加料腔、导向机构、推出机构、加热系统等组成，普遍用于元器件封装等方面。

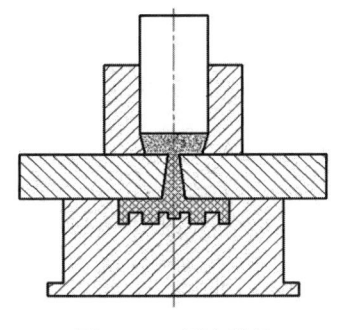

图 4-3-3　压注模具

3）注射模具

注射模具如图 4-3-4 所示，主要用于热塑性塑料成型，注射模具对应的加工设备是注塑成型机，塑料首先在注塑成型机底加热料筒内受热熔融，然后在注塑成型机的螺杆或柱塞推进下，经注塑成型机喷嘴和模具的浇注系统进入模具型腔，再冷却硬化成型。注射模具通常由成型部件、浇注系统、导向部件、推出机构、调温系统、排气系统、支撑部件等组成。制造注射模具常用的材质为碳素结构钢、碳素工具钢、合金工具钢、高速钢等。用注射模具加工出的塑料制品在我们的生活中十分常见，从生活日用品到各类复杂的电器、交通工具零件等都与注射模具加工分不开，它是生产塑料制品运用最多的加工模具。

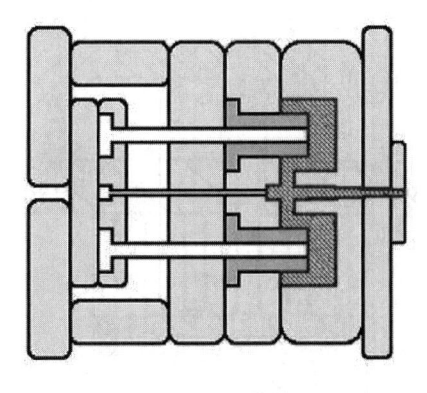

图 4-3-4　注射模具

3. 按模具装卸方式分类

1）移动式模具

移动式模具如图 4-3-5 所示，适用于小批量中小型坯料的成型；以及形状复杂、嵌件多、加料困难的情况。

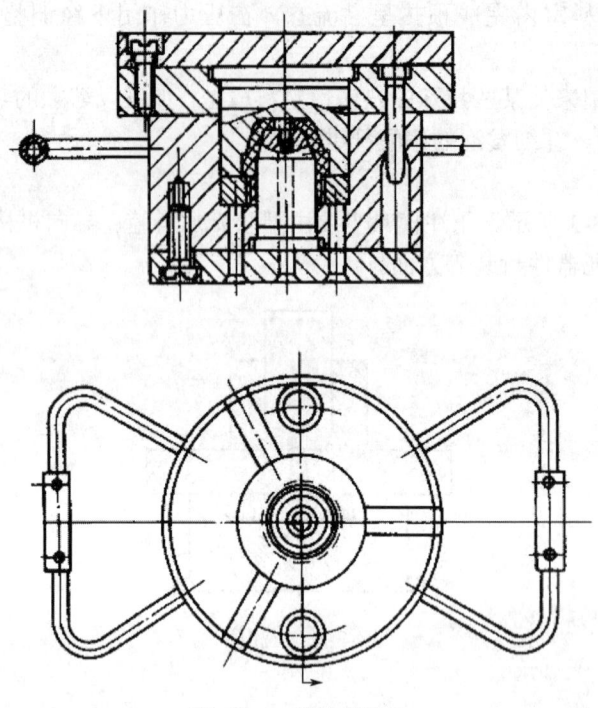

图 4-3-5　移动式模具

2）固定式模具

固定式模具如图 4-3-6 所示，适用于各种批量、各种尺寸的坯料成型，但不适用于嵌件较多的情况。

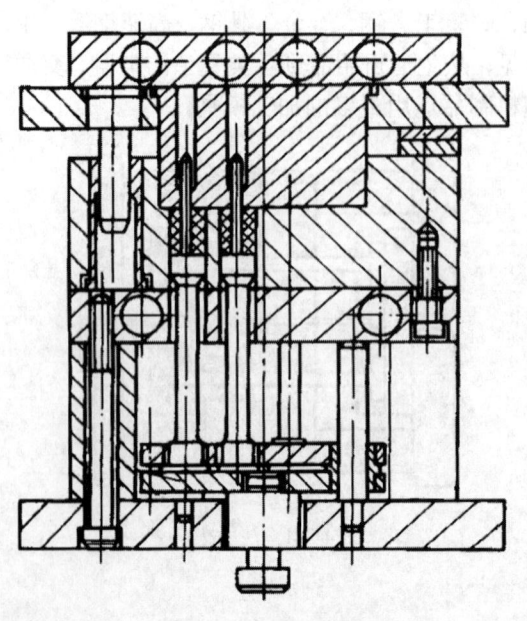

图 4-3-6　固定式模具

4. 按型腔数目分类

1）单型腔模具

单型腔模具如图 4-3-7 所示，一般用于大型坯料的成型，以及嵌件较多或试制等情况。

2）多型腔模具

多型腔模具如图 4-3-8 所示，一般用于尺寸较小、批量较大的坯料成型。

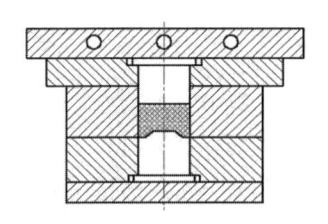

图 4-3-7　单型腔模具　　　　　　图 4-3-8　多型腔模具

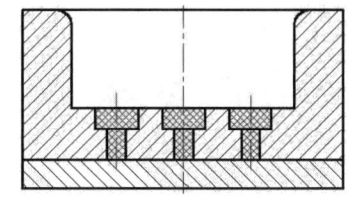

5. 按分型面特征分类

分型面是模具中可以被分开的部分的结合面。

1）水平分型面模具

此类模具的分型面与压机工作台面平行，与合模方向垂直。

2）垂直分型面模具

此类模具的分型面与压机工作台面垂直，与合模方向平行。

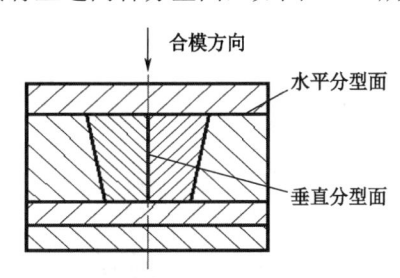

3）水平、垂直分型面模具

水平、垂直分型面模具具有上述两种分型面，如图 4-3-9 所示。

图 4-3-9　水平、垂直分型面模具

四、塑料模具的基本结构

塑料模具由定位环、隔模、顶针、顶板、模芯等组成，如图 4-3-10 所示。

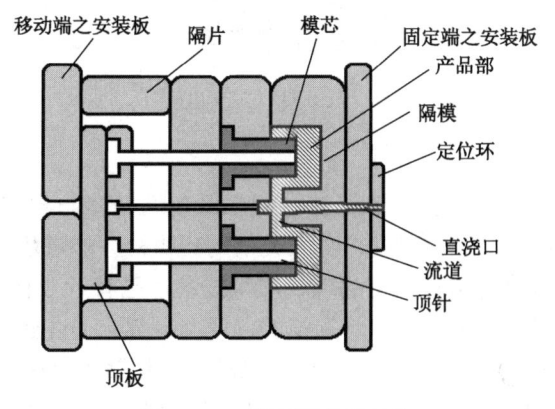

图 4-3-10　塑料模具的结构

1. 主要零部件
1）成型零件
成型零件是直接与坯料接触的、决定成品形状和尺寸精度的零件（凹模或型腔、凸模、型芯）。
2）结构零件
结构零件在模具中起安装、定位、导向、装配等作用。
3）模架
模架是合模导向与支撑机构。
2. 部分塑料模具基本组成
1）注射模具
（1）动模。动模是安装在注塑成型机移动工作台面上的那一半模具，可随注塑成型机做开合运动。
（2）定模。定模是安装在注塑成型机固定工作台面上的那一半模具。
2）压缩模具
（1）上模。上模是安装压力成型机上工作台面上的那一半模具。
（2）下模。下模是安装压力成型机下工作台面上的那一半模具。

4.3.3　冷冲压模具

一、概述

1. 冷冲压的概念

冷冲压是指在常温下，利用冷冲压模具在压力机上对金属材料施加压力，使其产生塑性变形或分离，以获得所需形状和尺寸的工件的一种压力加工方法，常简称为冲压，相应的冷冲压模具也简称为冲压模具。压力机如图 4-3-11 所示。

图 4-3-11　压力机

2. 冲压技术

冲压技术是一种具有悠久历史的加工方法和生产制造技术。根据文献记载和考古文物证明，我国古代的冲压技术走在世界前列，在人类早期文明社会的进步中发挥了重要的作用。

利用冲压机械和冲压模具进行加工的现代冲压技术，已有近二百年的发展历史。1839 年英国成立了 Schubler 公司，这是早期颇具规模的、现今世界上最先进的冲压加工公司之一。

从学科角度看，到本世纪 10 年代，冲压技术已经从从属于机械加工或压力加工技术的地位，发展成为了一门具有自己理论基础的应用技术。俄罗斯从前苏联时期开始就设有各类冲压技术学校。日本也有冲压工学之说。中国也有冲压工艺学、薄板成型理论方面的教材及专著。可以认为这一技术现已形成了比较完整的知识系统。

冲压技术中的冲压模具是制造业的重要基础工艺装备。现在，模具制造技术已成为衡量一个国家产品制造水平的重要标志之一。"没有高水平的模具就没有高水平的产品"已成为共识。就工程制造而言，进入20世纪80年代后，由于世界各国经济的高速发展和国民生活水准的大大提高，人们对汽车、家用电器、住宅等的需求与日俱增，促进了冲压技术的快速发展，同时也就对模具制造技术提出了更高的要求。计算机技术的广泛而有效的应用，不仅促进了冲压技术的理论深入发展，而且使冲压机械、模具的技术水平及操作的自动化程度都达到了更高的阶段。由此我们不难看出，计算机技术在当今模具设计、制造中起着尤为关键的作用。如今，冲压技术已发展成为了一种先进制造技术。当然，冲压技术（分为分离加工和成型加工两大类）无论从理论上还是实践上仍会不断向前发展。

3. 冲压模具

1）冲压模具的概念

冲压模具是在冲压加工中，将材料（金属或非金属）加工成零件（或半成品）的一种特殊工艺装备，俗称冷冲模，如图4-3-12所示。

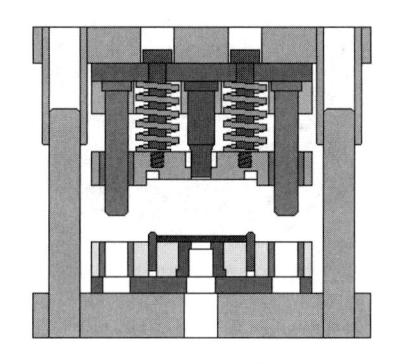

图4-3-12　冲压模具

2）冲压模具的发展

目前，我国的冲压技术与工业发达国家相比还相当落后，具体体现在我国冲压模具在寿命、效率、加工精度、生产周期等方面与工业发达国家的冲压模具相比差距相当大，主要原因是我国在冲压基础理论、成型工艺、模具标准化、模具设计、模具制造工艺及设备等方面与工业发达国家相比尚有相当大的差距。

随着工业产品质量的不断提高，冲压加工正向着多品种、小批量、复杂化、精密化发展，且更新换代速度快，冲压模具正向高效、精密、寿命长、大型化方向发展。为适应市场变化，随着计算机技术和制造技术的迅速发展，冲压模具设计与制造技术正由手工、依靠人工经验和常规机械加工技术向以计算机辅助设计（CAD）、数控切削加工、数控电加工为核心的计算机辅助设计与制造（CAD/CAM）技术转变。

3）冲压模具的应用

冲压模具在现代工业生产中占有十分重要的地位，是国防工业及民用工业生产中必不可少的加工工具，特别是在批量生产中得到了广泛的应用。

4. 冲压三要素

在冲压加工中，合理的冲压成型工艺、先进的模具、高效的冲压设备是必不可少的三要素。

5. 冲压加工的特性

冲压加工必须采用相应的冲压模具，而冲压模具是技术密集型产品，其制造属单件小批量生产，具有加工难、加工精度高、技术要求高、生产成本高（约占产品成本的10%~30%）的特点。所以，只有在冲压制品生产批量大的情况下，冲压加工的优点才能充分体现，从而获得好的经济效益。

（1）冲压加工生产率高和材料利用率高，如图4-3-13所示为高速压力机的工作场景示意图。

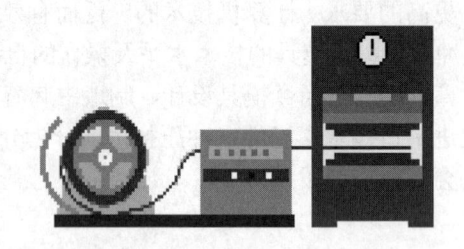

图4-3-13 高速压力机的工作场景示意图

（2）冲压模具加工精度高、技术要求高、生产成本高，如图4-3-14所示为精密冲压模具。

图4-3-14 精密冲压模具

（3）冲压加工生产出来的工件精度高、复杂程度高、一致性高，如图4-3-14所示为冲压工件。

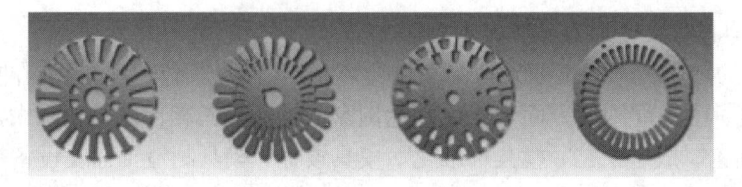

图4-3-15 冲压工件

二、冲压的基本工序

如图4-3-16所示为一些常见的冲压零件。

图4-3-16 一些常见的冲压零件

1. 分离工序
1）分离工序定义
分离工序指冲压加工过程中使坯料与板料沿一定的轮廓相互分离的工序。
2）分离基本工艺
分离基本工艺有冲孔、落料、切断、切口、切边、剖切、整修等，如图 4-3-17 所示为冲孔与落料后的坯料，如图 4-3-18 所示为冲孔与剖切后的坯料。

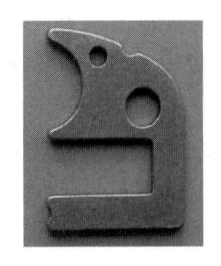

图 4-3-17　冲孔与落料后的坯料

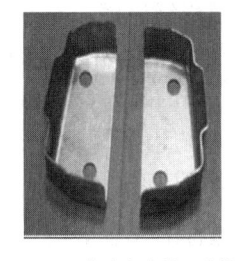

图 4-3-18　冲孔与剖切后的坯料

2. 成型工序
1）成型工序的定义
成型工序指使坯料在不破裂的条件下产生塑性变形，从而获得一定的形状、尺寸和精度。
2）塑性成型基本工艺
塑性成型基本工艺有弯曲、拉深、成型、冷挤压等。

三、冲压模具的类型

1. 根据工艺性质分类
1）冲裁模具
冲裁模具简称冲裁模，是沿封闭或敞开的轮廓线使坯料分离的模具，如落料模、冲孔模、切断模、切口模、切边模、剖切模等。
2）弯曲模具
弯曲模具简称弯曲模，是使板料毛坯或其他坯料产生弯曲变形，从而获得一定角度和形状的工件的模具。
3）拉深模具
拉深模具简称拉深模，是把板料毛坯制成开口空心件，或使空心件进一步改变形状和尺寸的模具。
4）成型模具
成型模具简称成型模，是将坯料或半成品工件按凸、凹模的形状直接复制成型，而坯料或半成品工件本身仅产生局部塑性变形的模具，如胀形模、缩口模、扩口模、起伏成型模、翻边模、整形模等。

2. 根据工序组合程度分类
1）单工序模具
单工序模具是在压力机的一次行程中，只完成一道冲压工序的模具。单工序模具适合冲压外形尺寸较大、形状简单或形状虽然复杂但可用多套模具分步加工的工件。
单工序模具结构简单，制造成本较低，但工件精度难以得到保证，且所用设备及需要的操作人数较多，生产效率低。

2）复合模具

复合模具是只有一个工位，在压力机的一次行程中，在同一工位上同时完成两道或两道以上冲压工序的模具。

复合模具适合冲压较简单的工件，工件精度高，生产效率高，但复合模具结构复杂，制造困难。

3）级进模具

级进模具简称级进模（也称连续模），即在坯料的送进方向上，具有两个或更多的工位，在压力机的一次行程中，在不同的工位上逐次完成两道或两道以上冲压工序的模具。级进模具适合冲压尺寸较小的工件，也可以冲压形状复杂的工件。

用级进模具冲压，工件精度比较有保证，易于实现自动化生产，生产效率高，但级进模具结构较复杂，制造成本较高。

四、冲压过程的注意事项

（1）架模时一定要保持水平，上下模面和冲床台的接触面要干净、无杂物。

（2）生产中内外导柱要加润滑油，确保导套孔内无废料和杂物。模具的滑块部位要加润滑油。

（3）生产中要注意模具表面不可有废料及杂物。

（4）注意要给模具工作部位加油（冲压油、拉伸油等）。

（5）不可以冲压双片产品（若采用级进模具，应注意出料状况）。

（6）坯料一定要放到指定的位置，并注意毛边面和产品的正反面要放对。

（7）要持续地根据坯料状态了解模具状况。

（8）要持续地根据工作声响了解模具状况。

五、冲压加工中的常见问题

（1）冲孔、切边时出现毛边。

（2）堵料。

（3）跳废料。

（4）出料或取料不顺。

（5）尺寸不稳定。

（6）工件外观出现拉伤、打点、划伤等缺陷。

项目四　机械加工技术

4.4.1　钳工技术

钳工主要负责零件切削加工、机械设备装配和机械设备维修的手工作业，是机械制造业中的重要工种。

钳工操作是机械制造业中最古老的加工技术。各种金属切削机床的发展和普及，虽然逐步使大部分钳工操作实现了机械化和自动化。但在机械制造过程中钳工操作仍是广泛应用的基本技术,究其原因,一是划线、刮削、研磨和机械装配等钳工操作,至今尚无适当的机械化设备可以全部代替,二是某些精密的样板、模具、量具及配合表面(如特殊导轨面和特殊轴瓦面等),仍需要依靠工人的手艺进行精密加工;三是在单件/小批量生产、修配工作或缺乏设备的条件下,采用钳工操作的方式制造某些零件仍是一种经济适用的方法。

一、钳工工作任务

钳工经常在钳台或一些大型平台上完成零件加工和装配任务。其基本工作任务如下:

(1)零件加工。对坯料或精密零件进行划线、锯削、锉削、钻孔、攻螺纹等加工或不能在机械上完成的加工,如特种样板制作及零件配作、刮削、研磨等。

(2)装配。根据技术要求将机器中的零件进行连接、配作、装配,形成部件,以及通过安装、调整、检验和试车等工作使其成为合格的产品。

(3)设备维护保养和修理。机械设备在使用过程中经常需要进行维修保养工作,例如,对经常磨损的机件进行恢复精度的修理;或在生产中对出现故障的设备进行排故修理,保证设备的正常运行等。

(4)工具、工艺装备的制造和修理。对机械加工过程需要的专用工具、夹具、模具及生产过程需要的专用设备的修理和制造等。

(5)生产设备的安装、调试、验收等。

二、钳工常用设备

1. 钳台

钳台的高度一般为 800~900mm,为了提高锉削效能、减少体力消耗和疲劳,应根据具体工人身高选择高度适合的钳台。钳台如图 4-4-1 所示。

图 4-4-1 钳台

2. 台虎钳

台虎钳是用来夹持工件的通用夹具,其规格以钳口的宽度来表示,常用的有 100mm、125mm、150mm 等。台虎钳有固定式和回转式两种,其结构基本相同。固定式台虎钳刚性好,能承受较大的冲击载荷;回转式台虎钳钳身可沿底座轴线任意回转,便于零件任意角度的加工。回转式台虎钳如图 4-4-2 所示。

图 4-4-2 回转式台虎钳

3. 钻床

钻床是一种常用的孔加工机床。在钻床上可装夹钻头、扩孔钻、锪钻、铰刀及丝锥等刀具，用来进行钻孔、扩孔、锪孔、铰孔及攻螺纹等工作。因此，钻床是钳工所需要的主要设备。常用的钻床有台式钻床、立式钻床和摇臂钻床3种。

1）台式钻床

台式钻床简称台钻。它是一种体积小巧、操作简便、通常安装在专用工作台上的小型孔加工机床。台式钻床如图4-4-3所示。

2）立式钻床

立式钻床一般用来钻削中小型工件上的较大孔，钻孔直径大于或等于13 mm。立式钻床的结构较台式钻床完善，功率较大，又可实现机动进给，因此可以获得较高的生产效率和较高的加工精度。同时，它的主轴转速和机动进给量都有较大的调节范围，可适用于不同材料的加工，以及进行钻、扩、铰及攻螺纹等多种方式的孔加工。立式钻床如图4-4-4所示。

图4-4-3 台式钻床

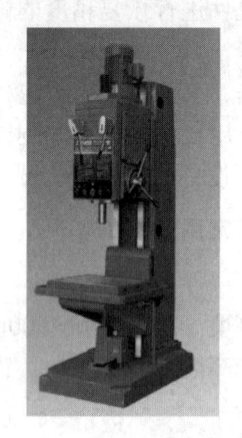

图4-4-4 立式钻床

3）摇臂钻床

摇臂钻床适用于对单件、小批量或中批量生产的中型件和大型件进行各种孔加工。由于它是靠移动主轴来对准工件上孔中心的，因此使用摇臂钻床比使用立式钻床方便。摇臂钻床的主轴变速箱能在摇臂上进行较大范围的移动，而摇臂能绕立柱回转360°，并可沿立柱上下移动；因此，摇臂钻床能在很大范围内工作。加工时将工件压紧在工作台上，也可直接放在底座上。摇臂钻床的主轴转速范围和走刀范围都很小，可获得较高的生产效率及加工精度。摇臂钻床如图4-4-5所示。

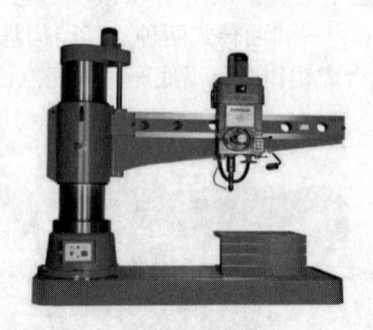

图4-4-5 摇臂钻床

4. 砂轮机

砂轮机主要用来磨削各种刀具和工具，如錾子、钻头、刮刀、车刀及铣刀等，还可用来磨去工件或材料上的毛刺、锐边等。砂轮机主要由砂轮、电动机、机座、托架及防护罩组成。砂轮机如图 4-4-6 所示。

图 4-4-6　砂轮机

三、钳工基本操作

钳工涉及的操作项目繁多，这里简要讲解划线、锯削、锉削及錾削。

1. 划线

1) 划线的定义

根据图样的尺寸要求，用划线工具在坯料或半成品工件上划出待加工部位的轮廓线或基准点、线的操作，称为划线。单件生产和中小批量生产中的铸锻件坯料和形状比较复杂的工件，在切削加工前通常需要划线。

2) 划线的分类

划线一般分为平面划线和立体划线两种。平面划线是在工件或坯料的一个平面上划线，例如，在板料上划线就属于平面划线。立体划线是平面划线的复合，是在工件或坯料的几个表面上划线，即在长、宽、高 3 个方向上划线。例如，加工箱体工件前划出加工界限，就属于立体划线。

3) 划线的工具

划线的工具有很多，按用途分为基准工具、量具、直接划线工具及夹持工具等。划线平台是基准工具，如图 4-4-7 所示。工件划线一般在划线平台上进行。直接划线工具包括划针、划卡、划规、样冲等，如图 4-4-8 所示。划针用于划直线，划卡用于卡取尺寸，划规用于划圆弧，样冲用于冲眼。量具包括高度游标卡尺、宽座直角尺等，如图 4-4-9 所示。

图 4-4-7　划线平台

(a) 划针 (b) 划卡

(c) 划规 (d) 样冲

图 4-4-8 直接划线工具

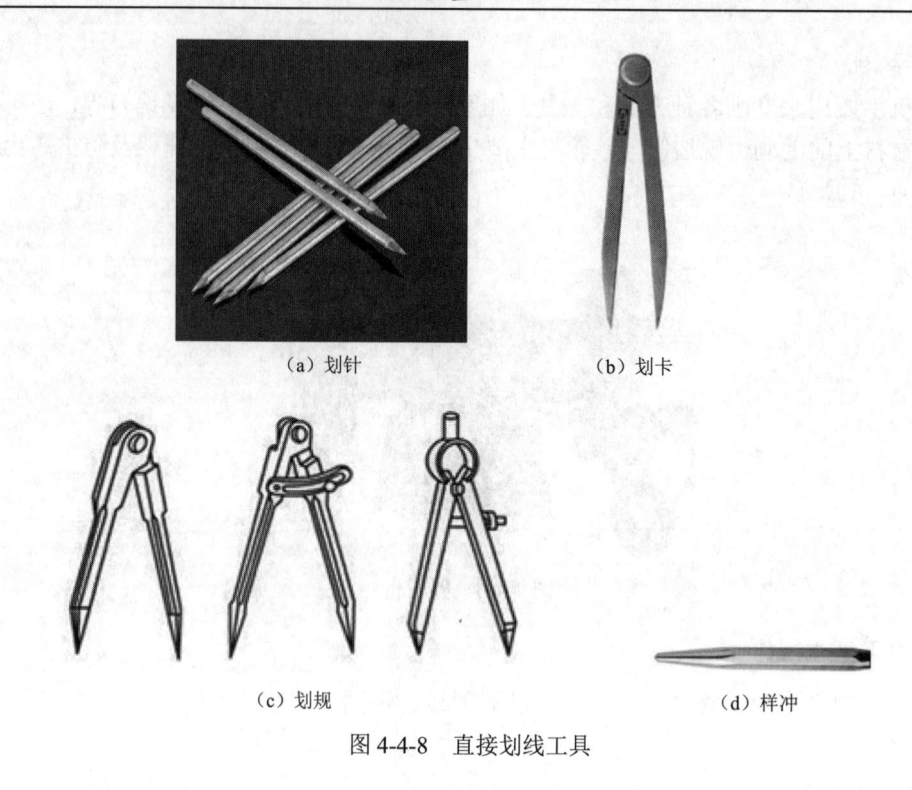

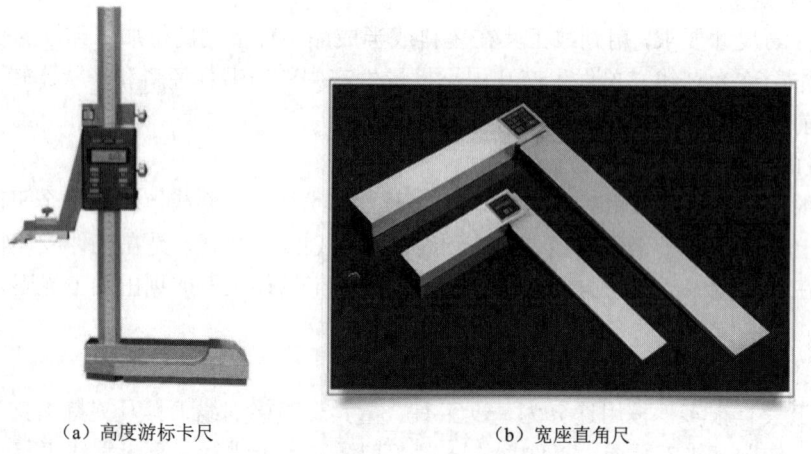

(a) 高度游标卡尺 (b) 宽座直角尺

图 4-4-9 量具

4）夹持工具

夹持工具包括 V 形块、方箱、千斤顶、垫铁等，如图 4-4-10 所示，夹持工具主要用于安装工件。

(a) V 形块  (b) 方箱

图 4-4-10 夹持工具

(c) 千斤顶　　　　　　　　　　(d) 垫铁

图 4-4-10　夹持工具（续）

2. 锯削

用手锯对坯料（或工件）进行锯断或锯槽等加工，称为锯削。如图 4-4-11（a）所示为把坯料（或工件）锯断，如图 4-4-11（b）所示为锯掉坯料（或工件）的多余部分，如图 4-4-11（c）所示为在坯料（或工件）上锯槽。

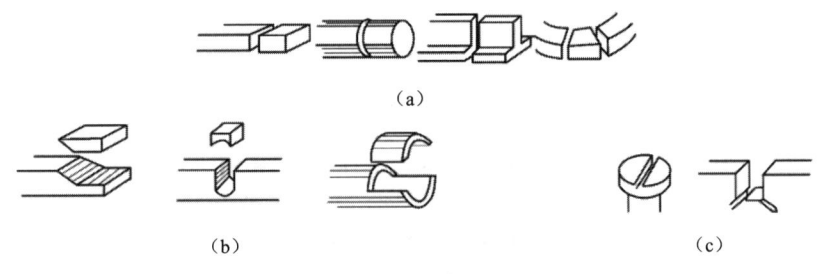

图 4-4-11　锯削的应用

锯削的手锯有固定式和可调式两种。锯条一般用渗碳钢冷轧而成，也有用碳素工具钢或合金钢制成，并经热处理淬硬的。钳工常用的手锯锯条长 300mm，宽 12mm，厚 0.8mm。

锯条锯齿的粗细是以锯条每 25mm 长度内的齿数来表示的，14～18 齿为粗齿，24 齿为中齿，32 齿为细齿。粗齿锯条用于加工软材料或厚材料；中等硬度的材料选用中齿锯条，锯削硬材料或薄材料时一般选用细齿锯条。手锯外形如图 4-4-12 所示。

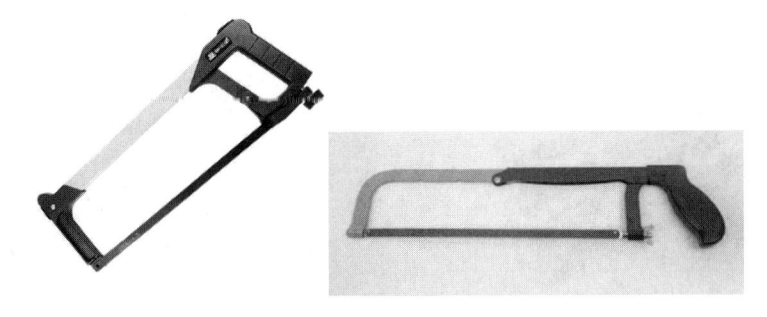

图 4-4-12　手锯外形

3. 锉削

锉削的加工范围较广，可加工平面、内孔、沟槽及各种复杂的曲面。在现代生产条件下，仍有些不便于机械加工的场合需要用锉削来完成。例如，装配过程中对个别零件的最后修整；维修工作中或在单件/小批生产条件下，对某些形状较复杂的配合零件的加工；以及手工去毛刺、倒圆和倒钝锐边（除去工件上尖锐棱角）等。

锉刀的类型包括普通锉刀、异形锉刀、整形锉刀三大类。锉刀的规格包括锉刀的基本尺寸和锉齿的粗细规格。普通锉刀如图4-4-13所示。

图4-4-13 普通锉刀

普通锉刀包括平锉、半圆锉、三角锉、方锉、圆锉；异形锉刀包括菱形锉、刀形锉、椭圆锉等；整形锉刀用于修正工件细小部位。整形锉刀有多种形状，如图4-4-14所示。整形锉刀使用较多的有100mm和150mm两种规格。

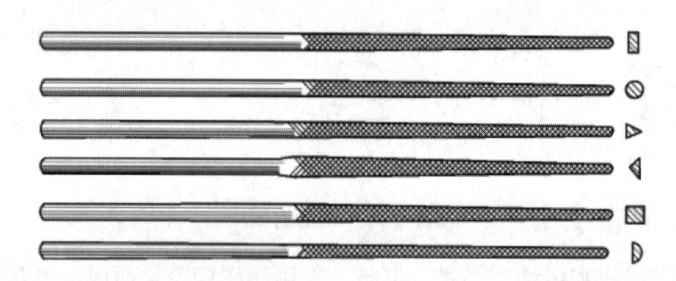

图4-4-14 整形锉刀

4. 錾削

錾削是用锤子打击錾子对金属工件进行切削加工的方法。它的工作范围包括粗加工、去除凸缘或毛刺、分割材料、錾削油槽，以及薄形工件的落料等。

錾削用的刀具是錾子，如图4-4-15所示。敲击錾子的工具是锤子，如图4-4-16所示。

图4-4-15 錾子 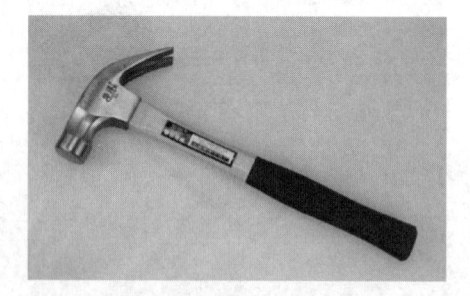　　　　　　图4-4-16 锤子

4.4.2 液压传动技术

机械设备传动部分的作用是把原动机（如电动机）的输出功率传送给工作机构。传动有多种类型，如机械传动、电气传动、液压传动、气压传动以及它们的组合——复合传动等。

用液体作为工作介质进行能量传递的传动方式称为液体传动。按照其工作原理的不同，液体传动又可分为液压传动和液力传动两种形式。液压传动主要是利用液体的压力能来传递能量；而液力传动则主要利用液体的动能来传递能量。

液压传动技术在冶金、军工、农机、轻纺、船舶、石油等领域都得到了普遍应用，这是因为液压传动技术与液压传动系统具有许多优点：容易做到对执行装置速度的无级调节，且其调速范围大；在相同功率的情况下，与其他传动装置相比，液压传动装置的体积小、重量轻、结构紧凑；液压传动工作比较平稳、反应快、换向冲击小，能快速起动、制动和频繁换向；液压传动系统易实现自动化，可以方便地对液体的流动方向、压力和流量进行调节和控制，能很容易地与电气、电子控制或气压传动控制结合起来，实现复杂的运动和操作；液压传动系统易实现过载保护，液压元件能够自行润滑，故使用寿命较长；液压元件易于实现系列化、标准化和通用化，便于设计、制造和推广使用。

一、液压传动技术的应用

液压传动技术的载体就是液压传动系统，液压传动系统的作用是实现设备生产作业的各种运动或动作。如图 4-4-17 所示的自卸汽车就配备了液压传动系统，通过液压传动系统的执行装置——油缸，将货斗抬起以倾倒货物；此外，公交汽车车门的开关动作也是通过液压传动系统控制的。如图 4-4-18 所示的装载机挖斗的动作也是通过液压传动系统控制的。如图 4-4-19 所示是我国研发的具有自主知识产权的军用运输机——运20，其起落架的收放就是通过液压传动系统来完成的；如图 4-4-20 所示是中国二重研发的八万吨模锻压机，它被用于我国 C919 大飞机起落架的锻压成型，这也是靠液压传动系统实现的。

图 4-4-17 配备液压传动系统的自卸汽车

图 4-4-18 采用液压传动技术的装载机

图 4-4-19 采用液压传动技术的飞机

图 4-4-20 采用液压传动技术的模锻压机

二、液压传动系统

1. 液压传动系统工作原理

现在以如图 4-4-21 所示的某机床工作台的液压传动系统为例,说明液压传动系统的工作原理。液压泵 8 由电动机驱动后,从油箱 10 中吸油。油液经滤油器 9 进入液压泵 8,油液在从入口到出口的过程中由低压变为高压,依次通过开停阀 6、节流阀 5、换向阀 4 进入液压缸 2 左腔,推动活塞 3 使工作台 1 向右移动。这时,液压缸 2 右腔的油液经换向阀 4 和回油管(图中未标出)排回油箱。

如果将换向阀 4 置于右位工作状态,则高压油液将经过开停阀 6、节流阀 5 和换向阀 4 右位进入液压缸 2 右腔,推动活塞 3 使工作台 1 向左移动,并使液压缸 2 左腔的油液经换向阀 4 右位和回油管排回油箱 10。

工作台 1 的移动速度是通过节流阀 5 来调节的。当节流阀 5 开大时,进入液压缸 2 的油量增多,工作台 1 的移动速度加快;当节流阀 5 关小时,进入液压缸 2 的油量减少,工作台 1 的移动速度减慢。为了克服工作台 1 移动时所受到的各种阻力,液压缸 2 必须产生足够大的推力,这个推力是由液压缸 2 中的油液压力所产生的。要克服的阻力越大,液压缸 2 中的油液压力越高;反之压力就越低。这种现象正说明了液压传动的一个基本原理——液压传动系统中的油液压力取决于负载。

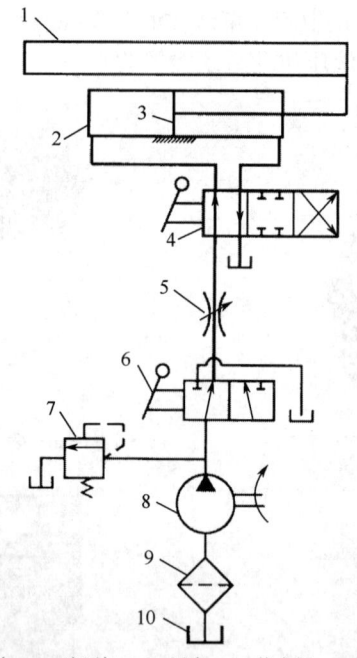

1—工作台;2—液压缸;3—活塞;4—换向阀;5—节流阀;
6—开停阀;7—溢流阀;8—液压泵;9—滤油器;10—油箱

图 4-4-21 某机床工作台的液压传动系统

2. 液压传动系统的构成

从上述实例可看出,液压传动系统主要由以下四部分组成。

1)动力元件

动力元件是将原动机输入的机械能转换为液体压力能的装置,其作用是为液压传动系统提供压力油(高压油液)。动力元件是系统的动力源,如各类液压泵。

2）执行元件

执行元件是将液体压力能转换为机械能的装置，如各类液压缸和液压马达。执行元件的作用是在压力油的推动下输出力和速度（或转矩和转速），以驱动工作部件。

3）控制调节元件

控制调节元件是控制液压传动系统中油液的压力、流量和流动方向的装置，如溢流阀、节流阀和换向阀等。

4）辅助元件

除以上元件外的其他元件都称为辅助元件，如油箱、过滤器、蓄能器、冷却器、分水滤气器、油雾器、消声器、管件、管接头及各种信号转换器等。辅助元件是对完成主运动起辅助作用的元件，在系统中也是必不可少的，对保障系统正常工作有着重要的作用。

3. 液压元件

1）液压泵

液压泵是液压传动系统中的动力元件，是能量转换元件。它由原动机（电动机或内燃机）驱动，把输入的机械能转换为油液的压力能输送到系统中去，为执行元件提供动力。它是液压传动系统不可缺少的核心元件，其性能好坏直接影响到系统能否正常工作。如图 4-4-22 所示是齿轮泵，如图 4-4-23 所示是叶片泵，如图 4-4-24 所示是柱塞泵。

图 4-4-22　齿轮泵　　　　　图 4-4-23　叶片泵　　　　　图 4-4-24　柱塞泵

2）液压缸与液压马达

在液压传动系统中，将液压泵提供的液体压力能转变为机械能的能量转换装置称为执行元件，包括液压缸和液压马达。习惯上将输出旋转运动的执行元件称为液压马达，而把输出直线运动（包括摆动运动）的执行元件称为液压缸。如图 4-4-25 所示为单活塞杆液压缸，如图 4-4-26 所示为液压马达。

图 4-4-25　单活塞杆液压缸　　　　　图 4-4-26　液压马达

3）液压控制阀

液压控制阀是液压传动系统中的控制调节元件，其作用是控制和调节油液的方向、压力和流量，以满足执行元件的启动、停止，以及对运动方向、运动速度、动作顺序的控制等要求，使整个液压传动系统能按要求协调地进行工作。

液压控制阀在结构上由阀体、阀芯（座阀或滑阀）和驱使阀芯动作的部件（如弹簧、电磁铁）组成；在工作原理上，阀的开口大小，进、出口间压力差及流过阀的流量之间的关系都符合孔口流量公式，只是各种阀控制的参数不同。

如图 4-4-27 所示是控制、调节油液流动方向的电磁换向阀；如图 4-4-28 所示为调节油压的溢流阀；如图 4-4-29 所示是可将油压信号转换为开关信号的压力继电器。

图 4-4-27　控制、调节油液流动方向的电磁换向阀 　　　　图 4-4-28　调节油压的溢流阀

图 4-4-29　可将油压信号转换为开关信号的压力继电器

4.4.3　普加工

一、普加工概述

任何一种机械产品都是由零件构成的，我们制造机械产品，实际上是制造组成它的各个零件，再将这些零件组装起来。每种机械产品里都包含了许多的零件，不同的零件之间存在着许多差异，主要体现在以下几个方面。

1. 材料

不同的零件，由于要实现的功能和加工要求不同，其采用的材料也就不同。用于制造机械零件的材料很多，不同的材料其性能（密度、硬度、机械强度、切削性能、耐磨性、耐热性等）存在很大的差异。

2. 形状

有的零件形状特别复杂，有的零件形状则比较简单（如箱体零件和轴类零件），甚至同一个零件上也会存在着不同形状的表面（如外圆、平面、内孔等），而且，即使是同样的表面，由于出现在不同的零件上，我们也会采取不同的方法加工。

3. 尺寸

有的零件很大，长宽高或直径的尺寸能达到几米甚至几十米（如大型水电机组转子、轧钢机机架等），重达几十吨甚至几百吨，也有的零件很小（如圆珠笔尖的小球），轻得连一克都不到，对于不同大小的零件，在制造的时候应采用不同的方法。

4. 技术要求

技术要求主要包含尺寸精度、形状与位置精度和表面质量要求等。对于不同的零件或同一个零件上不同的表面，由于工作要求不一样，也会有不同的技术要求，在加工时也要采用不同的方法。

5. 零件成型方法

1）塑性加工

塑性加工是用外力使金属材料产生塑性变形，获得所需形状和尺寸的加工方法。热塑性加工方法有锻造、轧制等，冷塑性加工方法有冲压、剪切等，部分如图 4-4-30 所示。

(a) 锻造　　(b) 轧制　　(c) 冲压

图 4-4-30　塑性加工

2）熔融加工

熔融加工是把加热熔化后的金属（材料）液体填充到预制的型腔，冷却凝固后成型的加工方法，如图 4-4-31 所示。

图 4-4-31　熔融加工

3）焊接

焊接是利用局部加热和加压使金属连接成牢固整体的加工方法，如电焊、气焊、钎焊等，如图 4-4-32 所示。

图 4-4-32　焊接

4）切削加工

切削加工是借助各种机床设备，使刀具和坯料产生相对运动，从坯料上切去多余部分，使其达到要求的形状、尺寸和表面粗糙度的加工方法。切削加工的最终目的是为了获得具有特定精度和表面质量的产品，切削加工的方式有车削、铣削、刨削、磨削、镗削、拉削、钻削等。由于切削加工具有其他加工方式所无法比拟的优点（加工精度高、生产效率高、劳动条件好等），因而切削加工已成为当今机械制造的基础和主要手段。常见的三种切削方式为车削、铣削、磨削，如图 4-4-33 所示。

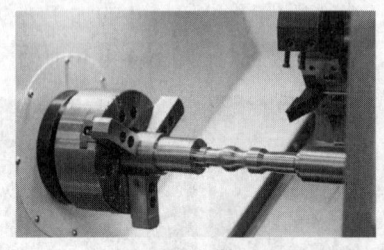

（a）车削 　　（b）铣削

（c）磨削

图 4-4-33　常见切削方式

二、普通机床认知

1. 普通车床

1）加工范围

普通车床的加工范围如图 4-4-34 所示。

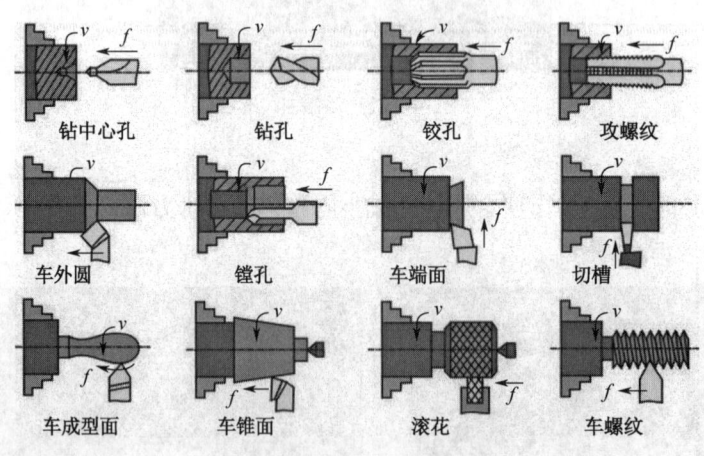

钻中心孔　　钻孔　　铰孔　　攻螺纹

车外圆　　镗孔　　车端面　　切槽

车成型面　　车锥面　　滚花　　车螺纹

图 4-4-34　普通车床的加工范围

2）外形与结构

以 CA6140 型车床为例，其外形与结构如图 4-4-35 所示。

2. 普通铣床

1）加工范围

普通铣床的加工范围如图 4-4-36 所示。

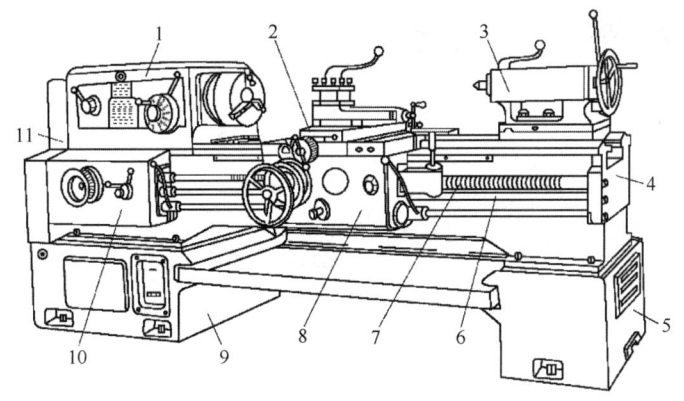

1—主轴箱；2—刀架；3—尾座；4—床身；5—右床腿；6—光杠；
7—丝杠；8—溜板箱；9—左床腿；10—进给箱；11—挂轮变速机构

图 4-4-35　CA6140 型车床外形与结构

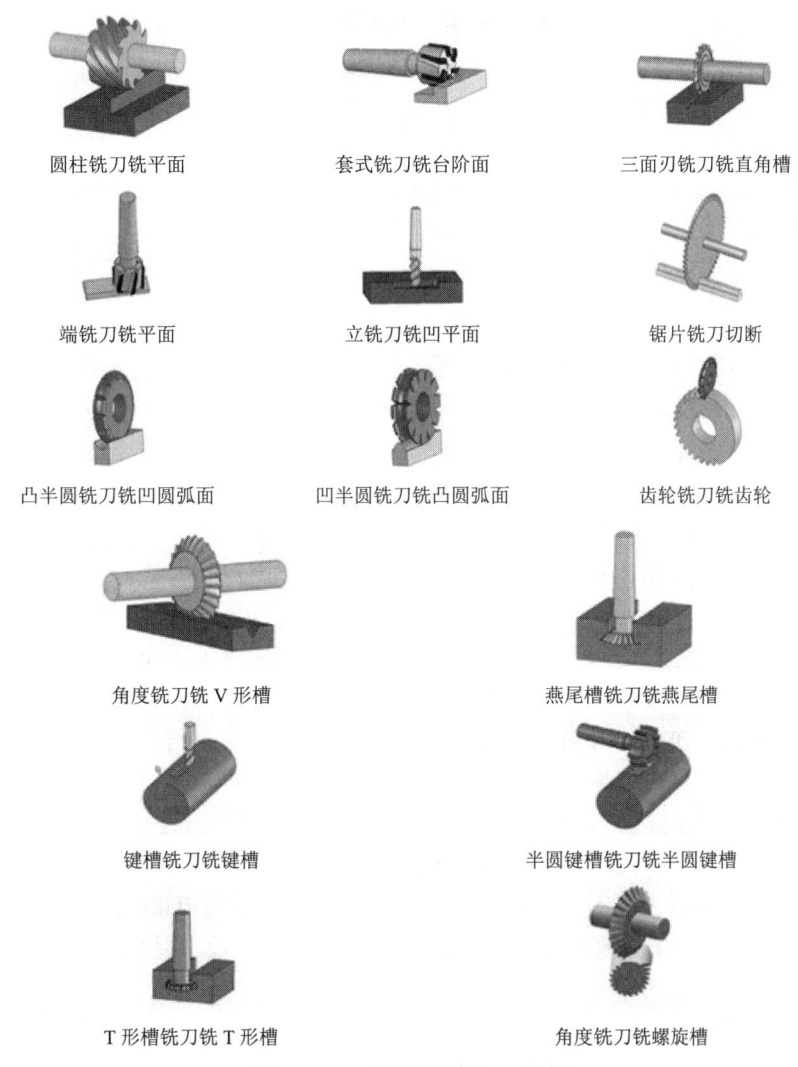

圆柱铣刀铣平面　　　套式铣刀铣台阶面　　　三面刃铣刀铣直角槽

端铣刀铣平面　　　立铣刀铣凹平面　　　锯片铣刀切断

凸半圆铣刀铣凹圆弧面　　　凹半圆铣刀铣凸圆弧面　　　齿轮铣刀铣齿轮

角度铣刀铣 V 形槽　　　燕尾槽铣刀铣燕尾槽

键槽铣刀铣键槽　　　半圆键槽铣刀铣半圆键槽

T 形槽铣刀铣 T 形槽　　　角度铣刀铣螺旋槽

图 4-4-36　普通铣床的加工范围

2）结构

以 X6132A 型铣床为例，其结构如图 4-4-37 所示。普通铣床的主要组成部分有：底座、工作台、刀架、主轴变速箱等。

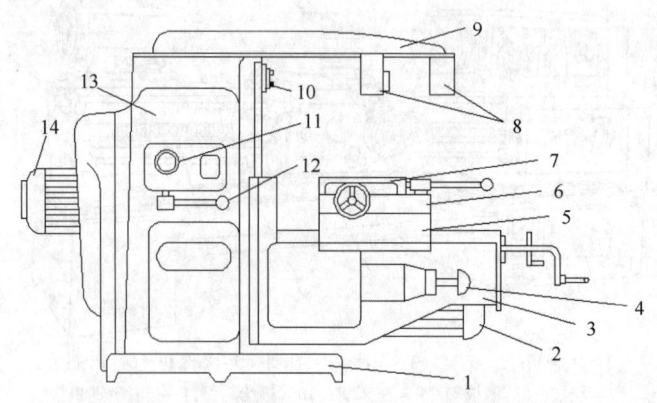

1—底座；2—进给电动机；3—升降台；4—进给变速手柄及变速盘；5—溜板；
6—转动部分；7—工作台；8—刀架；9—悬梁；10—主轴；11—主轴变速盘；
12—主轴变速手柄；13—主轴变速箱；14—主电动机

图 4-4-37 X6132A 型铣床的结构

4.4.4 数控加工

一、数控机床的认知

数控机床是数字控制机床的简称，是一种装有控制系统的自动化机床。该控制系统能够依据预先设定的逻辑处理具有控制编码或其他符号指令规定的程序，并将其译码，形成代码化的数字组合，再将其通过信息载体输入数控装置。数控装置经运算处理，发出各种控制信号，控制机床的动作，按图纸要求的形状和尺寸，自动地将零件加工出来。数控机床较好地解决了复杂、精密、小批量、多品种的零件加工问题，是一种柔性的、高效能的自动化机床，代表了现代机床的发展方向，是一种典型的机电一体化产品。

1. 数控机床的特点

数控机床与传统机床相比具有以下特点。

1）柔性高

在数控机床上加工零件的过程由加工程序决定。使用数控机床进行加工与使用普通机床不同，不必制造、更换许多模具、夹具，不需要经常调整机床。因此，数控机床适用于所加工的零件频繁更换的场合，亦适合单件/小批量产品的生产及新产品的开发，从而缩短了生产准备周期，节省了大量工艺装备费用。

2）加工精度高

数控机床的加工精度一般可达 0.05～0.1mm，数控机床是以数字信号控制的，数控装置每输出一个脉冲信号，则机床移动部件移动一个脉冲当量（一般为 0.001mm），而且数控机床进给传动链的反向间隙与丝杠螺距平均误差可由数控装置进行补偿，因此，数控机床定位精度比较高。

3）加工质量稳定、可靠

用同一个数控机床加工同一批零件，在相同加工条件下（使用相同刀具和加工程序），走刀轨迹完全相同，零件的一致性好，质量稳定。

4）生产率高

采用数控机床可有效地减少加工时间和辅助时间，数控机床的主轴转速和进给量的可调范围大，可进行大切削量的强力切削。数控机床正逐步进入高速加工时代，数控机床的快速移动、快速定位及高速切削，极大地提高了生产率。另外，数控机床与加工中心的刀库配合使用，可实现在一台数控机床上进行多道工序的连续加工，减少了半成品的工序间周转时间，提高了生产率。

5）改善劳动条件

使用数控机床进行加工前需要调试好设备并输入程序，一经启动，数控机床就能自动、连续地进行加工，直至加工结束。操作者要做的只是输入、编辑程序，装卸零件、准备刀具、观测加工状态、检验零件等，操作者的劳动趋于智力型工作，劳动强度大为降低。另外，使用数控机床进行加工既清洁，又安全。

6）生产管理现代化

采用数控机床进行加工，可预先精确估计加工时间，对所使用的刀具、夹具可进行规范化、现代化管理，易于实现加工信息的标准化，也可与计算机辅助设计与制造（CAD/CAM）有机地结合起来。

2. 常见的数控机床

数控机床种类很多，生产车间中常见的是数控车床和数控铣床，如图 4-4-38 所示。数控车床主要用于轴类零件的端面、外圆、表面切槽、外螺纹等的加工；数控铣床主要用于零件的二维轮廓或三维轮廓的加工，如平面轮廓、斜面轮廓、曲面轮廓等；还可以进行孔类零件的加工，如钻孔、扩孔、锪孔、铰孔、镗孔和攻螺纹等。

（a）数控车床

（b）数控铣床

图 4-4-38 两种常见的数控机床

二、数控加工中心

1. 数控加工中心的定义

数控加工中心简称加工中心,是由机械设备与数控系统组成的适用于加工复杂零件的高效率自动化机床。加工中心是由数控铣床发展而来的,它与数控铣床最大的区别在于加工中心具有自动换刀能力,通过在刀具库中放置不同用途的刀具,可以在一次装夹中通过自动换刀装置改变主轴上的加工刀具,实现多种加工功能。

2. 加工中心的分类

加工中心按其加工工序分为镗铣和车削两大类,按控制轴数可分为三轴、四轴和五轴加工中心。

如图 4-4-39 所示为某生产车间购置的一台五轴加工中心。该加工中心可以加工一些大型复杂零件,能够同时进行车削、铣削、钻孔等加工,对于复杂、冗长的加工程序,也能在短时间内完成操作,适用于批量加工。该加工中心最多可以容纳 24 把刀具,可以根据不同的工序自动选择和更换刀具。除了功能强大和加工效率高以外,加工中心的操作(如对刀)简单,工件坐标系的建立也更加准确。各院校的工艺实验室中的部分数控仿真系统,其操作面板和该加工中心完全一样,便于学生更真实地模拟面板操作和加工前轨迹运行测试,避免实际加工时出现撞刀及其他错误,从而更好地保证工件的加工质量。在机床加工过程中,铁屑的排出和机床的散热是必不可少的,铁屑缠绕到工件上会划伤工件表面和工人手腕,机床温度过高会影响机床本身的加工精度。该加工中心的数控机床采用自动断屑技术,自带排屑系统和散热系统,从而延长数控机床的使用寿命,更好地保证加工精度。

图 4-4-39 五轴加工中心

三、数控机床的操作

1. 基本操作常识

在开机之前首先检查数控机床(以下简称机床)各部分是否正常,然后接通外部电源,接着接通强电控制柜的总电源开关,此时机床面板上的"Power"指示灯亮,按机床面板"CNC Power"按钮,系统进入自检状态,相应指示灯亮,自检结束后,按下急停按钮,机床执行返回参考点(即回零)操作,机床开机完成。在机床回零前一定要注意,让机床各活动部分远离机床零点(极限)位置。关机时,按下急停按钮,使机床进入急停状态,按面板上的"CNC Power"按钮,切断系统电源,断开强电控制柜的总电源开关,再切断外部电源。

2. 数控编程方法

根据实现手段的不同，数控编程主要有人工编程和自动编程两种形式。

1）人工编程

人工编程即整个编程过程由编程人员来完成，这种编程方法适用于几何形状不太复杂的零件及三坐标以下的联动加工程序。

2）自动编程

编程人员根据零件图纸的要求，按照某个自动编程软件的规定，将零件的加工信息用较为简便的方式送入计算机，自动编程软件根据数控系统的类型输出数控加工程序。常见的自动编程软件有 UG、CAXA、Solidworks 等。这种编程方法适用于加工形状复杂的零件、虽不复杂但编程和计算工作量很大的零件。自动编程完成后，编程人员可将自动编程软件生成的数控加工程序通过 U 盘复制到数控系统中，然后进行程序的读取、编辑、调试和运行。

3. 数控加工程序的格式和功能指令

1）数控加工程序的组成

一个完整的数控加工程序（以下简称程序）由程序号、程序内容和程序结束符三部分组成。程序号由程序号地址符和数字表示，如 O0001；程序内容是整个程序的核心，它由若干程序段组成；程序结束符一般作为整个程序的结束指令。

2）程序段的格式

（1）程序段号。程序段号由地址符 N 和后面的若干位数字构成。程序段号的主要作用是便于程序的校对、检索和修改，还可用于程序的跳转执行。程序执行的顺序和程序输入的顺序有关，而与程序段号的大小无关。

（2）程序字。程序字通常由地址符、数字和符号组成。程序字的地址符如表 4-4-1 所示。

表 4-4-1 程序字的地址符

功能	地址符	意义
程序号	O，P	程序编号，子程序号的指定
程序段号	N	程序段顺序号
准备功能	G	机床动作方式的指定
坐标字	X，Y，Z	坐标轴的移动地址的指定
坐标字	I，J，K	圆心坐标地址的指定
进给功能	F	进给速度的指定
主轴功能	S	主轴转速的指定
刀具功能	T	刀具编号的指定
辅助功能	M	机床开/关的指定
辅助功能	B	工作台回转（分度）指令

（3）程序段结束符用"LF""NL""CR"";""*"表示，也有些数控系统的程序段不设结束符，编写完程序段，直接按回车键即可。

3）准备功能指令（G 指令）

准备功能指令也称准备功能字，用地址符 G 表示，所以又称为 G 指令或 G 代码，它是使数控机床准备做某种运动的指令。G 指令根据功能定义分成若干组，同一程序段中同组 G 指令只能使用一个，若使用多个时，则只有最后一个有效。G 指令分模态指令和非模态指令两种。模态指令是指 G 指令一经使用一直有效，直到被同组的其他 G 指令取代为止。非模态指令是指 G 指令只有在被指定的程序段中才有效。部分 G 指令如表 4-4-2 所示。

表 4-4-2 部分 G 指令

G 指令	功能	功能保持到被注销或取代	功能仅在所在程序段内有效	G 指令	功能	功能保持到被注销或取代	功能仅在所在程序段内有效
G00	快速点定位	*		G54	原点沿 X 轴偏移		*
G01	直线插补	*		G55	原点沿 Y 轴偏移		*
G02	顺圆弧插补	*		G56	原点沿 Z 轴偏移		*
G03	逆圆弧插补	*		G57	原点沿 XY 轴偏移		*
G04	暂停		*	G58	原点沿 XZ 轴偏移		*

4）辅助功能指令（M 指令）

辅助功能指令也称为辅助功能字，用地址符 M 表示，所以又称为 M 指令或 M 代码。

M 指令用来指定数控机床加工时的辅助动作及状态，如主轴的启停、正反转，冷却液的开、关，刀具的更换，工件的夹紧与松开等。部分 M 指令如表 4-4-3 所示。

M 指令也分为模态指令和非模态指令，其意义与 G 指令中的相同。

表 4-4-3 部分 M 指令

| M 指令 | 功能 | 功能开始 | | 功能保持到被注销或取代 | 功能仅在所在程序段内有效 |
		与程序段指令同时执行（前作用）	在程序段指令之后执行（后作用）		
M00	程序停止		*		*
M01	计划停止		*		*
M02	程序结束		*		*
M03	主轴顺时针旋转	*		*	
M04	主轴逆时针旋转	*		*	
M05	主轴停止		*	*	

5）其他功能指令

（1）进给功能指令，用地址符 F 表示，也称 F 指令或 F 代码。F 指令是模态指令，其功能是指定切削进给速度。F 后面的数字直接表示进给速度的大小，单位一般为 mm/min。对于数控车床或加工螺纹时，单位也可设置为 mm/r。

（2）主轴转速指令，用地址符 S 表示，也称 S 指令或 S 代码。S 指令是模态指令，其功能是指定主轴转速或速度，单位为 r/min 或 m/min。

（3）刀具功能指令，用地址符 T 表示，也称 T 指令或 T 代码。T 指令主要用来选择刀具，也可用来选择刀具的长度补偿和半径补偿。T 指令由地址符 T 和后面的数字组成，例如，T0102 可表示选用第 1 号刀具和第 2 号刀具的补偿值。对于 T 指令，不同的数控系统有不同的指定方法和含义。

四、数控加工工具

1. 数控加工常见刀具

常见的数控加工刀具如图 4-4-40 所示。

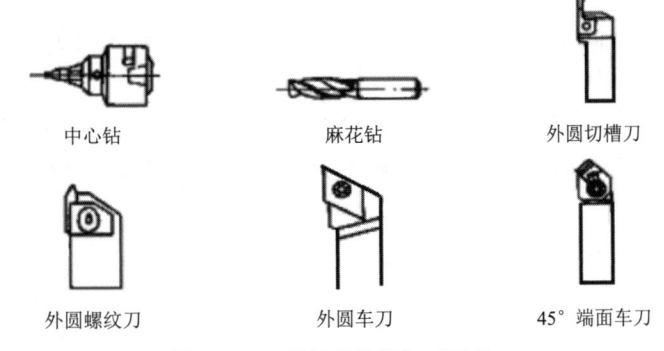

图 4-4-40 常见的数控加工刀具

1）中心钻

中心钻一般用于孔加工的精准定位，以此减少孔的位置误差。

2）麻花钻

麻花钻一般用于孔的直径方向的钻孔加工。

3）外圆切槽刀

在车削工件外圆时，外圆切槽刀用于表面凹槽段的加工。

4）外圆螺纹刀

在车削工件外圆时，外圆螺纹刀用于表面螺纹段的加工。

5）外圆车刀

在车削工件外圆时，外圆车刀用于轴向的切除加工。

6）45°端面车刀

在车削工件外圆时，45°端面车刀用于端面部分的切除加工。

2. 数控加工常用夹具

数控加工夹具主要用于加工前的工件装夹，常见的数控加工夹具如图 4-4-41 所示，如图 4-4-41（a）所示为三爪卡盘，常用于在车床上装夹轴类零件，如图 4-4-41（b）是平口虎钳，常用于在铣床上装夹平面类零件。

（a）三爪卡盘　　（b）平口虎钳

图 4-4-41 常见的数控加工夹具

五、机床安全操作规程

1. 工作前的准备

（1）工作前按规定穿戴好劳动防护用品（工作服、安全鞋、安全帽等）。

（2）检查冷却液的状态，发现冷却液过少时，请及时添加；若出现冷却液变质的情况，请及时更换。

（3）在每次电源接通后，必须先完成各轴的回零操作，然后再进入其他运行方式，以确保各轴坐标的正确性。

（4）加工工件前，必须进行加工模拟或试运行，严格检查、调整加工坐标系原点，以及刀具参数、加工参数、运动轨迹等。工件装夹时要特别注意是否夹牢，以免高速运行时工件飞出造成事故。

（5）开始正式加工前，请关好机床防护门。

2. 工作过程中的安全注意事项

（1）禁止用手接触刀尖和不断排出的铁屑，若出现铁屑较长较多时，可以用铁钩来清除，并注意断屑作业。

（2）禁止用手接触正在旋转的主轴、工件或其他运动部位。

（3）禁止在加工过程中测量工件尺寸、擦拭工件以及清扫机床。

（4）加工过程中，发生不正常现象或故障时，应立即停机，再尝试排除故障，或通知维修人员检修。若出现异常危急情况可按下"急停"按钮，以确保人身和设备的安全。

（5）在加工过程中，不允许打开机床防护门。

（6）机床在正常运行时不允许打开电气柜门。

3. 加工完成后的注意事项

（1）将刀具、量具整理归类放置。

（2）清除切屑、擦拭机床，使机床与环境保持清洁。

4. 其他注意事项

（1）上机操作前应熟悉机床的操作说明书，熟悉开机、关机顺序，并严格按照操作说明书的规定操作。

（2）手动对刀时，应注意选择合适的进给速度；手动换刀时，应保证刀架距工件有足够的转位距离，以免发生碰撞。

（3）更换刀具和工件、测量及调整工件时必须停机。

（4）使用的刀具应与机床允许的规格相符，有严重破损的刀具要及时更换。

4.4.5 柔性制造系统

一、柔性制造系统的概念

柔性制造系统（Flexible Manufacturing System，FMS）是由一个传输系统联系起来的一组按次序排列的加工设备的总称，是能适应加工对象变换的自动化机械制造系统。在柔性制造系统中，工件在一台加工设备上被加工完毕后，由传输系统传到下一台加工设备，每台加工设备接收操作指令，自动装卸所需刀具对工件进行加工，不需要人工参与，使工件得到准确、迅速和自动化的加工。柔性制造系统由中央计算机控制加工设备和传输系统，有时可以同时加工几种不同的零件。如图4-4-42所示为西门子自动化柔性制造系统。

图 4-4-42　西门子自动化柔性制造系统

二、系统类型

柔性制造系统按照设备的规模，可分为以下三种类型：

1. 柔性制造模块（FMM）

柔性制造模块一般指一台扩展了许多自动化部件（如托盘交换器、托盘库或料库、刀库、上下料机械手）的数控加工设备，它是最小规模的柔性制造系统，相当于功能齐全的加工中心、车削中心等。

2. 柔性制造单元（FMC）

柔性制造单元一般包括 2~3 台数控加工设备或 FMM，它们之间由小型工件自动输送装置（传输系统）连接，并由计算机进行总体生产控制和管理。

3. 柔性制造生产线（FML）

柔性制造生产线是把 4 台及以上的数控加工设备、FMM 或若干个 FMC 连接起来，配以工件自动输送装置组成的生产线。FML 的特点是柔性较低、专用性较强、生产率较高、生产量较大，相当于数控化的自动生产线，一般用于少品种、中大批量生产。

三、柔性制造系统的特点

1. 高柔性

高柔性即具有较高的灵活性、多变性，能在不停机调整的情况下，对多种不同工艺要求的零件进行加工，以及对不同型号产品进行装配，满足多品种、小批量的个性化加工需求。

2. 高效率

柔性制造系统能采用合理的切削用量，实现高效加工，同时使辅助时间和准备时间减少到最低程度。

3. 高度自动化

柔性制造系统能进行加工、装配、检验、搬运等，使多品种成组生产实现高度自动化。柔性制造系统能自动更换工件、刀具、夹具，可实现自动装夹和输送，可自动监测加工过程。

4. 经济效益好

采用柔性制造系统进行柔性化生产可以大大减少操作人员，提高机床利用率，缩短生产周期，降低产品成本；可以大大削减零件成品仓库的库存，大幅度减少流动资金需要，缩短资金的流动周期，因此可以获得较高的综合经济效益。

四、柔性制造系统实例

如图 4-4-43 所示为某个数控加工车间内的高温合金试件智能制造单元。其具体工作原理和流程是：加工前，操作人员先在过程检测室内，通过计算机编程软件，根据零件的加工图纸，分析其加工工艺和加工方法，编写加工程序，然后通过上料仓库系统→激光打标机→四轴铣打机→车床系统→综合检测台→中心孔研磨机→数控外圆磨床→下料仓库系统的加工顺序完成零件加工。该制造单元属于柔性制造生产线，由多台数控机床构成，配备了 4 个工业机器人，可以根据加工需要自动更换刀具和夹具，从而满足不同零件的加工需求，加工出不同的零件。

该制造单元属于常见的柔性制造系统，能够完成包括高温合金材料在内的 5 款不同的用于金属拉伸试验的试件的生产，并且能自动检测尺寸公差是否合格，从而判断产品是否合格。整个加工过程全部由机器人和机床完成，不需要操作人员直接参与，堪称无人工厂。操作人员仅需要在加工过程中，在监视室内全程监视及定期对系统中的设备进行维护保养。

图 4-4-43　高温合金试件智能制造单元

项目五　机械检测

4.5.1　机械检测常用量具

一、游标卡尺

1. 游标卡尺简介

游标卡尺是一种测量长度、内外径、深度的量具，如图 4-5-1 所示。游标卡尺主要由主尺和附在主尺上能滑动的游标两部分构成。若从背面看，游标是一个整体。深度尺与游标卡尺连在一起，可以测槽和筒的深度。游标卡尺是车间常用的计量器具之一，结构简单，操作方便，使用广泛。

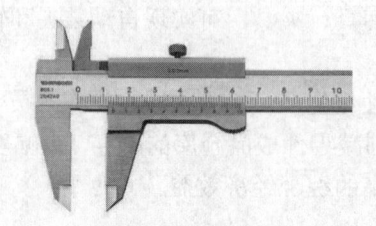

图 4-5-1　游标卡尺

2. 分度值

游标卡尺的分度值有 0.02mm、0.05mm、0.1mm 三种。车间里常用的游标卡尺分度值是 0.02mm。

3. 使用方法

用软布将量爪擦干净，使其并拢，查看游标和主尺尺身的零刻度线是否对齐。如果对齐就可以进行测量，如没有对齐则要记取零误差：游标的零刻度线在尺身零刻度线右侧的叫正零误差，在尺身零刻度线左侧的叫负零误差（与数轴类似，原点以右为正，原点以左为负）。游标卡尺使用方法如图 4-5-2 所示，测量时，右手拿住尺身，大拇指移动游标，左手拿待测外径（或内径）的物体，使待测物位于外测量爪之间，当待测物与量爪紧紧相贴时，即可读数。

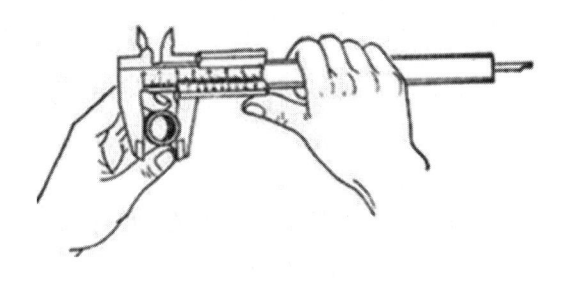

图 4-5-2　游标卡尺使用方法

用游标卡尺测量工件外径、宽度、内径如图 4-5-3 所示。

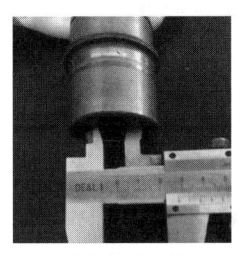

（a）测量外径　　　　（b）测量宽度　　　　（c）测量内径

图 4-5-3　用游标卡尺测量工件

4. 应用范围

游标卡尺作为一种常用量具，主要应用在以下四个方面．
（1）测量工件宽度。
（2）测量工件外径。
（3）测量工件内径。
（4）测量工件深度。

5. 读数方法

游标卡尺的读数方法为"两端靠里，中间对齐"，如图 4-5-4 所示。以 0.02mm 分度值的游标卡尺为例，在没有零误差的前提下，读数时首先以游标零刻度线为准在尺身上读取厘米整数，再换算成毫米整数，即以毫米为单位的整数部分。然后看游标上第几条刻度线与主尺上某条刻度线上下对齐，如第 6 条刻度线与尺身刻度线对齐，则小数部分即为 0.02×6=0.12mm。若存在零误差，则一律用上述结果减去零误差（零误差为负，相当于加上相同大小的零误差），读数结果=整数部分+小数部分－零误差。判断游标上哪条刻度线与主尺上某刻度线对齐，可用下述方法：游标上相邻的三条线中，若左侧的线在尺身对应刻度线之右，右侧的线在尺身对应刻度线之左，那么中间那条刻度线就是对齐了。为了获得正确的测量结果，可以多测量几次，即在零件的同一截面上的不同方向进行测量或多测量几个截面，记录多个数值，最终取平均值。

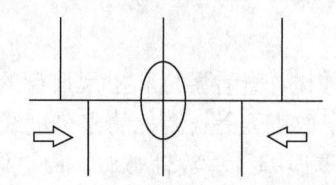

图 4-5-4　两端靠里，中间对齐

6. 读数

1）精度

分度值为 0.02mm 的游标卡尺读数要精确到 2 位小数，并且第 2 位小数只能是偶数。例如，5mm 要读成 5.00mm，4.8mm 要读成 4.80mm。

2）读数值唯一

游标卡尺的读数没有估读部分，即在游标上只有 1 条刻度线和主尺上某条刻度线对齐，需要通过仔细观察来确认，因此游标卡尺的读数值是唯一的。

3）单位为毫米

游标卡尺的最终读数以毫米为单位，目的是为了方便根据零件图纸判定尺寸的合规性。

7. 使用注意事项

（1）测量前应把量爪揩干净，检查量爪的两个测量面和测量刃口是否平直无损，把两个量爪紧密贴合时，应无明显的间隙，同时游标和主尺的零刻度线要相互对准。这个过程称为校对游标卡尺的零位。

（2）移动游标时，活动要自如，不应有过松或过紧的情况，更不能有晃动现象。用固定螺钉固定游标前后，读数不应有所改变。在移动游标时，不要忘记松开固定螺钉，亦不宜过松以免固定螺钉掉落。

（3）用游标卡尺测量时，不允许过分地施加压力，所用压力应使两个量爪刚好接触零件表面为宜。如果施加压力过大，不但会使量爪弯曲或磨损，而且量爪在压力作用下产生弹性变形，会使读数不准确（测外径时读数小于实际尺寸，测内径时读数大于实际尺寸）。

（4）在游标卡尺上读数时，应把游标卡尺水平放置，朝着亮光的方向，使人的视线尽可能和游标卡尺的刻度线表面垂直，以免由于视线的歪斜造成读数误差。

（5）为了获得正确的测量结果，可以多测量几次，即在零件的同一截面上的不同方向进行测量。对于较长的零件，则应当在全长的各个部位进行测量，以获得比较准确的测量结果。

（6）使用游标卡尺完毕，用棉纱擦拭干净，将两量爪合拢放入卡尺盒内，将盒子盖好。不得随意放置卡尺盒，游标卡尺长期不用时可以涂上防锈油、仪表油。

二、外径千分尺

1. 简介

外径千分尺又称螺旋测微器、螺旋测微仪，是车间常用的测量长度的计量器具之一，如图 4-5-5 所示，用它测长度可以精确到 0.01mm，测量范围为 0～25.00mm。它的一部分加工有螺距为 0.50mm 的螺纹，当此部分在固定套管的微分套筒中转动时，将前进或后退，螺母套管和测微螺杆连成一体，其周边等分成 50 格。测微螺杆转动的整圈数由固定套管上间隔 0.50mm

的刻度线去测量，不足一圈的部分由螺母套管周边的刻度线去测量，最终测量结果需要估读一位小数。

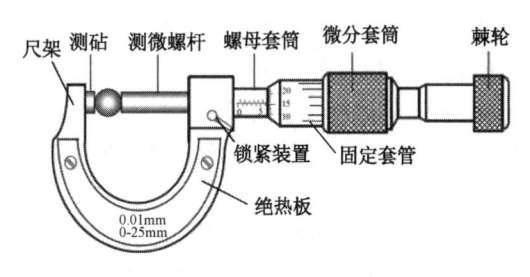

图 4-5-5　外径千分尺

2. 使用方法

（1）将工件被测表面擦拭干净，并置于外径千分尺的测砧和测微螺杆之间，使外径千分尺测微螺杆轴线与工件中心线垂直或平行，若歪斜测量，则直接影响测量的准确性。

（2）旋转旋钮，使测砧与工件测量表面接近而不接触，这时旋转棘轮，直到棘轮发出"咔咔"声响为止，此时的指示数值就是所测量的工件尺寸。

（3）测量完毕，反向旋转旋钮，取下工件。

（4）使用完毕，应将外径千分尺放入盒内保存。

用外径千分尺可以测量工件宽度和直径。如图 4-5-6 所示为测量工件宽度，如图 4-5-7 所示为测量工件直径。

图 4-5-6　测量工件宽度　　　　　图 4-5-7　测量工件直径

3. 读数方法

以图 4-5-8 所示为例介绍外径千分尺的读数方法。

该刻度读数：8.561mm

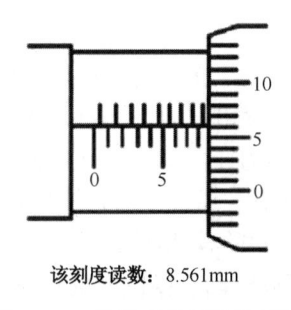

图 4-5-8　外径千分尺读数示例

（1）先读螺母套管上的刻度，为 8.50mm（若半刻度线已露出，记作 8.50mm；若半刻度线未露出，记作 8.00mm）。

（2）再读可动刻度（注意估读），记作 6.1 格×0.01mm/格。

（3）得出结果：最终读数结果为 8.50mm+6.1 格×0.01mm/格=8.561mm。

4. 使用注意事项

（1）测量时，在测微螺杆快接触工件时应停止使用旋钮，而改用棘轮，避免产生过大的压力，这样既可使测量结果精确，又能保护外径千分尺。

（2）在读数时，要注意螺母套管上表示半毫米的刻线是否已经露出。

（3）读数时，千分位有一位估读数字，不能随便去掉，即使固定刻度的零点正好与可动刻度的某一刻度线对齐，千分位上也应读取为"0"。

（4）当测砧和测微螺杆并拢时，若可动刻度的零点与固定刻度的零点不重合，可以用专用扳手调节螺母套管的位置，使两刻度线对齐，完成调零工作。

三、百分表

1. 百分表简介

百分表是利用精密齿条齿轮机构制成的表式通用长度测量工具，常用于形状误差、位置误差及小位移的长度测量。

2. 百分表的结构

百分表的体积小，重量轻，传动系统是齿轮系，传动比较大，不仅能进行比较测量，也能进行肯定测量。百分表主要由 3 个部件组成：表体部分、传动系统、读数设备，包括测量头、测量杆、表盘及指针等，百分表的外观如图 4-5-9 所示。

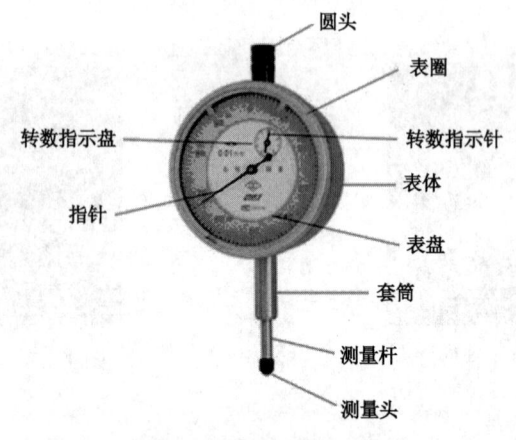

图 4-5-9　百分表的外观

3. 百分表的工作原理

百分表可将测量头接触工件引起的测量头的微小直线移动，经过齿轮系的传动放大，变为指针在表盘上的转动，从而让操作者读出被测尺寸的大小。百分表是利用传动系统的传动，将测量头的直线位移变为指针的角位移的计量器具。百分表的测量精确度为 0.01mm。

当测量头向上或向下移动 1mm 时，通过传动系统带动指针转 1 圈，转数指示针转 1 格。百分表的表盘上印制有 100 个等分刻度线，指针转过 1 个刻度相当于测量头移动 0.01mm。转数指示盘每格读数为 1mm。表盘可以转动，以便测量时使指针对准零刻度线。

4. 百分表读数方法

百分表的读数方法为：先读转数指示针转过的刻度（即毫米整数），再读指针转过的刻度并估读 1 位（即小数部分），并乘以 0.01，然后将两个刻度的读数值相加，即得到最终读数。

5. 使用注意事项

（1）使用前，应检查测量杆活动的灵活性。轻轻推动测量杆时，测量杆在套筒内的移动要灵活，没有任何轧卡现象，松开测量杆后，指针能回到原来的刻度位置。

（2）使用时，必须把百分表固定在可靠的夹持架上。切不可贪图省事，随便将其夹在不稳固的地方，否则容易造成读数不准确，或摔坏百分表。

（3）测量时，不要使测量杆的行程超过它的测量范围，不要使测量头突然撞到工件上，也不要用百分表测量表面粗糙或明显凹凸不平的工件。

（4）测量平面时，百分表的测量杆要与平面垂直，测量圆柱形工件时，测量杆要与工件的中心线垂直，否则，将使测量杆活动不灵或读数不准确。

（5）为方便读数，在测量前一般都让指针指到表盘的零刻度线。

6. 测量径向圆跳动误差

百分表可以用于测量工件的径向圆跳动误差，如图 4-5-10 所示。

图 4-5-10　用百分表测量径向圆跳动误差

四、表面粗糙度比较样块

表面粗糙度比较样块是以比较法来检查工件表面粗糙度的一种量具，通过直接目测或使用放大镜，辅以手部接触，将表面粗糙度比较样块与被测工件进行比较，可以大致判断工件的表面粗糙程度。该量具操作简单，可以测量不同机械加工工艺方式生成的工件的表面粗糙度，如车削、铣削、磨削等。表面粗糙度比较样块如图 4-5-11 所示。

图 4-5-11　表面粗糙度比较样块

五、公法线千分尺

1. 公法线千分尺简介

公法线千分尺又叫作盘形千分尺，是利用螺旋副对弧形尺架上两盘形测量面分隔的距离进行测量的齿轮公法线测量器具，公法线千分尺如图 4-5-12 所示。

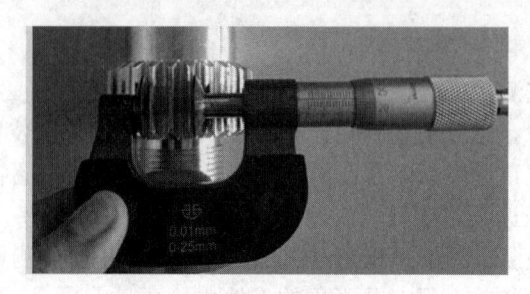

图 4-5-12　公法线千分尺

2. 特点

（1）可方便地测量直齿轮和斜齿轮根切线方向的长度。

（2）边围厚度为 0.7mm，便于插入狭窄的凹槽进行测量。

（3）碟形测量面可测量齿轮公法线及纸张厚度等。

3. 使用注意事项

1）外观

公法线千分尺的测量面上不应有影响使用性能的锈蚀、碰伤、划痕、裂纹等缺陷。

2）尺架

尺架上宜安装隔热板或隔热装置。尺架应具有足够的刚性。

3）测微螺杆和测砧

测微螺杆和测砧之间在全量程范围内应充分啮合且配合应良好，不应出现卡滞和明显窜动。测微螺杆伸出尺架的光滑圆柱部分与轴套之间的配合应良好，不应出现明显摆动。

4）测力装置

使用公法线千分尺应善用测力装置。通过测力装置移动测微螺杆，确保测微螺杆测量面（平面）与工件接触的压力在 3N 至 6N 之间。

5）锁紧装置

公法线千分尺具有能有效锁紧测微螺杆的装置；当锁紧时，两测量面间的距离与未锁紧时的差值不应大于 2μm。

6）测量面

对于被测工件的测量面材质，合金工具钢测量面的硬度不应小于 760HV1（或 62HRC）；不锈钢测量面的硬度不应小于 575HV5（或 53HRC）；测量面的边缘应倒钝，其表面粗糙度 Ra 值不应大于 0.20μm；测量面的平面度误差不应大于 1.2μm（距测量面边缘小于 0.2mm 的区域内不计）。

六、螺纹千分尺

1. 螺纹千分尺简介

螺纹千分尺如图 4-5-13 所示。螺纹千分尺又称插头千分尺，除了测量头以外，它的其他结构与外径千分尺的结构相同。螺纹千分尺具有 60°锥形测量头和 V 形测量头，用于测量螺纹中径，两种测量头是可换的，在测量时，当测量头的测量面与被测螺纹的凸牙紧密接触后，测量头不再随着测量杆转动而只沿轴向移动，所以螺纹千分尺属于直进式千分尺。螺纹千分尺按读数形式分为标尺式和数显式两种。

2. 测量范围

螺纹千分尺的测量范围包括两方面：测量螺纹中径的范围和测量螺距范围，每种测量范围都配有数对测量头，表 4-5-1 是螺纹千分尺的测量范围。

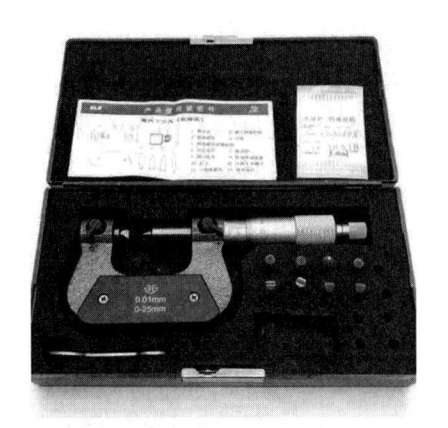

图 4-5-13　螺纹千分尺

表 4-5-1　螺纹千分尺的测量范围

测量螺纹中径范围（mm）	测量头数量（对）	测量螺距范围（mm）					
0.00～25.00	5	0.40～0.50	0.60～0.80	1.00～1.25	1.50～2.00	2.50～3.50	/
25.00～50.00	5	/	0.60～0.80	1.00～1.25	1.50～2.00	2.50～3.50	4.00～6.00
50.00～75.00 75.00～100.00	4	/	/	1.00～1.25	1.50～2.00	2.50～3.50	4.00～6.00
100.00～125.00 125.00～150.00	3	/	/	/	1.50～2.00	2.50～3.50	4.00～6.00

3. 使用注意事项

螺纹千分尺是一种精密量具，使用时应小心谨慎，动作轻缓，不要让它受到打击和碰撞。螺纹千分尺内的螺纹非常精密，使用时要注意以下几点：

（1）在转动旋钮和测力装置时都不能过分用力。

（2）当转动旋钮使测微螺杆靠近待测工件时，一定要改旋测力装置，不能直接转动旋钮使测微螺杆压在待测工件上。

（3）当测微螺杆与测砧已将待测工件卡住或旋紧锁紧装置的情况下，不能强行转动旋钮。

（4）使用螺纹千分尺测同一长度时，一般应反复测量多次，取其平均值作为测量结果。

（5）螺纹千分尺用毕后，应用纱布擦干净，使测砧与测微螺杆之间留出一点空隙，再放入盒中。螺纹千分尺如长期不用可抹上黄油或机油并放置在干燥的地方。注意不要让它接触腐蚀性气体。

（6）螺纹千分尺的测量面上不应有影响使用性能的锈蚀、碰伤、划痕、裂纹等缺陷。

4.5.2　精密测量技术

一、精密测量

进行精密测量常用三坐标测量机，三坐标测量机是在机械、电子、仪表、塑胶等行业广泛使用的、获得尺寸数据最有效的工具之一。它可以代替多种表面测量工具及昂贵的组合量规进行测量，并把复杂的测量任务所需时间从小时级减到分钟级。

二、三坐标测量机

三坐标测量机的英文简称为 CMM，通常由三坐标轴联动来完成对工件的测量。三坐标测量机主要用于测量中小型配件，以及模具行业中的箱体、机架、齿轮、蜗轮、蜗杆、叶片、曲线曲面的测量。如图 4-5-14 所示为海克斯康品牌三坐标测量机。该三坐标测量机功能强大，测量精度和效率高，属于精密测量仪器，是测量领域的高端设备，主要用于测量机械加工零件的加工尺寸及形位公差的评价。

图 4-5-14　海克斯康品牌三坐标测量机

1. 三坐标测量机的结构

如图 4-5-15 所示为三坐标测量机的结构示意图，主机部分又叫机械结构部分，包含了 Z 轴、横梁、主腿、副腿及基座平台；探测系统包括测头、测针两部分，在测量过程中主要负责接触工件获取数值，可以根据不同的测量要求更换不同的测针进行测量（通过自动更换架更换）；控制系统的主要作用是将测头获取的数据进行处理，并将处理后的数据发送到软件系统中。软件系统主要用于将控制系统发送的数据进行计算、处理及显示。测量时可向软件系统导入数模，进行三维测量，如测量汽车上的发动机尺寸等。

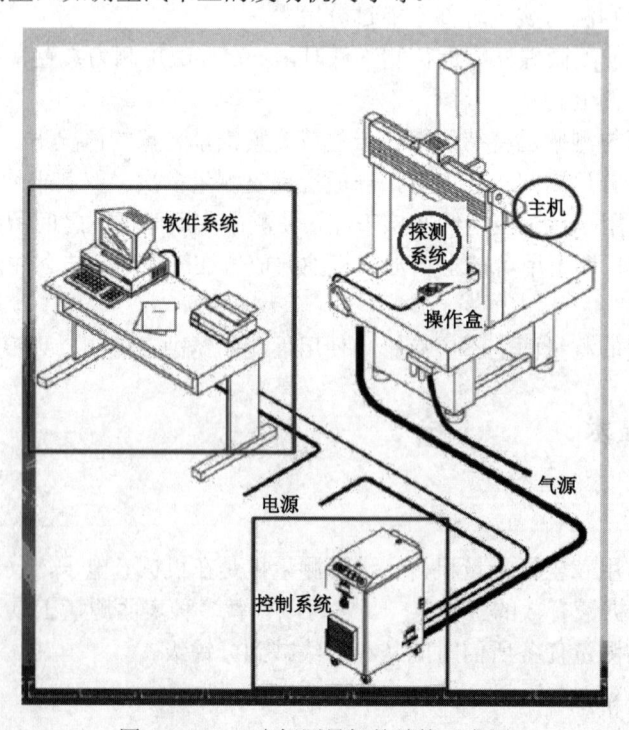

图 4-5-15　三坐标测量机的结构示意图

2. 操作盒的结构

操作盒主要用于控制测头沿三个坐标轴方向的移动，其常见的结构如图 4-5-16 所示。

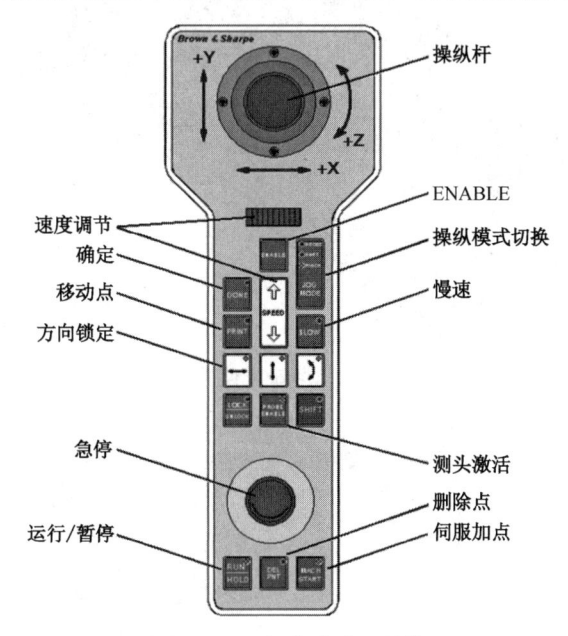

图 4-5-16　操作盒常见结构

3. 三坐标测量机的操作步骤

操作步骤：接通气源→接通控制柜电源→启动计算机→启动软件系统→新建程序并输入文件名→执行设备回零操作→建立测头文件→导入工件 CAD 模型→手动建立工件坐标系→建立自动坐标系→编写测量程序→运行程序→打印测量报告→测头移动到安全位置→关闭软件系统→关闭计算机→切断控制柜电源→切断气源。

4. 测量注意事项

（1）测量全程应保证恒温恒湿，温度控制在 20±2℃，相对湿度控制在 40%～60%。

（2）在测量前需要将工件装夹固定好，防止工件在测量过程中与测头之间发生相对位移，从而影响测量结果。

（3）在基座平台上尽量不要放置与测量无关的物品，以免阻碍测头的移动。

（4）一旦出现撞针或其他紧急情况，应立即按下红色急停按钮，查找出错原因并解决后，再继续运行程序。

（5）测量完成后，需要清理台面，移除不必要的物件，保证台面干净、整洁。

（6）关闭系统前，要将测头沿 Z 轴移动到安全的位置和高度，避免造成不必要的碰撞。

5. 编程基本方法

下面以图 4-5-17 为例说明三坐标测量机的编程基本方法。

1）新建测量程序

启动软件系统后，先新建一个测量程序，界面如图 4-5-18 所示，"零件名"一般填数字或英文字母，"单位"默认选"毫米"，"修订号"和"序列号"一般不填，修订号与国家标准有关，序列号一般用于批量测量的工件，对于单次测量，此项可以不填写。

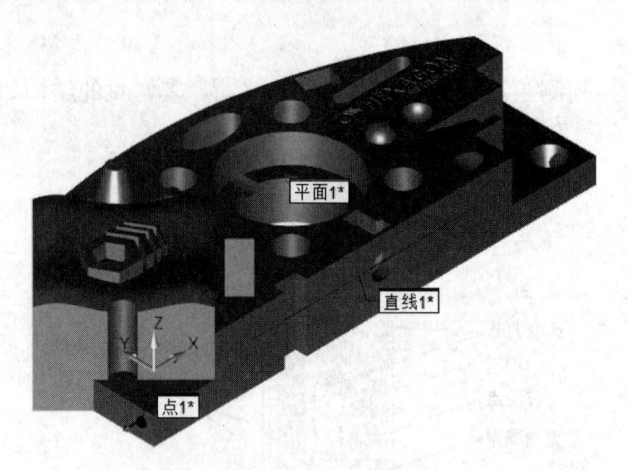

图 4-5-17 复杂零件的测量

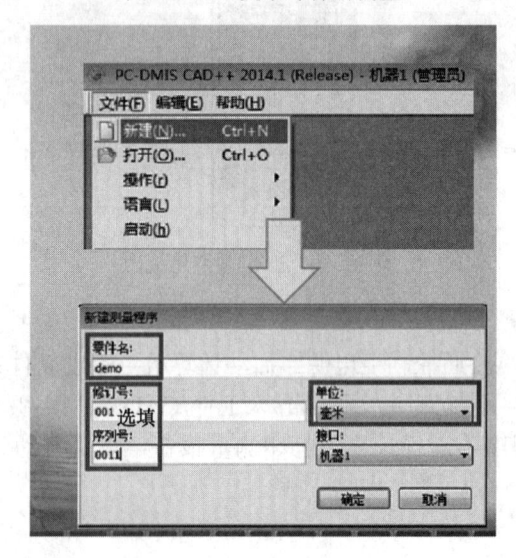

图 4-5-18 新建测量程序

2）编辑测量程序

（1）将"测量平面"项设为"平面1"。

（2）打开创建坐标系的界面，依次选择"插入"—"坐标系"—"新建"菜单命令。

（3）选择"平面1"，依次选择"Z 正"—"找正"菜单命令，单击"确定"创建坐标系"A1"。

（4）将"工作平面"项设为"Z 正"。

（5）将"测量直线"项设为"直线1"。

（6）打开创建坐标系的界面，依次选择"插入"—"坐标系"—"新建"菜单命令。

（7）选择"直线1"，将"旋转到"项设为"X 正"，将"围绕"项设为"Z 正"，单击"旋转"，单击"确定"创建坐标系"A2"。

（8）将"测量点"项设为"点1"。

（9）打开创建坐标系的界面，依次选择"插入"—"坐标系"—"新建"菜单命令。

（10）针对以下各项分别依次单击菜单命令。

点1："X"—"原点"。

直线1："Y"—"原点"。

平面1："Z"—"原点"。

单击"确定"创建坐标系"A3",最终测量程序如图 4-5-20 所示。

```
                加载测头/TESAATAR1
                测尖/T1A0B0,支撑方向 IJK=0, 0, 1,角度=0
平面1            =特征/平面,直角坐标,三角形
                理论值/<122.315,66.694,0>,<0,0,1>
                实际值/<122.315,66.694,0>,<0,0,1>
                测定/平面,3
                    触测/基本,常规,<90.746,98.105,0>,<0,0,1>
                    触测/基本,常规,<144.713,92.811,0>,<0,0,1
                    触测/基本,常规,<131.486,9.168,0>,<0,0,1>
                终止测量/
A1              =坐标系/开始,回调:启动,列表=是
                    建坐标系/找平,z正,平面1
                坐标系/终止
                工作平面/z正
直线1            =特征/直线,直角坐标,非定界
                理论值/<56.638,0,-12.303>,<1,0,0>
                实际值/<56.638,0,-12.303>,<1,0,0>
                测定/直线,2,z 正
                    触测/基本,常规,<56.638,0,-11.3>,<0,-1,0>
                    触测/基本,常规,<157.661,0,-13.306>,<0,-1
                终止测量/
A2              =坐标系/开始,回调:A1,列表=是
                    建坐标系/旋转,X正,至,直线1,关于,z正
                坐标系/终止
点1              =特征/点,直角坐标
                理论值/<0,10.967,-24.975>,<-1,0,0>
                实际值/<0,10.967,-24.975>,<-1,0,0>
                测定/点,1,工作平面
                    触测/基本,常规,<0,10.967,-24.975>,<-1,0,
                终止测量/
A3              =坐标系/开始,回调:A2,列表=是
                    建坐标系/平移,X轴,点1
                    建坐标系/平移,Y轴,直线1
                    建坐标系/平移,z 轴,平面1
                坐标系/终止
```

图 4-5-19　最终测量程序

3)使用自动特征功能

使用自动特征功能可以在零件的 CAD 模型表面直接选中要测量的元素,再进行相关参数的编辑,即可自动生成该元素的测量程序,提高了编程效率,使测量更精准。本例中,待测零件的表面元素有圆、椭圆、圆柱、圆锥、球体等,针对这些元素都可以使用该功能。在软件界面中单击"插入"—"特征"—"自动"菜单命令,即可选择需要使用自动特征功能测量的元素,如图 4-5-20 所示。

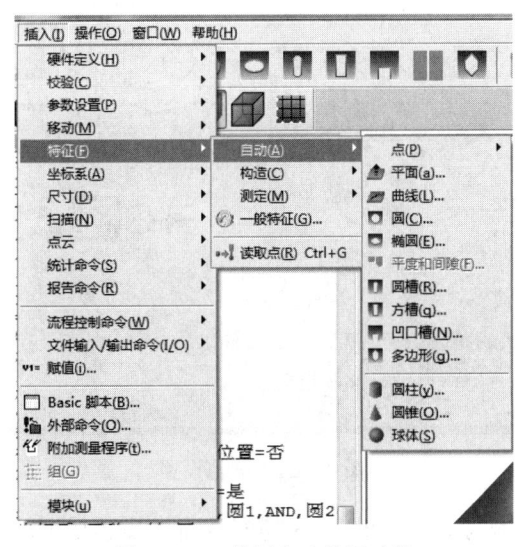

图 4-5-20　使用自动特征功能

4）扫描

由于本例中零件表面还存在曲面、曲线等，并且有 CAD 模型，为了准确地测量出面轮廓度和线轮廓度，可以通过扫描方式来连续踩点，以此来获得相应的表面轨迹；使用扫描时系统必须为"自动模式"，单击"插入"—"扫描"菜单命令即可使用扫描功能，如图 4-5-21 所示；扫描外轮廓曲线可以选择"开线"，扫描表面曲面可以选择"周边"。

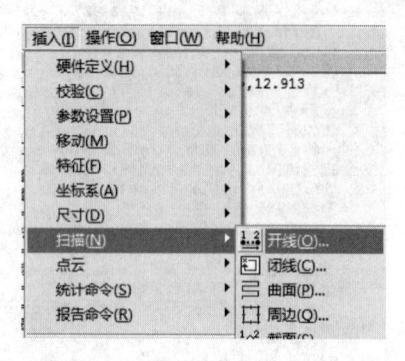

图 4-5-21　使用扫描功能

5）尺寸评价

使用该功能可以评价各种尺寸、形位公差及角度的数值。

（1）尺寸评价举例。本例中，对尺寸 86.267 进行评价的步骤如下。

① 将"工作平面"项改为"Z+"，打开尺寸评价界面。

② 在特征选择框中选择"圆 1"和"圆 2"。

③ 依次单击"维距离类型"—"输入公差"—"标称值"菜单命令。

④ 单击"创建"。其他设置如图 4-5-22 所示。

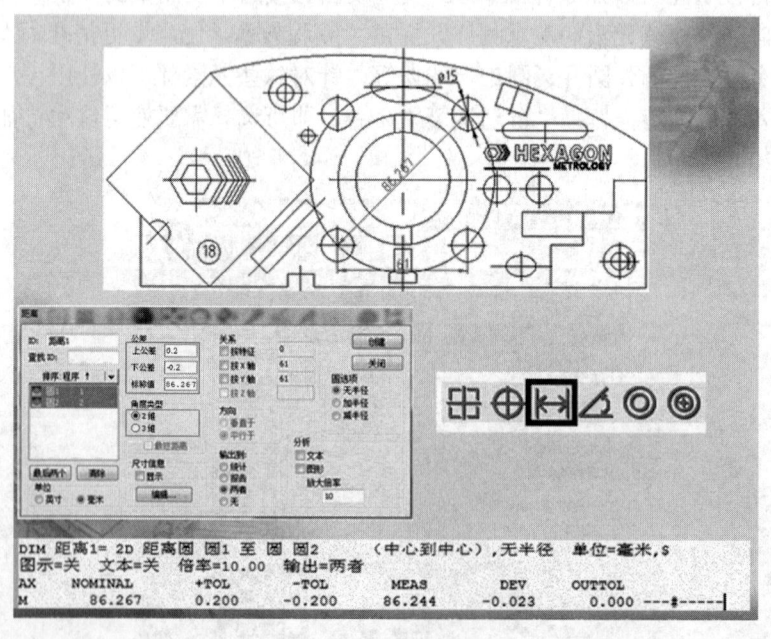

图 4-5-22　其他设置

（2）角度评价举例。本例中，对角度 65°进行评价的步骤如下。

① 将"工作平面"项改为"Z+"，先构造直线："直线 1"和"直线 2"。

② 打开角度评价界面，在特征选择框中选择"直线 1"和"直线 2"。

③ 依次单击"维角度类型"—"至/从关系"—"输入公差、标称值"菜单命令。

④ 单击"创建"。其他设置如图 4-5-23 所示。

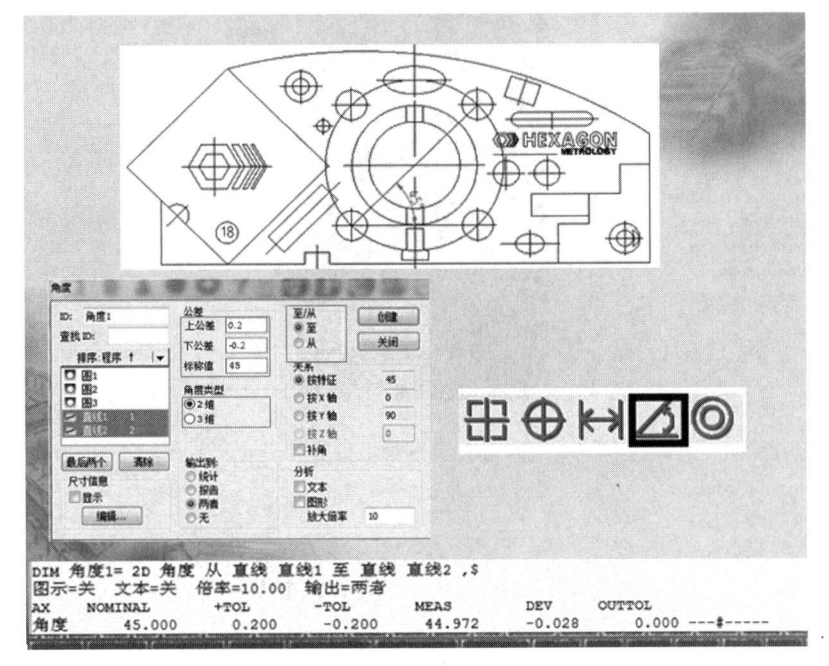

图 4-5-23 角度评价示例

（3）形位公差评价举例。本例中，对某形位公差（圆度）进行评价的步骤如下。

① 选择"评价圆度"，打开评价圆度界面。

② 选择"圆 1"，输入公差。

③ 单击"创建"。其他设置如图 4-5-24 所示。

④ 打开报告窗口刷新报告，即可看到圆 1 的形位公差（圆度）评价。

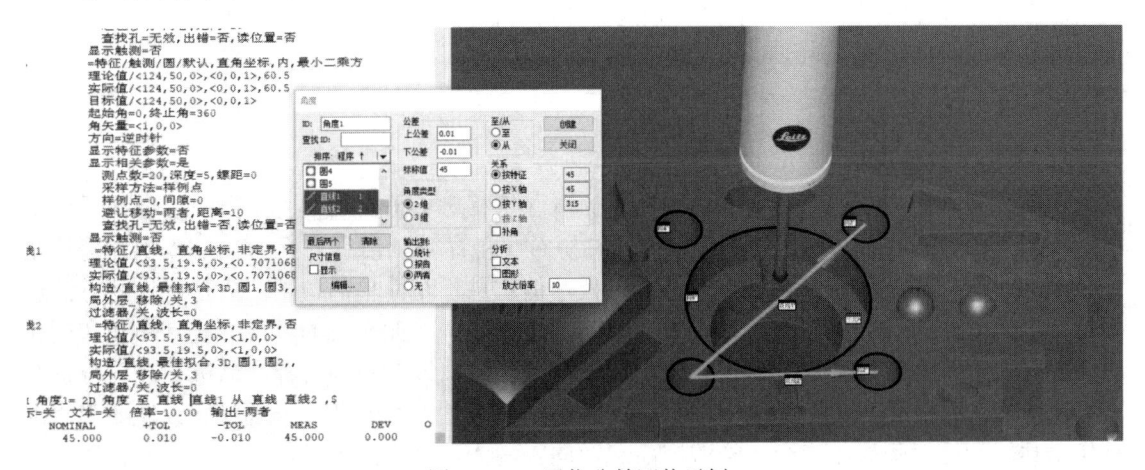

图 4-5-24 形位公差评价示例

6. 测量报告页面展示

如果某项参数不合格，其相关记录会显示为红色，并显示超差了多少。测量报告页面如图 4-5-25 所示。

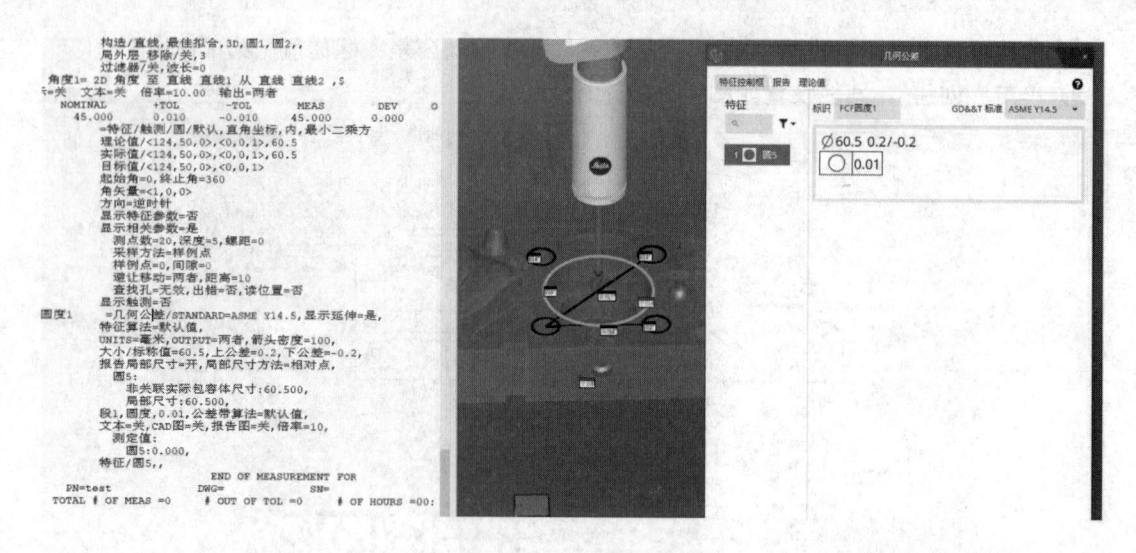

图 4-5-25　测量报告页面

项目六　逆向工程

4.6.1　逆向工程概述

一、正向工程

工业产品的开发一般是从确定预期功能与规格目标开始，然后构思产品结构，进行每个零部件的设计、制造以及检验，再经过装配、性能测试等程序完成整个开发过程，每个零部件都由制造者按照设计图纸及工艺文件加工，整个开发流程可概括为："构思—设计—产品"，此类开发过程称为正向工程（Forward Engineering，FE）。

二、逆向工程

1. 逆向工程概念

逆向工程（Reverse Engineering，RE）的概念是相对于正向工程而提出的，也称反求工程或反向工程，是近年来迅速发展起来的一种综合了产品功能信息分析、CAD 模型重建等相关技术的方法，是一种产品设计技术再现过程，但它并不是简单的仿制，而是以设计方法学为指导，以现代设计理论、方法、技术为基础，运用各种专业人员的设计经验、知识和创新思维，对已有产品进行解剖、分析、模型重建和再创造，即对一项目标产品进行逆向分析及研究，从而演绎并得出该产品的处理流程、组织结构、功能特性及技术规格等设计要素，以制作出功能相近，但又不完全一样的产品。逆向工程为产品的改进设计提供了方便、快捷的工具，它借助先进的技术开发手段，使设计者能够在已有产品基础上设计新产品，缩短了开发周期，降低了开发成本，所以逆向工程作为一种先进的创新技术被广泛应用于工业产品的开发与设计中。

2. 广义的逆向工程

广义的逆向工程指针对已有产品，消化吸收其内在的产品设计、制造和管理等各方面技术的一系列分析方法、手段和技术的综合,其研究对象主要是事物、影像和软件。

3. 狭义的逆向工程

狭义的逆向工程指的是实物逆向工程,即对产品几何形状的研究,它运用三维测量仪器(如三坐标测量机等)对产品进行数据采集,将所采集的数据通过逆向建模技术重建出产品的三维模型,并在此基础上进行创新设计和生产加工。目前,实物逆向工程已成为 CAD/CAM 领域的一个研究热点,并发展成为一个相对独立的领域。

4.6.2 逆向工程的应用

一、新产品研发

在对产品(如汽车、飞机等)外观有工业美学特别要求的领域,首先需要设计师利用油泥、黏土或木头等材料制作出产品的比例模型,将所要表达的意向以实体的方式表现出来,而后利用逆向工程技术将实体模型转化为 CAD 模型。如图 4-6-1 所示为利用逆向工程技术进行新产品的研发前制作的汽车油泥模型。

图 4-6-1　汽车油泥模型

二、产品的仿制和改型设计

利用逆向工程技术对现有产品进行表面数据采集、数据处理从而获得与实物相符的 CAD 模型,并在此基础上进行产品改型设计、误差分析、加工程序生成等,这是常用的产品设计方法。这种设计方法是在借鉴国内外先进设计理念和方法的基础上提高自身设计水平和理念的一种手段,该方法被广泛应用于家用电器、玩具等产品外形的修复、改造和创新设计。如图 4-6-2 所示为利用逆向工程技术仿制汽车外形。

图 4-6-2　仿制汽车外形

三、产品损坏或磨损部位的还原修复

利用逆向工程技术对产品损坏或磨损部位进行信息提取,从而进行自主开发设计,破损部位的表面数据恢复或结构的推算、还原、修复等。如图 4-6-3 所示为利用逆向工程技术进行零件快速修复。

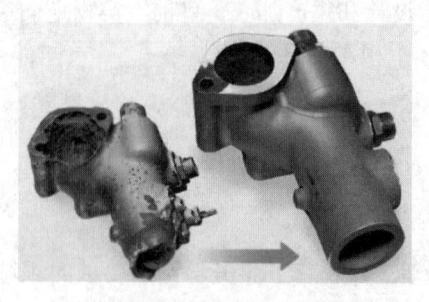

图 4-6-3　零件快速修复

四、快速模具制造

利用逆向工程技术对现有模具进行逆向数据采集,重建 CAD 模型并生成数控加工程序,既可以提高模具的生产效率,又能降低模具的制造成本,还可以以实物零件为对象,逆向反求其 CAD 模型,并在此基础上进行模具设计。如图 4-6-4 所示为利用逆向工程技术采集模具数据,用于快速模具制造。

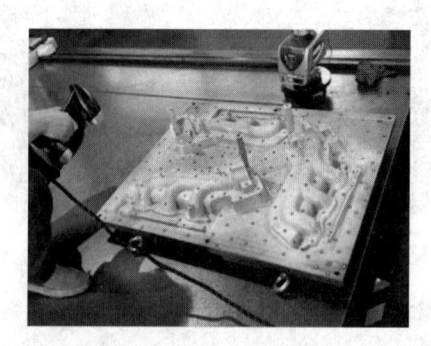

图 4-6-4　模具数据采集

五、文物、艺术品的保护、监测和修复

利用逆向工程技术定期对文物及艺术品进行表面数据采集,通过对前后两次数据采集结果的比较,找到破坏点,从而采取相应的保护措施,或者进行相应的修复。如图 4-6-5 所示为利用逆向工程技术进行文物数据采集,以便于文物的保护、检测和修复。

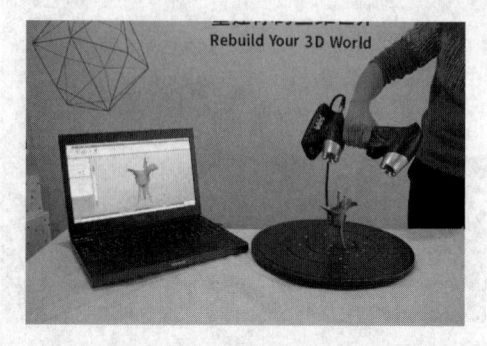

图 4-6-5　文物数据采集

六、医学领域的应用

将逆向工程技术与 3D 打印技术结合，可以根据人体骨骼（关节）的形状进行假体的设计、制作及外科手术规划等。如图 4-6-6 所示为利用逆向工程技术及 3D 打印技术实现颅骨再造。

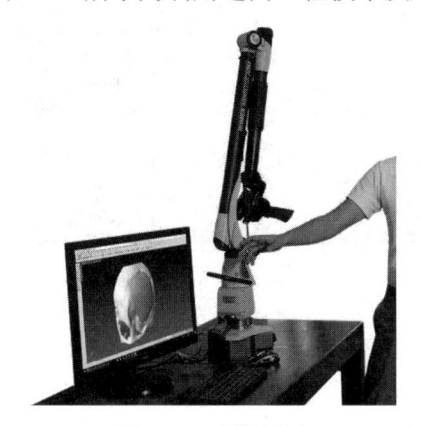

图 4-6-6　颅骨再造

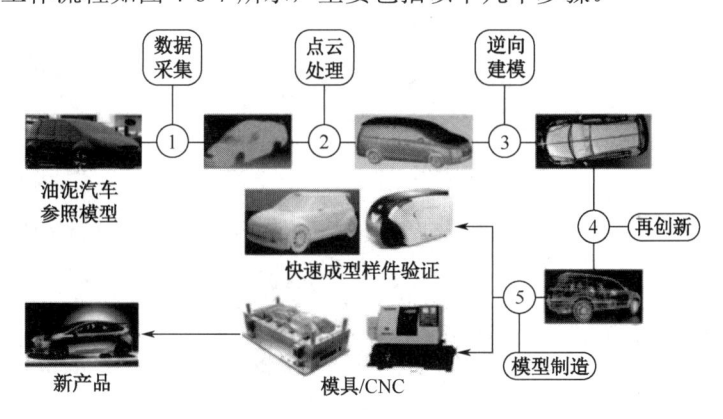

4.6.3　逆向工程的工作流程

逆向工程的工作流程如图 4-6-7 所示，主要包括以下几个步骤。

图 4-6-7　逆向工程的工作流程

（1）数据采集：根据现有样品，利用 3D 数字化测量仪器准确、快速地测量其外形尺寸数据，得到点云。
（2）点云处理：利用点云处理软件将采集的点云生成面片。
（3）逆向建模：利用软件对面片进行三维模型（CAD 模型）的重建。
（4）再创新：根据重建的三维模型进行再创新（编辑和修改），形成新的产品设计数据。
（5）模型制造：根据新产品设计数据，采用快速成型（3D 打印）技术，或 CNC 机床加工，或制作所需模具并铸造加工，生成样件。

一、数据采集

数据采集是逆向工程的第一步，也是后续工作的基础。数据采集设备的操作简易程度、数据的准确性及完整性是衡量其效能的重要指标。目前，产品表面三维数据的获取主要通过三维测量技术来实现，通常采用三坐标测量机（CMM）、激光三维扫描设备、结构光测量设备等来获取。产品表面三维数据的获取是基础，数据的完备程度直接影响三维模型重建的质量。如图 4-6-8 所示为运用数据采集设备采集的灯泡点云。

图 4-6-8　灯泡点云

二、点云处理

运用数据采集设备采集的点云信息在用于三维模型重建之前必须进行格式转换、噪声滤除、平滑、对齐、合并、插补等一系列的数据处理。对于海量的复杂点云数据，还要进行数据精简、按测量数据的几何属性进行数据处理等，再采用几何特征匹配的方法获取原产品所具有的设计和加工特征。运用数据采集设备采集的点云，不可避免地会带入误差和噪声，而且数据量庞大，只有通过上述数据处理才能提高精度和 CAD 模型重建的算法效率。如图 4-6-9 所示为对采集的点云进行处理，包括点云数据的精简、根据点云生成三角面片及面片的修补等。

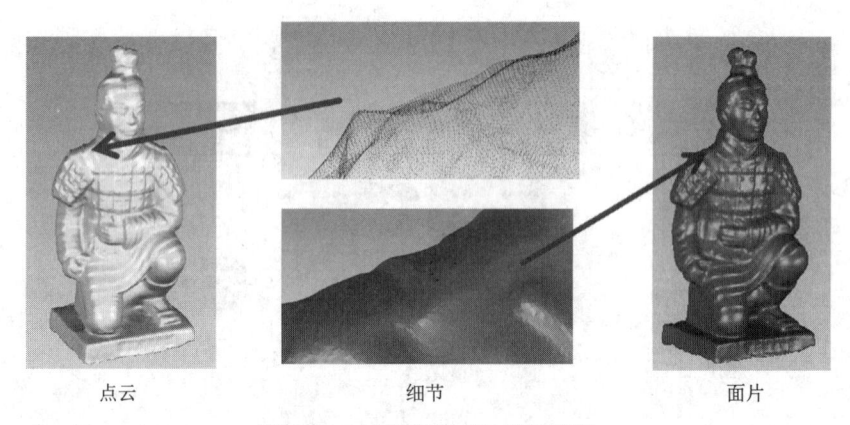

点云　　　　　　　细节　　　　　　　面片

图 4-6-9　对采集的点云进行处理

三、逆向建模

逆向建模是在获取了处理好的测量数据后，对各面片的特性分别进行曲面拟合，然后在面片间求交、拼接和匹配，使之成为连续、顺滑的曲面，从而获得原产品的三维模型的过程。逆向建模是后续处理的关键步骤，设计人员不仅需要熟练掌握相关软件的操作，还需要熟悉逆向建模的方法、步骤，并且要洞悉原产品设计人员的设计思路，然后再有所创新，并结合实际情况，进行新的建模。逆向建模过程中的曲面设计是本环节最重要、最困难的步骤，其目的在于寻找某种数学描述形式，精确、简洁地描述一个给定的物理曲面的形状，并以此为依据进行分析、计算、修改和绘制。如图 4-6-10 所示为将处理好的面片通过逆向建模重建为实体模型。

面片　　　　　　　　　　　　实体

图 4-6-10　将处理好的面片通过逆向建模重建为实体模型

四、再创新

逆向工程不是简单的仿制，而是在逆向建模的基础上进行编辑、修改和再创新，以获得一个与原产品不完全相同甚至全新的结构外形，最终达到产品设计创新之目的。如图 4-6-11 所示为对逆向建模生成的汽车车身三维模型进行优化创新设计，从而减轻汽车车身的重量。

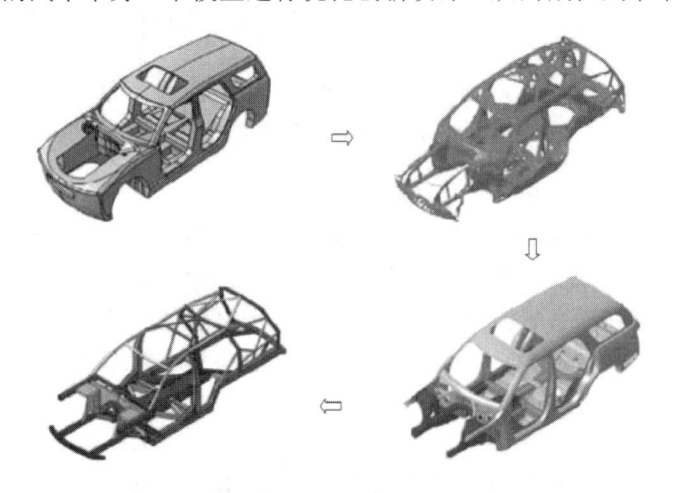

图 4-6-11　汽车车身的优化创新设计

五、模型制造

完成再创新环节，确定新的模型以后，可以采用三种方法进行模型制造：快速成型制造（3D 打印）、机械加工和模具铸造。模型制造是将三维模型转化为实物的途径，也是整个逆向工程的最后环节。如图 4-6-12 所示为依据"对汽车车身进行优化创新设计后得到的三维模型"进行模型制造得到的实物，在这次模型制造过程中，采用了 3D 打印和机械加工两种模型制造方式。

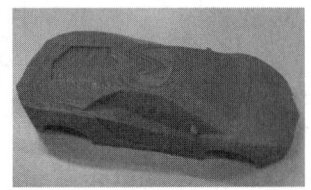

实物　　　　　　　　3D 打印　　　　　　　　机械加工

图 4-6-12　模型制造

4.6.4 逆向工程关键技术

一、数据采集技术

数据采集是指通过特定的测量方法和设备,将物体表面形状转换成几何空间坐标信息,从而得到逆向建模及尺寸评价所需数据的过程。选择快速而精确的数据采集设备,是实现逆向工程的前提条件,它在很大程度上决定了所设计产品的最终质量,以及设计的效率和成本。如图 4-6-13 所示为逆向工程数据采集的几种方法。

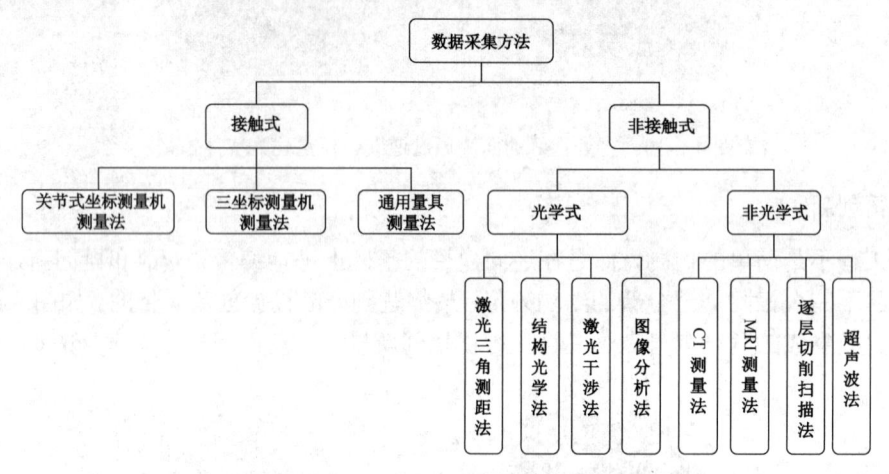

图 4-6-13 逆向工程数据采集方法

1. 非接触式数据采集方法

非接触式数据采集方法适用于需要大规模测量的自由曲面和复杂曲面。优点:测量速度快;获取数据容易;测量时不需要进行测量头半径补偿;可测量柔软、易碎、不可接触的物件,如薄件、皮毛等,不会损伤精密表面等。缺点:测量精度较差,易受物体表面反射条件(如颜色、粗糙度等)的影响;对边线、凹坑及不连续形状的处理较困难;物体表面与探头表面不垂直时,测得的数据误差较大。

1)激光三角测距法

如图 4-6-14 所示,激光三角测距法的原理是通过激光器(光源)将激光束打到待测物体表面,然后用感光器件(CCD)接收物体表面的反射光,根据光源与感光器件间的距离、夹角及反射时间等参数推算出物体表面点的坐标。如图 4-6-15 所示为使用手持式激光扫描仪进行数据采集。

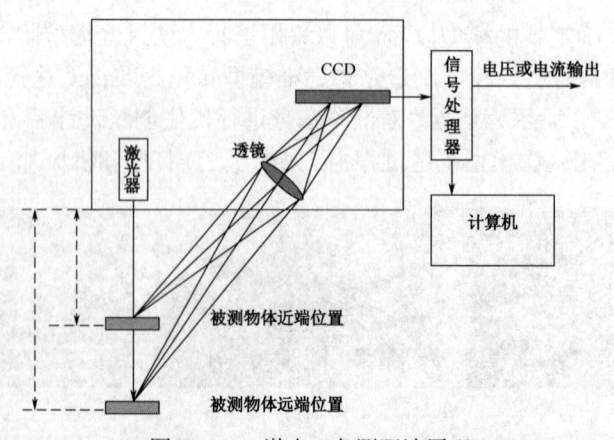

图 4-6-14 激光三角测距法原理

图 4-6-15 使用手持式激光扫描仪进行数据采集

2）结构光学法

如图 4-6-16 所示，结构光学法的原理是利用结构光学照明系统中提取出来的几何信息计算被测物体的坐标信息，即根据相机、光栅发射器发出的结构光以及被测物体之间的几何关系来确定被测物体的坐标信息。如图 4-6-17 所示为使用双目固定式扫描仪进行数据采集。

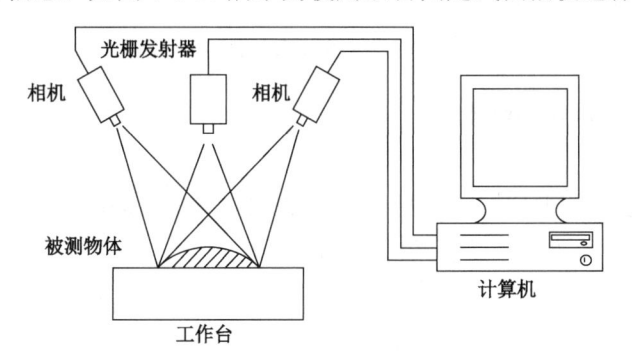

图 4-6-16 结构光学法测量原理

图 4-6-17 使用双目固定式扫描仪进行数据采集

2. 接触式数据采集方法

接触式数据采集方法是通过传感测量设备与被测物体的接触来记录被测物体表面的坐标信息的。接触式数据采集方法主要用于基于特征的三维模型检测，特别是对仅需检测少量特征点的、由规则曲面组成的物体，检测效果较好。优点：测量数据不受物体表面光照、颜色及曲率因素的影响，物体边界的测量相对精确，测量精度高。缺点：逐点测量，测量速度慢，不能测量软质物体和超薄物体，对曲面上探头无法接触的部分不能进行测量，应用范围受到限制，测量过程需要人工干预，接触力大小会影响测量值，测量前后需要进行测量头半径补偿等。

进行接触式数据采集常用的设备之一是三坐标测量机，利用三坐标测量机采集数据的原理如下。

三坐标测量机在立体坐标系的三个坐标轴方向上均装有高精度的光栅尺和测量头，通过相应的电气系统控制，使测量头沿相应的导轨移动，通过测量头对被测物体进行接触或扫描，从而达到数据采集的目的，再通过相应的软件处理数据，完成对被测物体的数据采集。如图 4-6-18 所示为三坐标测量机的主要类型。

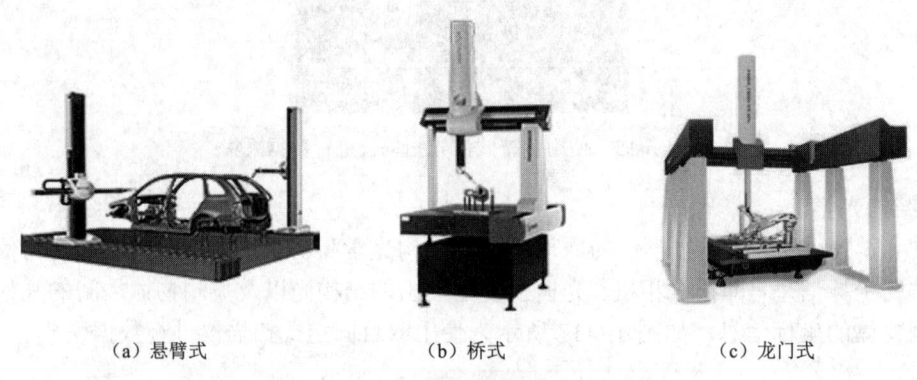

(a) 悬臂式　　　　　　(b) 桥式　　　　　　(c) 龙门式

图 4-6-18　三坐标测量机的主要类型

二、数据处理与逆向建模技术

1. 应用概述

伴随着逆向工程及其相关技术、理论研究的发展，其成果的商业化应用也逐渐受到重视，目前，开发专用的逆向工程软件及结合产品设计的结构设计软件成为逆向工程技术应用的关键。如表 4-6-1 所示为国内外部分逆向工程软件的基本情况和特点。

表 4-6-1　国内外部分逆向工程软件的基本情况和特点

序号	软件名称	开发单位	特点
1	Geomagic Wrap	美国 RainDrop 公司	擅长进行点云的三角网格化、自动数据的分块，以及 NURBS 曲面重建；操作人数较少，主要用于玩具、工艺品设计等领域
2	Geomagic Design X	美国 RainDrop 公司	擅长进行点云的三角面片划分、基于曲率的特征分析、基于特征曲线的数据分块，以及 NURBS 曲面拟合。通过曲线网编辑和全局联动，可实现曲面变形
3	Imageware	美国 EDS 公司	广泛应用于汽车、航空、航天、家电、模具、计算机零部件研制领域，具有强大的点云处理和 NURBS 曲面重建功能，并且可以和 NX 软件进行无缝衔接
4	CopyCAD	英国 DelCAM 公司	擅长进行测量数据的转换处理、构造三角面片模型、交互或自动提取特征曲线、NURBS 曲面重建、面片之间的光滑拼接，以及对曲面模型精度和品质的分析
5	RE-SOFT	浙江大学	基于三角 Bezier 曲面理论开发，擅长进行 NURBS 曲面的分块重建，以及与 NX 结合实现基于特征的逆向建模
6	JdRe	西安交通大学	包含三个模块：层析数据处理模块、特征识别专家系统模块、三维实体重建模块
7	NPUSRMS	西北工业大学	根据测量数据生成曲线、曲面并拟合重建三维模型，可以实现"仿制即再制造"

2. 部分常用的逆向工程软件

1) Geomagic Wrap 软件

Geomagic Wrap 是一个功能强大的 3D 扫描分析软件，是由美国 RainDrop（雨滴）公司（后来被 3D Systems 收购）出品的逆向工程和三维检测软件。Geomagic Wrap 可轻易地从扫描所得的点云创建出完美的多边形模型和网格，并可将其自动转换为 NURBS 曲面，是目前应用较为广泛的逆向工程软件，是点云处理及三维曲面构建功能最强大的软件之一。如图 4-6-19 所示为 Geomagic Wrap 的软件界面。

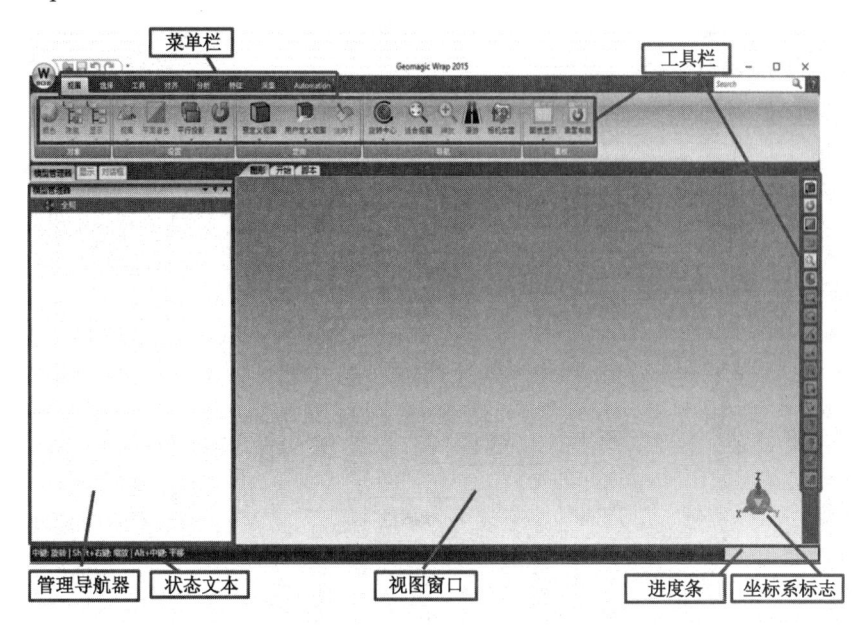

图 4-6-19　Geomagic Wrap 的软件界面

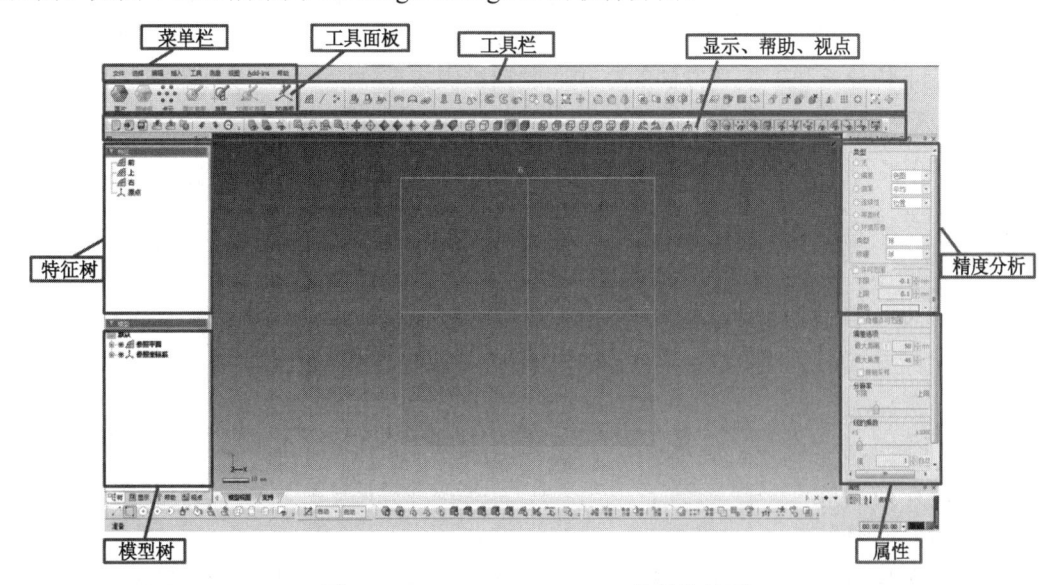

2）Geomagic Design X 软件

Geomagic Design X 是一款全面的逆向工程软件，它结合了传统 CAD 功能与三维扫描的数据处理功能，使用户能创建可编辑、基于特征的 CAD 实体模型。Geomagic Design X 与绝大多数现有的 CAD 软件兼容。Geomagic Design X 的前身是韩国 INUS 公司出品的逆向工程软件 RapidForm。Geomagic Design X 提供了新型运算模式，可实时地根据点云数据建立无接缝的多边曲面。如图 4-6-20 所示为 Geomagic Design X 的软件界面。

图 4-6-20　Geomagic Design X 的软件界面

3）Siemens NX 软件

Siemens NX 是 Siemens PLM Software 公司（前身为 Unigraphics NX）出品的逆向工程软件。Siemens NX 为用户的产品设计及加工过程提供了数字化造型和验证手段，针对用户的虚拟产品设计和工艺设计的需求，提供了经过实践验证的解决方案。Siemens NX 是一个交互式 CAD/CAM 系统，它功能强大，可以轻松实现对各种复杂实体及造型的建模。如图 4-6-21 所示为 Siemens NX 的软件界面。

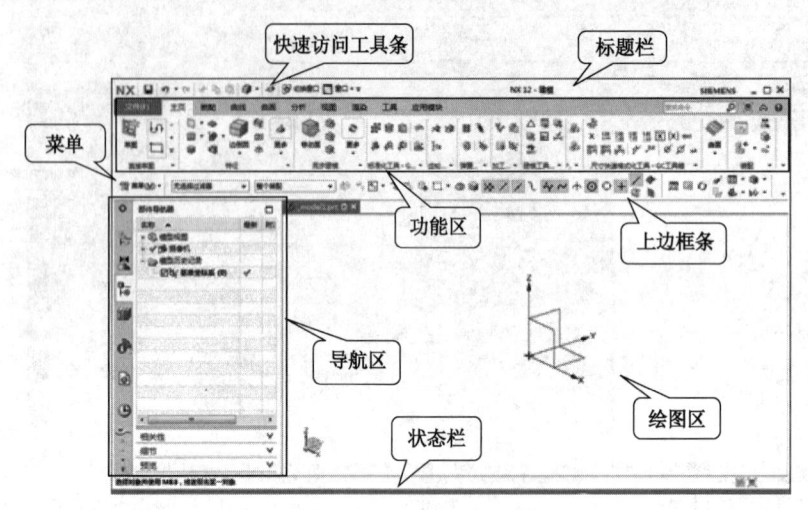

图 4-6-21　Siemens NX 的软件界面

三、3D 打印

1. 3D 打印的概念

3D 打印（3DP）是快速成型技术的一种，又称增材制造（Additive Manufacturing，AM），它是一种以数字模型文件为基础，运用粉末状金属或塑料等可粘合材料，通过逐层打印的方式来构造物体的技术。3D 打印与传统制造方法的区别：传统制造方法可分为减材制造和等材制造，减材制造是利用刀具或电化学的方法去除不需要的部分，等材制造主要是利用模具控形，将材料变为所需形状；而 3D 打印则是用材料逐层累积的方法制造物体。如图 4-6-22 所示为金属 3D 打印方法——选择性激光熔化技术（Selective Laser Melting，SLM），利用金属粉末在激光束的热作用下快速熔化、快速凝固的方式逐层扫描生成零件。

图 4-6-22　金属 3D 打印方法——选择性激光熔化技术

2. 3D 打印的应用

1）航空航天领域

在航空航天领域，3D 打印正在进入产业化生产，并在涡轮叶片的铸造型芯、发动机支架、燃料喷嘴等内部结构高度复杂的零部件的制造上普遍应用。3D 打印甚至可以用来制作嵌入式二维码。航空航天领域的企事业单位正在利用 3D 打印来改善资产的分配，减少维护费用，并通过制备更轻的部件节省燃料成本。如图 4-6-23 所示为采用 3D 打印技术制造的航空发动机的复杂零件。

图 4-6-23　采用 3D 打印技术制造的航空发动机的复杂零件

2）医疗领域

3D 打印在医疗领域的发展前景非常可观，尤其在新冠肺炎疫情期间，3D 打印技术表现亮眼。各种 3D 打印面罩、3D 打印呼吸阀、3D 打印护目镜、3D 打印病毒模型等相信大家在新闻都有看到。"世界上没有完全相同的两片叶子"，每个人的同一身体部位，其尺寸也都不尽相同，利用 3D 打印技术可以为患者"量身定制"移植器官。3D 打印已被用于制造简单的组织，如皮肤、软骨和部分心肌。随着技术的进步，3D 打印可能会被用于制造更复杂的器官，如视网膜、肾脏和肺。如图 4-6-24 所示为采用 3D 打印技术制造的人体器官。

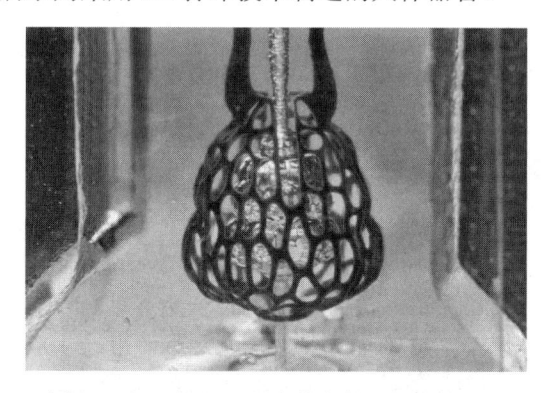

图 4-6-24　采用 3D 打印技术制造的人体器官

3）建筑领域

2020 年 2 月，上海的科技企业利用 3D 打印技术，在一天内"打印"了 15 栋隔离屋，用于支援外地抗疫。建筑材料、钢厂的废渣、沙漠的沙子都可以作为打印的"油墨"，一台 3D 打印机工作 24 小时，就可以"打印"出十几间小屋。2021 年 7 月，世界首座 3D 打印学校在非洲建成，从开工到竣工仅用了 18 小时。该学校的墙壁由一台名为"BOD2"的大型水泥 3D 打印机使用拉法基豪瑞（LafargeHolcim）墨水快速"打印"完成。如图 4-6-25 所示为 BOD2"打印"的房屋。

4）汽车领域

3D 打印作为一种先进的新型制造工艺，受到了汽车制造商的广泛重视，它的优势体现材料浪费的减少及集成制造带来的轻量化效果的大幅提升。2022 年 2 月，阿尔法·罗密欧发布了新车型 C42，这台时速达 200 英里的钢铁巨兽继承了许多 C39 车型的配置和部件。最值得关注的是，阿尔法·罗密欧有着丰富的 3D 打印技术应用经验。阿尔法·罗密欧的 C39 车型总共配备了 143 个 3D 打印零件，分别为 58 件钛合金零件、19 件高性能铝合金零件及 66 件普通铝合金零件，类型涵盖底盘插件、冷却回路管道、安全结构、轻型整流罩等。使用 3D 打印技术生产这些零件将汽车的重量减少了至少 2%，这对赛车的性能而言意义重大。如图 4-6-26 所示为采用 3D 打印技术制造的赛车车身。

图 4-6-25 BOD2"打印"的房屋 　　　　图 4-6-26 采用 3D 打印技术制造的赛车车身

身边榜样

创新路上不停歇——全国技术能手 何波

何波，生于 1981 年，全国技术能手、中国电科技术能手、中央企业青年岗位能手、中国电科青年岗位能手、成都市青年岗位能手、成都市劳动模范、成都工匠、"成都优秀人才培养计划"高技能人才、成都市高新区"菁蓉·高新人才计划"技能人才、第四届全国数控技能大赛四川选拔赛数控铣工（职工组）第一名、中国电科 29 所高级技能带头人、中国电科 29 所"十佳杰出员工"，享受国务院政府特殊津贴。

2002 年，毕业于数控加工技术专业的何波，进入中国电科 29 所四威产业园公司。经过 3 个月的实习期和 1 年的试用期，何波最终成为了一名数控铣工。何波当时的主要工作是根据设计图纸，用数控铣床进行零件加工。

工作初期，几经挫折，何波有些气馁，但是和身边的朋友交流后，他发现很多老师傅并不是本专业毕业的，却仍在这个岗位上一直坚守，这让初出茅庐的他感触极深。经过一段时间的积极调整，何波开始迅速充实自己，努力提升自我，不断提升的能力很快让他获得了成就感。

2007 年，何波通过公司内部招聘，从前端机床操作工转为后端数控编程员。由操作到编程，是挑战，更是机遇。通过不断的学习，何波形成了深厚的理论基础，积累了丰富的实际应用经验。他将数控加工技术比作切菜：首先要清楚我们要切的是什么菜，选择什么类型的刀，再考虑采用什么样的方式切，然后通过调整切菜的频率和速度，加工出不同的菜品形态。

有经验也有教训，技术工人的百密一疏往往刻骨铭心。何波回忆道：有一次，由于工作上的一个小失误，微波腔体的一个非常容易被忽略的零件没有被加工，在完成装腔的时候才发现，如果在装接价值上百万的电路芯片时才发现零件问题，将会造成严重损失，甚至是难以弥补的后果。这一次的教训，被何波永远记在了脑海里。

从业十多年的何波，在平凡的工作岗位上不断创新、精益求精。经过潜心研究、大胆创新，他自主开发出多轴后置处理程序，利用 CAM 软件首次实现其所在单位的四轴、五轴联动加工，彻底解决了复杂零件的多轴加工难题；并首次利用三轴小行程数控机床，实现了加工大型航空薄壁不锈钢筒体零件关键技术的突破。

作为国家级数控铣工技能大师工作室的"火车头"，在技能竞赛数控铣削项目、数控车削项目、团队挑战赛项目、数控综合加工技术项目中，何波担任技能专家超过 20 次；培训和指导多名员工在各类技能大赛中取得了优异成绩，其中获得省级竞赛前三名 15 人，获得全国竞赛前十名 8 人，取得高级技师职业资格 6 人，取得技师职业资格 6 人，在传授技艺方面做出了突出贡献。

创新路上不停歇，何波在平凡的岗位上干出了非凡的成绩。所谓匠心，其实就是一种热爱和专注，就是数十年如一日的坚守。2019 年，何波被当之无愧地评为"成都工匠"。在何波看来，只要心怀梦想，坚守初心，不论从事哪种行业、哪种工作，只要对社会有贡献，那么他就是值得被赞扬的。

模块五　建筑工程基础认知

行业先锋

"惟创新者进，惟创新者胜"——建筑业"大国工匠"　曹亚军

曹亚军，中建深圳装饰有限公司总工程师，全国建筑装饰行业首位（也是截至目前唯一的）"大国工匠"，新中国成立70周年·建筑工匠。他是绿色健康装修领域的探索者，更是幕墙行业技术巅峰的攀登者，用匠心投身祖国建设，用匠心缔造建筑装饰奇迹。

小时候的曹亚军最羡慕会盖房子、会做工程的人。在他的老家江苏盐城，走出去吃"建筑饭"的人很多。2004年从土木工程专业毕业时，他进入专业并不对口的建筑装饰行业，开启了自己的职业生涯。

2005年3月，毕业仅半年多的曹亚军担任了上海环球金融中心（当时中国第一高楼）幕墙项目深化设计师及工长。由于上海环球金融中心塔楼与裙楼之间因风振摆动位移与主体结构沉降不一致，所以至关重要的一点是保证石材幕墙在使用过程中的安全性。为了解决这个问题，曹亚军经常一连几个小时对着图纸和现场照片，在脑海中不断地模拟楼体的三维运动轨迹。"我现在依然记得，那段时间不论走路，还是吃饭，甚至连做梦，都在想着这个问题。"曹亚军说。从此以后，只要是做工程，他都会先将所有步骤在脑海中拆解、分析，并预设问题点，在脑海中构建一个3D模型场景，再给出解决方案。

"做工程的关键在于琢磨。只要真正琢磨透了，一定会找到突破和解决问题的办法。"曹亚军认为，在施工过程中，你预设的问题越多、前期工作做得越详细，工程就越容易达到预期目标。

2008年6月，曹亚军进入武汉站建设项目，他的身份是幕墙项目总工程师。总投资约140亿元的武汉站是"桥建合一"的新型结构火车站。武汉站的轨道和玻璃幕墙顶部的最小距离仅有150mm。如果高铁列车以350km/h的速度通过武汉站，产生的震动强度将接近9级地震的震动强度，在如此剧烈的震动下如何保持武汉站建筑结构的稳固安全？施工项目组翻遍了国内外资料，都没找到可参照的经验，怎么办？

在过往项目中，曹亚军在幕墙设计和施工的空闲时间，喜欢跑去其他环节施工现场汲取经验。他发现，为减轻机器震动对建筑物的影响，机器设备都会安装减震装置。参照这种理念，"如果在玻璃幕墙和轨道之间装设减震装置，也许能解决问题。"

为了解决减震问题，曹亚军联合制造厂商，带领项目组创新性地研发了专用阻尼器。经武汉大学对专用阻尼器进行的测试证明，专用阻尼器所有性能参数均优于设计要求。武汉站自

2009年10月安装专用阻尼器以来，轨道梁下方的玻璃幕墙从没有发生过任何破裂。

武汉站建设项目的定向滑移机构、幕墙黏弹性阻尼连接机构、双铰摇臂机构填补了国内空白，获得三项国家专利，该工程项目也荣获"国际建筑奖""全国建筑工程装饰奖"。

在同事眼中，曹亚军是一位"拼命三郎"。每个月至少有一半时间，曹亚军需要对全国各个项目进行巡视或驻场。他常常刚下飞机，便直奔项目现场，解决完问题，第二天又马不停蹄地奔向下一个项目。

重庆来福士广场建设项目"空中连廊"地处朝天门，两江交汇处，该项目幕墙工程的空中吊装环节被称为"全球最高、最重、最大、最险"的幕墙单元体提升，底部一个单元体的面积就有 500m^2，重达 45t，单个单元体仅截面长度就达 40m。吊装这样一个超大规模的幕墙，相当于对常规 10 层楼的整个立面幕墙进行一次性整体提升，再加上要克服风力影响、保持横向水平，这几乎是不可能完成的任务。面对这一艰巨任务，曹亚军创造性地在地面安装了钢结构胎架，再利用液压机进行整体提升和滑移，最终，"超级吊装作业"顺利完成，曹亚军团队开启了中国超大幕墙超高空吊装作业的先河，创造了数十项世界幕墙超高空吊装作业的"首次"，而这一课题的研究成果也填补了行业空白。

曹亚军说："我们工程人的梦想，就是通过创新，让不可能成为可能，引领世界技术发展潮流。"

建筑装饰行业的技术创新激战正酣，曹亚军不断攀登着一个又一个的高峰，以坚韧不拔的工匠精神，开山辟路的决心和斗志，为建筑装饰行业发展攻坚克难。

项目一　建筑安全常识

安全生产是人类生存发展过程中永恒的主题。搞好安全生产工作，保证人民群众的生命和财产安全，是实现我国国民经济可持续发展的前提和保障，是提高人民群众的生活质量、促进社会稳定和创造和谐社会的基础。随着社会的进步和经济的发展，安全问题越来越多地受到整个社会的关注与重视。当然，随着法制逐步健全，人们更应了解法规、遵守法规。

5.1.1　安全生产法规常识

以下内容节选自《中华人民共和国安全生产法》。

一、生产经营单位的安全生产保障

第二十八条　生产经营单位应当对从业人员进行安全生产教育和培训，保证从业人员具备必要的安全生产知识，熟悉有关的安全生产规章制度和安全操作规程，掌握本岗位的安全操作技能，了解事故应急处理措施，知悉自身在安全生产方面的权利和义务。未经安全生产教育和培训合格的从业人员，不得上岗作业……

第三十条　生产经营单位的特种作业人员必须按照国家有关规定经专门的安全作业培训，取得相应资格，方可上岗作业。

第四十四条　生产经营单位应当教育和督促从业人员严格执行本单位的安全生产规章制度和安全操作规程；并向从业人员如实告知作业场所和工作岗位存在的危险因素、防范措施以及事故应急措施。

第四十五条　生产经营单位必须为从业人员提供符合国家标准或者行业标准的劳动防护用品，并监督、教育从业人员按照使用规则佩戴、使用。

二、从业人员的权利和义务

第五十二条　生产经营单位与从业人员订立的劳动合同，应当载明有关保障从业人员劳动安全、防止职业危害的事项，以及依法为从业人员办理工伤保险的事项。

生产经营单位不得以任何形式与从业人员订立协议，免除或者减轻其对从业人员因生产安全事故伤亡依法应承担的责任。

第四十五条　生产经营单位的从业人员有权了解其作业场所和工作岗位存在的危险因素、防范措施及事故应急措施，有权对本单位的安全生产工作提出建议。

第五十四条　从业人员有权对本单位安全生产工作中存在的问题提出批评、检举、控告；有权拒绝违章指挥和强令冒险作业。

生产经营单位不得因从业人员对本单位安全生产工作提出批评、检举、控告或者拒绝违章指挥、强令冒险作业而降低其工资、福利等待遇或者解除与其订立的劳动合同。

第五十五条　从业人员发现直接危及人身安全的紧急情况时，有权停止作业或者在采取可能的应急措施后撤离作业场所。

生产经营单位不得因从业人员在前款紧急情况下停止作业或者采取紧急撤离措施而降低其工资、福利等待遇或者解除与其订立的劳动合同。

第五十六条　……因生产安全事故受到损害的从业人员，除依法享有工伤保险外，依照有关民事法律尚有获得赔偿的权利的，有权提出赔偿要求。

第五十七条　从业人员在作业过程中，应当严格落实岗位安全责任，遵守本单位的安全生产规章制度和操作规程，服从管理，正确佩戴和使用劳动防护用品。

第五十八条　从业人员应当接受安全生产教育和培训，掌握本职工作所需的安全生产知识，提高安全生产技能，增强事故预防和应急处理能力。

第五十九条　从业人员发现事故隐患或者其他不安全因素，应当立即向现场安全生产管理人员或者本单位负责人报告；接到报告的人员应当及时予以处理。

以下内容节选自《建设工程安全生产管理条例》。

第十八条　施工起重机械和整体提升脚手架、模板等自升式架设设施的使用达到国家规定的检验检测期限的，必须经具有专业资质的检验检测机构检测。经检测不合格的，不得继续使用。

第二十五条　垂直运输机械作业人员、安装拆卸工、爆破作业人员、起重信号工、登高架设作业人员等特种作业人员，必须按照国家有关规定经过专门的安全作业培训，并取得特种作业操作资格证书后，方可上岗作业。

第二十七条　建设工程施工前，施工单位负责项目管理的技术人员应当对有关安全施工的技术要求向施工作业班组、作业人员作出详细说明，并由双方签字确认。

第二十八条　施工单位应当在施工现场入口处、施工起重机械、临时用电设施、脚手架、出入通道口、楼梯口、电梯井口、孔洞口、桥梁口、隧道口、基坑边沿、爆破物及有害危险气体和液体存放处等危险部位，设置明显的安全警示标志。安全警示标志必须符合国家标准……

第二十九条　施工单位应当将施工现场的办公、生活区与作业区分开设置，并保持安全距离；办公、生活区的选址应当符合安全性要求。职工的膳食、饮水、休息场所等应当符合卫生标准。施工单位不得在尚未竣工的建筑物内设置员工集体宿舍。

施工现场临时搭建的建筑物应当符合安全使用要求。施工现场使用的装配式活动房屋应当具有产品合格证。

第三十二条 施工单位应当向作业人员提供安全防护用具和安全防护服装,并书面告知危险岗位的操作规程和违章操作的危害。

作业人员有权对施工现场的作业条件、作业程序和作业方式中存在的安全问题提出批评、检举和控告,有权拒绝违章指挥和强令冒险作业。

在施工中发生危及人身安全的紧急情况时,作业人员有权立即停止作业或者在采取必要的应急措施后撤离危险区域。

第三十三条 作业人员应当遵守安全施工的强制性标准、规章制度和操作规程,正确使用安全防护用具、机械设备等。

第三十六条 ……施工单位应当对管理人员和作业人员每年至少进行一次安全生产教育培训,其教育培训情况记入个人工作档案。安全生产教育培训考核不合格的人员,不得上岗。

第三十七条 作业人员进入新的岗位或者新的施工现场前,应当接受安全生产教育培训。未经教育培训或者教育培训考核不合格的人员,不得上岗作业。

施工单位在采用新技术、新工艺、新设备、新材料时,应当对作业人员进行相应的安全生产教育培训。

第三十八条 施工单位应当为施工现场从事危险作业的人员办理意外伤害保险。意外伤害保险费由施工单位支付……

5.1.2 《中华人民共和国建筑法》节选

第四十六条 建筑施工企业应当建立健全劳动安全生产教育培训制度,加强对职工安全生产的教育培训;未经安全生产教育培训的人员,不得上岗作业。

第四十七条 建筑施工企业和作业人员在施工过程中,应当遵守有关安全生产的法律、法规和建筑行业安全规章、规程,不得违章指挥或者违章作业。作业人员有权对影响人身健康的作业程序和作业条件提出改进意见,有权获得安全生产所需的防护用品。作业人员对危及生命安全和人身健康的行为有权提出批评、检举和控告。

第四十八条 建筑施工企业应当依法为职工参加工伤保险缴纳工伤保险费。鼓励企业为从事危险作业的职工办理意外伤害保险,支付保险费。

5.1.3 《中华人民共和国劳动法》节选

第三条 劳动者享有平等就业和选择职业的权利、取得劳动报酬的权利、休息休假的权利、获得劳动安全卫生保护的权利、接受职业技能培训的权利、享受社会保险和福利的权利、提请劳动争议处理的权利以及法律规定的其他劳动权利。

劳动者应当完成劳动任务,提高职业技能,执行劳动安全卫生规程,遵守劳动纪律和职业道德。

第十五条 禁止用人单位招用未满十六周岁的未成年人……

第十六条 劳动合同是劳动者与用人单位确立劳动关系、明确双方权利和义务的协议。建立劳动关系应当订立劳动合同。

第五十四条 用人单位必须为劳动者提供符合国家规定的劳动安全卫生条件和必要的劳

动防护用品，对从事有职业危害作业的劳动者应当定期进行健康检查。

第五十五条　从事特种作业的劳动者必须经过专门培训并取得特种作业资格。

第五十六条　劳动者在劳动过程中必须严格遵守安全操作规程。劳动者对用人单位管理人员违章指挥、强令冒险作业，有权拒绝执行；对危害生命安全和身体健康的行为，有权提出批评、检举和控告。

第五十八条　国家对女职工和未成年工实行特殊劳动保护。未成年工是指年满十六周岁未满十八周岁的劳动者。

第六十八条　用人单位应当建立职业培训制度，按照国家规定提取和使用职业培训经费，根据本单位实际，有计划地对劳动者进行职业培训。从事技术工种的劳动者，上岗前必须经过培训。

第七十二条　……用人单位和劳动者必须依法参加社会保险，缴纳社会保险费。

第七十七条　用人单位与劳动者发生劳动争议，当事人可以依法申请调解、仲裁、提起诉讼，也可以协商解决。调解原则适用于仲裁和诉讼程序。

5.1.4 《工伤保险条例》节选

第二条　中华人民共和国境内的企业、事业单位、社会团体、民办非企业单位、基金会、律师事务所、会计师事务所等组织和有雇工的个体工商户（以下称用人单位）应当依照本条例规定参加工伤保险，为本单位全部职工或者雇工（以下称职工）缴纳工伤保险费。

中华人民共和国境内的企业、事业单位、社会团体、民办非企业单位、基金会、律师事务所、会计师事务所等组织的职工和个体工商户的雇工，均有依照本条例的规定享受工伤保险待遇的权利。

第十条　用人单位应当按时缴纳工伤保险费。职工个人不缴纳工伤保险费……

第二十一条　职工发生工伤，经治疗伤情相对稳定后存在残疾、影响劳动能力的，应当进行劳动能力鉴定。

第三十条　职工因工作遭受事故伤害或者患职业病进行治疗，享受工伤医疗待遇……

5.1.5 安全生产基本常识

一、基本概念

以下讨论的概念及其他相关内容均以从事生产制造活动为前提。

1. 安全与危险

安全与危险是相对的概念。危险是指出现不期望后果的可能性超过人们的承受程度。安全是将系统的运行状态对人类的生命、财产、环境可能产生的损害控制在人类不感觉难受的水平及以下的状态。

2. 危险源

危险源是指可能造成人类的健康、财产、环境受损或其他损失的根源或状态。

3. 事故与事故隐患

1）事故

事故是指造成人员死亡、受伤、患职业病、损失财产或者其他损失的意外事件。

2）事故隐患

事故隐患泛指生产系统中可导致事故发生的人的不安全行为、物的不安全状态和管理上的缺陷。

4. 本质安全

本质安全是指设备、设施或技术工艺含有内在的、能够从根本上防止事故发生的功能，具体包括以下功能：

（1）失误—安全功能：指即使操作者操作失误，也不会发生事故或伤害，或者说设备、设施和技术工艺本身具有自动防止人的不安全行为的功能。

（2）故障—安全功能：指设备、设施或技术工艺发生故障、损坏或运行偏差时，还能暂时维持正常工作或自动转变为安全状态。

上述两种安全功能应该是设备、设施和技术工艺本身固有的，即在它们的规划设计阶段，这些安全功能就被纳入其中，而不是事后补偿的。

本质安全是"安全第一、预防为主"的根本体现，也是安全生产管理的最高境界。实际上，由于技术、资金和人们对事故的认识等原因，到目前还很难做到本质安全，但本质安全一直是全社会为之奋斗的目标。

二、安全生产方针

要保证建设工程施工安全，必须坚持"安全第一、预防为主"的基本方针。在生产过程中，必须坚持"以人为本"的原则。在生产与安全的关系中，一切以安全为重，安全必须排在第一位。施工前，必须预先分析危险源，预测和评价危险、有害因素，掌握危险出现的规律和变化，采取相应的预防措施，将危险和安全隐患消灭在萌芽状态。施工企业的各级管理人员应坚持"管生产必须管安全"和"谁主管、谁负责"的原则，全面履行安全生产责任。

三、安全生产的三级教育

新作业人员上岗前必须进行"三级"安全教育，即公司（企业）15小时、项目部15小时和班组20小时三级安全生产教育。

1. 公司的安全生产教育

公司的安全生产教育主要内容有：安全生产基本知识，国家和地方有关安全生产的方针、政策、法规、标准、规范，公司的安全生产规章制度，劳动纪律，对施工作业场所和工作岗位存在的危险因素、防范措施及事故应急措施的介绍，事故案例分析。

2. 项目部的安全生产教育

项目部的安全生产教育主要内容有：本项目的安全生产状况和规章制度，本项目作业场所和工作岗位存在的危险因素、防范措施及事故应急措施的介绍，事故案例分析。

3. 班组的安全生产教育

班组安全生产教育主要内容有：本岗位安全操作规程，生产设备、安全装置、劳动防护用品（用具）的正确使用方法，事故案例分析。

四、杜绝"三违"现象

1. 违章指挥

企业负责人和有关管理人员法制观念淡薄，缺乏安全知识，思想上存有侥幸心理，对国家、集体的财产安全和人民群众的生命安全不负责任。明知不符合安全生产有关规定，仍指挥作业人员冒险作业。

2. 违章作业

作业人员没有安全生产常识，不懂安全生产规章制度和操作规程，或者明知故犯，不顾国家、集体的财产安全和他人、自己的生命安全，擅自作业，冒险蛮干。

3. 违反劳动纪律

上班时不知道劳动纪律，或者不遵守劳动纪律，冒险作业，造成不安全因素。

五、做到"三不伤害"

三不伤害就是指"不伤害自己、不伤害别人、不被别人伤害。"首先确保自己不违章，保证不伤害自己、不伤害别人；其次要做到不被别人伤害，这就要求我们要有良好的自我保护意识，要及时制止他人违章。制止他人违章既保护了自己，也保护了他人。

5.1.6 建筑安全基本常识

一、建筑安全的特点

（1）建筑是固定的、附着在土地上的，而世界上没有完全相同的两块土地；建筑的结构、规模、功能和施工工艺方法也是多种多样的，即使是同一批建设的同规格建筑，其内在的各项指标也不完全相同，对人员、材料、机械设备、防护用品、施工技术等有不同的要求，而且建筑现场环境（如地理条件、季节、气候等）千差万别，这些都决定了建筑施工的安全问题是不断变化的。

（2）建筑工程的施工是流水作业，建筑业的工作场所和工作内容是动态的、不断变化的，每一个工序都可以使得施工现场产生显著的变化。随着工程的推进，施工现场可能会从地表延伸到地下几十米或地上几百米。在施工过程中，周边环境、作业条件、施工技术等不断地变化，施工安全问题也不停变化，而与施工过程配套的安全防护设施往往滞后于施工进度。

（3）建筑施工流动性大，是建筑施工的又一特点。一个工程竣工验收以后，施工队伍就要转移到新的地点，去建设新的项目，施工队伍就要相应地在不同的地区间流动。

（4）建筑施工大多是露天作业，以重体力手动作业为主。建筑施工的高强度作业，施工现场的噪声、热量、有害气体和尘土等，露天作业地点不固定，高温、严寒、大风、雨雪等天气使工作条件恶劣，作业人员体力和注意力下降，以及夜间照明不够等，都会增加危险、有害因素。

（5）施工企业与项目部的分离，使得施工现场安全管理的责任，更多地由项目部来承担，有可能导致施工企业的安全措施并不能在施工现场得到充分落实。

（6）建筑施工过程存在多个安全责任主体，如勘察、设计、监理及施工等单位，其关系的复杂性，决定了建筑施工安全管理的难度较高。施工现场安全由施工单位负责，施工单位向总承包单位负责，服从总承包单位对施工现场的安全生产管理。

（7）近年来，建设施工项目逐渐由"以工业建筑为主"向"以民用建筑为主"转变，建筑高度由低层向高层发展，施工现场由较为广阔向狭小变化，使得建筑施工的难度增大，危险、有害因素增多。

（8）建设施工过程中某些环节的低技术含量、非标准化作业，决定了部分作业人员的素质相对较低，而建筑业又需要大量的人力资源，属于劳动密集型行业，作业人员与施工单位间的短期雇用关系，造成了施工单位对作业人员的教育培训严重不足，使得作业人员缺少基本的安全生产常识，违章作业、违章指挥的现象时有发生。

建筑施工环境、条件复杂又变幻不定，由于以上各种因素，导致不安全因素较多、较复杂，特别是生产高峰季节，更易发生事故。如果在施工过程中，不能摒除侥幸心理、姑且思想，不能采取可靠的安全措施，为了提高效率而忽视安全，伤亡事故必然频繁发生。

二、施工现场的主要安全事故

建筑业属于事故多发的高危行业，其中高处坠落、触电、物体打击、机械伤害、坍塌这五种事故为建筑业最常见的事故，占事故总数的 95%以上，称为"五大伤害"。其他施工现场易发生的事故还有火灾、中毒、窒息、爆炸、车辆伤害、起重伤害、淹溺等。

三、进入施工现场的基本安全纪律

（1）进入施工现场必须戴好安全帽，系好帽带，并正确使用个人劳动防护用品。

（2）穿拖鞋或高跟鞋、赤脚或赤膊的，不准进入施工现场。

（3）未经安全教育培训合格，不得上岗，非必需不可进入危险区域；进行特种作业必须持特种作业资格证上岗。

（4）凡在 2m 以上的高处施工无安全设施的，必须系好安全带并挂牢后再开始工作。

（5）在高处作业时，材料和工具等物件不得上抛下掷。

（6）穿硬底鞋不得登高施工。

（7）使用机械设备，必须做到"定人、定机"制度；未经有关人员同意，非专属操作人员不得使用。

（8）使用电动机械设备，必须有漏电保护装置，将电动机械设备可靠接地后，方可启动使用。

（9）未经有关人员批准，不得随意拆除安全设施和安全装置；因施工需要拆除的，施工完毕后，必须立即恢复。

（10）井字架吊篮、料斗不准乘人。

（11）酒后不准施工。

（12）施工前应对相关的作业人员进行安全技术交底。

项目二　建筑发展历程

古代建筑施工技术有着辉煌的成就，远在公元前 2000 年，人们就已经掌握了夯填、砌筑、营造、铺瓦、油漆等方面的施工技术。按照建筑施工技术的发展程度，建筑的发展历程如下。

1. 原始社会建筑

原始社会的一切发展都极为漫长和缓慢，建筑也不例外。在地面建筑产生之前，人类还经历了长期的居无定所/巢居/穴居的日子，主要使用石器工具，生产力极其低下。

2. 奴隶社会建筑

随着石器的发展，金属工具的出现，生产力得到了发展而社会产品有了剩余，这使得一部分人摆脱体力劳动而专门从事社会管理和文化科学活动，产生了私有制和剥削阶级。原始社会解体，奴隶社会产生。社会的变革带来了建筑技术、材料、形式的发展。

3. 夏

考古学上对夏文化仍在探索之中。许多考古学家认为,河南偃师二里头遗址为夏末都城。在这个遗址中发现了大型宫殿和中小型建筑数十座,其中一号宫殿规模最大。

4. 商

商朝是我国奴隶社会的大发展时期,在此期间,青铜工艺逐渐发展纯熟,手工业分工逐渐明确。手工业、生产工具的进步及奴隶劳动的集中,使得建筑技术水平有了明显提高。目前已发现了多座商朝前期的城市遗址。根据遗址可以了解,当时的城市已经有了简单的功能分区,并且已经有了宫城、内城、外城的结构。

5. 西周

西周推行分封制度,在奴隶主群体内部规定了严格等级。城市的规模、城墙高度、道路宽度及各种重要建筑物的规格都必须按等级制造。关于此时期的、具有代表性的建筑遗址有陕西岐山凤雏村的西周遗址和湖北蕲春的干阑式建筑遗址。

6. 春秋战国

春秋时期,由于铁器和耕牛的使用,社会生产力水平有很大提升,手工业和商业相应发展。封建生产关系开始出现。战国时期,地主阶级相继争夺政权,宣告了奴隶社会的结束。战国时期手工业、商业持续发展,城市规模日益增长,出现了城市建设的高潮。据《史记·苏秦传》记载,当时齐国临淄居民达到了7万户,街道上"车毂击,人肩摩",热闹非凡。

7. 秦

秦统一六国,并且集中人力、物力与六国技术成就,修筑了都城、宫殿、陵墓、长城等。建筑类型如皇家建筑、礼制建筑都有所发展。建筑组群也更加成熟。秦都咸阳的建设具有独创性,它摒弃传统的城郭制度,在渭水南北修建了许多宫殿。阿房宫遗址和秦始皇陵的规模之大,反映了封建帝王穷奢极欲的情况。

8. 汉

西汉时期,统治者在长安建造了大规模的宫殿、祭坛、陵墓、苑囿及其他礼制建筑。汉代基本继承了秦文化,全国的建筑风格趋于统一,在此时期,社会生产力的发展促进了建筑的发展,突出表现在木架建筑的逐渐成熟。

9. 三国、晋、南北朝

这个时期统治阶层极不稳定,战争破坏严重,社会生产发展较慢,建筑上的创新创造较少,基本是继承和运用汉代的成就。这个时期较为突出的两个建筑成就,一个是佛教建筑,嵩岳寺塔就是其中的代表作,如图5-2-1所示,另一个是风景园林建筑。

图 5-2-1 嵩岳寺塔

10. 封建社会中期——隋朝

隋朝统一中原，为社会经济、文化发展创造条件。在此时期，建筑上的成就主要是兴建都城——大兴城和东都洛阳（这两座都城后来都被唐朝所继承，进一步扩建为东西二京），以及大规模建造宫殿和苑囿，并开凿大运河、修长城等，遗留至今的著名建筑物有安济桥（位于今河北赵县）等。

11. 唐～清

唐朝前百余年处于相对稳定的局面，社会经济文化都空前繁荣，是我国封建社会经济文化发展的高潮时期，建筑技术和艺术都有巨大的发展。

北宋在政治和军事上是我国古代史上较为衰弱的朝代，但在经济上、农业、手工业和商业都有发展，使建筑水平也达到了新的高度。

元代统治者崇信宗教，使宗教建筑的建立异常兴盛，如北京的妙应寺白塔就是该时期宗教建筑的代表作之一。

明朝社会经济得到了恢复和发展，明晚期，在封建社会的内部已经孕育着资本主义的萌芽，建筑也有一定的发展。

清朝在政治经济上对平民阶层的控制和压迫极为残酷。但为巩固其统治，清初的统治者也采取了某些安定社会、恢复生产的措施。在建筑上，清朝大体承袭了明朝的传统，但自身也有一些发展。

12. 新中国成立后至今

新中国刚成立时，由于受经济条件限制，我国在建筑领域，特别是高层建筑方面，对建筑技术的掌握尚属学习摸索阶段，只能建设小高层建筑，如1959年建成的北京民族饭店（12层，高47.4m），如图5-2-2所示。

图 5-2-2　北京民族饭店

从20世纪90年代开始，我国建筑业快速发展，也带动了高层建筑技术的发展，目前，我国高层建筑的规模已跃居世界前列，如2015年竣工的上海中心大厦，高632m，如图5-2-3所示。

建筑是经济发展和科学技术进步的产物。我国建筑从古代历经各朝各代至今，经历了漫长的发展，逐步形成了成熟、独特的体系，不论在城市规划、建筑集群及园林设计方面，还是在建筑空间处理、建筑艺术与结构的和谐统一、设计方法、施工技术等方面，都有卓越的创造与贡献。特别是近年来国家提倡建筑的智能化、环保化，掀开了建筑发展新篇章。

图 5-2-3 上海中心大厦

项目三 建筑行业新工艺、新技术

5.3.1 装配式建筑

一、装配式建筑概述

装配式建筑指把传统建造方式中的大量现场施工工作转移到工厂进行，将工厂加工制作好的建筑用构件和配件（如楼板、墙板、楼梯、阳台等）运输到建筑施工现场，通过可靠的连接方式在现场将其装配、安装在一起，形成建筑。

装配式建筑主要包括装配式混凝土结构、钢结构、现代木结构等，采用标准化设计、工厂化生产、装配化施工、信息化管理、智能化应用，是现代工业化建筑方式的代表。

装配式建筑构件的生产如图 5-3-1 所示，装配式建筑构件的安装如 5-3-2 所示。装配式建筑按预制构件的形式和施工方法分为砌块建筑、板材建筑、盒式建筑、骨架板材建筑及升板升层建筑这五种类型。

图 5-3-1 装配式建筑构件的生产 　　　图 5-3-2 装配式建筑构件的安装

二、装配式建筑的发展

1. 装配式建筑在国外的早期发展

在 17 世纪的美洲，移民居住的木构架拼装房屋，就是一种装配式建筑。1851 年，在伦敦建成的用铁骨架镶嵌玻璃的水晶宫是世界上第一座大型装配式建筑。第二次世界大战后，欧洲

国家及日本等国"房荒"严重,迫切需要解决住房问题,促进了装配式建筑的发展。装配式建筑在 20 世纪初就开始引起人们的兴趣,到 20 世纪 60 年代,由于装配式建筑的建造速度快,而且生产成本较低,装配式建筑迅速在世界各地推广开来。

2. 装配式建筑在我国发展的政策背景

2020 年 7 月,我国住房和城乡建设部联合国家发展和改革委员会、科学技术部、工业和信息化部、人力资源和社会保障部等部门,联合印发《关于推动智能建造与建筑工业化协同发展的指导意见》。该文件提出:要围绕建筑业高质量发展总体目标,以大力发展建筑工业化为载体,以数字化、智能化升级为动力,形成涵盖科研、设计、生产加工、施工装配、运营等全产业链融合一体的智能建造产业体系。

2020 年 8 月,我国住房和城乡建设部、教育部等部门联合印发《关于加快新型建筑工业化发展的若干意见》。文件提出:一、要大力培养新型建筑工业化专业人才,壮大设计、生产、施工、管理等方面人才队伍,加强新型建筑工业化专业技术人员继续教育,鼓励企业建立首席信息官(CIO)制度;二、培育技能型产业工人。深化建筑用工制度改革,完善建筑业从业人员技能水平评价体系,促进学历证书与职业技能等级证书融通衔接。打通建筑工人职业化发展道路,弘扬工匠精神,加强职业技能培训,大力培育产业工人队伍;全面贯彻新发展理念,推动城乡建设绿色发展和高质量发展,以新型建筑工业化带动建筑业全面转型升级,打造具有国际竞争力的"中国建造"品牌。

为深入贯彻国务院办公厅印发的《关于促进建筑业持续健康发展的意见》文件精神,响应我国住房和城乡建设部等多部门联合印发的《关于加快新型建筑工业化发展的若干意见》,提高建筑工业化应用领域专业技术人员的专业知识与技术水平能力,培养符合新型建筑工业化领域发展趋势、满足企业用人需求的优质人才,中国建筑科学研究院认证中心决定联合北京中培国育人才测评技术中心共同开展建筑工业化应用工程师(建筑信息模型应用技术、装配式建筑设计、装配式建筑施工、预制构件制造、工业化装修)专业技术人员培训及等级考试工作。

三、装配式建筑的特点

(1)大量的建筑构件由工厂车间生产加工完成,构件种类主要有:外墙板、内墙板、叠合板、阳台、空调板、楼梯、预制梁及预制柱等。

(2)现场施工以装配为主,现浇作业大大减少。

(3)采用建筑、装修一体化设计、施工,理想状态是装修可随主体施工同步进行。

(4)设计标准化和管理信息化。构件越标准,生产效率越高,构件成本就越低,配合工厂的数字化管理,整个装配式建筑的性价比会越来越高。

(5)符合节能、环保建筑的要求。

四、专业人才

建筑工业化应用工程师指以构件预制化生产、装配式施工为生产方式,以设计标准化、生产工厂化、施工装配化、装修一体化、管理信息化为特征,能够整合设计、生产、施工等各个产业链,实现建筑物节能、环保、全生命周期价值最大化的可持续发展的新型建筑专业技术人员。建筑工业化应用工程师可以采用现代化的制造、运输、安装和科学管理的生产方式,代替传统建筑业中分散的、低水平的、低效率的手工业生产方式。建筑工业化应用工程师的专业技术证书如图 5-3-3 所示。

图 5-3-3　建筑工业化应用工程师的专业技术证书

5.3.2　BIM 应用技术

一、BIM 简介

1. BIM 的定义

BIM（Building Information Modeling）是一种应用于工程设计、建造、管理的数据化工具，通过对建筑的数据化、信息化模型整合，在项目策划、运行和维护的全生命周期中进行信息共享和传递，使工程技术人员对各种建筑信息进行正确、高效的处理，为设计团队、施工团队、运营单位等主体提供协同工作的基础，在提高生产效率、节约成本和缩短工期方面发挥重要作用。

对 BIM 的定义的解读：

（1）BIM 是一个建筑的物理和功能特性的数字化表达。

（2）BIM 是一个共享的、提供某个特定建筑相关信息的知识资源，对于该建筑从设计到拆除的全生命周期中产生的所有决策，BIM 都可提供可靠的数据支持。

（3）在建筑的全生命周期中，不同利益相关方可在 BIM 中插入、提取、更新和修改信息，以支持和反映其各自职责的协同作业。

2. BIM 的起源及发展历程

BIM 的概念是 Autodesk 公司在 2002 年率先提出的，目前，这一概念已经在全球范围内得到业界的广泛认可。BIM 可用于实现建筑信息的集成，从建筑的设计、施工、运营直至拆除的全生命周期，各种相关信息始终被整合于一个三维模型信息数据库中，设计团队、施工单位、设施运营部门和业主等各方人员可以基于 BIM 进行协同工作，有效提高工作效率、节省资源、降低成本，以实现可持续发展。

近年来，随着国家及地方与 BIM 相关的政策文件的相继出台，BIM 技术的应用已深入到行业、企业及各类项目，BIM 的全面应用时代已经来临。《2016-2020 年建筑业信息化发展纲要》明确提出：到 2020 年末实现企业 BIM 团队管理一体化应用；到 2020 年末，90%建设项目采用 BIM 技术进行管理。BIM 的应用也由过去政府的鼓励变成了强制，组建 BIM 团队、掌握 BIM 技能、应用 BIM 管理成为建筑企业生存的要点。

3. BIM 专业划分

综合 BIM 应用技术在各行业的使用推广情况，BIM 的应用可划分为建筑、结构、机电、装饰、造价、市政、公路、水利电力等不同方向。

4. BIM 应用工程师分类

根据考试科目及专业方向的不同情况，BIM 应用工程师分为初级、中级、高级三个级别。

BIM 的核心是建立虚拟的建筑工程三维模型，再利用数字化技术，为这个模型提供完整的、与实际情况一致的建筑工程信息库。该信息库不仅包含描述建筑物构件的几何信息、专业属性及状态信息，还包含了非构件对象（如空间、运动行为）的状态信息。借助这个包含建筑工程信息的三维模型，可大大提高建筑工程的信息集成化程度，从而为建筑工程项目的相关利益方提供一个工程信息交换和共享的平台。

BIM 有如下特征：它不仅可以在设计中应用，还可应用于建筑的全生命周期；用 BIM 进行设计属于数字化设计；BIM 的数据库是动态变化的，在应用过程中其内容不断更新、丰富和充实；BIM 为参与建筑建设、运营、使用等的各方提供了协同工作的平台。

2018 年 12 月，国家邮电通信人才交流中心印发了《关于开展全国 BIM 专业技术等级培训考试的通知》，这标志着我国 BIM 专业技术等级考试制度的建立，该文件明确表示：将推动培养创新型、实战型、复合型专业技术人才。

二、BIM 的特点

1. 可视化

可视化即"所见所得"的形式，对于建筑行业来说，可视化的作用是非常大的，例如，以前，施工方拿到的施工图纸只是各个构件信息在图纸上的线条绘制表达，但是其真正的构造形式就需要施工人员自行想象了。BIM 提供了可视化的图纸，将以往的平面线条式的构件形成三维立体图形展示在施工人员的面前。建筑业也有设计方面的效果图，但是这种效果图只含有构件的大小、位置和颜色信息，缺少不同构件之间的互动关系，而 BIM 的可视化则可以解决这一难题。在 BIM 建立的模型中，建筑在全生命周期中的所有活动都是可视化的，这不仅可以让任何内容以效果图及报表的方式显示出来，而且项目设计、建造、运营过程中各方的沟通、讨论、决策都可在可视化的状态下进行。

2. 可协调性

协调是建设项目的重点内容，不管是施工单位、业主还是设计单位，都涉及与其他方的协调。一旦项目的实施过程中遇到了问题，就要将各方有关人士组织起来开协调会，找问题发生的原因及解决办法，然后执行。

在设计时，往往由于各专业设计师之间的沟通不到位，导致各种专业之间的碰撞问题。例如，在常规建设项目中，由于各专业的施工图纸是各自绘制的，在布置暖通等专业的管道时，可能就会发现，有结构专业设计的梁等构件阻碍了管道的布置，像这样的碰撞问题只有发现了才能解决。而在应用了 BIM 技术的建设项目中，在施工前期，施工方就可以根据各专业汇总至建筑模型中的信息，发现类似的碰撞问题，进而提前进行协调。

3. 可模拟性

BIM 的可模拟性并不只体现在模拟所要建造的建筑，还体现在对"不能够在真实世界中进行操作的事物"的模拟。在设计阶段，BIM 可以对设计上需要进行模拟的一些方面进行模拟实验，如节能模拟、紧急疏散模拟、日照模拟、热能传导模拟等；在招投标和施工阶段，BIM 可以进行 4D 模拟（三维模型依据时间的变化模拟），也就是根据设计方案模拟实际施工进程，从而确定合理的施工方案来指导施工；BIM 还可以进行 5D 模拟（4D 模拟加造价控制变化），从而实现成本控制；在后期运营阶段，BIM 可以模拟日常紧急情况的处理方式，如地震逃生模拟及火灾疏散模拟等。

4. 可优化性

事实上，整个建筑项目设计、施工、运营的过程就是一个不断优化的过程，优化和 BIM 也不存在实质性的必然联系，但借助 BIM 可以更好地进行优化。优化受三个因素的制约：信息、复杂程度和时间。没有准确的信息,做不出合理的优化,BIM模型提供了建筑物的实际存在的信息,包括几何信息、物理信息、规则信息,以及这些信息的变化情况。建筑的复杂程度较高时,管理人员单靠本身的能力无法掌握所有的信息,必须借助一定的科学技术和设备的帮助。现代建筑物的复杂程度大多超过管理人员本身的能力极限,BIM及与其配套的各种优化工具提供了对复杂项目进行优化的可能。可供优化的时间越充足,优化效果越好。

5. 可出图性

BIM模型不仅可用于绘制常规的建筑设计图纸及构件加工图纸,还可用于生成各种专业图纸,使工程表达更加详细。

三、BIM 常用软件

应用 BIM 技术的常用软件有以下这些:
(1) 核心建模软件:Revit。
(2) 碰撞检测软件:Navisworks。
(3) 虚拟漫游:Navisworks、Fuzor。
(4) 渲染动画:Navisworks、Lumion、Fuzor。
(5) 数据汇总:BIM 5D。

四、BIM 应用案例

北京中信大厦总建筑面积约 427000m², 地上 108 层, 地下 7 层, 建筑总高 528m, 为中信集团总部大楼。该建筑于 2011 年 9 月动工, 2016 年年底封顶, 位于北京 CBD 核心区内编号为 Z15 的地块正中心, 西侧与中国国际贸易中心(三期)对望。

在施工阶段,该建设项目所有专业的施工方案全部采用 BIM 技术开展深化设计,实现了该建设项目的全关联单位共构、全专业协同、全过程模拟、全生命期应用。

项目四 建筑工程常用机具与仪器

5.4.1 建筑工程常用施工机具

一、瓦工常用工具

瓦工常用的操作工具有瓦刀、手推车、砂浆机、马凳(如图 5-4-1 所示)、钢卷尺及铁锹等。

图 5-4-1 马凳

二、木工常用工具

木工常用工具有手锯、钉锤、电锯及电刨等。

三、钢筋工常用工具

钢筋工常用工具有绑扎勾、弯曲机、对焊机（如图 5-4-2 所示）、电焊机、调直切断机（如图 5-4-3 所示）等。

图 5-4-2　对焊机

图 5-4-3　调直切断机

四、混凝土浇筑施工常用工具

混凝土浇筑又称砼（tóng）浇筑，混凝土浇筑施工常用工具有混凝土搅拌机（如图 5-4-4 所示）、混凝土强度检测仪器、混凝土插入式振捣器（如图 5-4-5 所示）、混凝土搅拌运输车（如图 5-4-6 所示）、混凝土回弹检测仪（如图 5-4-7 所示）等。

图 5-4-4　混凝土搅拌机

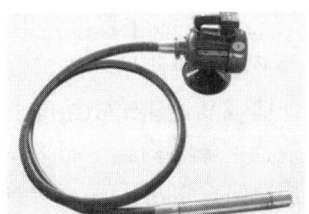

图 5-4-5　混凝土插入式振捣器

图 5-4-6　混凝土搅拌运输车

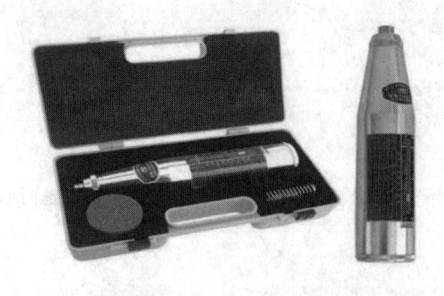

图 5-4-7　混凝土回弹检测仪

五、垂直运输设备

垂直运输设施指用于垂直输送材料和施工人员上下的机械设备和设施。常用垂直运输设备有塔式起重机（塔吊）、施工电梯、龙门架等。

1. 塔式起重机

塔式起重机（如图 5-4-8 所示）具有提升、回转、水平运输等功能，是吊装运输设备，吊运长、大、重的物料时与其他运输设备相比有明显优势。

图 5-4-8　塔式起重机

2. 施工电梯

施工电梯（如图 5-4-9 所示）是建筑工程中常用的垂直运输设施。

（1）在高层建筑施工中常采用人货两用的施工电梯，它的吊笼装在井架外侧，沿齿条式轨道升降，齿条式轨道附着在外墙或其他建筑物结构上。

（2）齿条式轨道可随建筑物主体结构施工而接高。

（3）施工电梯适用于高层建筑、多层厂房及一般楼房施工中的垂直运输。

图 5-4-9　施工电梯

3. 龙门架

（1）龙门架（如图 5-4-9 所示）主要由两立柱及天轮梁（横梁）构成。

（2）立柱由若干个格构柱用螺栓拼装而成，而格构柱是用角钢及钢管焊接而成或直接用厚壁钢管构成的。

（3）龙门架设有滑轮、导轨、吊盘、安全装置、起重索及缆风绳等。

图 5-4-10　龙门架

六、建筑电气施工常用工具

在建筑电气施工中常用的工具有：电工手钳、尖嘴钳、斜口钳、剥线钳、压线钳、改锥（螺丝刀）、活动扳手、套筒扳手、扭矩扳手、电工刀、万用表、兆欧表及接地电阻摇表等。

5.4.2　建筑工程质量检测工具

一、内外直角检测尺

内外直角检测尺如图 5-4-11 所示，可以用来检测物体上内外（阴阳）直角的偏差及一般平面的垂直度与水平度。

图 5-4-11　内外直角检测尺

二、楔形塞尺

楔形塞尺（如图 5-4-12 所示）用来检测建筑上缝隙的大小及平面的平整度。

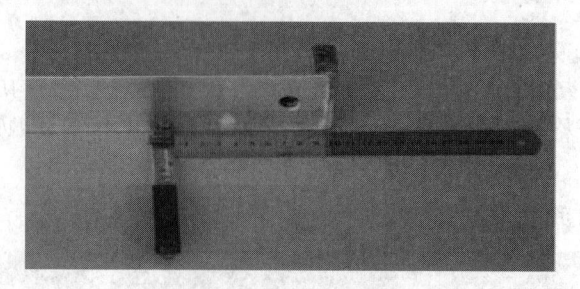

图 5-4-12　楔形塞尺

三、磁力线坠

磁力线坠是利用线坠自重拉线形成垂直线的原理测量垂直度的一种仪器。磁力线坠用于检测建筑的垂直度及砌墙、安装门窗、安装电梯等的垂直校正。

使用磁力线坠测量门框垂直度的方法如下：

（1）固定。将垂线的自由端固定在门框的最高端，拉下线坠。若测量的是铁门框，线坠可直接吸附在门框上，若测量的是木门框，可拔出固定针嵌入门框固定。

（2）静止。用手轻触线坠使其静止。

（3）测三点。利用钢直尺（或钢卷尺）测量垂线与门框的间距。至少测量上中下三处的间距，取最大值为测量结果。

四、百格网

百格网采用高透明度工业塑料制成，如图 5-4-13 所示，展开后检测面积等同于标准砖，其上均布 100 小格，专用于检测砌体砖面砂浆涂覆的饱满度，即覆盖率。

图 5-4-13　百格网

五、检测镜

检测镜用来检测建筑的上冒头、背面、弯曲面等肉眼不易直接观察的地方，手柄处有 M6 螺孔，可装在伸缩杆或检测尺上，以便于在高处检测。

六、卷线器

卷线器一般为塑料盒式结构，内有尼龙丝线，拉出全长 15m，可检测建筑表面的平直，如砖墙砌体灰缝、踢脚线等（用其他检测工具不易检测的部位）。检测时，拉紧丝线两端，放在被测处，目测观察对比，检测完毕后，顺时针旋转卷线手柄，将丝线收入盒内，然后锁上方扣。

七、伸缩杆

伸缩杆一般为二节伸缩式结构，伸出全长 410mm，前端有 M16 螺栓，可装楔形塞尺、检测镜、活动锤头等,是辅助检测工具。

八、焊缝检测尺

焊缝检测尺可用来检测钢筋折角焊接后的质量。

九、水电检测锤

水电检测锤,其锤头重 50g,用于检测水电管道安装、地面装饰等工程。使用时,使用者听取敲击产生的声响,根据经验判断物体的牢固程度及施工质量。

十、响鼓锤

响鼓锤的锤头重 25g,用响鼓锤轻轻敲打抹灰后的墙面,可以判断墙面的空鼓程度,以及砂灰与砖、水泥的黏合质量。

十一、钢针小锤

钢针小锤的锤头重 10g,锤头上有 M6 螺孔,可安装在伸缩杆或检测尺上,便于高处检验。使用方法:(1) 用钢针小锤轻轻敲打玻璃、马赛克、瓷砖等,可以判断其空鼓程度及黏合质量。(2) 拔出塑料手柄,里面设有钢针,用钢针戳几下被检物,可探查出多孔板缝隙、砖缝等处的砂浆是否饱满。

5.4.3 常用测绘仪器

测绘仪器是建筑工程施工必不可少的用具,主要用来定位放线、测绘标高等。

一、水准仪

水准仪的主要组成部分有:望远镜、调整手轮、圆水准器、微调手轮、水平制动手轮、管水准器、三脚架等,如图 5-4-14 所示。

图 5-4-14 水准仪

1. 水准仪的使用步骤

水准仪的使用包括安置、粗平、瞄准、精平、读数五个步骤。

1)安置

在两观测点之间架好三脚架并使之高度适中,确认三脚架牢固后,将水准仪安装在可以伸缩的三脚架上。

2)粗平

通过望远镜观察,使水准仪粗略保持水平,利用脚螺旋使圆水准器中的气泡居于圆指标圈之中。

3）瞄准

首先，把望远镜对准远处明亮的背景，转动目镜调焦螺母，使十字丝最清晰；再松开固定螺母，旋转望远镜，使照门和准星的连接点对准水准尺，拧紧固定螺母；最后转动物镜对光螺母，使水准尺的像清晰地落在十字丝平面上，再转动微动螺母，使水准尺的像靠于十字丝竖丝的一侧。

4）精平

微倾水准仪，在管水准器上部装有一组棱镜，可将管水准器中气泡两端的影像折射到观察窗内，若气泡居中，观察窗内气泡两端的影像将合成一抛物线，说明视线水平，否则说明视线不水平，这时可用右手转动微倾旋钮进行调整。注意：观察窗内气泡左端的影像的移动方向总与右手大拇指的方向相反。

5）读数

观察望远镜，用十字丝截读水准尺上的读数。若水准仪采用的是倒像望远镜，读数时应由上至下进行。先估读毫米级读数，后报出全部读数。

注意：使用水准仪一定要按上述步骤进行，不能颠倒顺序，特别是读数前，一定要进行精平。

2. 水准仪的测量原理

测定地面上某点高程的工作，称为高程测量。高程测量是测量的基本工作之一。高程测量按所使用的仪器和施测方法的不同，可以分为水准仪测量、三角高程测量、GPS 高程测量和气压高程测量。水准仪测量是目前精度最高的高程测量方法，它广泛应用于国家高程控制测量、工程勘测和施工测量中。

水准仪测量的原理是利用水准仪提供的水平视线，读取竖立于两个点（已知点、待测点）上的水准尺上的读数，来测定两点间的高差，再根据已知点高程计算待测点高程。

如图 5-4-15 所示，在地面上有 A、B 两点，已知 A 点的高程为 H_A，为求 B 点的高程 H_B，在 A、B 两点之间安装水准仪，在 A、B 两点上各竖立一把水准尺，通过水准仪的望远镜读取两点水准尺上的读数 a 和 b，可以求出 A、B 两点间的高差 $h_{AB}=a-b$。

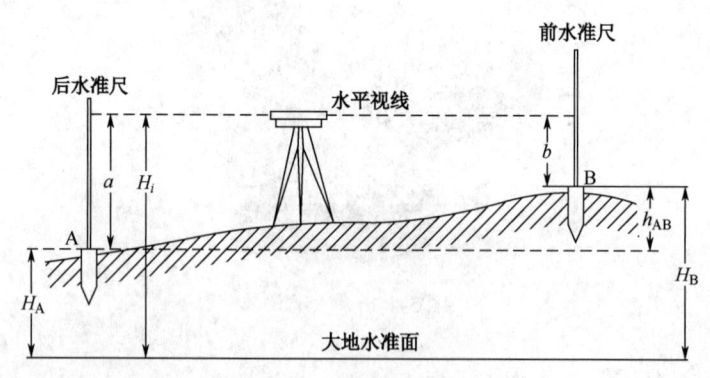

图 5-4-15 水准仪测量原理

如果 A、B 两点相距不远，且高差不大，则安置一次水准仪，就可以测得高差 h_{AB}。此时 B 点高程的计算如下所示：

$$H_B=H_A+h_{AB}$$

B 点高程也可通过水准仪的视线高程 H_i 计算，即：

$$H_i=H_A+a$$
$$H_B=H_i-b$$

当架设一次水准仪需要测量多点（$B_1, B_2, \cdots, B_n$）的高程时，采用视线高程计算这些点的高程就非常方便。设水准仪对竖立在点 $B_1, B_2, \cdots, B_n$ 上的水准尺的读数分别为 $b_1, b_2, \cdots, b_n$，则高程计算过程如下：

$$H_i = H_A + a$$
$$H_{B1} = H_i - b_1$$
$$H_{B2} = H_i - b_2$$
$$\cdots$$
$$H_{Bn} = H_i - b_n$$

如果 A、B 两点相距较远或高差较大，安置一次仪器无法直接测得其高差时，就需要在两点间增设若干个作为高差传递的临时立尺点（又称为转点或 TP 点），如图 5-4-16 中的 TP_1、TP_2、…所示，并依次连续设站观测，设测得的各站高差为：

$$h_{A-TP_1} = h_1 = a_1 - b_1$$
$$h_{TP_1-TP_2} = h_2 = a_2 - b_2$$
$$\cdots$$
$$h_{TP_{n-1}-B} = h_n = a_n - b_n$$

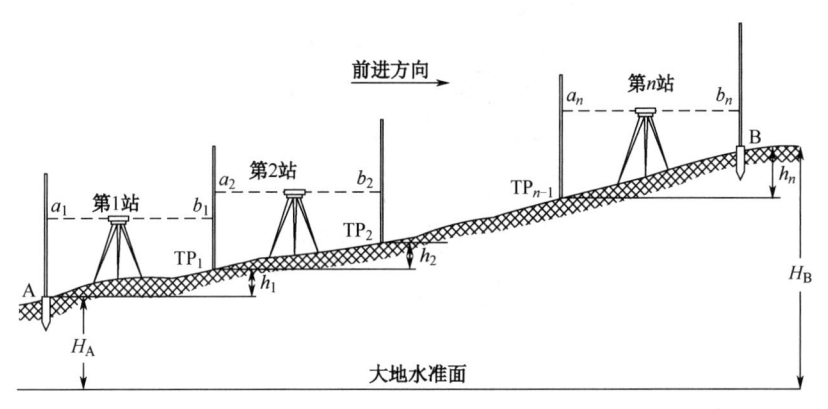

图 5-4-16　有转点的高差计算

则 A、B 两点间高差为：
$$h_{AB} = \sum_{i=1}^{n} h_i = \sum_{i=1}^{n} a_i - \sum_{i=1}^{n} b_i$$

3. 电子水准仪的特点

电子水准仪是以自动安平水准仪为基础，在望远镜光路中增加了分光镜和探测器（CCD），并采用条码标尺和图像处理系统的高科技产品。采用普通标尺时，电子水准仪可如一般自动安平水准仪一样使用。电子水准仪与传统水准仪相比有以下特点。

1）无人为读数误差

电子水准仪读数客观，不存在误读、误记问题，没有人为读数误差。

2）精度高

视线高程和视距读数都是用大量条码划分图像后，再进行平均处理得出来的，因此削弱了标尺划分误差的影响，可以削弱外界条件影响。不熟练的作业人员也能进行高精度测量。

3）速度快

由于省去了报数、听记、现场计算的时间及人为出错导致的重测，使用电子水准仪的测量时间与使用传统水准仪相比可以节省 1/3 左右。

4）效率高

使用电子水准仪进行测量时，只需要调焦和按键就可以自动测量，减轻了劳动强度。电子水准仪还能自动记录、检核、处理数据并将之输入电子计算机进行后处理。

二、经纬仪

1. 经纬仪的组成

经纬仪（如图5-4-18所示）是测量工作中的主要测角仪器，主要由望远镜、水平刻度盘、竖直刻度盘、水准器、基座等组成。测量时，将经纬仪安置在三脚架上，用垂球或光学对点器将经纬仪中心对准地面测点，用水准器将经纬仪定平，用望远镜瞄准测量目标，用水平刻度盘和竖直刻度盘测定水平角和竖直角。经纬仪按精度分为精密经纬仪和普通经纬仪；按读数设备可分为光学经纬仪和游标经纬仪；按轴系构造分为复测经纬仪和方向经纬仪，此外还有可自动按编码穿孔记录刻度盘读数的编码刻度盘经纬仪，可连续自动瞄准空中目标的自动跟踪经纬仪，利用陀螺定向原理迅速独立测定地面点方位的陀螺经纬仪和激光经纬仪，具有经纬仪、子午仪和天顶仪三种仪器功能的用于天文观测的全能经纬仪，以及将摄影机与经纬仪结合、供地面摄影测量用的摄影经纬仪等。

图 5-4-17　经纬仪

DJ6经纬仪是一种广泛用于地形测量、工程测量及矿山测量的光学经纬仪。它主要由刻度盘部分、照准部和基座三大部分组成。

1）基座

基座用于支撑照准部，基座上有三个脚螺栓，其作用是整平仪器。

2）照准部

照准部是DJ6经纬仪的主要部件，照准部的主要部件有管水准器、光学对点器、支架、横轴、望远镜、刻度盘读数系统等。

3）刻度盘部分

DJ6经纬仪刻度盘部分包括水平刻度盘和竖直刻度盘，均由光学玻璃制成。水平刻度盘沿着顺时针方向标注刻度（0°～360°），最小刻度值一般为1°或30′。

2. 经纬仪的安置方法

（1）将三脚架调至合适高度，将经纬仪固定在三脚架上，使仪器基座面与三脚架上顶面平行。

（2）将经纬仪摆放在测点上，目测大致对中后，踩稳一条架脚，调好光学对点器目镜（看清十字丝）与物镜（看清测点），用双手各提一条架脚前后、左右摆动，眼观光学对点器，使十字丝交点与测点重合，放稳并踩实架脚。

(3) 伸缩三脚架架脚，调平圆水准器。

(4) 使管水准器平行于两定平螺栓的连线，调平管水准器。

(5) 水平转动照准部 90°，用第三个定平螺栓调平管水准器。

(6) 检查光学对点器，若有少量偏差，可旋松连接螺栓平移基座，使其精确对中，再旋紧连接螺栓，并检查管水准器中的气泡是否居中。

3. 经纬仪刻度盘读数方法

以 DJ6 经纬仪为例。DJ6 经纬仪的刻度盘读数系统包括测微装置、读数显微镜等几个部分。水平刻度盘和竖直刻度盘上的最小刻度值一般为 1°或 30′，在读取不足一个刻度的角度值时，必须借助测微装置，DJ6 经纬仪的测微装置有测微尺和平行玻璃测微器两种。

1) 测微尺

在读数显微镜的视场中设有一个带划分尺的划分板，刻度盘上的刻度线经读数显微镜放大后成像于该划分板上，刻度盘最小刻度值的成像宽度正好等于划分尺上 1°对应的划分长度，划分尺分 60 个小格，标注方向与刻度盘相反，读数时，可以用这 60 个小格去测量刻度盘上不足一个刻度的刻度值。

2) 平行玻璃测微器

平行玻璃测微器的主要部件有单平行板玻璃、扇形划分尺和测微轮等。这种测微装置的扇形划分尺的满量程为 30′，扇形划分尺上有 90 个小格，每格对应的角度值为 30′/90=20″。

测角时，当瞄准目标后转动测微轮，使刻度线影像位于双指标线中间后读数。整度数根据被双指标线夹住的刻度线读出，不足整度数部分根据扇形划分尺读出。

3) 读数显微镜

读数显微镜的作用是将读数成像放大，便于读出。

4) 水准器

光学经纬仪上一般有 2~3 个水准器，其作用是使处于工作状态的光学经纬仪垂直轴铅垂、水平刻度盘水平，水准器分管水准器和圆水准器两种。

(1) 管水准器：管水准器安装在照准部上，其作用是使光学经纬仪精确调平。

(2) 圆水准器：圆水准器用于粗略调平光学经纬仪。它的灵敏度低，其最小刻度值为 8″/2mm。

4. 用经纬仪测量角度

1) 水平角的测量

(1) 水平角。水平角是指空间中两条不平行直线的铅垂面所夹的二面角。例如，空间两直线 BA 和 BC 相交于点 B，将点 A，B，C 沿铅垂方向投影到水平面上，得相应的投影点 A_1，B_1，C_1，则直线 B_1A_1 和 B_1C_1 的夹角 β 就是 BA 和 BC 的水平角。

(2) 水平角测量原理。水平角测量原理如图 5-4-18 所示，图中水平角 β 为经纬仪朝向 A 和 C 两个方向的读数之差。

(3) 水平角测量条件。水平角的大小与地面点的高程无关。测量水平角必须具备两个基本条件：

① 能得到一个水平放置的、其中心能方便地与"被测直线在水平面上的投影的交点"置于同一铅垂线上的刻度圆盘——水平刻度盘。

② 要有一个能瞄准远方目标的望远镜，且要能在水平面和铅垂面内进行全圆周旋转，以便通过望远镜瞄准高低不同的目标。

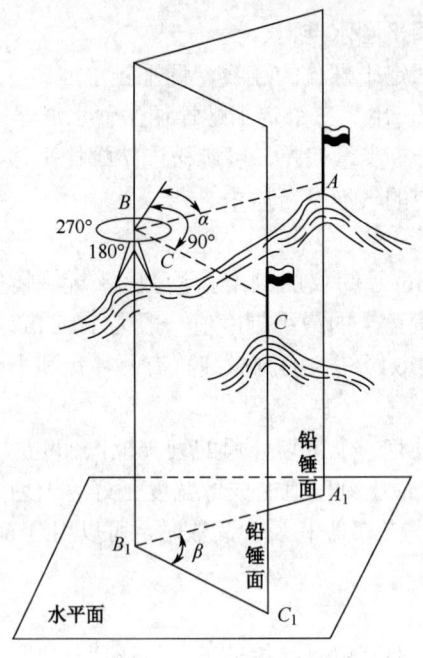

图 5-4-18　水平角测量原理

2）垂直角的测量

（1）垂直角。垂直角指某直线与其所在铅垂面中的水平线间的夹角，垂直角也称竖直角或高度角；垂直角的范围为 $-90°\sim 90°$。

（2）天顶距。天顶距指某直线与铅垂线的夹角，天顶距的范围为 $0°\sim 180°$。

（3）仰角与俯角。垂直角数值为正时称为仰角，反之则称为俯角，如图 5-4-19 所示。

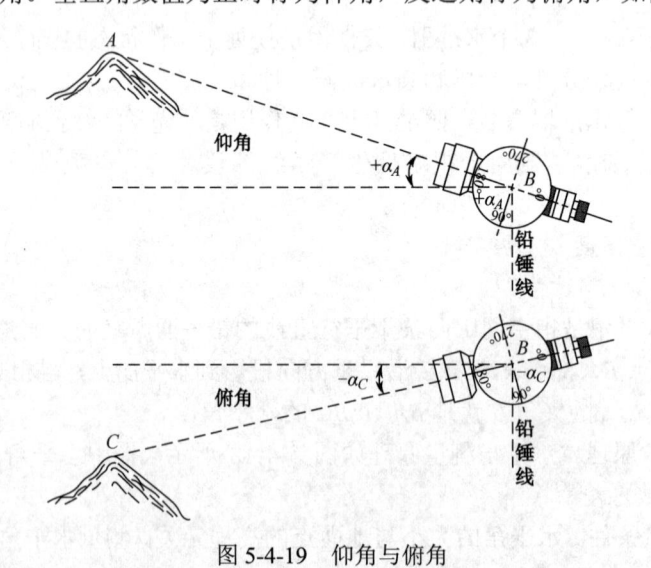

图 5-4-19　仰角与俯角

三、全站仪

1. 全站仪简介

全站仪（如图 5-4-20 所示），即全站型电子速测仪，是一种集水平角、垂直角、距离（斜距、平距）、高差测量功能于一体的高技术测量仪器。因其一次安置仪器就可完成该测点上全部测量工作，所以称之为全站仪。全站仪广泛用于地上大型建筑和地下隧道施工等精密工程的测量或变形监测领域。

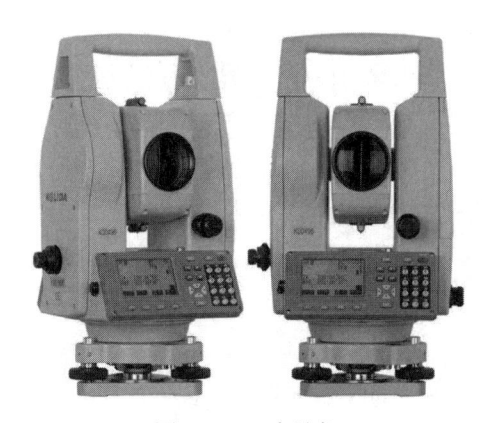

图 5-4-20 全站仪

2. 用全站仪测量水平夹角

（1）按角度测量键，使全站仪处于角度测量模式，照准第一个目标 A。

（2）设置全站仪对准 A 方向的水平刻度盘读数为 0°00′00″。

（3）照准第二个目标 B，此时显示的水平刻度盘读数即为两方向间的水平夹角。

3. 用全站仪测量距离

（1）设置棱镜常数。测距前须将棱镜常数输入全站仪，全站仪会自动对所测距离进行修正。

（2）设置大气修正值或气温、气压值。光在大气中的传播速度受气温、气压的影响，15℃和 760mmHg 是全站仪测距的标准值，在此条件下，全站仪的大气修正值为 0ppm。实测时，可输入气温和气压值，全站仪会自动计算大气修正值（也可直接输入大气修正值），并对测距结果进行修正。

（3）测量仪器高程、棱镜高程并将测量结果输入全站仪。

（4）距离测量。将目标的像纳入棱镜中心，按测距键，距离测量开始，测距完成时全站仪将显示斜距、平距、高差。

全站仪的测距模式有精测模式、跟踪模式、粗测模式三种。精测模式是最常用的测距模式，测量时间约 2.5s，最小显示单位为 1mm；跟踪模式常用于跟踪移动目标或放样时连续测距，最小显示单位一般为 1cm，每次测量时间约 0.3s；粗测模式的测量时间约为 0.7s，最小显示单位为 1cm 或 1mm（可调）。在测量距离或坐标时，可按测距模式（MODE）键选择不同的测距模式。

需要注意的是，有些型号的全站仪在测量距离时不能设定仪器高程、棱镜高程，其显示的高差是全站仪横轴中心与棱镜中心的高差。

4. 用全站仪测量坐标

（1）设定测点的三维坐标。

（2）设定后视点的坐标或设定后视方向的水平刻度盘读数为其方位角。当设定后视点的坐标时，全站仪会自动计算后视方向的方位角，并设定后视方向的水平刻度盘读数为其方位角。

（3）设置棱镜常数。

（4）设置大气修正值或气温、气压值。

（5）测量仪器高程、棱镜高程并输入全站仪。

（6）将目标的像纳入棱镜中心，按坐标测量键，全站仪开始测量并计算显示测点的三维坐标。

项目五 建筑模型

5.5.1 墙体结构细部构造与装饰构造

一、填充墙顶部的顶砖斜砌

1. 顶砖斜砌的目的

由于墙体一次砌筑到顶,砂浆的收缩沉降会导致顶部开裂,若砌筑的是外墙,其顶部就容易渗水。为了尽量避免这种现象出现,一般采用"后塞"顶砖斜砌方式施工,如图 5-5-1 所示。

图 5-5-1 顶砖斜砌

2. 顶砖斜砌的实施

在墙体砌筑到上接结构的底部时,预留一定空隙(一般为 18~20cm),然后至少间隔 7 天后,待下部墙体的砌筑变形稳定后,再砌筑顶部空隙。砌筑顶部空隙时,最上一皮砖采用侧砖、斜砌的方式,砖之间用砂浆填缝,且应确保填缝饱满、密实。

3. 顶砖斜砌的作用

由于顶砖斜砌方式相对于常规砌筑减少了砂浆填缝的厚度,也就减小了墙体沉降,进而减小了墙体与主体顶部间开裂的可能。

二、后浇带

1. 后浇带的概念

为防止现浇钢筋混凝土结构由于温度变化、收缩不均产生有害裂缝,按照设计或施工规范要求,在板(包括基础底板)、墙、梁相应位置留设临时施工缝,将结构暂时划分为若干部分(构件),待构件内部收缩趋于稳定后,再向该临时施工缝浇筑、振捣混凝土,将结构连成整体,此类临时施工缝区域称为后浇带,如图 5-5-2 所示。

图 5-5-2 后浇带

2. 后浇带的作用

1) 解决沉降差

高层建筑和裙房的结构及基础一般被设计成整体，但在施工时用后浇带把两者暂时断开，待两者主体结构施工完毕，已完成大部分（50%以上）沉降量以后，再向后浇带中浇筑、振捣混凝土，将高层建筑和裙房连成整体。设计基础时应考虑两个阶段不同的受力状态，分别进行强度校核。将高层建筑和裙房连成整体后的计算应当考虑后期沉降差引起的附加内应力。这种做法要求地基土质较好，建筑的沉降能在施工期间内基本完成。在采用后浇带的同时还可以采取以下调整措施：裙房采用较浅的十字交叉梁基础，增加土压力，使其沉降程度与高层建筑接近。

（1）调压力差。高层建筑荷载大，可采用整体基础降低土压力，并加大埋深，减少附加压力，以减少沉降。

（2）调时间差。先进行高层建筑的施工，待其基本建成，沉降基本稳定，再进行裙房的施工，使二者后期沉降基本相近。

（3）调标高差。经沉降计算，把高层建筑的标高定得稍高，把裙房的标高定得稍低，预留两者沉降差，使最后两者标高与实际相符。

2) 减小温度收缩的影响

新浇混凝土在硬结过程中会收缩，已建成的结构受热要膨胀，受冷则收缩。混凝土硬结收缩大部分将在施工后的 1～2 个月内完成，而温度变化对结构的作用则是持续的。当结构变形受到约束时，在结构内部就产生温度应力，严重时就会导致开裂。在施工中设后浇带，是在过长的建筑物中，每隔 30～40m 设宽度为 700～1000mm 的临时施工缝，缝内钢筋采用搭接或直通加弯做法。留出后浇带后，施工过程中混凝土可以自由收缩，从而大大减少了收缩应力。混凝土的抗拉强度可以大部分用来抵抗温度应力，提高结构抵抗温度变化的能力。后浇带保留时间一般不少于一个月，在此期间，混凝土硬结收缩可完成 30%～40%。后浇带的浇筑时间宜选择气温较低（但应高于 0℃）时，浇筑时可用水泥或水泥中掺微量铝粉的混凝土，其强度等级应比构件强度高一级，防止新老混凝土之间出现裂缝，造成薄弱部位。

三、填充墙底部构造

为了防潮，现在的框架结构基本上是用加气混凝土块砌筑的，它的吸水性很强，为了解决混凝土从大地中吸水的问题，可以在混凝土结构底部砌三层实心砖，如图 5-5-3 所示。对于有防水要求的场所，如厨房、卫生间，其底部一般用混凝土浇筑 200～300mm 高的反坎，如图 5-5-4 所示。

图 5-5-3　墙体底部的三层实心砖 　　　　图 5-5-4　墙体底部的混凝土反坎

四、建筑墙体变形缝

1. 变形缝的概念

设计时，考虑到气温变化导致的热胀冷缩、楼体高低不等导致的沉降不均匀及地震导致的结构晃动等因素的影响，预先在变形敏感部位将结构断开，将建筑整体分成若干个相对独立的单元，设置的预留缝隙能保证建筑物有足够的变形空间，称为变形缝。

2. 变形缝的种类

根据预防对象不同，变形缝分为金属盖板型变形缝、金属卡锁型变形缝、橡胶嵌平型变形缝和抗震型变形缝。根据使用部位不同，变形缝分为楼地面变形缝、外墙变形缝、内墙变形缝、顶棚变形缝、屋面变形缝。

金属盖板型变形缝如图 5-5-5 所示，如图 5-5-6 所示为金属盖板型变形缝的构造。

图 5-5-5　金属盖板型变形缝

图 5-5-6　金属盖板型变形缝的构造

五、填充墙抗震设防构造

为加强墙体连接的整体性和稳定性，满足抗震要求，一般做法有：设置墙体拉结筋、设置构造柱及设置圈梁等。

1. 设置墙体拉结筋

如图 5-5-7 所示为设置墙体拉结筋的施工示意图。

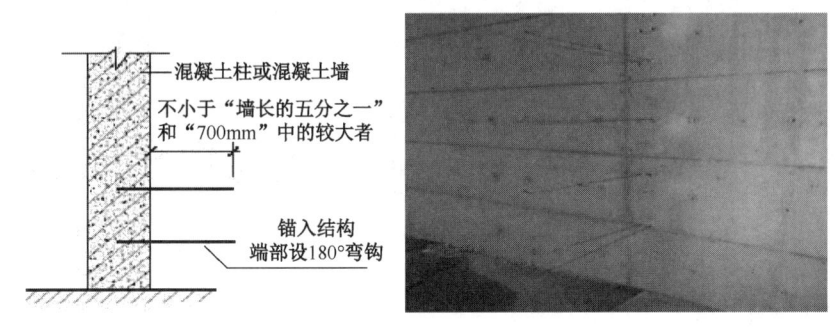

图 5-5-7　设置墙体拉结筋的施工示意图

2. 设置构造柱与圈梁

构造柱一般设置在外墙四角、错层部位横墙与外纵墙连接处、较大洞口两侧、墙体中部等，并与各层主体结构或圈梁相接，使之能够加强墙体整体稳定性。构造柱结构示意图如图 5-5-8 所示，设置构造柱、圈梁施工示意图如图 5-5-9 所示。

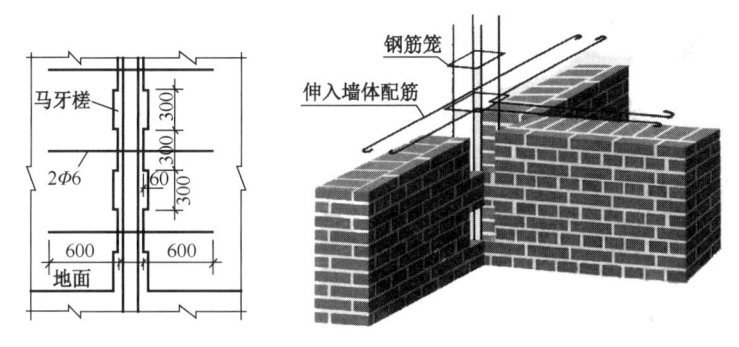

图 5-5-8　构造柱结构示意图（长度单位：mm）

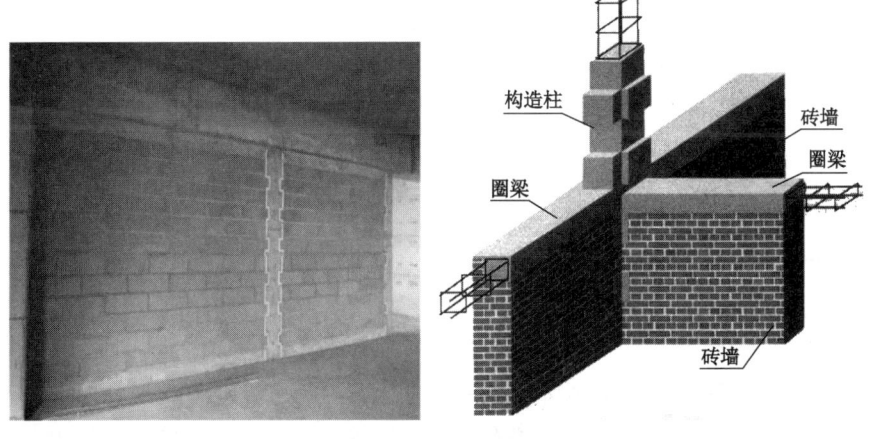

图 5-5-9　设置构造柱、圈梁施工示意图

六、墙体抹灰

墙体抹灰指在墙面上抹水泥砂浆或水泥混合砂浆等的面层工程，如图 5-5-10 所示。

图 5-5-10 墙体抹灰

1. 墙体抹灰施工方法

（1）施工前应确保结构工程全部完成，并经有关部门验收，达到合格标准。

（2）检查门框、窗框的位置是否正确，与墙体连接是否牢固。连接处缝隙应用 1∶3 水泥砂浆或 1∶1∶6 水泥混合砂浆分层嵌塞密实。若缝隙较大时，应在砂浆中掺少量麻刀嵌塞，使塞缝严实。铝合金门窗与墙体连接处缝隙的处理按设计要求嵌填。

（3）墙体抹灰施工前，对于砖墙、混凝土墙、加气混凝土墙基体表面的灰尘、污垢和油渍等，应清理干净，并洒水湿润。

（4）结构施工时墙面上的预留孔洞应提前堵塞严实，将柱、过梁等凸出墙面的混凝土剔平，凹处提前刷净，用水浸透后，再用 1∶3 水泥砂浆或 1∶1∶6 水泥混合砂浆分层补平。

（5）预制混凝土外墙板接缝处应提前处理好，并检查空腔是否畅通，确认无误后勾缝，进行淋水试验，无渗漏方可进行下道工序。

（6）加气混凝土墙表面缺棱掉角需要分层修补。做法是：先浸湿基体表面，刷掺水量 10% 的 107 胶水泥浆一道，紧跟抹 1∶1∶6 水泥混合砂浆，每遍厚度应控制在 7～9mm。

（7）防止抹灰部位开裂的方法。抹灰部位的不同结构基层由于收缩不一致，容易开裂。预防此类开裂，可在交接处铺钉钢丝网，每侧钢丝网宽度应不低于 200mm，如图 5-5-11 所示。

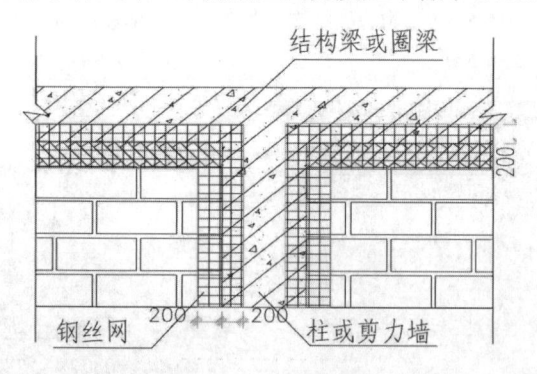

图 5-5-11 铺钉钢丝网（长度单位：mm）

2. 控制平整度、垂直度的方法

墙体抹灰前，如果抹灰面积大，一般在抹灰前用砂浆在墙上按一定间距做出灰饼（又称打点），然后按灰饼继续用砂浆做出一条或几条冲筋（间距为 1m～2m），以控制抹灰厚度及平整度，灰饼与冲筋布置如图 5-5-12 所示。灰饼与冲筋施工操作如图 5-5-13 所示。

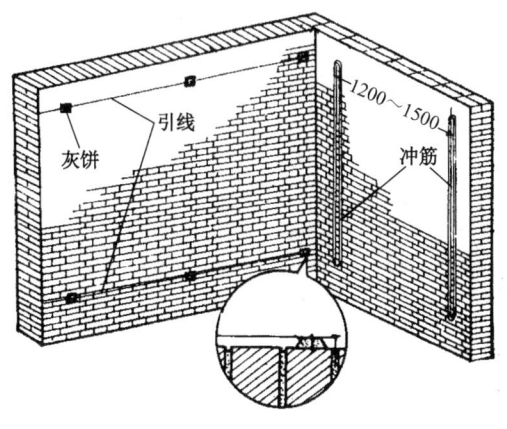

图 5-5-12　灰饼与冲筋布置（长度单位：mm） 　　　　图 5-5-13　灰饼与冲筋施工操作

七、门窗洞口过梁

1. 过梁的概念

当墙体上开设门窗洞口，且洞口宽度大于 300mm 时，为了支撑洞口上部砌体所传来的各种荷载，并将这些荷载传给洞口两边的墙，常在门窗洞口上设置横梁，该横梁称为过梁，如图 5-5-14 所示。过梁是砌体结构房屋中常用的构件。

图 5-5-14　过梁

2. 过梁的形式

过梁的形式有钢筋砖过梁、砖拱过梁、钢筋混凝土过梁、砖砌楔拱过梁、砖砌半圆拱过梁及木过梁等。

1）钢筋砖过梁

钢筋砖过梁即正常砌筑时，在洞口顶部的墙体内配置钢筋（一般钢筋直径为 6～8mm，夹两到三根），一般用于荷载不大、跨度较小的门窗、设备洞口。采用钢筋砖过梁的优点是方便、快捷，不需要像钢筋混凝土过梁那样立模板。

2）砖拱过梁

砖拱过梁一般为平拱、弧拱，用于宽度小于 1m 的洞口。

3）钢筋混凝土过梁

钢筋混凝土过梁较常用，多为预制构件，有矩形、L 形等形式。钢筋混凝土过梁的宽度同墙厚，高度及配筋根据结构计算确定，两端伸进墙内不小于 240mm。

5.5.2　钢筋混凝土结构

一、框架结构

框架结构是主要由钢筋和混凝土材料组成的、由梁和柱以刚接或者铰接相连构成承重体系的结构。在框架结构中，板传来的荷载由梁承受，梁将荷载再传递给柱承受，柱将荷载最后传给基础。框架结构示意图如图 5-5-15 所示。

二、独立基础

当建筑物上部结构采用框架结构或单层排架结构承重时，基础常采用方形或多边形等形式的独立基础，也称单独基础，一般分为杯形、方形、坡形等形式，如图 5-5-16 所示。

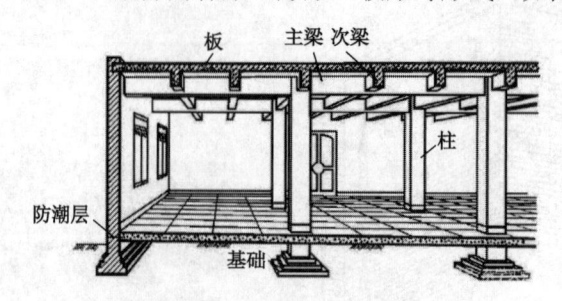

图 5-5-15　框架结构示意图

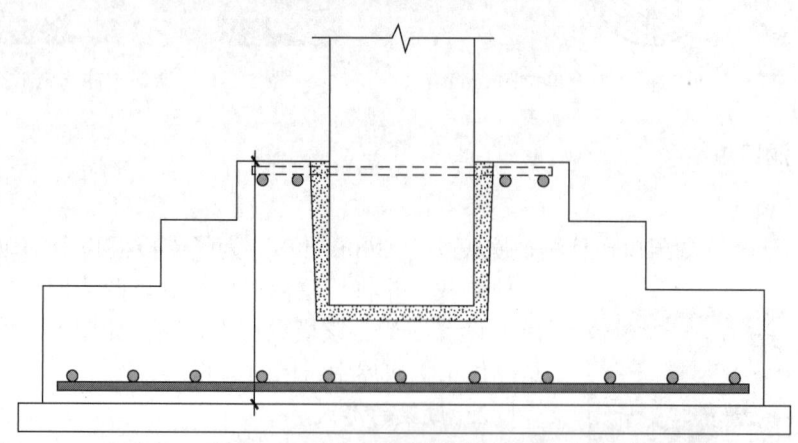

(a) 杯形独立基础

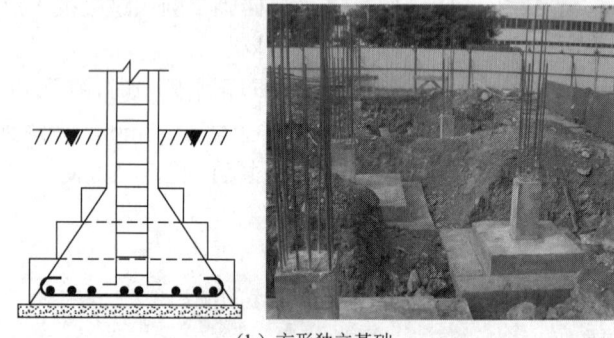

(b) 方形独立基础

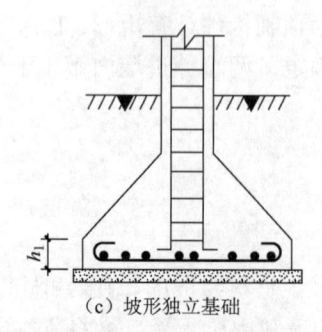

(c) 坡形独立基础

图 5-5-16　独立基础

三、现浇板式楼梯

板式楼梯是运用最广泛的楼梯形式，可用于单跑楼梯、双跑楼梯、三跑楼梯等。它具有受力简单、施工方便的优点。板式楼梯可现浇也可预制，但目前大部分采用现浇板式楼梯。现浇板式楼梯的平台梁和梯段连为一体，比预制板式楼梯受构件搭接支撑关系的制约少，现浇板式楼梯如图 5-5-17 所示。

图 5-5-17　现浇板式楼梯

四、梯梁

梯梁简单说就是梯子的横梁，如图 5-5-18 所示。梯梁主要用于支撑休息平台板。

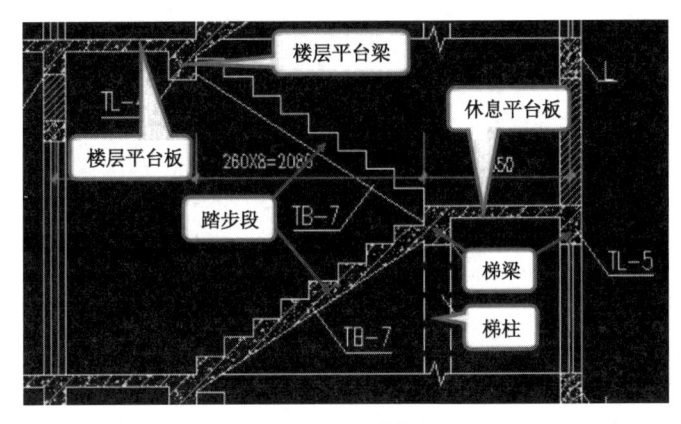

图 5-5-18　梯梁

五、屋面框架梁

屋面框架梁位于整个结构的顶面，主要作用是承受屋架的自重和屋面活荷载。

六、梯柱

梯柱为多层建筑楼梯构架的支柱，从建筑结构上讲，属于框架柱结构。梯柱广泛应用于各式建筑的楼梯构架，是楼梯踏步段的支撑结构。

七、非框架梁

非框架梁是在框架结构中框架梁之间设置的、将楼板的重量传给框架梁的其他梁。

八、钢筋混凝土结构

1. 框架梁钢筋的一般构造

1）箍筋

箍筋用于固定纵筋，形成钢筋骨架，使结构整体性更强，传力均匀，布置在剪切区的箍筋有抗剪作用，如图 5-5-19 所示。

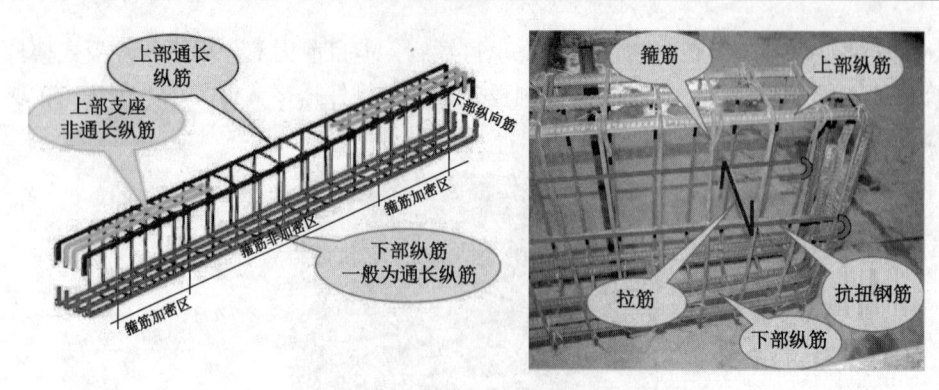

图 5-5-19　框架梁钢筋的一般构造

2）抗扭钢筋

抗扭钢筋指框架梁两侧设置的、起到承重和分压作用的钢筋。

3）架立筋

架立筋的主要作用是把受力钢筋固定在正确的位置上，并与受力钢筋连成钢筋骨架，通常，上部通长纵筋起架立筋作用。

4）附加箍筋

附加箍筋是设在主梁上有集中荷载处（如与次梁相交处）的构造钢筋，其作用是承担局部应力，如图 5-5-20 所示。

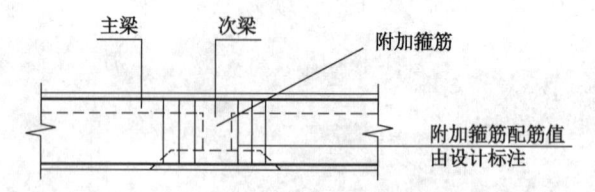

图 5-5-20　附加箍筋安装示意图

5）上部支座非通长纵筋

梁上部支座处的纵筋主要承受负弯矩作用力，俗称扁担筋，如图 5-5-21 所示。

图 5-5-21　上部支座非通长纵筋

6）附加吊筋

附加吊筋是将作用于混凝土梁式构件底部的集中力传递至顶部，以提高梁承受集中荷载抗剪能力的一种钢筋，形状如元宝，又称为元宝筋，如图 5-5-22 所示。

图 5-5-22 附加吊筋

2. 框架柱的一般构造及钢筋安装

框架柱的一般构造如图 5-5-23 所示。

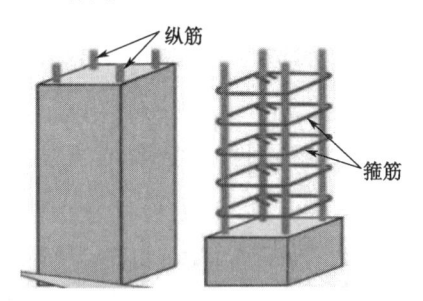

图 5-5-23 框架柱的一般构造

框架柱钢筋一般安装技术参数如图 5-5-24 所示。

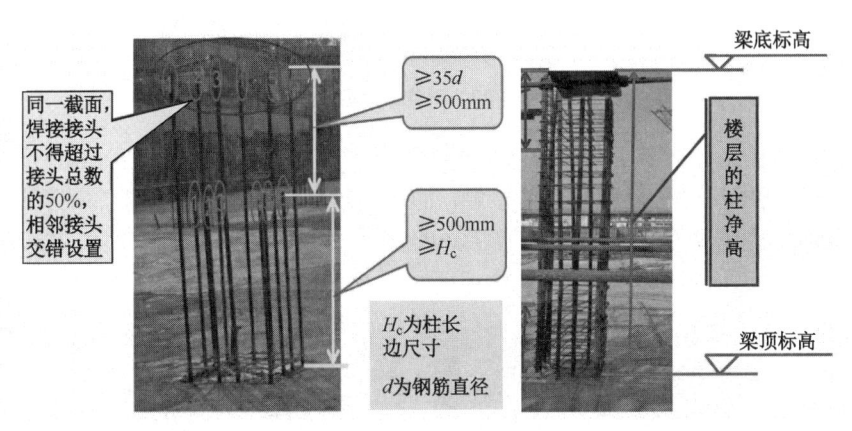

图 5-5-24 框架柱钢筋一般安装技术参数

九、常用钢筋连接方法

钢筋连接方法有很多，常用方法有三种：电渣压力焊、直螺纹套筒连接和闪光对焊。

1. 电渣压力焊

电渣压力焊是在上、下被焊钢筋间放一小块导电材料（钢丝小球、电焊条等），装上药盒，填满焊药，用交流电焊机引弧点燃焊药，待形成渣池、钢筋熔化并稳弧一定时间后断电，同时用手动加压机构进行加压顶锻，再排除夹渣、气泡，形成接头。电渣压力焊的操作如图 5-5-25 所示，电渣压力焊效果图如图 5-5-26 所示。这种钢筋连接方法多用于现浇钢筋混凝土结构构件内竖向中/粗钢筋的接长。

图 5-5-25　电渣压力焊的操作 　　　　　图 5-5-26　电渣压力焊效果图

2. 直螺纹套筒连接

直螺纹套筒连接是将待连接钢筋端部的纵肋和横肋用滚丝机切削一部分，然后直接滚轧成普通直螺纹，用特制的直螺纹套筒连接起来，如图 5-5-27 所示。

钢筋剥肋滚轧直螺纹套筒连接技术是一种新型的直螺纹套筒连接技术，达到国际先进水平。该技术以高效、便捷、快速的施工方法和节能降耗、提高效益、连接质量稳定可靠等优点得到了广大施工单位和业主的青睐。

直螺纹套筒连接适用于较大直径变形钢筋的连接，施工质量易保证，广泛用于钢筋混凝土结构钢筋的连接。

图 5-5-27　直螺纹套筒连接

3. 闪光对焊

闪光对焊是利用对焊机使两段钢筋接触，通以低压强电流，待钢筋被加热到一定温度开始熔化后，进行轴向加压顶锻，形成对焊接头。闪光对焊主要用于横向钢筋的连接，如梁的主筋连接。闪光对焊的过程及结果如图 5-5-28 所示。

图 5-5-28　闪光对焊的过程及结果

5.5.3　模板、脚手架

一、脚手架的作用

脚手架是为了保证施工过程顺利进行而搭设的工作平台。脚手架是建筑施工中必须使用的

重要的临时设施,是施工现场安全防护设施、工人操作的平台、施工过程中堆放材料的平台,以及通行的作业通道等。

二、脚手架的分类

1. 围护脚手架

围护脚手架主要用于高空、临边作业的安全防护。常见的双排立杆式脚手架是围护脚手架的主要类型,其搭设体系及外观如图 5-5-29、图 5-5-30 所示。

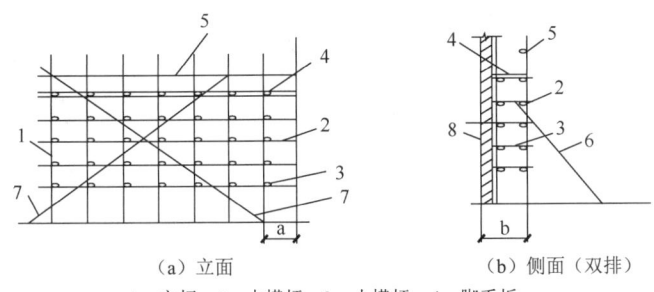

(a) 立面　　(b) 侧面(双排)
1—立杆;2—大横杆;3—小横杆;4—脚手板;
5—栏杆;6—抛撑;7—斜撑(剪刀撑);8—墙体

图 5-5-29　双排立杆式脚手架搭设体系

图 5-5-30　双排立杆式脚手架外观

2. 支撑脚手架

支撑脚手架主要用于现浇钢筋混凝土结构施工,作为支模时的支撑或加固措施,其结构如图 5-5-31 所示。

图 5-5-31　支撑脚手架的结构

三、脚手架的支撑固定方式

1. 扣件式钢管支撑

采用扣件式钢管支撑的脚手架上的扣件分为直角扣件（十字扣件和定向扣件）、旋转扣件（活动扣件和万向扣件）、对接扣件（一字扣件和直接扣件），如图 5-5-32 所示。

（a）直角扣件　　（b）对接扣件　　（c）旋转扣件

图 5-5-32　扣件

扣件用于连接钢管，钢管外径一般为 48mm，如图 5-5-33 所示。

图 5-5-33　采用扣件式钢管支撑的脚手架

2. 碗扣式

碗扣式脚手架主要用作桥梁、隧道的施工操作平台或支撑系统。碗扣式脚手架搭设快，质量安全容易保证，现也广泛用于一般性建筑现浇钢筋混凝土结构模板的支撑，如图 5-5-34 所示。

图 5-5-34　碗扣式脚手架

3. 盘扣式（承插式）

盘扣式脚手架同碗扣式脚手架一样，以前多用作桥梁施工的操作、支撑架，如图 5-5-35 所示，现也广泛用于一般性建筑现浇钢筋混凝土结构模板的支撑。

图 5-5-35　盘扣式脚手架

四、脚手架的主要组成及作用

1. 纵向水平杆（大横杆）

纵向水平杆（大横杆）可承受小横杆传递来的荷载并传给立柱，凡立柱与纵向水平杆的相交处均必须设置一根横向水平杆。纵向水平杆用直角扣件扣接，严禁任意拆除，如图 5-5-36 所示。

图 5-5-36　纵向水平杆

2. 横向水平杆（小横杆）

横向水平杆可承受脚手板传递来的荷载并传给纵向水平杆。距地面高约 200mm 处的纵向水平杆、横向水平杆又称为扫地杆，起稳定脚手架的作用。

3. 剪刀撑

剪刀撑就是脚手架上的斜向支撑，如图 5-5-37 所示。

图 5-5-37　剪刀撑

4. 连墙件

连墙件用于防止脚手架内外倾覆、保证立柱的稳定性。连墙件与结构的连接应牢固，通常采用预埋件连接，如图 5-5-38 所示。

图 5-5-38　连墙件与结构的连接

5. 安全网

安全网分外架立网及水平兜网，高处作业部位的下方必须挂水平兜网，当建筑物高度超过 4m 时，必须设置一道随墙体逐渐上升的外架立网，以后每隔 4m 再设一道水平兜网，在外架、桥式架、对孔处都必须设置安全网，以防止高空作业人员坠落或物体掉下伤人，如图 5-5-39 所示为外架立网。

图 5-5-39　外架立网

五、浇筑孔

为了防止混凝土自由下落高度过大，造成离析现象，在高度过高的柱或墙体模板上预留一定高度的洞口，用于混凝土倒料及振捣器插入，称为浇筑孔。待下部混凝土浇筑结束，再封闭浇筑孔，进行上部施工。

六、梁的起拱

起拱是为了防止梁在浇筑混凝土的过程中模板过度下垂，即通常建筑行业所说的挠度过大。超过 4m 的梁均应起拱，起拱高度一般为梁长的千分之一至千分之三。起拱时，先进行主梁起拱，后进行次梁起拱，梁起拱设计图样如图 5-5-40 所示。

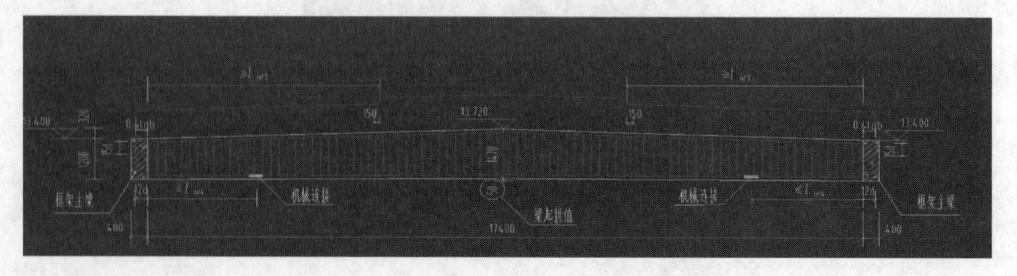

图 5-5-40　梁起拱设计图样（长度单位：mm）

5.5.4 屋面、墙面细部构造

一、出屋面管道

屋面即我们通常所说的屋顶。出屋面（建筑外墙）管道的迎水面可能接触到腐蚀性介质时，可采用封堵材料将管道周围的缝隙封堵，并套柔性防水套管，如图 5-5-41 所示。穿墙处如为非混凝土墙壁，应局部改用混凝土墙壁，其浇筑直径应比管道直径大 200mm，而且必须将柔性防水套管一次浇固于墙内。

图 5-5-41 采用封堵材料封堵管道周围的缝隙

二、找平层

屋面因温差较大，易引起找平层收缩变形，导致找平层与防水层开裂，为避免此类问题的发生，宜设分格缝，并嵌填密封材料，如图 5-5-42 所示。分格缝应留设在板端缝处，分格缝的最大间距应符合如下规定：水泥砂浆或细石混凝土找平层的分格缝不宜宽于 6mm，沥青砂浆找平层的分格缝不宜宽于 4mm。

图 5-5-42 屋面分格缝

三、钢筋混凝土结构板

钢筋混凝土结构板是用钢筋混凝土材料制成的板，是房屋建筑和各种工程结构中的基本结构或构件，常用作屋盖、楼盖、平台、墙、基础、地坪、路面等，应用范围极广。钢筋混凝土结构板按平面形状分为方板、圆板和异形板；按结构的受力方式分为单向板和双向板。最常见的钢筋混凝土结构板有单向板、四边支撑双向板和由柱支撑的无梁平板。

四、防水屋面

1. 根据结构分类

根据结构的不同，防水屋面分为正置式防水屋面（如图 5-5-43 所示）和倒置式防水屋面（如图 5-5-44 所示）。

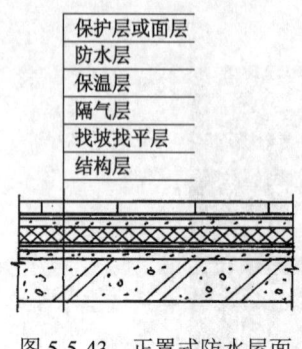

图 5-5-43　正置式防水屋面　　　　　图 5-5-44　倒置式防水屋面

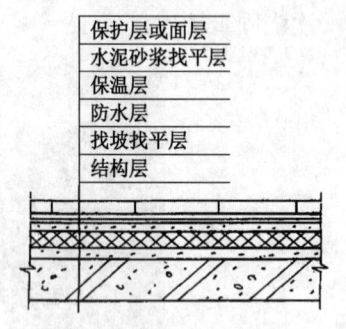

2. 根据防水方法分类

根据防水方法的不同，防水屋面分为刚性防水屋面、涂膜防水屋面、柔性防水屋面等。

1）刚性防水屋面

刚性防水屋面是采用混凝土浇筑、振捣而成的屋面防水层。在混凝土中掺入膨胀剂、减水剂、防水剂等，可使浇筑后的混凝土细致密实，水分难以渗透，从而达到防水的目的。刚性防水屋面的优点是价格便宜，耐久性好，维修方便；缺点是密度大，抗拉强度低，拉应变小。

2）涂膜防水屋面

涂膜防水屋面是在防水基层上涂刷防水涂料，经固化后形成一层有一定厚度和弹性的整体涂膜，从而达到防水目的的一种防水屋面形式，涂膜防水施工如图 5-5-45 所示。

图 5-5-45　涂膜防水施工

3）柔性防水屋面

柔性防水屋面采用柔性防水材料（如沥青类防水卷材）防水。柔性防水材料具有一定的延伸性和适应变形的能力，能适应温度、震动、不均匀沉降等因素的变化作用，整体防水性好，但施工操作较为复杂，技术要求较高。如图 5-5-46 所示为沥青类防水卷材的屋面防水施工。

图 5-5-46　沥青类防水卷材的屋面防水施工

五、外墙保温系统

保温板一般指挤塑聚苯乙烯保温板，是一种以聚苯乙烯树脂为原材料，加入其他聚合物后，经加热挤塑形成的发泡硬质塑料板。保温板内部充满封闭性的气泡结构，有承压性能好、防水性能好、耐化学腐蚀，以及抗老化能力较强的特点，被广泛应用在建筑物保温和潮湿环境的防水防潮中。保温板在国内的应用是最近十几年的事情，但是近几年来，通过各生产企业的大力推广，保温板已经逐步得到了广大建筑行业业内人士的认可。在可预见的未来，保温板的市场仍将持续扩大，国内的保温板生产能力仍然有提升空间。外墙保温构造如图 5-5-47 所示。

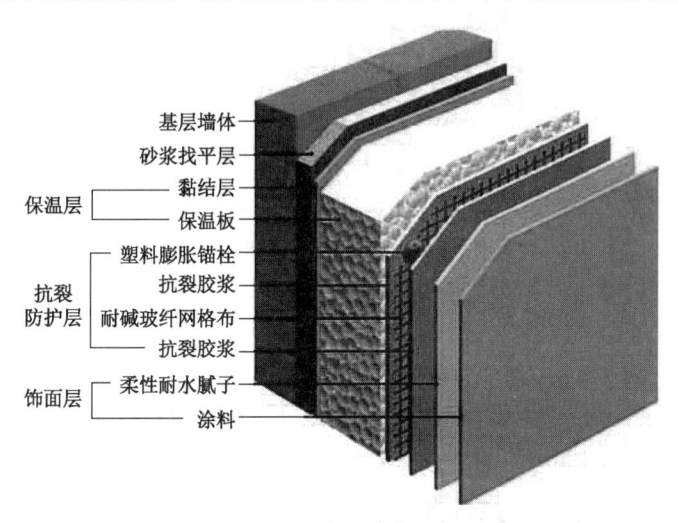

图 5-5-47　外墙保温构造图

六、种植屋面

种植屋面是在屋面铺种植土并栽植植物来覆盖建筑屋面或地下建筑顶板的一种绿化形式，如图 5-5-48 所示。

提到种植屋面，人们往往把它理解为"屋顶花园"，实际上种植屋面涵盖的不仅仅是屋顶花园，还包括其他多种形式。从广义上讲，种植屋面是指在各类建筑物、构筑物的屋面、天台及阳台等进行的人工绿化。在这种绿化形式的背后，有着强大技术力量的支撑：从自然土壤到轻量基质，从铺设简单的排水层到蓄排水技术的应用，从选择已有自然品种到科学培育适应屋面环境的植物，以及雨水的综合利用等。

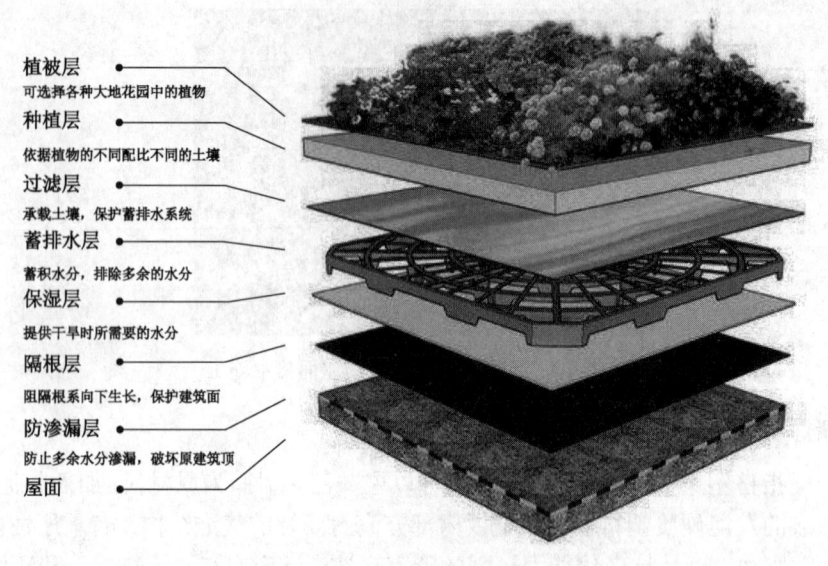

图 5-5-48 种植屋面

传统防水卷材及普通高分子防水材料、各类防水涂料因不具有抗根性能，很容易被植物根茎穿透，造成建筑防水层破坏，所以无法满足种植屋面的要求。

种植屋面常采用聚氯乙烯双面复合耐根穿刺防水卷材（铜胎基）作为隔根层，此类隔根层可长期（超过 20 年）防止植物根茎的穿刺，具有黏结力强、稳定性好、低温柔性和耐热性好、耐化学腐蚀及抗辐射能力强的优点。

七、烟道和通风道

烟道和通风道应伸出屋面，如图 5-5-49 所示。平屋面的烟道和通风道伸出高度不得小于 0.6m，且不低于女儿墙高度。坡屋面的烟道和通风道伸出高度要符合下列规定：

（1）烟道和通风道中心线距屋脊距离小于 1.5m 时，伸出最高点应高出屋脊 0.6m。

（2）烟道和通风道中心线距屋脊距离为 1.5～3m 时，伸出最高点应高于屋脊，且伸出屋面高度不得小于 0.6m。

（3）烟道和通风道中心线距屋脊距离大于 3m 时，从侧面看，伸出最高点至屋脊的连线与水平线之间的夹角不应大于 10°，且伸出屋面高度不得小于 0.6m。

图 5-5-49 烟道和通风道应伸出屋面

八、变形缝

变形缝是伸缩缝、沉降缝和防震缝的总称。建筑物在外界因素作用下常会产生变形，严重时可能导致开裂甚至结构被破坏。变形缝是针对这种情况而预留的构造缝，如图 5-5-50 所示。

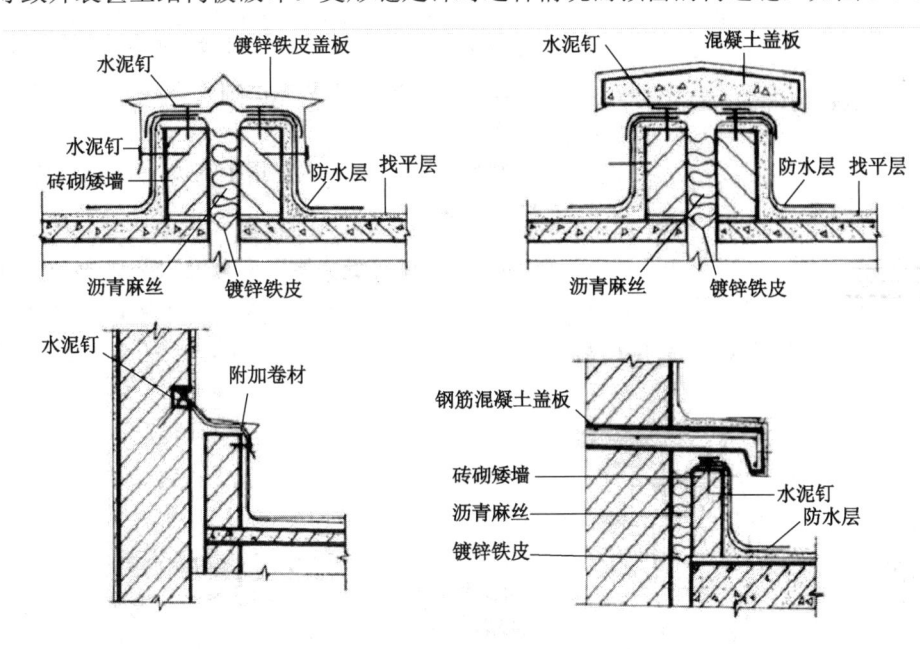

图 5-5-50　屋面变形缝构造

身边榜样

人生道路永不止步——马德忠

屈原《离骚》中的"路漫漫其修远兮，吾将上下而求索。"意思是道路又窄又长看不到尽头，我将百折不挠、不遗余力地去探寻。正如马德忠对在校学生的寄语："人生不可无目标，若脚踏实地、一以贯之地向着这个目标奋进，最终将极有可能获得成功！"马德忠一直都在自己的道路上朝着目标不断奋进，他在人生道路上永不止步。

1998 年 9 月至 2003 年 7 月，马德忠就读于四川工程职业技术学院的工民建专业。在校期间，他担任班上的学习委员，也是学生会成员，学习成绩一直名列前茅，也获得了很多荣誉：学习标兵、三好学生、优秀团干部等。在校期间，他刻苦学习，努力钻研。他的学习计划循序渐进，有目标、有规划，最重要的是，他总能按时完成自己的学习计划。他觉得人生路上没有目标就没有前进的方向，就会在行进路上迷路，找不到终点。

2003 年，马德忠进入了成都市路桥工程股份有限公司工作，刚参加工作的他没有工作经验，事事碰壁，遇到过很多挫折，但是马德忠从不气馁，每次失败后就反思其中原因，找到自己的错误并及时改正。他坚信：失败乃成功之母，失败的终点是成功。功夫不负有心人，后来他进入四川中成煤炭建设集团从事施工现场管理工作，曾担任工长、责任工长、技术负责人、项目副经理职务；2011年～2020年，他在成都高投建设开发有限公司担任现场代表、工程部经理、总经理助理职务，期间兼任成都长投东进建设有限公司、成都川投空港建设有限公司董事。

在工作的同时，他也没有落下自己的学习。"学无止境"，他总是找机会提升自己，在其他领域也进行了钻研。2004年8月～2008年12月，他选学了四川大学金融管理专业，对于学工民建专业的他来说，金融管理专业是一个全新的领域，有很大的学习难度，但是在自学的时间里，他从来没有想过放弃，一有空闲，他就自己找资料学习，虚心向同学求教，最后，他成功获得管理学学士学位。2007年9月～2009年12月，他选学了西南交通大学的项目管理相关课程，2010年9月～2012年12月，他获得电子科技大学工商管理专业硕士学位，2017年3月～2020年6月，他获得西南财经大学经济专业的法学硕士学位。马德忠说："起点自己不能决定，但是人生道路上的终点是自己能决定的。"

2017年3月，马德忠参与了五岔子大桥建设工程。五岔子大桥是连接成都市的中和和高新两个板块的重要人行桥梁，桥体被上下分为主桥和副桥，主桥在上，坡度适宜，是连接两岸绿道、可供自行车顺利通过的桥体；副桥在下，有观河的环绕式剧院台阶，为成都市民提供了别样的停留体验。五岔子大桥的造型源于没有起点也没有终点的"莫比乌斯环"。五岔子大桥是国内首座采用此造型的桥梁，这也使得马德忠在修建这一宏大工程时，遇到从来没有遇到过的困难，主桥和副桥的搭建与构造、观河的环绕式剧院台阶的安全性和美观性……这些都要一一考虑。最后，他凭借自己的学识和能力，带队又一次出色地完成了自己的目标。

修建完五岔子大桥，马德忠又马不停蹄地加入到交子大道的工程建设中。2019年10月，交子公园商圈规划建设专题会在成都召开，会议提出"要讲好'交子故事'，高标准、高质量推进商圈建设"，并将交子大道作为"启动引擎"项目。

交子大道全长约1.7km，位于交子金融产业发展轴上，横贯交子公园商圈，既是交通要道，也是一条激发产业发展的活力线。建成后，交子大道沿街构建慢行体系及公共服务设施，作为交子公园商圈消费场景和人本公共空间的重要支撑，形成贯穿交子文化的全天候活力空间、承接城市庆典的节假日欢乐街道。这次建设任务的成功完成，让马德忠的履历又添上精彩的一笔。

马德忠前方的路是荒漠，走过的路却生意盎然，生机勃勃。

参加工作以来，马德忠主要负责过的项目有二十余项，参与建设的项目达百余项，包括道路、下穿隧道、桥梁、景观、学校、安置房、人才公寓等重点项目。其中，他所负责的红星路南延线段（化龙路区界）道排及隧道工程获得"成都市优质结构奖"及四川省"天府杯"奖项，中和2线道排工程获得成都市"芙蓉杯"优质工程奖项。

人生道路上永不止步，在马德忠所经历的人生中，有过挫折，有过怀疑，有过想要放弃的想法，但是他坚信：心中有目标，就能排除万难，取得成功。走向终点的路不止一条，永不止步的人也不止一个，希望大家都能向着自己的目标努力奋进。

模块六　信息工程基础认识

行业先锋

技能选手中的"最强大脑"——世界技能大赛冠军　梁嘉伟

"三百六十行，行行出状元。""只要有恒心，肯努力，学技术也能成为对国家有用的人，也能为国家发展、民族复兴贡献自己的力量。"这是中山市技师学院高级实习指导教师梁嘉伟的人生格言。全国技术能手、全国青年岗位能手、世界技能大赛信息网络布线项目金牌得主、享受国务院政府特殊津贴专家……一个毕业于广东省中山市技师学院的普通"九零后"青年是如何创造这些辉煌的呢？

功崇唯志——走技能之路成人生转折

2009年，梁嘉伟进入广东省中山市技师学院学习。一次偶然的机会，梁嘉伟接触到技能大赛。他发现，在备赛训练中不仅能够学到更多知识，而且学得比课堂上快。这让他喜欢上了技能大赛，并对专业技术产生了浓厚的学习兴趣。

梁嘉伟随即参加了信息网络布线项目大赛培训课程，利用空闲时间充实专业知识。读书期间，梁嘉伟就获得了中山市技师学院技能大赛触电急救项目一等奖、智能楼宇布线项目一等奖、智能给排水项目一等奖，荣获广东省"唯康杯"综合布线管理员职业技能大赛二等奖、广东省"亚龙杯"智能楼宇职业技能竞赛个人一等奖等奖项。屡次获奖，梁嘉伟信心大增，他下定决心走技能之路。

行成于思——有体力，更要有"脑力"

报名参加世界技能大赛信息网络布线项目后，从市级选拔到全国选拔，梁嘉伟均以第一名的成绩晋级，2016年4月，他进入中国集训队。新的旅程由此开启。

刚开始，训练速度时，梁嘉伟一直都在怀疑自己：为什么其他选手能够在15s内制作一个水晶头，而自己却怎么都做不到？经过集训基地专家、教练悉心指导，梁嘉伟发现自己的训练方式存在严重问题：不应该一天到晚盲目训练，而是要做一个有"脑力"的选手。

梁嘉伟说，所谓有"脑力"，最重要的是要学会总结，学会思考，学会制定方案。从那时起，梁嘉伟每天将3台摄像机架在自己面前，全方位记录训练情况。训练完后回放录像，他发现自己手速特别快，但总体用时很长。再对比国外选手的视频，他终于找到了原因——那是因为自己做了太多多余动作。

梁嘉伟马上重新规划操作步骤，再进行更高强度的训练。在训练中梁嘉伟的手指经常被光纤扎到。有一次，一根直径仅 0.25μm 的玻璃纤维扎进他的手指里，肉眼难以发现，没法拔出来，但只要一碰就刺痛难忍，他只能贴上胶布，继续忍痛训练。"手掌磨破了，戴上手套继续干，手掌上的皮掉了一层又一层。"梁嘉伟开玩笑地说，人家是到了某个季节脱皮，而自己却是每天都在脱皮。

积土成山——风雨兴焉

世界技能大赛被称为技能界的"奥林匹克"，代表了世界技能竞赛的最高水平，且无论获不获奖，每个人的一生只能参加一次。梁嘉伟说："吃苦不算什么，只要能够为国争光，让全世界目睹中国高技能人才的水平和风采，这就是他撸起袖子加油干最重要的动力！"功夫不负有心人，在比赛中选手 30 分钟内熔接 60 芯就可得满分，而梁嘉伟却能在 30 分钟内熔接超过 80 芯，这个成绩比世界技能大赛的满分标准高出很多。

终于，在第 44 届世界技能大赛舞台上，梁嘉伟代表中国队站在了世界之巅。梁嘉伟用汗水和努力创造了辉煌的奇迹，打破了日本在这个项目上的垄断。

"技能强，中国强。"这是梁嘉伟心中的信念，在事业上他永不停步。2019 年，他受聘担任世界技能大赛国家集训队的技术指导专家，并于 2020 年指导选手入围第 46 届世界技能大赛信息网络布线项目的国家集训队。他还指导学生参加全国行业职业技能竞赛智能楼宇管理员总决赛，获一等奖。"没有一流的技工，就没有一流的产品。"毕业后留校任教的梁嘉伟希望自己能够把更多的学生培养成高技能人才，为国家制造出更多精品，让全世界的消费者都信任"中国制造"。

项目一　信息安全常识

6.1.1　信息安全概述

一、信息安全的含义

ISO（国际标准化组织）将信息安全定义为对数据处理系统建立和采用的技术、管理的安全保护，为的是保护计算机硬件、软件、数据不因偶然和恶意的原因而遭到破坏、更改和泄露。

信息安全通常可以分为两个层次：狭义的信息安全和广义的信息安全。

1. 狭义的信息安全

狭义的信息安全一般指基于加密的计算机安全领域。早期的中国信息安全专业高等教育通常以此为基准，辅以计算机技术和通信网络技术相关教学内容。

2. 广义的信息安全

广义的信息安全不是纯粹的技术问题，而是将管理、技术和法律相结合的一门综合性学科。从传统的计算机安全到信息安全，不仅是名称的变更，也是安全概念和技术的延伸。

二、信息安全涉及的方面

信息安全主要涉及三个方面：信息传输的安全性、信息存储的安全性及网络传输的信息内容的审计（如身份验证）。身份验证是验证网络中主体身份的过程。通常有三种方法来验证主体的身份：

(1）基于主体知道的秘密，如密码和密钥。
(2）基于主体携带的物品，如智能卡和代币卡。
(3）基于只有主体具备的独特功能或特征，如指纹、声音、视网膜或签名等。

6.1.2 个人信息安全小知识

日常生活中，要保证个人的信息安全并不需要很高深的专业知识，只要养成一些良好的习惯就好。

1. 上网前

启用防火墙，利用隐私控制特性，选择需要保密的信息，确保这些信息不会因操作不慎等原因被发送到不安全的网站。

2. 软件准备

及时安装操作系统和其他软件的更新内容。

3. 防止黑客攻击

在不需要文件和打印共享时，关闭这些功能。

4. 防止计算机中毒

不轻易打开来自陌生人的电子邮件附件或即时通信软件传来的文件。

5. 浏览网页

浏览网页时，先打开浏览器，根据自己的安全策略，设置网络选项，如将 IE 浏览器的安全级别调到"高"等。

6. 防止密码被盗

经常更改密码，使用包含字母和数字（甚至特殊字符）的密码，从而提高黑客盗取密码的难度。

6.1.3 常见网络威胁

一、计算机病毒

1. 计算机病毒的概念

计算机病毒是人为制造的，有破坏性、传染性和潜伏性的，对计算机信息或系统起破坏作用的程序。它一般并不独立存在，而是隐蔽在其他可执行程序之中。计算机中毒后，轻则影响机器运行速度，重则导致死机或系统被破坏；因此，计算机病毒给用户带来很大的损失。

2. 计算机病毒的传输方式

计算机病毒有自己的传输方式和不同的传输路径。通常，在可以交换数据的环境计算机病毒就可以进行传播。主要的计算机病毒传输方式有以下三种。

1）移动存储设备传播

计算机病毒可以通过移动存储设备（如 U 盘、光盘、移动硬盘等）进行传播。事实上，移动存储设备很容易得到计算机病毒的"青睐"，成为计算机病毒的携带者。

2）网络传播

这里所说的"网络"包括网页、电子邮件、QQ、BBS 等用于用户交互的信息交换通道。近年来，随着网络技术的发展和网速的提高，计算机病毒的传播速度越来越快，传播范围也在逐步扩大。

3）系统传播

计算机病毒可以利用计算机系统和应用软件的弱点传播。

3. 减少计算机病毒带来的破坏

计算机病毒虽然传播隐蔽，危害大，但计算机病毒也不是不可抵御的，可以通过下面几个方法来减少计算机病毒带来的破坏。

1）安装最新的杀毒软件

安装杀毒软件并及时升级病毒库，定时对计算机进行病毒查杀，上网时要开启杀毒软件的全部监控功能。

2）及时用杀毒软件进行检测

不要执行（或打开）从网络下载后未经杀毒处理的软件（或文件）等；不要随便浏览或登录陌生的网站，加强自我保护。现在有很多非法网站，用户进入网站即会被植入木马或其他计算机病毒。

3）及时更新并随时注意

及时打全最新的系统补丁，同时将应用软件升级到最新版本，如播放软件、通信工具等，避免计算机病毒以网页木马的方式入侵系统或者通过其他应用软件漏洞进行传播；尽快将受到计算机病毒侵害的计算机隔离。在使用计算机的过程中，若发现计算机上存在计算机病毒或者计算机工作异常时，应该及时切断网络连接；当发现计算机网络连接一直中断或者网络连接异常时，立即切断网络连接，以免计算机病毒在网络中传播。

4）培养自觉的信息安全意识

在使用移动存储设备时，尽可能不要共享这些设备，因为移动存储设备是计算机病毒进行传播的主要载体，也是计算机病毒攻击的主要目标，在对信息安全要求比较高的场所，应将计算机的USB接口封闭，同时，有条件的情况下应该做到移动存储设备专机专用。

二、特洛伊木马

1. 含义

特洛伊木马简称木马，在计算机领域，木马指隐藏在正常程序中的一段具有特殊功能的恶意代码，具备破坏和删除文件、发送密码、记录键盘和攻击系统等特殊功能。传统意义上的木马与计算机病毒的最大区别在于，木马不能自我复制。

2. 木马的特征

1）隐蔽性

木马通常伪装成合法应用程序，使得用户难以识别，这是木马的首要特征。木马隐蔽的方法有：寄生在合法程序之中、不设图标、不在进程显示界面出现，以及与其他合法文件关联起来等。

2）欺骗性

木马的欺骗性体现在使用合法的程序名或图标、使用易与合法程序名混淆的名称（如用字母"o"代替数字"0"、用数字"1"代替字母"l"等），以及伪装成系统进程出现等。

3）顽固性

木马为了保障自己的存在，往往像毒瘤一样驻留在被感染的计算机中，即使主文件被删除，也可能通过某些方式生成新的主文件。木马采用程序关联技术，只要被关联的程序被执行，木马便被执行。顽固的木马给清除工作带来巨大的困难。

4）危害性

木马的危害性是毋庸置疑的。只要计算机被木马感染，别有用心的黑客便可以任意操作被感染的计算机，就像使用他自己的计算机一样，例如，黑客可以盗取被感染的计算机的重要资源，如系统密码、股票交易信息、机要数据等。这对被感染的计算机的破坏可想而知。

3. 木马的防范

1）检测和寻找木马隐藏的位置

木马侵入系统后，会找一个安全的地方保存，并选择适当时机进行破坏。了解和掌握木马藏匿位置，才能最终清除木马。木马经常会集成到程序中、藏匿在系统文件夹中、伪装成普通文件或者添加到计算机操作系统中的注册表中，以及嵌入启动文件中。

2）检查通信端口

为了防范木马，我们应检查计算机工作时会用到哪些端口，其中，哪些端口是正常使用的，哪些端口不是被正常开启的；查看当前的数据交换情况，重点注意数据交换比较频繁的端口是否工作正常；以及关闭一些不必要的端口。

3）删除可疑程序

对于非系统程序，如果不是必要的，完全可以删除或卸载，如果不能确定，可以利用查杀工具进行检测。

4）安装防火墙

防火墙在计算机系统中起着不可替代的作用，它保障计算机的数据流通安全，对数据进行管控。用户可以根据需要自定义防火墙的防护规则，防止不必要的数据流通。安装防火墙有助于对计算机病毒及木马的防范与拦截。

5）根除木马产业链

国家相关部门可以加大执法力度，完善相应的法律法规，让《网络安全法》发挥出应有的价值，根除木马产业链。

6）健全网站和网络游戏的管理

开发商要加强对网站和网络游戏的管理与监督，争取从源头杜绝木马的存在，让木马没有扩散的机会。另外，网络环境和设备的日常维护、管理工作都要加强，内容包括网站服务器的每日检查，服务器内数据和资料的更新，操作日志的核查等工作，以及对服务器的网络配置、安全配置等情况进行严格的检查等。

7）增强防范意识

我国计算机用户数量正在快速增长，部分用户对于自身信息的保护意识不强，相当多的用户的计算机上都没有安装杀毒软件或设置防火墙。计算机用户应该深刻意识到反病毒是一项长期且系统性的工作，主动了解这方面的相关知识，加强对木马的防范。针对网站携带病毒等问题，用户可以利用查杀软件，在木马盗取用户账号、隐私之前，就将其拦截并歼灭。

三、钓鱼网站

1. 钓鱼网站的概念

钓鱼网站是指欺骗用户的假冒网站。钓鱼网站一般只有一个或几个页面，但这若干个页面与真实的银行及电子商务网站页面基本一致（二者域名也往往极其相似），欺骗消费者或者窃取访问者提交的账号和密码信息，如图 6-1-1 所示。

钓鱼网站，顾名思义，就和钓鱼一样，把你当成鱼儿，给你鱼饵，诱导你上钩。

图 6-1-1 真假网站的对比

2. 网络钓鱼方式

在这里介绍一些基本的网络钓鱼方式：

（1）你收到邮件/短信，内容类似于：你的银行账号有风险，需要登录官网，进行账号信息修改（并附有一个网址链接）。

（2）你看了邮件/短信，心里很慌张，赶紧单击网址链接，发现页面跟自己印象中的一样，或信息、标识齐全，看起来很正规，于是你放心地输入账号、密码。

（3）你登录成功后，发现跳转页面显示一片空白或者又跳转回登录界面，而实际上你的账号、密码已经被该假冒网站获取，也就是说，你上钩了。

3. 防范办法

1）查验"可信网站"

通过第三方网站身份诚信认证进行查验。不少网站已在网站首页安装了第三方网站身份诚信认证——"可信网站验证服务"，可帮助使用者判断网站的真实性。"可信网站验证服务"根据企业域名注册信息和企业工商登记信息，对网站信息进行严格的交互审核，以验证网站的真实性。通过上述认证后，该网站就进入中国互联网络信息中心（CNNIC）运营的"可信网站"数据库中，从而全面提升了自身的诚信级别。使用者可通过网站页面中的"可信网站"标识确认网站的真实性。通过网络交易时，交易者应养成查验网站真实性的使用习惯。

2）核对网站网址

假冒网站虽然和真实网站很像，但仍有细微区别，例如，在网址方面，假冒网站通常将英文字母 I 替换为数字 1，将 CCTV 换成 CCYV 或者 CCTV-VIP 等。

3）比较网站内容

假冒网站上文字的字体、样式可能与真实网站不一致，并且文字经常是模糊不清的。假冒网站上的链接往往是无效的。

4）查询 ICP 信息

通过查询 ICP 信息可以得知网站的基本情况、网站拥有者的情况。对于没有经过合法备案的非经营性网站或没有取得 ICP 许可证的经营性网站，根据网站性质，执法部门将予以罚款或关闭网站等惩罚。

5）查看安全证书

现在，大型电子商务网站都应用了可信证书类产品，这类网站网址都是以"https"开头的，如果发现不是以"https"开头的网址，应谨慎对待。

四、流氓软件

1. 流氓软件的概念

流氓软件是介于病毒和正规软件之间的软件,同时具备正常功能(下载、媒体播放等)和恶意行为(弹广告、开后门),给用户带来实质危害。流氓软件往往采用特殊手段频繁弹出广告窗口,影响用户正常操作,或未经用户许可收集用户数据,危及用户隐私。

2. 流氓软件的危害形式

(1)采用非常规手段,进行强行或者秘密安装,并抵制卸载。
(2)强行修改用户软件设置,如浏览器默认主页、软件自启动选项、系统安全选项等。
(3)强行弹出广告、占用系统资源或者进行其他干扰用户的操作。
(4)有侵害用户信息和财产安全的潜在因素或者隐患。
(5)未经用户许可,或利用用户疏忽,或利用用户缺乏相关知识,秘密收集用户个人信息。

3. 流氓软件的特点

具有下列特征之一的软件可以被认为是流氓软件。

1)强制安装
(1)不经用户许可,自动安装。
(2)不给出明显提示,欺骗用户安装。
(3)反复提示用户安装,意图使用户不胜其烦而不得不安装等。

2)难以卸载
(1)通过正常手段无法卸载。
(2)无法完全卸载。
(3)不提供卸载程序,或者提供的卸载程序不可用等。

3)劫持浏览器
未经用户许可,修改用户浏览器的设置,迫使用户访问特定网站或导致用户无法正常上网。

4)弹出广告
在未明确提示用户或未经用户许可的情况下弹出广告,强迫用户观看。

5)恶意收集用户信息
在未明确提示用户或未经用户许可的情况下收集用户信息。

6)恶意卸载
在未明确提示用户、未经用户许可的情况下,或以误导、欺骗等恶意手段,使用户卸载其他常规软件。

7)恶意捆绑
在软件中捆绑已被认定的恶意软件,安装软件时,二者将一起被安装。

8)恶意安装
在未经许可的情况下,强制在用户计算机里安装其他非附带的独立软件。

面对计算机病毒、木马、流氓软件的威胁,我们要如何防御呢?其实只要如前文所述,养成良好的使用计算机的习惯,就可以防范绝大部分的威胁。

6.1.4 国家网络安全事件

棱镜计划是一项由美国国家安全局(NSA)自 2007 年起开始实施的秘密电子监听计划。

据报道，美国国家安全局（NSA）和联邦调查局（FBI）于 2007 年启动了一个代号为"棱镜"的秘密监控项目。

2013 年 6 月，棱镜计划泄密者爱德华·斯诺登对媒体披露：根据该计划，美国国家安全局要求电信巨头威瑞森公司必须每天上交数百万用户的通话记录，并通过各种技术手段，进入美国各大网络公司的中心服务器挖掘数据、收集情报，从音频、视频、图片、文档及连接信息中分析个人的联系方式与行动。该计划包括两个秘密监视项目，一是监听民众的通话，二是监视民众的网络活动。

我们仅仅从技术角度仔细思考一下，为什么美国有能力部署棱镜计划？原因很简单，互联网是美国人主导建设的，大量的软件（包括操作系统）是美国人开发的，大量的网络设备是美国人制造的……在这样的情况下，美国人有太多的机会建立秘密获取他人信息的渠道。

在信息化时代，网络安全对国家安全至关重要。我国高度重视信息安全自主可控的发展，国家领导人多次在重大会议及演讲中强调网络安全问题。没有信息化就没有现代化，信息安全部署是国家重要战略，之前发生的某著名网络通信技术公司被非法断供事件给我们敲响了警钟，互联网核心技术是我们的"命门"之一，核心技术受制于人是我们最大的隐患。

2019 年 12 月，网络安全等级保护制度（简称"等保"）2.0 正式实施，覆盖全社会各地区、各单位、各部门、各机构，涉及网络、信息系统、云平台、物联网、工控系统、大数据、移动互联等各类技术应用和场景。等保 2.0 控制措施对安全物理环境、安全通信网络、安全区域边界、安全计算环境、安全管理中心提出技术要求；对安全管理制度、安全管理机构、安全管理人员、安全建设管理、安全运维管理提出管理要求。对比等保 1.0，等保 2.0 重点提出安全管理中心技术要求，具体包括系统管理、审计管理、集中管控、安全管理平台等，并明确要求对网络中的链路、安全设备、服务器、交换机等运营情况进行集中监测，对审计数据进行集中分析。

等保 2.0 的发布让很多机构对等级保护建设工作提高了重视，怎样的网络信息安全建设方案才是最好的选择？一方面，各机构都面临业务不断扩展、安全设备持续增加、运维人员有限等困难，选择简单有效、扩展性强、可开发的等级保护建设方案很重要。另一方面，云环境中网络虚拟化已成为信息技术演进的重要方向，虚拟化条件下的网络既面临传统网络中已存在的安全问题，也面临引入虚拟化特性之后出现的一系列新的安全威胁，包括物理网络威胁、虚拟局域网威胁等。采用统一的安全管理平台，管理各种安全功能组件，面对网络安全风险，及时采取安全防护对策，开展安全运维十分重要。

等保 2.0 仅仅是基础，各机构应采取"能够有效地检测并阻止安全威胁、可扩展并可降低 IT 业务创新过程中的各种风险"的网络安全管理方案，以满足本身后续业务发展的各种安全需求，具备相应的安全能力，实现安全资源的弹性扩展和灵活调度，这也是各机构进行网络安全防护的前提和关键。

到目前为止，我国完全自主可控的网络安全公司和产品已经遍地开花，全面覆盖各个行业，如图 6-1-2 所示是我国部分完全自主可控的网络安全公司。网络安全是国之重器，必须牢牢掌握在自己手中。

图 6-1-2　我国部分完全自主可控的网络安全公司

项目二　信息技术基础

6.2.1　信息的概念

我们经常说:"我们已经进入了信息化社会。"那么到底什么是信息？从广义上讲信息就是消息，我们五官能感受到的一切都是信息。你看到的风景、你听到的声音、你闻到的气味、你感觉到的冷热、你想到或做过的事情等，都是信息。信息已成为当今世界最有价值的财富！什么样的信息才能最便捷地转化为财富？答案就是数字化以后的信息。

让我们一起来思考生活中有哪些信息代表着财富？

让我们一起来思考如何才能把信息数字化？

6.2.2　计算机发展历史

复杂的信息世界居然由简单的数字 0 和 1 构成，这与中华文化中的"道生一、一生二、二生三、三生万物"暗合。计算机最基础的工作原理——二进制运算规则，跟中华文化中的"无极生太极（如图 6-2-1 所示）、太极生两仪、两仪生四象、四象生八卦"暗合。最先进的技术与最传统的文化就这样走到了一起。

图 6-2-1　太极

一、计算机的"老祖宗"们

1. 算盘

算盘（如图 6-2-2 所示）是我们祖先创造发明的一种简便的计算工具，中国是算盘的故乡，在计算机已被普遍使用的今天，古老的算盘不仅没有被废弃，反而因它的灵便、准确等优点，在许多国家普遍使用，现代最先进的电子计算器也不能完全取代算盘的作用。2013 年 12 月，联合国教科文组织正式将珠算列入人类非物质文化遗产。

图 6-2-2　算盘

值得注意的是，算盘一词并不专指中国算盘。从现有文献资料来看，许多文明古国都有过各自的与算盘类似的计算工具。古今中外的各式算盘大致可以分为三类：沙盘类、算板类、穿珠算盘类。现存的算盘形状不一、材质各异。一般的算盘多为木制品或塑料制品，矩形木框内排有一串串等数目的算珠，算珠内贯直柱，俗称"挡"，算盘一般为 9 挡、11 挡或 13 挡。算盘中有一道横梁把算珠分为上下两部分，梁上每珠计为 5；梁下每珠计为 1。用算盘计算称珠算，珠算有对应四则运算的相应法则，统称珠算法则。随着算盘的使用，人们总结出许多计算口诀，使计算的速度更快了。对比进行一般运算时的速度，熟练的珠算不逊于计算器计算，尤其在加减法方面。珠算简便迅捷，在计算器及计算机普及前，算盘为我国商店普遍使用的计算工具。

2. 计算尺

在 John Napier 发明对数后不久，英国牛津的埃德蒙·甘特（Edmund Gunter）发明了一种使用单个对数刻度的计算工具，称为甘特式计算尺。当甘特式计算尺和另外的测量工具配合使用时，可以用来计算乘除法。1630 年，英国剑桥的 William Oughtred 发明了圆算尺，1632 年，他将两把甘特式计算尺组合起来使用，这被视为现代计算尺的雏形。

最基本的计算尺用两组对数刻度来计算那些既费时又易出错的常见乘除法。实际上，多数计算尺由三个直尺组成，这三个直尺互相平行，中间的直尺能够沿长度方向相对于外侧两直尺滑动。外侧两直尺相对位置不变。

更复杂的计算尺可以用于计算平方根、指数、对数和三角函数等。

下面以最基本的计算尺（加减法计算尺）为例，介绍计算尺的工作原理。

如图 6-2-3 所示，将可相对滑动的上下两直尺分别命名为直尺 A 和直尺 B。

滑动直尺 B，使直尺 B 的 0 刻度线对准直尺 A 的 1 刻度线。此时从直尺 B 上读任意一个刻度值，其对应直尺 A 的刻度值则是直尺 B 刻度值加 1 的结果，如图 6-2-4 所示。

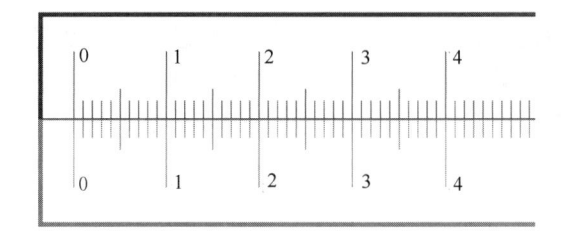

图 6-2-3　最基本的计算尺（加减法计算尺）

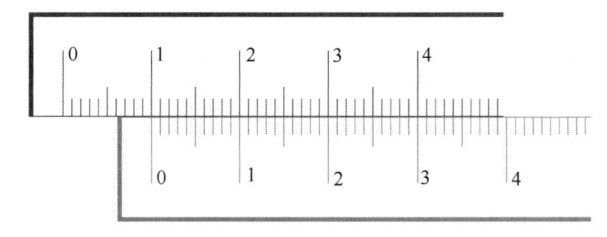

图 6-2-4　计算加法

直到计算器出现之前，大多数建筑、桥梁、公路、汽车、飞机的设计计算都是通过计算尺来完成的。有趣的是，在后来的阿波罗系列太空任务中，有 5 次任务，宇航员们都携带了计算尺进入太空，其中包括 1 次登月旅行，因为宇航员们认为，如果计算机出现故障，计算尺也能高效精准地完成任务。

二、计算机科学先驱

1. 图灵

1）图灵简介

艾伦·麦席森·图灵（Alan Mathison Turing，1912 年 6 月 23 日至 1954 年 6 月 7 日），英国著名的数学家和逻辑学家，被称为计算机科学之父、人工智能之父，计算机逻辑的奠基者。他提出了"图灵机"和"图灵测试"等重要概念，曾协助英国军方破解德国的著名密码系统"谜"（Enigma），帮助盟军取得了第二次世界大战的胜利。人们为纪念其在计算机领域的卓越贡献而设立了"图灵奖"。

1939 年，纳粹德国的潜艇不停地破坏英国的补给线，其空军轰炸英国的各大城市，但纳粹德国并没有组织起对英国本土的跨海进攻，而是希望通过上述手段让英国人不战而降。同年，图灵应征加入了英国皇家海军，在军情六处管理的一个情报机构从事密码破译工作。

人类发明密码由来已久，直到第二次世界大战时期，信息加密的基本思想还停留在用一个字母替换另一个的阶段。例如，将 26 个英文字母打乱顺序，再将以新顺序排列的字母和以原顺序排列的字母形成一一对应的关系。写好一段文字后，只要根据上述对应关系，把文字中的字母进行替换，便得到了一份加密的信息。接收信息的一方只要掌握这个对应关系，就能很容易地将信息解密。这种简单的加密方式已经有了多种破译办法，为了避免泄密，德国人发明了一种叫作"谜"（Enigma）的机器，它配有一套接线、数个转子，每次发信息前，密码员只要切换一下接线和转子的顺序，就可以切换全套加密规则，操作非常简单，加密效果却非常好，在二十四小时内，敌方的解密人员没法摸清它的加密规则，而二十四小时以后，即使信息被解密，也大概率无关紧要了。

为了攻克这一难题，图灵和同事们开始了艰苦的攻关，幸运的是，他们获得了当时波兰数学家为抵抗纳粹德国制造的"炸弹机"，这台机器能快速地进行大量计算，图灵改进了这台机器，使其可用于尽快地解析"谜"的接线和转子的对应关系。借助这台新机器，图灵领导自己的小组，不断地针对敌方发信的变化提供新的计算结果，这让盟军在情报获取方面占尽了先机。这一往事被当作机密尘封多年，战后很长时间，德国人都不知道自己的加密信息已被盟军全面破译。

2）图灵机

1931年，图灵以令人惊叹的数学才能进入剑桥大学国王学院学习，并于1934年毕业，之后，他留在国王学院继续进行学术研究。1936年，他提交了《论可计算数及其在判定问题上的应用》。这篇论文讨论了当时数学领域非常热门的"可计算问题"。在论文中，他提出了一个设想：将人类使用纸笔进行数学运算的过程进行抽象，由一个虚拟的机器替代人类进行数学运算。它包括一条"无限长"的纸带，纸带的表面被分成一个一个的小方格，每个方格有不同的颜色。机器的探头在纸带上移来移去。探头有一组内部状态，还有一些固定的程序。机器工作时，探头不断地从当前纸带上读入一个方格的信息，然后结合自己的内部状态查找程序表，并根据程序表的内容，输出信息到纸带的方格中，再转换自己的内部状态，然后进行移动。

图灵机的提出具有如下意义：

（1）证明了通用计算理论，肯定了计算机实现的可能性，同时给出了计算机应有的主要架构。

（2）引入了读写、算法、程序语言的概念，极大地突破了过去的计算机器的设计理念。

（3）图灵机模型理论是计算科学最核心的理论，因为计算机的极限计算能力就是通用图灵机的计算能力，很多计算科学领域的问题可以基于图灵机这个简单的模型来考虑。

如图6-2-5所示为图灵机工作原理图。

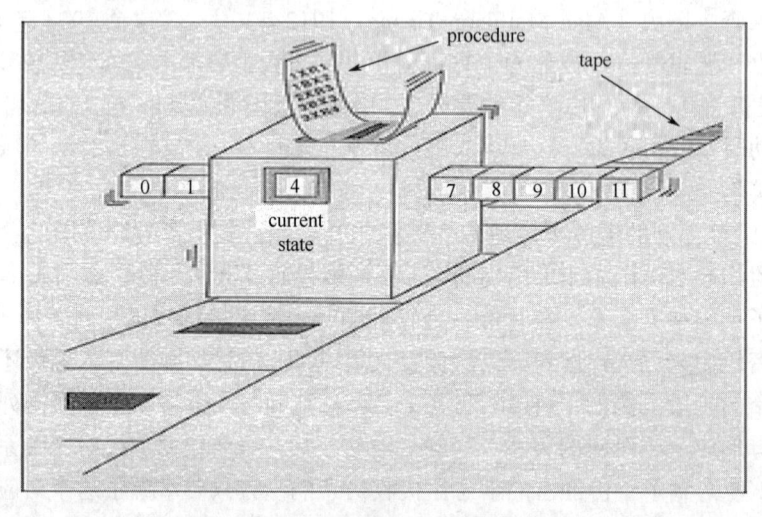

图 6-2-5　图灵机工作原理图

3）图灵测试

对人工智能的研究和思考早在计算机发明之前就已经开始了。1936年，哲学家阿尔弗雷德·艾耶尔开始思考：我们怎么知道其他人曾有同样的体验。在《语言，真理与逻辑》中，艾尔提出有意识的人类及无意识的机器之间的区别。1950年，图灵发表了一篇划时代的论文，文中预言了创造出具有真正智能的机器的可能性。由于注意到"智能"这一概念难以确切定义，他提出了著名的图灵测试：如果一台机器能够与人类展开对话（通过电传设备）而不能被辨别出其机器身份,那么称这台机器具有智能。论文中还解答了对这一测试的各种常见质疑。图灵测试被称为人工智能哲学方面"第一个严肃的提案"。1952 年,在一次广播中,图灵谈到了一个新的具体想法:让计算机来冒充人。如果不足 70%的人判对,也就是超过 30%的人误以为和自己说话的是人而非计算机,那就算这次"冒充"成功了。

图灵测试如图 6-2-6 所示,测试过程当中,测试员和测试对象不能见面,如果测试员始终不能判断对方是人还是机器,那么可以认为该测试对象已经通过了图灵测试,即认定其具有智能。

现在,已经有软件可以通过图灵测试了。

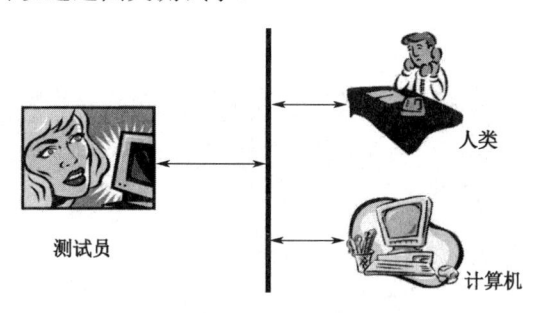

图 6-2-6　图灵测试

2. 冯·诺依曼

1) 冯·诺依曼简介

冯·诺依曼是 20 世纪最重要的数学家之一,在现代计算机科学、博弈论、核武器和生化武器等诸多领域均有杰出建树,被后人称为"计算机之父"和"博弈论之父"。

冯·诺依曼原籍为匈牙利,先后执教于柏林大学和汉堡大学。1930 年,他前往美国,并加入美国籍,历任普林斯顿大学、普林斯顿高级研究所教授,美国原子能委员会会员,美国全国科学院院士。冯·诺依曼早期以算子理论、共振论、量子理论、集合论等方面的研究闻名,开创了冯·诺依曼代数。他为研制电子计算机提供了基础性方案,这就是著名的冯·诺依曼计算机。

2) 冯·诺依曼计算机的组成

(1) 存储器。存储器用来存放数据和程序。

(2) 运算器。运算器主要运行算术运算和逻辑运算,并暂存中间结果。

(3) 控制器。控制器主要用来控制和指挥数据的输入和程序的运行,以及处理运算结果。

(4) 输入设备。输入设备用来将信息从人们熟悉的形式转换为机器能够识别的形式,常见的有键盘、鼠标。

(5) 输出设备。输出设备可以将机器运算结果转换为人们熟悉的形式,如打印机、显示器。

冯·诺依曼计算机的程序和数据均采用二进制码表示,程序和数据以同等地位存放于存储器中,均可按存储器地址提取;组成程序的指令由操作码和地址码组成,操作码用来表示操作的性质,地址码用来表示操作数所在的位置;指令在存储器中按顺序存放,通常也是按顺序执行的,特定条件下,可以根据运算结果或者设定的条件改变执行顺序;冯·诺依曼计算机以运算器和控制器为中心,输入设备、输出设备和存储器的数据传送通过运算器进行。

冯·诺依曼计算机的组成如图 6-2-7 所示。

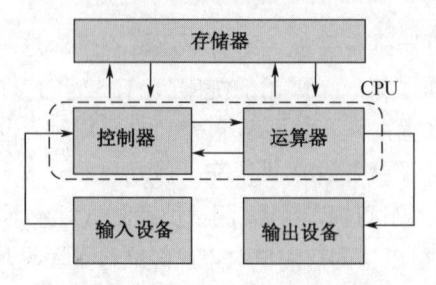

图 6-2-7　冯·诺依曼计算机的组成

冯·诺依曼计算机的运行和人类的思考过程没有什么两样，如图 6-2-8 所示。

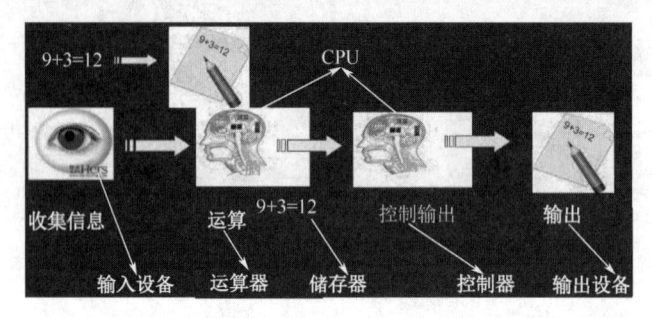

图 6-2-8　冯·诺依曼计算机的运行和人类思考过程的对比

3）第一台电子计算机

冯·诺依曼的另一大贡献是主持建造了世界上第一台真正意义上的通用电子计算机。

1946 年，世界上第一台通用电子计算机 ENIAC 宣告研制成功。ENIAC 的研制成功，是计算机发展史上的一座里程碑，是人类在发展计算技术的历程中，到达的一个新的高度。

ENIAC 的最初设计方案是由美国工程师莫奇利于 1943 年提出的，当时，美国军方希望设计出能够分析炮弹轨道的设备，并拨款建立了一个专门研究小组，由莫奇利领导。ENIAC 包含将近 18000 个电子管、1500 个继电器，其总体积约 90m^3，重达 30t，占地 170m^2，是个地地道道的庞然大物。这台功率为 140kW 的计算机，运算速度为每秒 5000 次加法或者 400 次乘法，是机械式的继电器计算机运算速度的 1000 倍。使用 ENIAC 计算炮弹轨道所用的时间，甚至可以比炮弹本身飞行的时间还短。

使用 ENIAC 的编程人员须以插拔缆线、切换开关的方式设定程序，如图 6-2-9 所示。

图 6-2-9　编程人员在设定程序

1996 年，在 ENIAC 问世 50 周年之际，当时的美国副总统戈尔在宾夕法尼亚大学举行的隆重纪念仪式上，再次按下了这台已沉睡了 40 年的庞大电子计算机的启动按钮并向当年参加 ENIAC 研制，如今仍健在的科学家发表讲话："我谨向当年研制这台计算机的先驱者们表示祝贺。"ENIAC 上的两排灯以准确的节奏闪烁到 46，标志着它于 1946 年问世，然后又闪烁到 96，标志着计算机时代开始以来的 50 年。

3．摩尔

1）摩尔简介

摩尔的全名是戈登·摩尔（Gordon Moore），他是 Intel 公司创始人之一，他的另一大成就是提出了"摩尔定律"。这一"定律"揭示了信息技术进步的速度。

2）"摩尔定律"

摩尔在 1965 年提出"摩尔定律"。据报道称，1965 年的一天，摩尔离开硅晶体车间后，找了个地方坐下来，拿了一把尺子和一张纸，画了个草图。图中纵轴代表集成电路上可以容纳的晶体管数目，横轴为时间，他根据各个时期的数据绘制了一条曲线，结果发现这条曲线的形状是有规律的。这一发现被发表在当年第 35 期《电子》杂志上，是他一生中最为重要的文章。这篇当年的不经意之作也是迄今为止半导体发展历史上最具意义的论文之一。

在提出"摩尔定律"之后，摩尔在 1968 年创办了 Intel 公司，又在 1990 年被美国政府授予"国家技术奖"。直到 2001 年退休，摩尔才退出了 Intel 的董事会。

摩尔回忆"摩尔定律"的发现时称，他在构思一篇关于集成电路的文章时，发现芯片的容量会逐年递增，基本上每年翻番，而价格则逐年递减，10 年前买一个元件花的钱在当时可买一块集成电路，这是一个长期有效的推断。摩尔认为，这是由于工艺技术的进步使计算机性能呈几何级数增长。由于其可预见性和重要性，这个推断就被业界人士称为"摩尔定律"：集成电路上可以容纳的晶体管数目，大约每经过 1 年便会翻番。为了使"摩尔定律"更为准确，在 1975 年，摩尔对其进行了微调：将翻番的时间从 1 年调整为 18 个月。在此之后，"摩尔定律"为 Intel 公司的发展提供了决策依据。"摩尔定律"神奇地灵验了三十多年，连摩尔自己也惊讶不已。

三、计算机分代

1．第一代计算机——电子管计算机

世界上第一台通用电子计算机 ENIAC 于 1946 年在美国宾夕法尼亚大学诞生，ENIAC 主要由大量的电子管组成，主要用于科学计算。如图 6-2-10 所示是电子管计算机和电子管。

图 6-2-10　电子管计算机和电子管

电子管计算机主要有以下特点：

（1）电子管计算机以电子管作为主要元器件，因此而得名。

（2）电子管计算机体积庞大，如 ENIAC 用了约 18000 个电子管，占地约 170m^2，重达 30t，功率约 140kW，每秒钟可运算 5000 次加法或者 400 次乘法。

（3）由于电子管计算机使用的电子管体积很大，耗电量大，易发热，因而电子管计算机工作的时间不能太长。

（4）电子管计算机使用机器语言，没有系统软件。

（5）电子管计算机采用磁鼓、小磁芯作为储存器，存储空间有限。

（6）电子管计算机的输入/输出设备简单，如穿孔纸带或卡片。

（7）电子管计算机主要用于科学计算，被当时的美国国防部用于弹道计算。

2. 第二代计算机——晶体管计算机

第二代计算机采用的主要元器件是晶体管，称为晶体管计算机，晶体管计算机广泛应用的时间段大约为 1958 年至 1964 年。在此期间，计算机软件有了较大发展，也出现了 FORTRAN、COBOL 等高级编程语言。晶体管计算机采用了监控程序，这是操作系统的雏形。如图 6-2-11 所示是晶体管计算机和晶体管。

图 6-2-11　晶体管计算机和晶体管

相对于电子管计算机，晶体管计算机有以下主要特点：

（1）体积更小。

（2）可靠性更强。

（3）寿命更长。

（4）运算速度更快。

（5）操作系统适应性更好。

（6）容量更大。

（7）应用领域更为广泛。

3. 第三代计算机——小规模集成电路计算机

小规模集成电路可在面积为数平方毫米的单晶硅片上集成十几个甚至上百个电子元件，以小规模集成电路为主构成的计算机称为小规模集成电路计算机，其活跃时间段大约为 1965 年至 1969 年。小规模集成电路计算机的性能比晶体管计算机的性能又有了很大提高。如图 6-2-12

所示是小规模集成电路计算机和小规模集成电路。

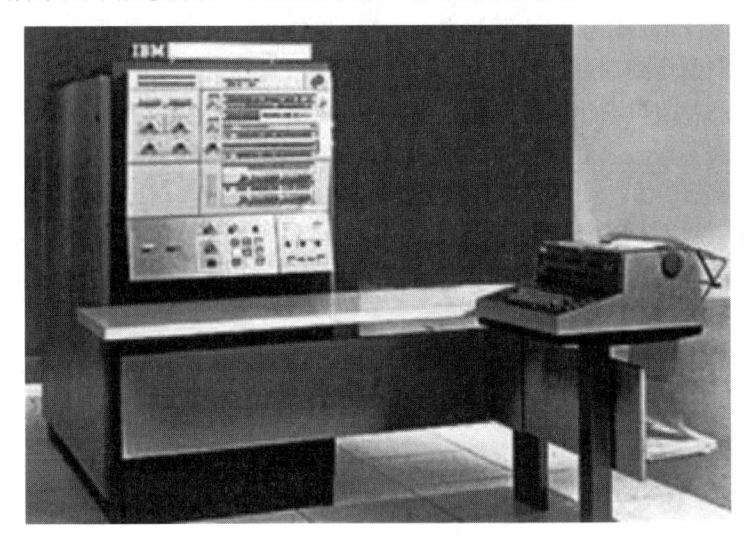

图 6-2-12　小规模集成电路计算机和小规模集成电路

与上一代计算机相比，小规模集成电路计算机有以下主要特点：
（1）体积更小。
（2）寿命更长。
（3）运行（计算）速度更快。
（4）外围设备的发展开始多样化。
（5）高级编程语言进一步发展。
（6）应用范围扩大到企业管理和辅助设计等领域。

4. 第四代计算机——大规模集成电路计算机

1971 年至今这段时间内大规模应用的计算机被称为第四代计算机——大规模集成电路计算机，其采用大规模（甚至超大规模）集成电路，体积、重量、功耗进一步减小，运算速度、存储容量、可靠性极大提高。如图 6-2-13 所示是大规模集成电路计算机和大规模集成电路。

图 6-2-13　大规模集成电路计算机和大规模集成电路

与上一代计算机相比，大规模集成电路计算机有以下主要特点：
（1）体积进一步缩小，可靠性更高，寿命更长。
（2）运算速度更快，每秒可运算数千万次到几十亿次。

(3) 系统软件和应用软件获得了巨大的发展，软件配置丰富，程序设计部分自动化。

(4) 计算机网络技术、多媒体技术、分布式处理技术有了很大的发展，小型、微型大规模集成电路计算机大量进入家庭，产品更新速度加快。

(5) 大规模集成电路计算机在办公自动化、数据库管理、图像处理、语音识别和专家系统等各个领域得到应用，使得电子商务进入家庭，计算机应用进入了一个新的历史时期。

5. 第五代计算机——展望未来

第五代计算机可能是超导计算机、纳米计算机、光计算机、DNA 计算机、量子计算机和神经网络计算机等，与上一代计算机相比，其体积更小，运算速度更快，更加智能化，耗电量更小。

6.2.3 芯片行业简介

一、芯片

1. 信息科技"王冠上的明珠"

芯片是半导体元件产品的统称，又被称为集成电路或微电路，通常以半导体晶圆为基材。从电子学的角度讲，芯片是一种将电路小型化的方式。由于其研发和制造集成了多种高精尖技术及其在信息科技领域的重要性，芯片被称为信息科技"王冠上的明珠"。前文所述的"摩尔定律"即是针对芯片的发展得出的论断，而在"摩尔定律"的背后也隐藏了一段"血腥"的技术发展历史，因为芯片的发展既是灿烂的科技升级之路，也是赢者通吃的冒险之路，更体现了国家之间彰显科技实力的科技绞杀。

庞大的芯片全产业链所涉及的高科技材料、设备和工艺如图 6-2-14 所示。

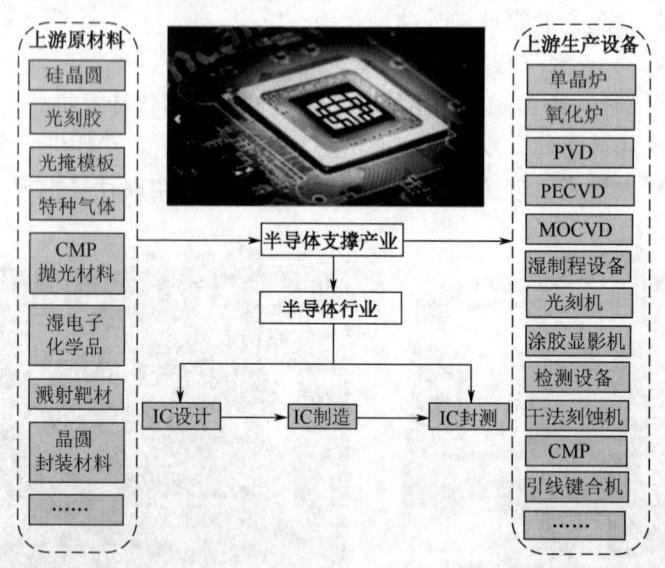

图 6-2-14 庞大的芯片全产业链所涉及的高科技材料、设备和工艺

我们以硅晶圆为例，来管中窥豹地看看高科技有多"高"：第一，生产硅晶圆需要高纯度单晶硅片，其纯度至少需要达到 99.9999%（又称 6N），目前实际生产中一般要求纯度在 9N 到 11N 之间，一般情况下，提纯硅不算是高科技，但是把硅提纯到上述程度却是绝对的高科技；第二，生产硅晶圆需要"绝对平"的硅片，其表面平面度必须控制在几纳米以内。

2. 特种气体

特种气体可分为掺杂气、外延气、离子注入用气、LED 用气、光刻气、载运和稀释气体等。其中，光刻气是光刻机产生深紫外激光的必备资源，采用不同的光刻气产生的深紫外激光的波长不同，直接影响光刻机的分辨率，而分辨率是光刻机的核心指标之一。目前，应用于半导体产业的特种气体有 110 余种，常用的有 20~30 种，特种气体在半导体产业原材料需求中占比高达 14%，仅次于大硅片。

特种气体在纯度、组成、有害杂质最高含量、产品包装储存等方面均有极其严格的要求，属于高技术、高附加值产品。经过多年的技术积累和兼并布局，全球特种气体市场已形成"四大气企"寡头垄断的格局。特种气体行业的话语权，也被法国液化空气集团、德国林德集团、美国普莱克斯集团、美国空气化工产品集团牢牢把持在手中。在此领域，我国正在奋起直追的路上。

3. 光刻机

大家越来越熟悉的光刻机，是数十项顶尖科技的集大成者，光刻机的精度非常高，现在的光刻机已经有能力在一块芯片上集成大约 100 亿只晶体管。如图 6-2-15 所示是单晶硅和硅片。

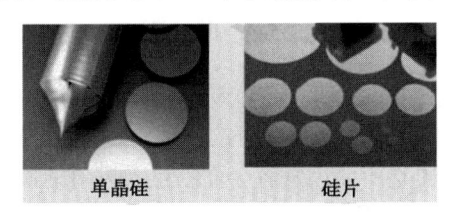

图 6-2-15　单晶硅和硅片

二、芯片行业

芯片行业是全球科技顶级玩家的战场。我国芯片行业前进之路任重而道远，这也更激励年轻的学子们努力向上，扛起大旗奋勇向前。如图 6-2-16、图 6-2-17、图 6-2-18、图 6-2-19 所示是芯片行业各个领域的顶尖企业中顶尖的企业。

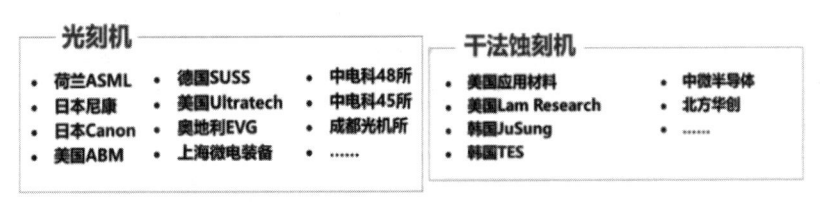

图 6-2-16　光刻机和干法蚀刻机领域的顶尖企业

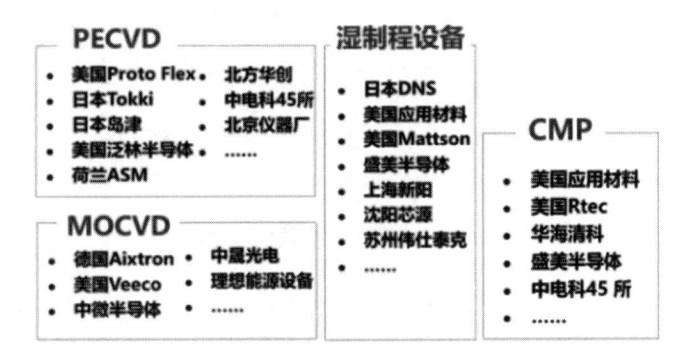

图 6-2-17　制程设备和应用材料领域的顶尖企业

特种气体		CMP 抛光材料	
• 美国空气化工	• 中环装备	• 陶氏化学公司	• 美国卡博特
• 普莱克斯	• 巨化股份	• 日本东丽	• 杜邦
• 日本酸索	• 金宏气体	• 3M	• Rodel
• BOC 公司	• 中船重工718 所	• 台湾三方化学	• Eka
• 法国液化空气	• 佛山华特气体	• 日本Fujimi	• ……
• 日本昭和电工	• 四川科美特	• 韩国ACE	
• 南大光电	• ……	• Hinomoto Kenmazai	

图 6-2-18　特种气体和 CMP 抛光材料领域的顶尖企业

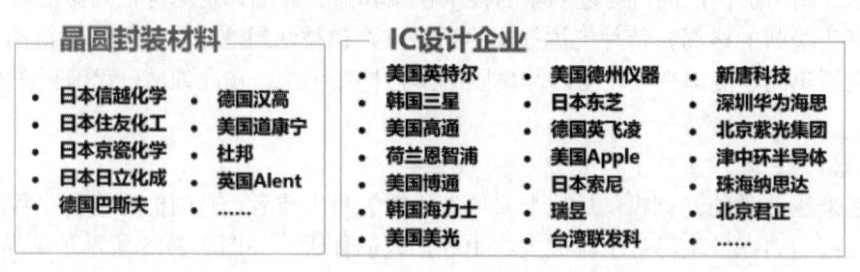

晶圆封装材料		IC设计企业		
• 日本信越化学	• 德国汉高	• 美国英特尔	• 美国德州仪器	• 新唐科技
• 日本住友化工	• 美国道康宁	• 韩国三星	• 日本东芝	• 深圳华为海思
• 日本京瓷化学	• 杜邦	• 美国高通	• 德国英飞凌	• 北京紫光集团
• 日本日立化成	• 英国Alent	• 荷兰恩智浦	• 美国Apple	• 津中环半导体
• 德国巴斯夫	• ……	• 美国博通	• 日本索尼	• 珠海纳思达
		• 韩国海力士	• 瑞昱	• 北京君正
		• 美国美光	• 台湾联发科	• ……

图 6-2-19　封装和 IC 设计领域的顶尖企业

要想在这个绝对高科技的产业链中站稳脚跟很不容易，实力稍微弱一点的国家连参与的资格都没有。因为这不仅仅是科技的问题，还有经济的问题、工艺历史积累的问题、市场大小的问题、行政意志的问题。更因为赢者通吃所以后发者会面临巨大风险的问题。但是我们的科学家们没有退缩，在中端芯片市场已经基本实现自给自足，又继续在向高端芯片发起有力的冲击。

6.2.4　量子隧穿效应

在量子力学中，量子隧穿效应指的是电子等微观粒子能够穿入或穿越位势垒的量子行为，尽管位势垒的强度大于粒子的总能量。

在我们现实的宏观世界中，只要有一堵墙，物体就不能够在墙保持完好的情况下穿墙而过，否则这就是"茅山道士"的神话传说。但是在微观世界中，神话变成了事实，因为只要这一堵墙足够薄，如薄到 1nm，纳米物体就可以穿墙而过。这就是著名的量子隧穿效应。如图 6-2-20 所示是量子隧穿效应示意图。

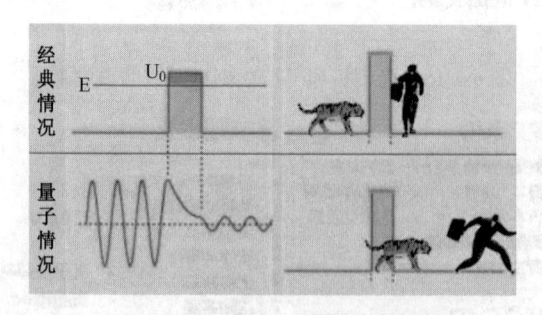

图 6-2-20　量子隧穿效应示意图

高端芯片的尺寸早就进入了纳米级别，隔离电流的"墙"也不得不越来越薄，量子隧穿效应早就显现出威力，科学家不得不努力地寻找防穿越能力更强大的新材料来做"墙"。但是人力终有穷尽时，量子隧穿效应该不会消失，也就是说在半导体行业我们完全不用妄自菲薄，因为终有一天我们肯定会站上顶峰。

项目三 信息技术前沿科技

6.3.1 物联网

一、什么是物联网

物联网是通过射频识别（RFID）、红外感应器、全球定位系统、激光扫描器等信息传感设备，按约定的协议，把任何物体与互联网相连接，进行信息交换和通信，以实现对物体的智能化识别、定位、跟踪、监控和管理的一种网络。

物联网最简洁明了的定义是一个基于互联网、传统电信网等信息承载体，让所有能够被独立寻址的普通物理对象实现互联互通的网络。它具有普通对象设备化、自治终端互联化和普适服务智能化 3 个重要特征。如图 6-3-1 所示为物联网 IoT（Internet of Things）。

图 6-3-1 物联网 IoT（Internet of Things）

物联网是将无处不在的末端设备和设施，包括具备"内在智能"的传感器、移动终端、工业系统、楼控系统、家庭智能设施、视频监控系统等和"外在使能"的（如贴上 RFID 的）各种资产、携带无线终端的个人与车辆等"智能化物件或生物"通过各种无线和/或有线的长距离和/或短距离通信网络连接起来的网络，它可采用适当的信息安全保障机制，提供安全可控乃至个性化的实时在线监测、定位追溯、报警联动、调度指挥、预案管理、远程控制、远程维保、在线升级、统计报表、决策支持等管理和服务功能，实现对"万物"的高效、节能、安全、环保的"管、控、营"一体化。

物联网就是"物物相连的互联网"。它把所有物品通过信息传感设备与互联网连接起来，进行信息交换，即物物相息，以实现智能化识别和管理。如图 6-3-2 所示，物联网将来会连接整个人类社会中的每一个角落。

图 6-3-2 物联网连接整个人类社会

二、物联网的应用领域

1. 智能工业

智能工业是将具有环境感知能力的各类终端、基于泛在技术的计算模式、移动通信等不断融入到工业生产的各个环节，大幅提高制造效率，改善产品质量，降低产品成本和资源消耗，将传统工业提升到智能化的新阶段。工业和信息化部制定的《物联网"十二五"发展规划》中将智能工业应用示范工程归纳为：生产过程控制、生产环境监测、制造供应链跟踪、产品全生命周期监测，促进安全生产和节能减排。

一个制造企业光有先进制造能力是不够的，它还必须能够从产品开发、生产计划等方方面面快速响应市场，企业的竞争力是全方位的问题。计算机可以模拟所有的生产过程，提前验证设计要求，利用先进的技术优化生产全过程。信息化可以为工业插上腾飞的翅膀。简单来说，制造业信息化技术的主要内容就是"5个数字化"，包括设计数字化、制造装备数字化、生产过程数字化、管理数字化和企业数字化。制造业企业信息化的关键技术可归结为9项，即数字、可视、网络、虚拟、协同、集成、智能、绿色、安全。随着全球化经济、知识经济、产品的虚拟可视化开发以及协同商务的市场模式的深化，这9项关键技术的研究与应用，正在企业信息化工程中发挥着越来越巨大的作用。计算机及网络技术为制造业带来了重大变革和转机，反过来制造业不断增长的需求也推动了数字技术在产品开发、制造、发布方面的不断发展和进步。

智能工业的实现基于物联网技术的渗透和应用，并与未来先进制造技术相结合，形成新的智能化的制造体系，所以智能工业的关键在于物联网技术。

"物联网技术"的核心和基础仍然是"互联网技术"，物联网技术是在互联网技术基础上延伸和扩展形成的一种网络技术；其用户端延伸和扩展到了任何物品。

物联网技术覆盖的现代化工厂生产效率之高是过去不敢想象的，例如，在一些细分行业，只需要一两家这样的工厂就可以满足全球的需求。如图6-3-3所示是智能工业的一个工作场景。

图 6-3-3　智能工业工作场景

2. 物联网技术与未来先进制造技术相结合

与未来先进制造技术相结合是物联网技术应用的生命力所在。物联网是信息通信技术发展的新一轮制高点，正在工业领域广泛渗透和应用，并与未来先进制造技术相结合，形成新的智能化的制造体系。这一制造体系仍在不断发展和完善之中。概括起来，物联网技术与未来先进制造技术的结合主要体现在以下领域。

1）泛在感知网络技术

建立服务于智能制造的泛在感知网络技术体系，为制造中的设计、设备、过程、管理和商务提供无处不在的网络服务。面向未来智能制造的泛在感知网络技术的发展还处于初始阶段。

2）泛在制造信息处理技术

建立以泛在信息处理为基础的新型制造模式，提升制造行业的整体实力和水平。基于泛在信息处理的制造模式尚处于概念和实验阶段，各国政府均将此列入国家发展计划，大力推动实施。

3）虚拟现实技术

采用真三维显示与人机自然交互的方式进行工业生产，可进一步提高制造业的效率。虚拟环境已经在许多重大工程领域得到了广泛的应用和研究。未来，虚拟现实技术的发展方向是三维数字产品设计、数字产品生产过程仿真、真三维显示和装配维修等。

4）人机交互技术

传感技术、传感器网、工业无线网以及新材料的发展，提高了人机交互的效率和水平。制造业处在一个信息有限的时代，人要服从和服务于机器。随着人机交互技术的不断发展，我们将逐步进入基于泛在感知的信息化制造人机交互时代。

5）空间协同技术

空间协同技术的发展目标是以泛在网络、人机交互、泛在信息处理和制造系统集成为基础，突破现有制造系统在信息获取、监控、控制、人机交互和管理方面集成度差、协同能力弱的局限，提高制造系统的敏捷性、适应性、高效性。

6）平行管理技术

未来的制造系统将由某一个实际制造系统和对应的一个或多个虚拟的人工制造系统所组成。平行管理技术就是要实现制造系统与虚拟系统的有机融合，不断提升企业认识和预防非正常状态的能力，提高企业的智能决策和应急管理水平。

7）电子商务技术

在工业领域，制造与商务过程一体化特征日趋明显，整体呈现出纵向整合和横向联合两种趋势。未来要建立健全先进制造业中的电子商务技术框架，发展电子商务以提高制造业企业在动态市场中的决策与适应能力，构建和谐、可持续发展的先进制造业。

8）系统集成制造技术

系统集成制造系统是由智能机器人和专家共同组成的人机共存、协同合作的工业制造系统。它集自动化、集成化、网络化和智能化于一身，使制造系统具有修正或重构自身结构和参数的能力，具有自组织和协调能力，可满足瞬息万变的市场需求，应对激烈的市场竞争。

3. 智能农业

传统农业生产活动中的浇水灌溉、施肥、打药，全凭农民自身的经验和感觉来完成。而应用物联网技术后，诸如瓜果蔬菜的浇水时间，施肥、打药时间，怎样保持精确的浓度，如何实行按需供给等一系列在作物不同生长周期曾被"模糊"处理的问题，都由信息化智能监控系统实时定量"精确"把关，农民只需要按个开关，做个选择，或是完全听"指令"，就能种好菜、养好花。从传统农业到现代农业转变的过程中，农业信息化的发展大致经历了计算机农业、数字农业、精准农业和智慧农业4个过程。

1）温度、湿度控制

智能农业生产系统通过实时采集温室内温度、土壤温度、二氧化碳浓度、湿度、光照、叶面湿度、露点温度等环境参数，自动开启或者关闭指定设备；可以根据用户需求，随时进行处理，为实施农业综合生态信息自动监测、对环境进行自动控制和智能化管理提供科学依据。智能农业生产系统可采集温度传感器等的信号，经由无线信号收发模块传输数据，实现对大棚温湿度的远程控制。智能农业生产系统还包括智能粮库系统，该系统将粮库内温湿度变化情况通过计算机或手机实时发送给控制人员，以便其记录现场情况，以保证粮库的温湿度平衡。

如图 6-3-4 所示是智能农业的工作场景。

图 6-3-4　智能农业的工作场景

现在的智能农业不仅仅局限在温室里面，让我们继续来看一看更多的智能农业应用。

2）"植物医生"

在农业界，通过深度学习算法，生物学家戴维·休斯和作物流行病学家马塞尔·萨拉斯将关于植物叶子的 5 万多张照片导入手机，并运行相应的深度学习算法应用于他们开发的手机应用 PlantVillage。现在，对于在明亮的光线条件及合乎标准的背景下拍摄出的植物照片，PlantVillage 会将其与数据库中的照片进行对比，可以检测出 14 种作物的 26 种疾病，而且识别作物疾病的准确率高达 99.35%。

3）机器人耕作

装备智能化开启机器人耕作新模式。BlueRiverTechnologies 是一家位于美国加州的农业机器人公司，其研制的一款农业智能机器人利用计算机图像识别技术来获取农作物的生长状况，通过分析，判断出哪些是杂草需要清除、哪里需要灌溉、哪里需要施肥、哪里需要打药，并且能够立即执行相应操作。

传统农业田间管理看天看地看作物，而如今有了 24 小时远程遥控技术，农民躺在床上也能种田，农民也要成为看手机的低头族了。每天农民通过计算机、手机就能实时看到农作物的长势，湿度、温度等指标一目了然，缺水、缺阳光、温度过高等情况发生时，农业物联网系统会主动"报警"，发送信息到手机上，农民一点手机就可以及时化解"危机"。

安徽省滁州市全椒县现代农业示范园已建成"果园物联网+水肥一体化"应用系统，该系统可实时监测棚内温度、湿度、二氧化碳浓度和土壤情况。除种植、采摘、日常养护工作外，包括灌溉、控温、施肥等在内的大部分工作，都由该系统控制完成。

4）机器"手"摘果蔬

在比利时的一间温室中，有台小型机器人，它穿过生长在支架托盘上的一排排草莓，利用机器视觉技术寻找成熟完好的果实，然后用爪子把果实轻轻摘下，放在篮子里以待出售。如果判断出果实还未到采摘的时候，机器人会预估其成熟的时间，到时再过来采摘。

5）牛脸识别

人工智能还可以用于养殖业，如将牛脸识别用于判断牛的健康情况。在养牛行业，借助人工智能技术，管理系统可通过农场的摄像装置获得牛脸及牛的身体状况的相关图像，进而通过深度学习技术对牛的情绪和健康状况进行分析，然后帮助农场主判断出哪些牛生病了，生了什么病，哪些牛没有吃饱，甚至哪些牛到了发情期等。这大大提高了工作效率，特别是对有机农场更有帮助。

6）动物可穿戴设备

穿戴设备不再是人类的专有待遇，给动物带块"表"就能降低其患病率。在美国的许多农场里，动物们都佩戴上了各种形式的可穿戴设备。通过可穿戴设备，可以让动物的疾病检测变得更简单，降低动物的患病率，进而使得养殖业企业节省大量的成本，并减少人为风险。

4. 智能家居

智能家居是利用先进的计算机技术，运用智能硬件、物联网技术、通信技术等，将与家居生活有关的各种子系统有机地结合起来，通过统筹管理，让家居生活更舒适、方便、有效、安全。

5. 智慧交通

智慧交通指将智能传感技术、信息网络技术、通信传输技术和数据处理技术等有效地集成，并应用到整个交通系统中，使其在更大的时空范围内发挥作用。智慧交通是以智慧路网、智慧出行、智慧装备、智慧物流、智慧管理为重要内容，以信息技术高度集成、信息资源综合运用为主要特征的大交通发展新模式。

6. 智能电网

智能电网是在传统电网的基础上构建起来的集传感、通信、计算、决策与控制于一体的综合系统，通过获取电网各层节点资源和设备的运行状态，进行分层次的控制管理和电力调配，实现能量流、信息流和业务流的高度一体化，提高电力系统运行稳定性，以达到最大限度地提高设备利用效率，提高安全可靠性，节能减排，提高供电质量，提高可再生能源的利用效率等目的。

7. 智慧城市

智慧城市就是运用信息和通信技术手段感测、分析、整合城市运行核心系统的各项关键信息，从而对包括民生、环保、公共安全、城市服务、工商业活动在内的各种需求做出智能响应，其实质是利用先进的信息技术，实现城市的智慧式管理和运行，进而为城市居民创造更美好的生活，促进城市的和谐、可持续发展。

随着人类社会的不断发展，未来城市将承载越来越多的人口。目前，我国正处于城镇化加速发展时期，部分地区"城市病"问题日益严峻。为解决城市发展难题，实现城市可持续发展，建设智慧城市已成为当今世界城市发展不可逆转的历史潮流。

智慧城市的建设在国内外许多地区已经展开，并取得了一系列成果，2012年，国家公布了首批90个智慧城市试点名单，2019年，北京市、贵阳市、海口市、湖州市、济南市、丽水市、天津市、深圳市、无锡市、郑州市这十座城市，以优秀的城市建设经验、切实的城市运营数据和高口碑的市民反馈，被评为"2019智慧城市十大样板工程"。2021年，我国住房和城乡建设部公布智慧城市基础设施与智能网联汽车（"双智"）协同发展首批示范城市，北京、上海、广州、武汉、长沙、无锡6市入选。在国外，2013年，美国俄亥俄州的哥伦布市、芬兰的奥卢市、加拿大的斯特拉特福市等入选全球7大智慧城市。其他智慧城市建设计划还有新加坡的"智慧国计划"、韩国的"U-City计划"等。

6.3.2 云和大数据

一、云

1. 云的概念

1）"云"的狭义定义

"云"实质上就是一个网络，狭义上讲，"云"就是一种提供资源的网络，使用者可以随时获取"云"上的资源,按需使用。"云"可以看成是无限扩展的,只要按使用量付费就可以一直使用,"云"就像自来水厂一样,使用者可以随时接水,并按照自家的用水量,付费给自来水厂就可以。

2)"云"的广义定义

从广义上说,云计算是与信息技术、软件、互联网相关的一种服务,这种计算对应的资源共享池叫作"云",云计算把许多计算资源集合起来,通过软件实现自动化管理,只需要很少的人参与,就能让资源被快速提供。也就是说,计算能力作为一种商品,可以在互联网上流通,就像水、电、煤气一样,可以方便地取用,且价格较为低廉。

2. 云计算的定义

云计算不是一种全新的网络技术,而是一种全新的网络应用概念,云计算的核心概念就是以互联网为中心,在网站上提供快速且安全的云计算与数据存储服务,让每一个使用互联网的人都可以使用网络上的庞大计算资源与数据中心。

云计算是继互联网、计算机后,信息时代的一种新的革新,云计算是信息时代的一个大飞跃,未来的时代可能是云计算的时代,虽然目前有关云计算的定义有很多,但概括来说,各种关于云计算的定义的基本含义是一致的,即云计算具有很强的扩展性,可以为用户提供全新的体验,云计算的核心是可以将很多计算机资源协调在一起,因此,用户通过网络就可以获取近乎无限的计算资源,同时获取的计算资源不受时间和空间的限制。

3. 云计算的服务类型

通常,云计算的服务类型分为三类,即基础设施即服务(IaaS)、平台即服务(PaaS)和软件即服务(SaaS)。

1)基础设施即服务(IaaS)

基础设施即服务是主要的云计算服务类别之一,它向云计算用户提供虚拟化计算资源,如虚拟机、存储器、网络和操作系统。

具体而言,IaaS 将服务器、存储器、网络及各种基础运算资源等 IT 基础设施,作为一种服务,通过网络提供给用户。通过这些 IT 基础设施,用户可以部署、运行操作系统或应用程序等。IaaS 的计费一般是基于用户对资源的实际使用量或占用时间来计算的。在这种服务模式下,由于有了 IaaS 服务商,普通用户可以不用自己再构建专门的数据中心等硬件设施,而是以租用的方式利用互联网,从 IaaS 服务商处获得前述 IT 基础设施服务。

在服务、使用模式上,IaaS 与传统的主机托管服务有些相似之处,但是在成本、服务的灵活性、扩展性等方面,IaaS 具有更明显的优势。

2)平台即服务(PaaS)

PaaS 为开发人员提供通过全球互联网构建应用程序和服务的平台。PaaS 为开发、测试和管理软件应用程序提供按需开发环境。

业界著名的 PaaS 提供商包括 Amazon Web Services(AWS)、Microsoft、Google、IBM、Salesforce.com、Red Hat、Pivotal、Mendix、Oracle、Engine Yard 和 Heroku 等。所有主要的 PaaS 提供商的云都提供了相当广泛的语言、库、容器和相关工具。Amazon Web Services(AWS)、Microsoft、Google 更是提供全套基于云的服务,包括计算、存储、数据库分析、网络传输、开发人员工具、管理工具等。在许多情况下,这些是完全托管的服务,是对 PaaS 服务的补充。

3)软件即服务(SaaS)

SaaS 也是云计算的服务类型之一,它通过互联网提供按需付费软件,SaaS 服务商将软件进行托管,并允许用户通过全球互联网连接到这些软件。

在 SaaS 模式下，软件仅需要通过联网就可以使用，不再像传统的软件那样，需要安装至本地计算机上才能使用。在这种模式下，SaaS 服务商将软件本身及相关的数据都集中、统一部署/托管在自己的云端服务器上。

在 SaaS 模式下，用户通常使用精简客户端，根据自己的实际工作需求，通过网页浏览器等渠道访问、使用自己定购的"软件服务"。用户再按合同约定的服务量或者时间长短等限制，向相应的 SaaS 服务商付费。当然，在推广、扩大市场份额的阶段，很多 SaaS 服务商也会提供免费服务或免费试用的机会。

相较于传统的软件服务，SaaS 最大的特色就在于软件本身并没有被下载到用户的本地计算机上，而是保留在了 SaaS 服务商的云端或者服务器上。传统的付费软件往往需要花钱购买、下载。SaaS 用户则通常只需要租用软件，以在线使用的方式使用。这大大降低了购买风险，也不用下载软件本身，对设备的要求、限制也大大减少。

4. 云计算技术

云计算（Cloud Computing）是分布式计算（Distributed Computing）、并行计算（Parallel Computing）、效用计算（Utility Computing）、网络存储技术（Network Storage Technologies）、虚拟化（Virtualization）、负载均衡（Load Balance）、高可用性（High Available）等传统计算机（网络）技术发展融合的产物。云计算发展的早期，就是较为简单的分布式计算，可以解决任务分发、计算结果合并等问题，别名叫网格计算。很多大企业早期可能也只是想解决自己的效率与计算问题，到后来，人们发现，这个能力也可以提供给外部使用，所以，就出现了公共云（Public Cloud）计算，把计算机的计算能力直接放在网上卖出去。

未来的云计算就像我们使用水电煤气一样，我们从来不会想着去建电厂，也不关心电厂在哪里（购买设备），只要插上插头（购买服务），就能用电（完成计算任务）。所以，真正的云计算有两个重要的基础条件：

（1）计算资源的虚拟化：按计算能力购买才是真正的云计算。

（2）云计算能力的弹性：计算资源一定是用户想用多少就用多少，不用的时候就不要。

5. 云计算的应用

较为简单的云计算技术已经普遍服务于如今的互联网，最为常见的就是搜索引擎和电子邮箱。搜索引擎大家最为熟悉的莫过于谷歌和百度了，在任何时刻，只要用移动终端登录对应的网址，就可以在搜索引擎上搜索任何自己想要的资源，这就是通过云端共享数据资源的体现。而电子邮箱也是如此，在过去，寄写一封邮件是一件比较麻烦的事情，同时也是很慢的过程，而在云计算技术和网络技术的推动下，电子邮箱成为了社会生活的一部分，只要在网络环境下，就可以实现实时的电子邮件寄发。其实，云计算技术已经融入现今的社会生活。

1）存储云

存储云，又称云存储，是在云计算技术基础上发展起来的一种新的存储技术。云存储是一个以数据存储和管理为核心的云计算系统。用户可以将本地的资源上传至云端，可以在任何地方连入互联网来获取云端的资源。大家所熟知的谷歌、微软等大型网络公司均提供云存储服务，在国内，百度云和微云则是市场占有量最大的云存储。云存储向用户提供了存储容器、备份服务、归档服务和记录管理服务等，大大方便了使用者对资源的管理。

2）医疗云

医疗云指在云计算、移动技术、多媒体、4G 通信、大数据及物联网等新技术基础上，结合医疗技术，使用"云计算"来创建医疗健康服务云平台，实现了医疗资源的共享和医疗范围的扩大。因为云计算技术的运用，医疗云可提高医疗机构的效率，方便居民就医。像现在医院的预约挂号、电子病历、医保等都是云计算与医疗领域结合的产物，医疗云还具有数据安全、信息共享、动态扩展、布局全国的优势。

3）金融云

金融云指利用云计算的模型，将信息、金融和服务等功能分散到庞大分支机构构成的"云"中，旨在为银行、保险和基金等金融机构提供互联网处理和运行服务，同时共享互联网资源，从而解决现有问题并且达到高效、低成本的目标。2013年11月，阿里云整合阿里巴巴旗下资源，推出阿里金融云服务，其实，这就是现在基本普及了的快捷支付，因为金融与云计算的结合，现在只需要在手机上简单操作，就可以完成银行存款、保险购买和基金买卖等业务。现在，不仅仅阿里巴巴推出了金融云服务，像苏宁金融、腾讯等企业均推出了自己的金融云服务。

4）教育云

教育云实质上是教育信息化的一种发展。具体来说，教育云可以将所需要的任何教育硬件资源虚拟化，然后将其传入互联网中，以向教育机构和在校师生提供一个方便快捷的平台。现在流行的慕课（MOOC）就是教育云的一种应用。慕课即大规模开放的在线课程。现阶段慕课的三大优秀平台为Coursera、edX及Udacity，在国内，中国大学MOOC也是非常好的平台。在2013年10月，清华大学推出了MOOC平台——学堂在线，许多大学现已使用学堂在线开设自己的MOOC。

二、大数据

1. 大数据的概念

麦肯锡全球研究所给出的大数据定义是：一种规模大到在获取、存储、管理、分析方面大大超出了传统数据库软件能力范围的数据集合，具有海量的数据规模、快速的数据流转、多样的数据类型和价值密度低四大特征。

大数据最早应用于IT行业，目前正快速发展为对数量巨大、来源分散、格式多样的数据进行采集、存储和关联分析，从中发现新知识、创造新价值、提升新能力的新一代信息技术和服务业态。大数据必须采用分布式架构，对海量数据进行分布式数据挖掘，因此必须依托云计算的分布式处理、分布式数据库和云存储、虚拟化技术。

2. 大数据技术

大数据技术指从各种各样类型的巨量数据中，快速获得有价值信息的技术。解决大数据应用问题的核心是大数据技术。目前所说的"大数据"不仅指数据本身的规模，也包括采集数据的工具、平台和数据分析系统。研发大数据技术的目的是通过解决巨量数据处理问题促进相关业务实现突破性发展。因此，大数据时代带来的挑战不仅体现在如何处理巨量数据并从中获取有价值的信息，也体现在如何加强大数据技术研发，抢占时代发展的前沿。

3. 大数据的应用

大数据的应用非常广泛，举例如下：

（1）美国洛杉矶警察局和加利福尼亚大学合作利用大数据预测犯罪的发生。

（2）Google流感趋势（Google Flu Trends）利用搜索关键词预测禽流感的分布。

（3）统计学家内特·西尔弗（Nate Silver）利用大数据预测2012美国总统选举结果。

（4）麻省理工学院利用手机定位数据和交通数据进行城市规划。

（5）梅西百货利用大数据建立实时调价机制，根据需求和库存的情况，该公司对多达7300万种货品进行实时调价。

（6）医疗行业早就遇到了海量数据和非结构化数据的挑战，而近年来很多国家都在积极推进医疗信息化发展，这使得很多医疗机构有资金来进行大数据分析。

大数据的应用远不止于此，而且未来会越来越多。

4. 大数据发展趋势

1）大数据的资源化

所谓资源化，是指大数据成为企业和社会关注的重要战略资源，并已成为大家争相抢夺的新焦点。因此，企业必须提前制定大数据营销战略计划，抢占市场先机。

2）与云计算的深度结合

大数据离不开云计算的处理，云计算为大数据提供了弹性、可拓展的基础设备，是产生大数据的平台之一。自 2013 年开始，大数据技术已开始和云计算技术紧密结合，预计在未来两者关系将更为密切。除此之外，物联网、移动互联网等新兴计算形态也将一起助力大数据革命，让大数据营销发挥出更大的影响力。

3）科学理论的突破

随着大数据的快速发展，就像计算机和互联网一样，大数据很有可能引领新一轮的技术革命。随之兴起的数据挖掘、机器学习和人工智能等相关技术，可能会改变数据世界里的很多算法和基础理论，实现科学技术上的突破。

4）数据科学和数据联盟的成立

未来，数据科学将成为一门专门的学科，被越来越多的人所认知。各大高校将设立专门的数据科学类专业，也会催生一批与之相关的新的就业岗位。与此同时，基于大数据这个基础平台，也将建立起跨领域的数据共享平台，之后，数据共享将扩展到企业层面，并且成为未来产业的核心一环。

5）数据泄露泛滥

未来几年，数据泄露事件的增长率也许会达到 100%，除非数据在其源头就能够得到安全保障。可以说，在未来，每个财富 500 强企业都会面临数据攻击，无论他们是否已经做好安全防范。而所有企业，无论规模大小，都需要重新审视今天的安全定义。在财富 500 强企业中，超过 50%将会设置首席信息安全官这一职位。企业需要从新的角度来确保自身及客户数据的安全，所有数据在创建之初便需要获得安全保障，而并非在数据保存流程的最后一个环节，仅仅加强后者的安全措施已被证明于事无补。

6）数据管理成为核心竞争力

数据管理成为核心竞争力，直接影响财务表现。当"数据资产是企业核心资产"的概念深入人心之后，企业对于数据管理便有了更清晰的界定，将数据管理作为企业核心竞争力。持续发展、战略性规划与运用数据资产，成为企业数据管理的核心。数据管理效率与主营业务收入增长率、销售收入增长率显著正相关；此外，对于具有互联网思维的企业而言，数据资产的管理效果将直接影响企业的财务表现。

7）数据质量是成功运用商业智能工具的关键

采用自助式商业智能工具进行大数据处理的企业将会脱颖而出。其中要面临的一个挑战是，很多数据源会带来大量低质量数据。想要成功，企业需要理解原始数据与数据分析之间的差距，从而消除低质量数据并通过商业智能工具获得更佳决策。

8）数据生态系统复合化程度加强

大数据的世界不是一个单一的、巨大的计算机网络，而是一个由大量活动构件与多元参与者元素所构成的生态系统，是由终端设备提供商、基础设施提供商、网络服务提供商、网络接入服务提供商、数据服务使能者、数据服务提供商、触点服务提供商、数据服务零售商等一系列参与者共同构建的生态系统。而今，这样一套数据生态系统的基本雏形已然形成，接下来的发展将趋向于系统内部角色的细分（也就是市场的细分）、系统机制的调整（也就是商业模式的创新）、系统结构的调整（也就是竞争环境的调整）等，从而使得数据生态系统复合化程度逐渐增强。

6.3.3 人工智能

一、人工智能概述

1. 人工智能定义

人工智能（Artificial Intelligence，AI）是研究、开发用于模拟、延伸和扩展人的智能的理论、方法、技术及应用系统的一门新的科学技术。

人工智能是计算机学科的一个分支，20世纪70年代以来，人工智能被称为世界三大尖端技术（空间技术、能源技术、人工智能）之一。人工智能也被认为是21世纪三大尖端技术（基因工程、纳米科学、人工智能）之一。这是因为近30年来人工智能获得了迅速的发展，在很多学科领域都获得了广泛应用，并取得了丰硕的成果，人工智能已逐步成为一个独立的学科，无论在理论和实践上都已自成一个系统。

2. 人工智能相关学科

人工智能是研究用计算机模拟人的某些思维过程和智能行为（如学习、推理、思考、规划等）的学科，主要包括通过计算机实现智能、制造类似于人脑的计算机等，使计算机能实现更高层次的应用。人工智能主要涉及计算机科学、心理学、哲学和语言学等学科，但实际上它几乎涉及自然科学和社会科学的所有学科，其涉及范围已远远超出了计算机科学的范畴，人工智能与思维科学的关系是实践和理论的关系，人工智能处于思维科学的技术应用层次，可以视为它的一个应用分支。

二、划时代的人工智能事件

1. "深蓝"

"深蓝"是美国IBM公司生产的超级国际象棋计算机，重1270千克，有32个"大脑"（微处理器），每秒钟可以计算2亿步。"深蓝"被输入了一百多年来优秀棋手的对局，多达两百多万局。

1996年2月10日，"深蓝"首次挑战国际象棋世界冠军卡斯帕罗夫，但以2:4落败。比赛在2月17日结束。其后研究小组把"深蓝"加以改良。1997年5月11日，在人与计算机比赛的历史上可以说是颠覆性的一天。计算机在正常时限的国际象棋比赛中首次击败了当时等级分排名世界第一的棋手——卡斯帕罗夫以2.5:3.5（1胜2负3平）输给了IBM的计算机"深蓝"。机器的胜利标志着国际象棋历史的新时代。

"深蓝"是并行计算的计算机系统，拥有480颗特别制造的VLSI象棋芯片。下棋程序以C语言写成，运行AIX操作系统。1997年的"深蓝"运算速度为每秒2亿步棋，运算速度是其1996年版本的2倍。1997年6月，"深蓝"在世界超级计算机中排名第259位，计算能力为每秒113.8亿次浮点运算。如图6-3-5所示是比赛中的"深蓝"和卡斯帕罗夫。

面对"深蓝"的胜利，人类社会引起了一阵小小的恐慌，机器人真的超越人类了吗？

真实答案是还没有超越，因为"深蓝"记录了数百万局的大师棋谱，也就是说"深蓝"所下的每一步棋都是人类告诉它应该怎么下的。

图 6-3-5　比赛中的"深蓝"和卡斯帕罗夫

2. AlphaGo

AlphaGo 是一款围棋人工智能程序。其主要工作原理是"深度学习"。"深度学习"是指多层的人工神经网络和相应的训练方法。一层人工神经网络会把输入的大数据量的数据矩阵通过非线性激活方法取权重,再产生一个数据集合作为输出,其过程在某种程度上与生物的大脑类似。通过合适的矩阵数量,多层组织链接在一起,形成人工神经网络"大脑",可进行精准复杂的处理,就像人们识别物体、标注图片一样。

2016 年 3 月,AlphaGo 与围棋世界冠军、职业九段棋手李世石进行围棋人机大战,并以 4∶1 的总比分获胜;2016 年末至 2017 年初,AlphaGo 在中国棋类网站上以"大师"(Master)为注册账号与中日韩数十位围棋高手进行快棋对决,连续 60 局无一败绩;2017 年 5 月,在中国乌镇围棋峰会上,AlphaGo 与当时排名世界第一的世界围棋冠军柯洁对战,以 3∶0 的总比分获胜。围棋界公认 AlphaGo 的棋力已经超过人类职业围棋顶尖水平。如图 6-3-6 所示是想象中的 AlphaGo 和李世石对局。

因为人类社会已经见多了层出不穷的新技术,所以 AlphaGo 的出现基本上不再引起恐慌。但是 AlphaGo 真的有那么平常吗?答案是不!AlphaGo 不可怕,其采用的深度学习这种数学算法才值得深思。因为通过深度学习成长起来的 AlphaGo 下的每一步棋都是自己"学习"得到的,也就意味着人工智能再也不需要人类去教它任何一步棋的招数,它们完全可以"自学成才"。

图 6-3-6　想象中的 AlphaGo 和李世石对局

三、深度学习是人工智能的灵魂

1. 深度学习的概念

深度学习是机器学习研究中的一个新的领域,其目标在于建立"模拟人脑进行分析学习"的神经网络,它模仿人脑的机制来解释数据,如图像、声音和文本。深度学习是无监督学习的一种。深度学习的概念源于人工神经网络的研究。深度学习通过组合低层特征形成更加抽象的高层特征,以表示属性类别或特征,以发现数据的分布式特征表示。深度学习的概念由 Hinton 等人于 2006 年提出。此外,Lecun 等人提出的卷积神经网络是第一个真正的多层结构学习算法,它利用空间相对关系,减少参数数目,以提高训练性能。

2. 深度学习的核心思路

（1）无监督学习用于每一层网络的预训练（Pre-train）。

（2）每次只用无监督学习训练一层，将其训练结果作为其高一层的输入。

（3）用监督学习去调整所有层。

上述三条是不是理解起来有点困难？其实简而言之就是说：一个拥有深度学习算法的机器和一个婴儿没什么两样，可以从 0 开始自我认知、自我学习、自我积累，最后慢慢地"长大"。至于"长大"以后成为棋手？翻译？厨师？士兵？建筑工人？……都行，就看当初我们给它设定的目标是什么了。

3. 人工智能机器人与人的区别

那么一台可以学习、成长的机器和人还有什么不同呢？至少有两点：

（1）人工智能机器人不知疲倦，成长极快，例如，AlphaGo 一天可以自我训练 100 万盘棋，而哪怕是最勤奋的人，一生能对局一万多盘已经是很了不起的了。

（2）到目前为止，人工智能机器人还没有动物性的情感和欲望。

项目四　网络设备

6.4.1　计算机

自己动手组装台式计算机也称为 DIY（Do It Yourself）计算机，通过这个过程，可以了解计算机主机的内部结构，还能够学习到安装系统等知识，从中可以发现很多乐趣。DIY 一直是很多计算机玩家首选的购机方式。针对很多还不清楚如何自己动手组装台式计算机的用户，下面介绍计算机的组装。

一、台式计算机主机的组成

一般的台式计算机主机主要由 CPU、主板、内存、硬盘、显卡、电源、机箱这七个部分组成。其中，电源负责供电，主板是 CPU、内存、硬盘、显卡的连接枢纽。集齐这七个硬件，就可以组装一台完整的台式计算机主机。在 CPU 右下角有三角形的防呆标记，安装时应使 CPU 的三角形防呆标记和主板上的三角形标记对应。由于（Intel）主板针脚或（AMD）CPU 针脚容易弯曲、折断，所以安装过程要小心。在装 CPU 散热器时，必须涂抹一层散热硅脂，以便 CPU 更好地散热。

二、部分主要组装步骤

1. 安装 CPU

如图 6-4-1 所示是计算机 CPU 安装示意图。

2. 安装主板

主板用于连接计算机的各硬件，如 CPU、内存、硬盘、显卡等。如图 6-4-2 所示是部分重要安装接口在主板上的位置。

安装主板之前需要在 I/O 接口处安装 I/O 防静电挡板。

内存条上有明显的防呆缺口，所以可以很容易地辨别内存条的安装方向，将其直接插到内存槽里即可。

图 6-4-1 计算机 CPU 安装示意图 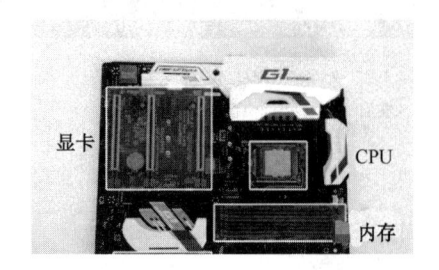　　图 6-4-2 部分重要安装接口在主板上的位置

需要注意的是，如果需要安装两条内存条的话，最好将其分别插在 1、3 位或 2、4 位，这样才能发挥双通道的优势。

3. 安装硬盘

对于 SATA 硬盘来说，无论是拿来作为"数据仓库"的机械硬盘，还是当作"主力盘"的固态硬盘，其接口都是一样的：一个供电线接口，一个 SATA 数据线接口。

4. 安装电源

安装电源的时候要注意，电源的风扇是往外吹的，这样才能有效散热。如图 6-4-3 所示为计算机电源的安装。

图 6-4-3 计算机电源的安装

选择计算机电源首先要看电源的功率够不够用，避免"小马拉大车"，其次要看各电路的输出是否稳定。

5. 关于机箱

选择机箱考虑的无外乎就是钢板厚点、重点、外观好看一点。像前置 USB3.0 接口这些比较常用的功能，现在市面上的机箱基本都有。

6. 调整跳线

计算机主机组装过程中比较麻烦的就是调整跳线，可根据图 6-4-4 所示调整跳线。

前述的七大硬件都准备好之后，就可以装机了，安装好之后，把各硬件的供电接口接上对应的电源输入，各线路都连接好以后，要使机箱内更加整洁美观，一般都会对线材进行整理，较长的 SATA 数据线可以卷起来，这样会更整洁一些。封好机箱，主机就装好了。如图 6-4-5 所示为主板上部分硬件的供电接口。

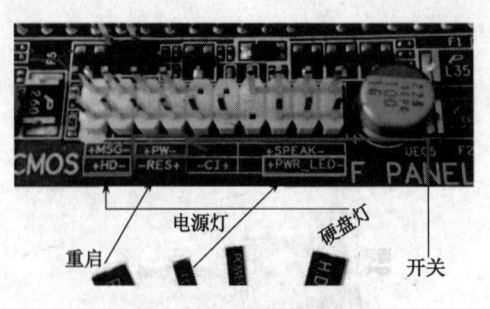

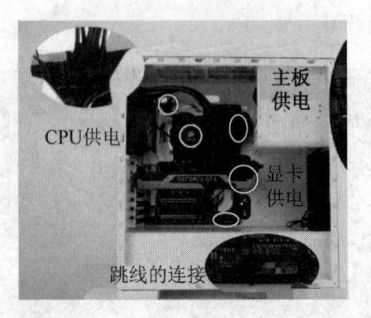

图 6-4-4　跳线的调整　　　　　　　图 6-4-5　主板上部分硬件的供电接口

6.4.2　集线器

一、概述

1. 集线器

集线器（Hub）可以看作多端口的中继器，属于纯硬件网络底层设备，基本上不具有类似于交换机的"智能记忆"能力和"学习"能力。它也不具备交换机所具有的 MAC 地址表，所以它发送数据时都是没有针对性的，是采用广播方式发送的。也就是说，当它要向某节点发送数据时，不是直接把数据发送到目的节点，而是把数据发送到与集线器相连的所有节点。

2. 以广播方式发送数据的不足

以广播方式发送数据有以下不足。

（1）用户数据包向所有节点发送，很可能带来数据通信的不安全，一些别有用心的人很容易就能非法截获他人的数据包。

（2）由于所有数据包都是向所有节点同时发送的，加上其共享带宽方式（如果两个设备共享带宽为 10Mb/s 的集线器，那么理论上每个设备就只有 5Mb/s 的带宽），就更加可能造成网络塞车现象，降低了网络通信效率。

（3）广播方式为非双工通信，通信效率低。在同一时刻，集线器的每一个端口只能进行一个方向的数据通信，而不能像交换机那样进行双工通信，不能满足较大型网络通信需求。如图 6-4-6 所示为集线器正面面板。

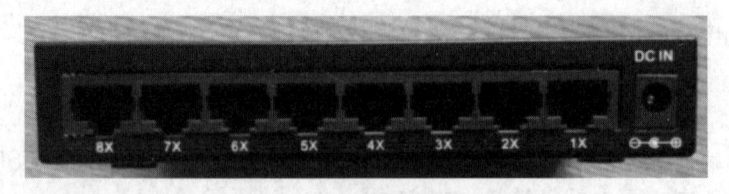

图 6-4-6　集线器正面面板

二、集线器常见故障

对于最普通、最常用的星形拓扑结构来说，集线器是心脏部分，一旦它出问题，整个网络便无法工作，所以它的好坏对于整个网络来说都是相当重要的。

集线器（或交换机）是局域网中用得最为普及的设备之一。一般情况下，它们为用户查找网络故障提供方便，例如，通过观察集线器（或交换机）与计算机连接的端口的指示灯是否发亮，可以判断网络连接是否正常。对于 10/100 Mb/s 自适应集线器（或交换机）而言，还可通过连接端口指示灯的不同颜色来判断被连接的计算机是工作在 10Mb/s 状态下，还是 100Mb/s 状态下。所以，在大多数应用场合，集线器（或交换机）的使用是有利于网络维护的。但是，集线器（或交换机）的使用不当或自身损坏，将给网络的连接带来问题。

6.4.3 交换机

交换机（如图 6-4-7 所示）和集线器外观差不多，但是它比普通的集线器更加先进，它拥有更多的功能。

图 6-4-7　交换机

一、交换机的主要功能

交换机的主要功能包括物理编址、组成网络拓扑结构、错误校验、流量控制等。新型交换机还具备更加丰富的功能，如对 VLAN（虚拟局域网）的支持、对链路汇聚的支持，甚至有的交换机还具有防火墙功能。

1. 学习

以太网交换机可以记录与其每一端口相连的设备的 MAC 地址，将 MAC 地址同相应的端口形成映射关系，并将相关信息存放在交换机缓存中的 MAC 地址表中。

2. 转发/过滤

当一个数据帧的目的地址在 MAC 地址表中有映射时，它将被直接转发到连接目的节点的端口而不是所有端口（如该数据帧为广播/组播帧，则其将被转发至所有端口）。

3. 消除回路

当交换机包括一个冗余回路时，以太网交换机通过生成树协议避免回路的产生，同时允许存在后备路径。

交换机除了能够连接同种类型的网络，还可以在不同类型的网络（如以太网和快速以太网）之间起到互联作用。如今许多交换机都提供了支持快速以太网或 FDDI 等的高速连接端口，用于连接网络中的其他交换机或者为带宽占用量大的关键服务器提供附加带宽。

一般来说，交换机的每个端口都用来连接一个独立的网段，但是有时为了提供更快的接入速度，我们可以把一些重要的网络计算机直接连接到交换机的端口上。这样，网络中的关键服务器和重要用户就拥有更快的接入速度，获得更大的信息流量。

二、交换机与集线器的区别

1. 从 OSI 体系结构上看

从 OSI 体系结构来看，集线器属于第一层（物理层）设备，而交换机属于第二层（数据链路层）设备。也就是说，集线器只对数据的传输起同步、放大和整形的作用，对于数据传输中的短帧、碎片等无法进行有效的处理，不能保证数据传输的完整性和正确性；而交换机不但可以对数据的传输做到同步、放大和整形，而且可以过滤短帧、碎片等。

2. 从工作方式上看

从工作方式上看，集线器采用广播模式，也就是说，集线器的某个端口工作的时候，其他所有端口都能够收听到信息，容易产生广播风暴，当网络较大时，网络性能会受到很大影响；而交换机就能够避免这种现象，当交换机工作的时候，只有发出请求的端口与目的端口之间相互响应而不影响其他端口，因此交换机能够隔离冲突域并有效地抑制广播风暴的产生。

3. 从带宽上看

从带宽上看，集线器不管有多少个端口，所有端口都共享一条带宽，在同一时刻只能有两个端口传送数据，其他端口只能等待，同时，集线器只能工作在半双工模式下；而对于交换机而言，每个端口都有一条独占的带宽，当两个端口工作时不影响其他端口的工作，同时，交换机不但可以工作在半双工模式下，而且可以工作在全双工模式下。

三、交换机的选购指标

1. 交换机的应用级 QoS 保证

交换机的 QoS 策略支持多级别的数据包优先级设置，即可分别针对 MAC 地址、VLAN、IP 地址、端口进行优先级设置，为用户在实际应用提供更大的灵活性。与此同时，如果交换机具有良好的拥塞控制和流量限制的能力，支持 Diffserv 区分服务，就能够根据源/目的 MAC/IP 地址智能地区分不同的应用流，从而满足实时网络的多媒体应用需求。应注意的是，目前市场上的某些交换机号称具有 QoS 保证，实际上只支持单级别的优先级设置，为实际应用带来很多不便。

2. 交换机应支持 VLAN

VLAN 即虚拟局域网，通过将局域网划分为 VLAN 网段，可以强化网络管理和网络安全，控制不必要的数据广播。不同品牌的交换机对 VLAN 的支持能力不同，支持 VLAN 的数量也不同。

3. 交换机应有网管功能

交换机的网管功能使得用户可以使用管理软件来管理、配置交换机，例如，可通过 Web 浏览器、Telnet、SNMP、RMON 等方式对交换机进行管理。通常，交换机厂商都提供管理软件或第三方管理软件，以供用户远程管理交换机。一般的交换机均满足 SNMPMIBI/MIBII 统计管理功能，并且支持配置管理、服务质量管理、告警管理等策略，而较复杂的千兆位交换机会通过增加内置 RMON 组（mini-RMON）来支持 RMON 主动监视功能。

4. 交换机应支持链路聚合

链路聚合可以让交换机之间和交换机与服务器之间的链路带宽有非常好的伸缩性，例如，可以把 2 个、3 个、4 个千兆位的链路绑定在一起，使链路的带宽成倍增长。链路聚合技术可以实现不同端口的负载均衡，同时也能够使不同的链路互为备份，保证链路的冗余性。一些千兆位以太网交换机支持 4 组链路聚合，每组中最多包含 4 个端口。也有支持 8 组链路聚合的交换机，如飞鱼星的安全联动交换机 VS-5524GF 就支持 8 组链路聚合，每组中最多包含 8 个端口。生成树协议和链路聚合都可以保证一个网络的冗余性。在一个网络中设置冗余链路，并用生成树协议的方式让备份链路阻塞，在逻辑上不形成环路，而一旦出现故障，则启用备份链路。

6.4.4 其他网络设备

一、路由器

1. 路由器的概念

路由器（Router）是连接互联网中各局域网、广域网的设备，它会根据信道的情况自动选择和设定路由，以找到最佳路径，按前后顺序发送信号。路由器是互联网的枢纽、"交通警察"。目前路由器已经广泛应用于各行各业，各种不同档次的路由器产品已成为实现各种骨干网内部连接、骨干网间互联和骨干网与互联网互联互通业务的主力军。

路由器和交换机的主要区别：交换行为发生在 OSI 参考模型第二层（数据链路层），而路由行为发生在 OSI 参考模型第三层（网络层）。这一区别决定了路由器和交换机在传输信息的过程中需要使用不同的控制信息，所以两者实现各自功能的方式是不同的。

路由器是互联网的主要节点设备。路由器通过路由信息决定数据的转发。转发策略称为路由选择（Routing），这也是路由器名称的由来（Router 即转发者）。作为不同网络互联的枢纽，路由器系统构成了基于 TCP/IP 的国际互联网（Internet）的主体脉络，也可以说，路由器构成了国际互联网的骨架。路由器的处理速度是网络通信效率的主要瓶颈之一，路由器的可靠性和稳定性则直接影响着网络互联的质量。因此，在园区内网、地区内网乃至整个国际互联网研究领域中，路由器技术始终处于核心地位，其发展历程和方向，成为整个国际互联网研究的一个缩影。当前，我国网络基础建设和信息建设方兴未艾，探讨路由器在互联网中的作用、地位及其发展方向，对于国内的网络技术研究、网络建设，以及明确网络市场上对于路由器和网络互联的各种似是而非的概念，都有重要的意义。

如图 6-4-8 所示是企业级路由器和普通家用路由器。

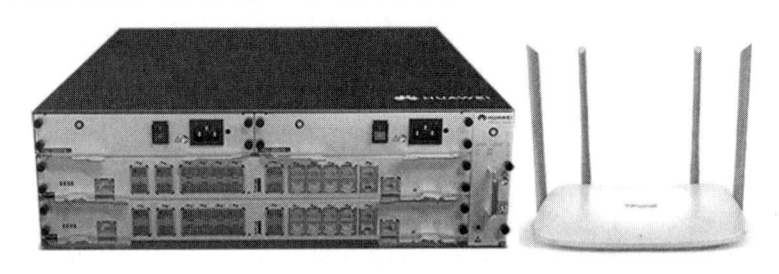

图 6-4-8　企业级路由器和普通家用路由器

2. 路由器的级别

互联网各种级别的网络中随处都可见到路由器。接入网络使得家庭和小型企业可以连接到某个互联网服务提供商；企业网中的路由器连接一个校园或企业内成千上万台计算机；骨干网中的路由器终端系统通常是不能直接访问的，它们连接长距离骨干网上的 ISP 和企业网络。互联网的快速发展无论是对骨干网、企业网还是对接入网都带来了不同的挑战。骨干网要求路由器能对少数链路进行高速路由转发。企业级路由器不但要求端口数目多、价格低廉，而且要求配置起来简单方便，并提供 QoS 保证，像飞鱼星的企业级路由器就提供 Smart QoS III 保证。

1）接入路由器

接入路由器用于连接家庭或 ISP 内的小型企业客户。接入路由器不只提供 SLIP 或 PPP 连接，还支持诸如 PPTP 和 IPSec 等虚拟私有网络协议。这些协议可在每个端口上运行。诸如 ADSL 等技术可提高各家庭的可用带宽，这将进一步增加接入路由器的负担。由于这些趋势，接入路由器将来会支持多种异构和高速端口，并能够在各个端口运行多种协议，同时还要避开电话交换网。

2）企业级路由器

企业（或校园）级路由器连接许多终端系统，其主要目标是以尽量廉价的方法实现尽可能多的端点互联，并且进一步要求支持不同的服务质量。许多现有的企业网络都是由集线器或网桥连接起来的以太网段，尽管这些设备价格便宜、易于安装、不需要配置，但是它们不支持服务等级,与此相比,有路由器参与的网络能够将机器分成多个碰撞域,并能够控制网络的规模。此外,路由器还支持一定的服务等级,至少允许将服务分成多个优先级别。但是路由器的造价要贵些,并且在使用之前要进行大量的配置工作。因此,企业级路由器的应用成败就在于其是否提供大量端口且每端口的平均造价很低、是否容易配置、是否提供 QoS 保证,以及是否能有效地支持广播和组播。企业网络还要处理历史遗留的各种 LAN 技术、支持多种协议(包括 IP、IPX 和 Vine)、支持防火墙、支持包过滤、支持大量的管理和安全策略,以及支持 VLAN。

3) 骨干级路由器

骨干级路由器实现企业级网络的互联。对它的要求是工作速度和硬件可靠性,而代价则处于次要地位。

硬件可靠性可以采用电话交换网中使用的技术(如热备份、双电源、双数据通路等)来获得。这些技术对所有骨干路由器而言差不多都算是标准配置。

骨干路由器的主要性能瓶颈是在转发表中查找某个路由所耗的时间(用工作速度表征)。当收到一个数据包时,输入端口在转发表中查找该数据包的目的地址以确定其目的端口,当数据包很短或者当数据包要被发往许多目的端口时,势必增加路由查找的代价。因此,将一些常访问的目的端口放到缓存中能够提高路由查找的效率(即提高了骨干路由器的工作速度)。不管是输入缓冲还是输出缓冲路由器,都存在路由查找的瓶颈问题。

二、防火墙

1. 防火墙的概念

防火墙是由软件和硬件设备组合而成的、在内部网和外部网之间或专用网与公共网之间构造的保护屏障,是一种获取安全性方法的形象说法。它通过计算机硬件和软件的结合,使 Internet 与 Intranet 之间建立起安全网关(Security Gateway),从而保护内部网免受非法用户的侵入,防火墙主要由服务访问规则、验证工具、包过滤和应用网关 4 个部分组成,防火墙可以视为一个位于计算机和它所连接的网络之间的软件或硬件。该计算机与其所连接的网络之间互通的所有数据包均要经过此防火墙。

防火墙是一种将内部网和公众访问网(如 Internet)分开的方法,它实际上是一种隔离技术。防火墙是在两个网络通信时采用的一种访问控制尺度,它能允许你"认可"的用户和数据进入你的网络,同时将你"不认可"的用户和数据拒之门外,最大限度地阻止网络中的黑客访问你的网络。换句话说,如果不通过防火墙的验证,公司内部的人就无法访问 Internet,Internet 上的用户也无法和公司内部的人进行通信。

如图 6-4-9 所示是防火墙的示意图和防火墙设备的照片。

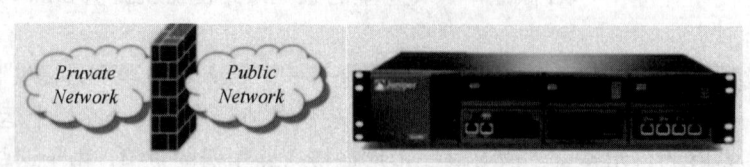

图 6-4-9 防火墙的示意图和防火墙设备的照片

2. 防火墙的主要类型

1) 过滤型防火墙

过滤型防火墙处于 OSI 网络参考模型的网络层与传输层中,可以基于数据源头的地址及协议类型等标志特征进行分析,确定数据是否可以通过。在符合防火墙规定的前提下,满足安全性能及类型要求的数据才可以穿过防火墙,而不安全的因素则会被防火墙过滤、阻挡。

2）应用代理型防火墙

应用代理型防火墙主要的工作范围在 OSI 的最高层——应用层之上。其主要的特征是应用代理型防火墙可以完全隔离网络通信数据流，通过特定的代理程序就可以实现对应用层的监督与控制。

上述两种防火墙是应用较为普遍的防火墙，其他防火墙的应用效果也有其独到之处，在实际应用中要综合具体的需求及状况合理地选择防火墙的类型，这样才可以有效地避免防火墙的外部侵扰等问题的出现。

3）复合型防火墙

截至 2018 年，应用较为广泛的防火墙当属复合型防火墙，它综合了过滤型防火墙及应用代理型防火墙的优点，例如，如果安全策略是包过滤策略，那么该防火墙可以针对报文的报头部分进行访问控制；如果安全策略是代理策略，那么该防火墙就可以针对报文的内容数据进行访问控制。复合型防火墙综合上述两种防火墙的优点，同时摒弃了其原有缺点，大大提高了防火墙在应用实践中的灵活性和安全性。

3. 使用防火墙的注意事项

1）防火墙的安全政策

防火墙对受保护对象的安全策略进行了加强。如果用户没有在设置防火墙之前制定安全策略的话，那么设置了防火墙后就需要制定一下了。安全策略可以不是文字形式的，如果用户还没有明确自己的电脑（或网络）的安全策略的主要内容的话，安装防火墙就是目前能做的最好的保护自己的电脑（或网络）的事情，另外，安全策略需要时时维护，这也是很不容易的事情。要想设置一个较完备的防火墙体系，就需要设置好的安全策略。

2）防火墙在许多情况下并不是单一的设备

除非在特别简单的案例中，否则防火墙很少被设置为单一的设备，而是一组设备。就算用户购买的是商用的"all-in-one"防火墙应用程序，也同样得配置其他机器（如网络服务器）来与之配合运行。这些"其他机器"也被认为是防火墙的一部分：这些"其他机器"所信任的是什么，什么又将这些"其他机器"作为可信的等。我们不能简单地选择一个防火墙设备却期望其担负所有安全责任。

3）防火墙并不是现成的、随时可获得的产品

选择防火墙更像买房子而不是选择去哪里度假。防火墙和房子相似——你必须每天和它们待在一起；你使用它们的期限也不止一两个星期那么多；它们都需要维护，否则都会崩溃（破损直至坍塌）。

建设防火墙需要仔细选择和配置应用方案来满足用户的需求，然后不断地维护它，在这个过程中需要做很多的决定，而且这些决定和方案很难复用——对一个站点适用的解决方案往往对另一个站点来说是不适用的。

4）防火墙并不会解决所有的问题

不要指望单靠防火墙自身就能够带来安全。防火墙保护用户免受大部分攻击的威胁（主要是来自外部的攻击），但是却不能防止来自内部的攻击，它甚至不能保护你免受所有它能检测到的攻击。

项目五 生活中的组网

6.5.1 用模拟器组建网络

一、Packet Tracer 简介

Packet Tracer 是由 Cisco 公司发布的一个辅助学习工具，为学习 CCNA 课程的网络初学者设计、配置网络及排除网络故障提供了网络模拟环境。用户可在软件的图形界面上直接使用拖曳的方法建立网络拓扑结构，软件中实现的 IOS 子集允许用户配置设备；并可提供数据包在网络中行进的详细过程，便于用户观察网络实时运行情况。

二、组建网络的具体实施过程

1. 模拟器组建网络常用图标

如图 6-5-1 所示是模拟器组建网络常用的几个图标。图标 1~4 分别代表路由器、交换机、网络线缆和网络终端。

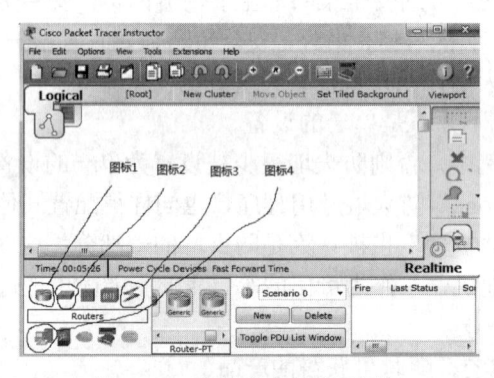

图 6-5-1 模拟器实验常用图标

2. 组建简单网络

如图 6-5-2 所示为一个简单网络的组建。该网络以 Router0 为界，其左边代表局域网，以交换机为核心，其右边代表广域网，以 Router1 为标志。该网络可以完成许多常见的网络配置实验。

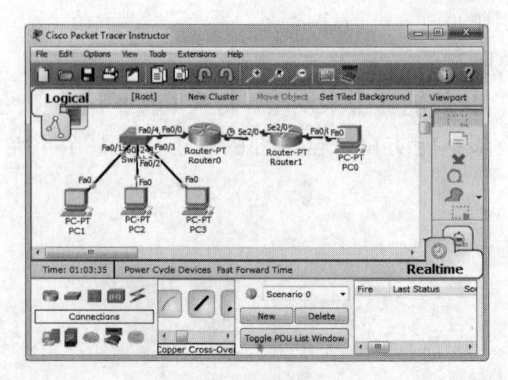

图 6-5-2 组建简单网络

3. 配置 PC 地址

如图 6-5-3 所示为给 PC 配置地址。

4. 划分虚拟局域网

如图 6-5-4 所示为在交换机中划分虚拟局域网。

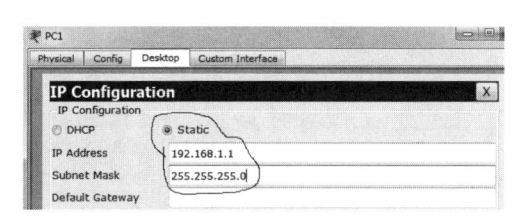

```
Switch(config)#vlan 8
Switch(config-vlan)#name jiaowuchu
Switch(config-vlan)#exit
Switch(config)#vlan 9
Switch(config-vlan)#name dianqixi
Switch(config-vlan)#exit
Switch(config)#int f0/1
Switch(config-if)#switchport access vlan 8
Switch(config-if)#exit
Switch(config)#int f0/2
Switch(config-if)#switchport access vlan 8
Switch(config-if)#exit
Switch(config)#
Switch(config)#int f0/3
Switch(config-if)#switchport access vlan 9
Switch(config-if)#exit
```

图 6-5-3　给 PC 配置地址　　　　　　　　图 6-5-4　划分虚拟局域网

5. 检查通信效果

如图 6-5-5 和图 6-5-6 所示为检查通信效果，如果处于相同 VLAN 中的 PC 可以正常通信，而不同的 VLAN 之间不能互相通信，就达到了我们的配置目的。

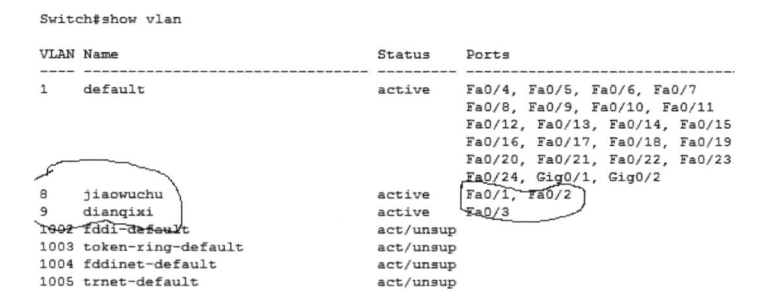

```
Switch#show vlan

VLAN Name                             Status    Ports
---- -------------------------------- --------- -------------------------------
1    default                          active    Fa0/4, Fa0/5, Fa0/6, Fa0/7
                                                Fa0/8, Fa0/9, Fa0/10, Fa0/11
                                                Fa0/12, Fa0/13, Fa0/14, Fa0/15
                                                Fa0/16, Fa0/17, Fa0/18, Fa0/19
                                                Fa0/20, Fa0/21, Fa0/22, Fa0/23
                                                Fa0/24, Gig0/1, Gig0/2
8    jiaowuchu                        active    Fa0/1, Fa0/2
9    dianqixi                         active    Fa0/3
1002 fddi-default                     act/unsup
1003 token-ring-default               act/unsup
1004 fddinet-default                  act/unsup
1005 trnet-default                    act/unsup
```

图 6-5-5　检查通信效果（1）

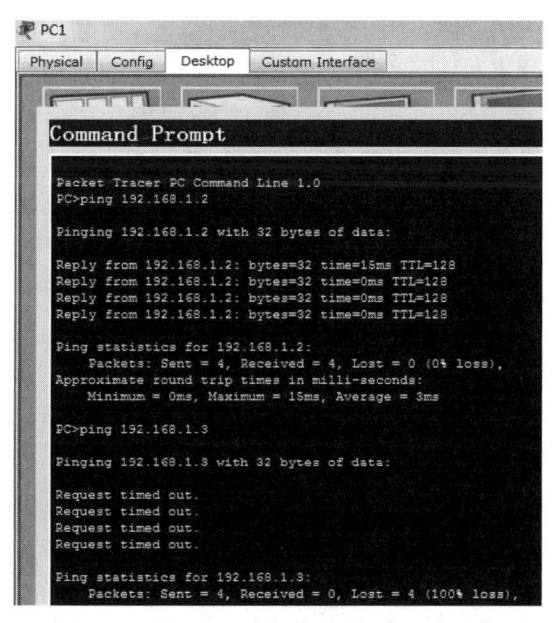

```
Packet Tracer PC Command Line 1.0
PC>ping 192.168.1.2

Pinging 192.168.1.2 with 32 bytes of data:

Reply from 192.168.1.2: bytes=32 time=15ms TTL=128
Reply from 192.168.1.2: bytes=32 time=0ms TTL=128
Reply from 192.168.1.2: bytes=32 time=0ms TTL=128
Reply from 192.168.1.2: bytes=32 time=0ms TTL=128

Ping statistics for 192.168.1.2:
    Packets: Sent = 4, Received = 4, Lost = 0 (0% loss),
Approximate round trip times in milli-seconds:
    Minimum = 0ms, Maximum = 15ms, Average = 3ms

PC>ping 192.168.1.3

Pinging 192.168.1.3 with 32 bytes of data:

Request timed out.
Request timed out.
Request timed out.
Request timed out.

Ping statistics for 192.168.1.3:
    Packets: Sent = 4, Received = 0, Lost = 4 (100% loss),
```

图 6-5-6　检查通信效果（2）

6.5.2 楼宇网络布线

一个计算机网络在逻辑上可能很简单，如用几台交换机互相连接，再用网线将各个计算机终端连接起来就可以进行网络通信了。但是在实际生活中，我们不可能处处都这么简易地设置网络，因为在很多情况下，网络通信的规模非常大，需求非常复杂，如果不科学、合理地安排布线，将导致我们生活的楼宇里面处处都是横七竖八的网线。那么在一栋楼宇里面，计算机网络的架构如何呢？

一、楼宇网络的构成

楼宇里面的计算机网络一般由以下几大部分构成。

1. 工作区子系统

工作区可以是一个房间、一个大厅，甚至是整个机场……
工作区里可有电话、计算机、传真机等终端设备。
如图 6-5-7 所示为工作区示意图。

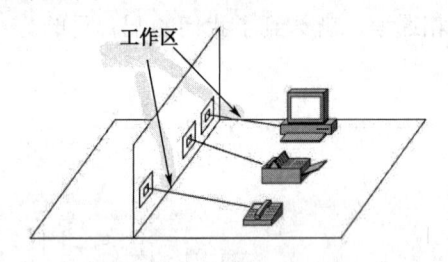

图 6-5-7 工作区示意图

2. 配线（水平）子系统

配线子系统的作用是把同一楼层各个信息点连接到楼层配线间去。
配线子系统的通信常用双绞线。
如图 6-5-8 所示是配线子系统示意图。

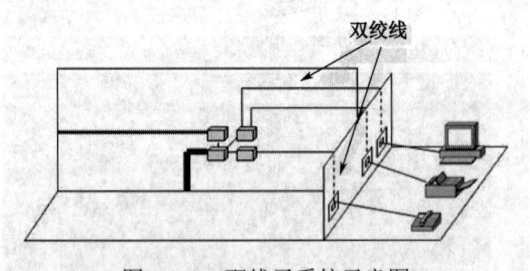

图 6-5-8 配线子系统示意图

3. 干线（垂直）子系统

干线子系统负责把整栋楼的信息网络连接成一个整体。
干线子系统的通信常用光纤。
如图 6-5-9 所示为干线子系统示意图。

4. 设备间子系统

设备间指的是网络管理的场所，一般包含电话、数据、语音、安保等各种主机设备。
如图 6-5-10 所示为设备间子系统示意图。

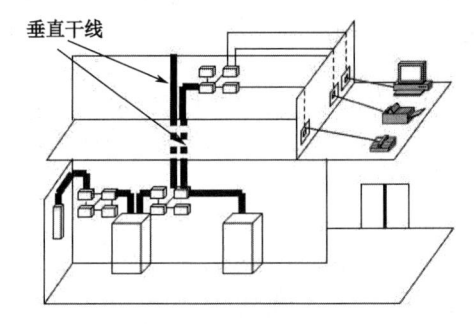

图 6-5-9　干线子系统示意图

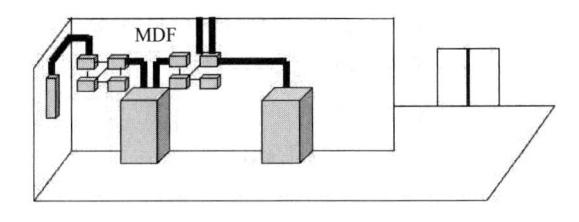

图 6-5-10　设备间子系统示意图

5. 管理子系统

管理子系统包括配线设备、标签、铭牌、配线架等……它体现了一套完整的管理规则。如图 6-5-11 所示是管理子系统示意图。

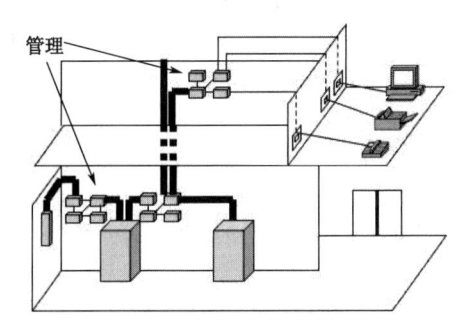

图 6-5-11　管理子系统示意图

6. 建筑群子系统

建筑群子系统即用于楼宇之间进行通信的线缆、设备等。
如图 6-5-12 所示是建筑群子系统示意图。

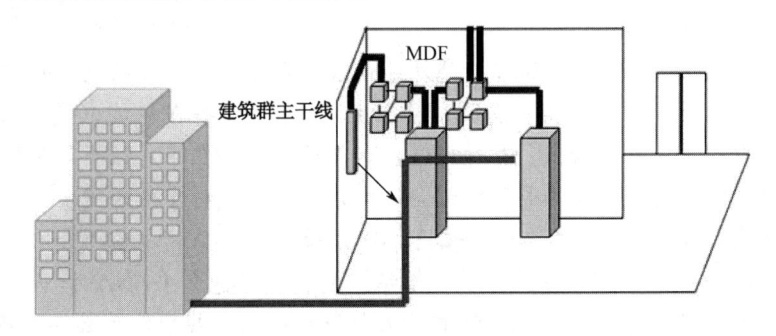

图 6-5-12　建筑群子系统示意图

二、楼宇网络布线标准

一栋楼宇里面的计算机网络的结构可能很简单,但是建设它涉及的工艺要求却很复杂,例如,一个典型的办公网络的布线系统集成方案中所采用的标准如下:

《综合布线系统工程设计规范》
《综合布线系统工程验收规范》
《建筑与建筑群综合布线系统工程设计及验收规范》
《大楼通信综合布线系统第一部分 总规范》
《大楼通信综合布线系统第二部分 综合布线用电缆光缆技术要求》
《大楼通信综合布线系统第三部分 综合布线用连接硬件技术要求》
《信息技术——用户通用布线系统》(第二版)
《商业大楼电信布线标准》(CSA T529)
《电信通道和空间的商业大楼标准》(CSA T530)
《住宅和 N 型商业电信布线标准》CSA T525
《商业大楼电信基础设施的管理标准》(CSA T528)
《商业大楼接地/连接要求》(CSA T527)
《令牌环网访问方法和物理层规范》
《国际电子电气工程师协会:CSMA/CD 接口方法》

一个社会的进步既需要学富五车的科学家来开天辟地,也需要身负绝技的技术工人来开山架桥,他们都是社会的中坚力量。

➡ 身边榜样

一只不完美的雄鹰——网络高级工程师 甘显义

笔者第一次看到甘显义,是见他在课堂上认真记笔记、积极回答老师的问题、在课间跟同学们愉快地交流……好一位阳光灿烂的大男孩!不过后来笔者发现他的双脚有残疾,行动不是很方便,就像一只小小的雄鹰,羽毛上有了些许瑕疵,于是感觉上有了小小的遗憾。

不过在后来的大学生活中,他的言行越发地让人只看见努力奋进的光芒而逐渐忽略了其身体的不便。首先,他性格开朗,待人真诚,和班上同学关系都很好,尤其是与几位优秀学生,关系都相当好;其次,他思维活跃,勤奋好学,和几位好朋友在课余时间经常待在学校的实验室里研究交换机、路由器、防火墙等网络设备(学校的实验室对学生是完全开放的,但是肯主动来学习的同学并不多);他对工作充满热情,任劳任怨,还经常让老师给他安排额外的学习任务和一些小工作……在校期间他获得了优秀学生奖励、考取了 CCNA 证书、参加了思科网院杯技能竞赛并获得了一等奖,总之,他的努力往往令人只见其阳光而忽略了其身体的不便。他的 QQ 头像很长一段时间内是以勤奋踏实而闻名的球星梅西,很容易看得出来,他心中驻留着一只雄鹰。

毕业后,他顺利进入四川瑞信创科技有限公司工作,主要负责成都移动 IP 承载网 CE 的日常维护工作，同时兼顾 CE 设备的网络割接升级、验收和整改工作。后来，他又进入四川创银智胜和四川准达工作；现在，他在上海飞络信息科技有限公司担任网络运维工程师，并在几年的工作中，经历了一系列网络项目的工作锻炼，不断突破自我。参加工作之初他就参与了 IP 承载网 CE 项目，主要负责成都高新区的网络割接升级，进行相应的业务升级配置，进行移动网络的平滑升级。后来他又参加了成都地铁 5 号线的网络搭建项目，主要参与地铁 5 号线的网络组网、向地铁控制中心实时交付数据、与其他各系统联动等工作。他还负责过华三集团下属各代理商大型 WLAN 项目的技术督导，包括进行售前技术勘察、方案设计，项目后期技术难点攻关支持、项目后期验收、对各代理商进行技术培训等。在百忙之中的工作间隙，甘显义继续自学获取了好几个网络行业含金量十足的认证，如 CCNP 思科认证网络高级工程师、H3C-WLAN-无线工程师认证、Alibaba Cloud Certified Professional、Palo-Alto-ASF 认证、CIIPT 认证。毕业短短几年，他已经成为了一位资深的网络工程师，而且还在继续向着更高的山峰不断攀登。

　　一切成长都离不开汗水的浇灌，甘显义刚从运营商业务中跳出来做代理商业务时，连售前售后的相关知识都不太懂。第一次出去进行售后调试，他借助在代理商那里工作的同学的帮助（远程调试）才完成工作。"当时感觉到自己真是好'菜'，于是我下定决心要苦练技术"。甘显义说道。那时候他就白天调试，晚上回家看文档、视频，学习技术和产品知识，由于学历起点并不高，他只有付出双倍的努力才能跟上公司的步伐。经过两年不懈的努力，他终于能够为公司独当一面了。以前进行调试工作和无线督导的时候，每一天他都要去好几个地方调试设备，每一天都感觉身体很累，常常在地铁里打瞌睡。他每天都在努力坚持，很辛苦，但是心里却感觉很快乐，每天结束工作后，总结当天遇到的问题和解决办法时，他都能明显感觉到自己的知识又有所增长。

　　甘显义说："和大部分同龄人比起来，我干着一份自己喜欢的工作，学习着最新的网络技术，不断地突破职业的瓶颈，感觉这几年的辛苦都值了。"他的起点不高，但是他走得很稳；他的身体很累，但是他的人生足够精彩。甘显义说："我宁愿做一只不完美的雄鹰，也不愿意成为一只浑浑噩噩的麻雀。"

反侵权盗版声明

电子工业出版社依法对本作品享有专有出版权。任何未经权利人书面许可，复制、销售或通过信息网络传播本作品的行为；歪曲、篡改、剽窃本作品的行为，均违反《中华人民共和国著作权法》，其行为人应承担相应的民事责任和行政责任，构成犯罪的，将被依法追究刑事责任。

为了维护市场秩序，保护权利人的合法权益，我社将依法查处和打击侵权盗版的单位和个人。欢迎社会各界人士积极举报侵权盗版行为，本社将奖励举报有功人员，并保证举报人的信息不被泄露。

举报电话：（010）88254396；（010）88258888

传　　真：（010）88254397

E-mail：　dbqq@phei.com.cn

通信地址：北京市万寿路173信箱

　　　　　电子工业出版社总编办公室

邮　　编：100036